U0250451

武汉大学百年名典

自然科学类编审委员会

主任委员 李晓红

副主任委员 卓仁禧　周创兵　蒋昌忠

委员 （以姓氏笔画为序）

文习山　宁津生　石　兢　刘经南
何克清　吴庆鸣　李文鑫　李平湘
李晓红　李德仁　陈　化　陈庆辉
卓仁禧　周云峰　周创兵　庞代文
易　帆　谈广鸣　舒红兵　蒋昌忠
樊明文

秘书长 李平湘

社会科学类编审委员会

主任委员 韩　进

副主任委员 冯天瑜　骆郁廷　谢红星

委员 （以姓氏笔画为序）

马费成　方　卿　邓大松　冯天瑜
石义彬　佘双好　汪信砚　沈壮海
肖永平　陈　伟　陈庆辉　周茂荣
於可训　罗国祥　胡德坤　骆郁廷
涂显峰　郭齐勇　黄　进　谢红星
韩　进　谭力文

秘书长 沈壮海

陈道舜 男，（1930—2005年），中共党员，出生于湖北武汉，是我国著名的电气工程专家和电力教育家，曾任原武汉水利电力学院电力系副主任。

陈道舜教授于1952年毕业于武汉大学工学院，1952—1953年留校任教，1953年转入原武汉水利电力学院任教。1953—1956年任原武汉水利电力学院电工电机教研室助教，1956—1980年任原武汉水利电力学院电工电机教研室讲师，1980—1988年任原武汉水利电力学院电力系电机教研室副教授，1988—1995年任原武汉水利电力学院电力系电机教研室教授。曾任电工学教研室副主任、主任、电工学与电机学教研室主任、电力系副主任，湖北省电机工程学会会员、湖北科普作家协会会员。陈道舜教授长期工作在本科生教学的第一线，教授电机学与电气测量，其主讲的《电机学》、《电工学》、《电工测量》等课程成为经典课程。陈道舜教授作为研究生导师为国家培养了大批电气工程人才。

陈道舜教授从事电力专业的教学和科学研究工作50余载，勤奋耕耘，忠诚科学，成绩卓越，师德高尚，是教师和学生的楷模。陈道舜教授翻译俄文 Н.Г.沃斯特罗克努托夫著《电气测量》一书，于1957年在电力工业出版社出版。陈道舜教授主编的《电气设备》和《电机学》两部教材分别于1961年，1987年在中国工业出版社和水利水电出版社出版。

武汉大学
百年名典

电机学

 陈道舜 主编

武汉大学出版社

图书在版编目(CIP)数据

电机学/陈道舜主编. —武汉：武汉大学出版社,2013.11
武汉大学百年名典
 ISBN 978-7-307-11543-9

Ⅰ.电…　Ⅱ.陈…　Ⅲ.电机学—高等学校—教材　Ⅳ.TM3

中国版本图书馆 CIP 数据核字（2013）第 210321 号

责任编辑:李汉保　　　　责任校对:汪欣怡　　　　版式设计:马　佳

出版发行:**武汉大学出版社**　　（430072　武昌　珞珈山）
　　　　　（电子邮件：cbs22@ whu. edu. cn　网址：www. wdp. com. cn）
印刷:湖北恒泰印务有限公司
开本:720×1000　1/16　印张:35.25　字数:506 千字　插页:4
版次:2013 年 11 月第 1 版　　2013 年 11 月第 1 次印刷
ISBN 978-7-307-11543-9　　　定价:88.00 元

《武汉大学百年名典》出版前言

百年武汉大学，走过的是学术传承、学术发展和学术创新的辉煌路程；世纪珞珈山水，承沐的是学者大师们学术风范、学术精神和学术风格的润泽。在武汉大学发展的不同年代，一批批著名学者和学术大师在这里辛勤耕耘，教书育人，著书立说。他们在学术上精品、上品纷呈，有的在继承传统中开创新论，有的集众家之说而独成一派，也有的学贯中西而独领风骚，还有的因顺应时代发展潮流而开学术学科先河。所有这些，构成了武汉大学百年学府最深厚、最深刻的学术底蕴。

武汉大学历年累积的学术精品、上品，不仅凸现了武汉大学"自强、弘毅、求是、拓新"的学术风格和学术风范，而且也丰富了武汉大学"自强、弘毅、求是、拓新"的学术气派和学术精神；不仅深刻反映了武汉大学有过的人文社会科学和自然科学的辉煌的学术成就，而且也从多方面映现了20世纪中国人文社会科学和自然科学发展的最具代表性的学术成就。高等学府，自当以学者为敬，以学术为尊，以学风为重；自当在尊重不同学术成就中增进学术繁荣，在包容不同学术观点中提升学术品质。为此，我们纵览武汉大学百年学术源流，取其上品，掬其精华，结集出版，是为《武汉大学百年名典》。

"根深叶茂，实大声洪。山高水长，流风甚美。"这是董必武同志1963年11月为武汉大学校庆题写的诗句，长期以来为武汉大学师生传颂。我们以此诗句为《武汉大学百年名典》的封面题词，实是希望武汉大学留存的那些泽被当时、惠及后人的学术精品、上品，能在现时代得到更为广泛的发扬和传承；实是希望《武汉大学百年名典》这一恢宏的出版工程，能为中华优秀文化的积累和当代中国学术的繁荣有所建树。

《武汉大学百年名典》编审委员会

再 版 前 言

电机学是一门经典而又不断发展的学科，历来是电气工程学科重要的专业基础课，在电气工程及其自动化专业的课程设置中具有关键地位。学习好该课程，不仅能为后续专业课程奠定坚实的理论基础，而且能够为今后学习和工作中遇到的技术问题提供分析方法和理论依据。但电机学是一门难学、难教的课程，课程理论性强，涉及的基础理论和实际知识面广。学生学习时觉得头绪多，概念性强，不易掌握与理解。编撰好电机学这门课的教材、教好这门课实属不易。

1989 年 6 月，笔者刚参加工作，有幸成为陈道舜教授的助教。陈老师为人师表，学识渊博，教学过程认真负责，对同样的问题，不同的教材如何描述、如何处理都很清楚，也乐于把这些知识点、教学经验及技巧讲授给青年教师与学生。电机学是一门较难的课程，课间、课后总有学生问问题，陈老师总是不厌其烦地予以解答，深受学生喜爱。陈老师特别重视实践教学，学生做实验时他经常到实验室指导。由于电机的构造机理过于抽象，难以理解，陈老师积极奔走，购进变压器实物模型和电机模型。通过种种手段，激发学生的学习兴趣，提高课堂教学效率。陈老师也乐于与笔者分享教学心得，笔者受益匪浅。

陈道舜教授编写的《电机学》教材凝聚了他多年的教学经验。教材包括绪论、变压器、交流电机的绕组、电动势和磁动势、异步电机、同步电机和直流电机六大部分。教材以电机的运行原理与运行特性为主线，侧重阐述电机的基本概念、基本理论与分析方法，强调对电机运行原理与运行特性的深入理解和掌握。同时为适应专业需要，适当注意电机作为传动机构中执行元件时的功能。教材精选了典型的

1

例题和适量的、难易程度不同的习题，便于学生检查基本概念的掌握，加深对重要理论知识和方法的理解。书后还附有习题答案，便于读者自学。教材取材合理，结构严谨，叙述清晰，重点突出，循序渐进。本教材于 1987 年 11 月由水利水电出版社首次出版，在相关专业使用，受到广泛的好评，是一部具有特色的电机学教材。

今年恰逢武汉大学迎来建校 120 周年庆典，武汉大学出版社将陈道舜教授主编的《电机学》一书收录入《武汉大学百年名典》重新出版，是对陈道舜教授的缅怀，同时激励年轻一代学者努力学习好电气工程的基础理论知识，为我国电气工业技术进步作出贡献。

应黎明

2013 年 7 月于武汉大学

前　言

本书是根据 1982 年 10 月在西安召开的水电站动力装置工程专业教材会议制定的电机学教学大纲与 1983 年 4 月在武汉召开的水利水电专业电类教材会议审议的水电站动力装置工程专业、机电排灌工程专业教学大纲编写的。

本书由武汉水利电力学院陈道舜副教授主编，华北水利水电学院周念祖同志、河海大学熊寿昌同志与陕西机械学院雷践仁同志参加编写，由陕西机械学院侯恩奎副教授主审。

周念祖同志编写第 1 章～第 5 章；熊寿昌同志编写第 14 章～第 16 章、第 18 章与第 19 章；雷践仁同志编写第 6 章、第 17 章、第 21 章与第 22 章；陈道舜同志编写概论、第 8 章～第 13 章、第 20 章与附录 I、附录 II。此外，陈道舜同志与雷践仁同志合编了第 7 章。

本书在编写过程中，承湖北工学院周克定教授提出宝贵意见，华中工学院陶醒世教授对本书进行了润色，武汉水利电力学院陈运校同志也参加了润色工作，在此表示感谢。

本书承沈阳变压器研究所、哈尔滨电机厂、东方电机厂与上海电机厂提供有关资料，在此致以谢意。

由于经验不足，本书可能有不少缺点，欢迎读者批评指正。

作　者

1987 年 10 月

主要符号表

a	直流电枢绕组并联支路对数；交流绕组每相并联支路数
B_δ	气隙磁密
B_a	电枢反应磁场磁密
B_{ad}	直轴电枢反应磁场磁密
B_{aq}	交轴电枢反应磁场磁密
B_{f1}	励磁磁场的基波磁密
C	常数；电容
C_e	电势常数
C_M	转矩常数
E_a	直流电机感应电势；交流电机电枢反应电势
E_0	空载电势
E_m	电势最大值
E_1、E_2	原、副边主电势
$E_{1\sigma}$、$E_{2\sigma}$	原、副边漏电势
E_{ad}	直轴电枢反应电势
E_{aq}	交轴电枢反应电势
e_L	自感电势
e_M	互感电势
F_a	电枢磁势（基波幅值）
F_{ad}	直轴电枢磁势（基波幅值）
F_{aq}	交轴电枢磁势（基波幅值）
F_{f1}	励磁磁势（基波幅值）
F_δ	气隙磁势（基波幅值）

1

F_1、F_2 　　　原、副边磁势（基波幅值）

F_0 　　　　励磁磁势，空载磁势

f_N 　　　　额定频率

f_1 　　　　异步电机定子频率

f_2 　　　　异步电机转子频率

I_f 　　　　励磁电流

I_a 　　　　电枢电流

I_d 　　　　同步电机电枢电流的直轴分量（直轴电流）

I_N 　　　　额定电流

I_k 　　　　短路电流

I_L 　　　　负载电流

I_0 　　　　激磁电流、空载电流

I_q 　　　　同步电机电枢电流的交轴分量（交轴电流）

I_{st} 　　　启动电流

I_μ 　　　磁化电流

k_M 　　　过载能力

k 　　　　变比

k_a 　　　　自耦变压器变化；隐极同步电机电枢磁势的折算系数

k_μ 　　　饱和系数

k_d、k_q 　　直轴、交轴电枢磁密分布曲线的波形系数

k_{ad}、k_{aq} 　直轴、交轴电枢磁势的折算系数

k_{q_1} 　　　电势或磁势基波的绕组分布系数

k_{y_1} 　　　电势或磁势基波的绕组节距系数

k_{w_1} 　　　电势或磁势基波的绕组系数

k_c 　　　　短路比

M 　　　　转矩；互感；电磁转矩

M_N 　　　额定转矩

M_{em} 　　电磁转矩

M_1 　　　原动机转矩；输入转矩

M_2 　　　负载转矩；输出转矩

M_0	空载制动转矩
m	相数
n_N	额定转速
n_1	同步转速；定子基波旋转磁场转速
P_{mec}	机械功率
P_1	输入功率
P_2	输出功率
P_0	空载功率（空载损耗用 p_0）
p	损耗；极对数
p_{Cu}	铜耗（电阻损耗）
p_{Fe}	铁耗
p_{mec}	机械损耗
p_{ad}	附加损耗
q	每极每相槽数
R_{st}	启动电阻
R_a	电枢回路总电阻
R_f	励磁回路总电阻
R_L	负载电阻
r_a	电枢绕组内电阻
r_f	励磁绕组内电阻
r_k	短路电阻
S_N	额定视在功率（额定容量）
s	转差率
s_m	发生最大电磁转矩时的转差率
s_N	额定转差率
T	时间常数；周期
U_N	额定电压
U_φ、U_l	相电压、线电压
u	电压瞬时值；虚槽数
u_k	阻抗电压（短路电压）

3

w_1、w_2　　变压器原、副绕组匝数

x_+、x_-、x_0　　正序、负序、零序电抗

$x_{1\sigma}$、$x_{2\sigma}$(或 x_1、x_2)　　原、副绕组漏电抗

x_k　　短路电抗

y　　节距；合成节距

Z_1、Z_2　　原、副绕组漏阻抗或异步电机定子、
　　　　转子漏阻抗(复数)

Z_L　　负载阻抗

Z_k　　短路阻抗

z　　复数阻抗的模(绝对值)

α　　系数；角度

β　　系数；角度

γ　　电导率；短距角

δ　　气隙长度

η_N　　额定效率

η_{max}　　最大效率

θ　　温度；功率角

μ　　磁导率

Φ　　磁通；每极磁通；变压器的主磁通

Φ_m　　主磁通最大值

Φ_σ　　漏磁通

$\Phi_{1\sigma}$、$\Phi_{2\sigma}$　　原、副绕组漏磁通的瞬时值

ϕ　　相位角(功率因数角)

ψ　　相位角(内功率因数角)；磁链

Ω　　机械角速度

Ω_1　　同步角速度

ω　　角频率

目　　录

第一篇　变　压　器

概　　论

0.1　电机的作用

电能在生产、传输、分配、使用等方面都比较方便。所以在现代工农业生产、交通运输、国防工程以及日常生活中，电能的使用均占有十分重要的地位。

电机的作用主要表现在下述三个方面：

（1）发电机和变压器　发电机一般由汽轮机、水轮机带动。汽轮机、水轮机分别把热能、水能转化为机械能，再通过发电机转化为电能。变压器可以将发电机的电压升高，通过输电线把电能送到用电中心。然后再用变压器将电压降低供用户使用。

（2）电动机　工农业、交通运输业、国防等各行业中生产机械和装备的运转，绝大多数是由电动机驱动的。例如在农业中的电力排灌、脱粒以及农副产品加工等；采矿工业中的碎料、送料、送风、给水等；机械工业中各种机床的驱动；交通运输用电气机车牵引等，都要采用各种型式的电动机。

（3）控制电机　随着经济建设的发展，工业生产自动化程度不断提高，需要采用各式各样的控制电机。

1949 年以前，我国电机工业主要是搞些修理与装配，根本谈不上什么电机制造工业。中华人民共和国成立后，在中国共产党的英明领导下，通过自力更生、艰苦奋斗，我国已建立起完整的电机制造工业体系，有了统一的国家标准。目前，我国已能制造 330kV、36 万 kVA 电力变压器，已能制造双水内冷、30 万 kW 的大型水轮发电机、

1

60 万 kW 大型汽轮发电机。各种电机都有了系列产品。同时，我国的电机制造业还大量采用新材料、新工艺、新技术，不断生产出适应国民经济发展的新产品。

0.2　电机的理论基础

电机的原理基本上建立在下列几个定律与概念的基础上：1) 全电流定律与磁路欧姆定律；2) 电磁感应定律；3) 电磁力定律；4) 自感与互感概念；5) 基尔霍夫定律；6) 能量守恒定律。

以下重点复习全电流定律和自感与互感的概念。

0.2.1　全电流定律

如图 0-1 所示。设空间有 n 根（设为 3 根）载流导体，导体的电流分别为 i_1、i_2、i_3，这些载流导体为任何闭合路径 l 所包围着。通过试验，发现磁场与建立它的电流之间存在着下述关系：磁场强度矢量 $\boldsymbol{H}$ 沿空间任意闭合回路的线积分等于该回路所包围的导体电流的代数和。这就是全电流定律，其数学表达式为

$$\oint_l \boldsymbol{H} \cdot \mathrm{d}\boldsymbol{l} = \sum i \tag{0-1}$$

其中电流的方向是这样选定的，把回路的线积分方向比作右手螺旋的旋转方向，则电流方向与螺旋前进的方向一致的为正电流，相反的为负电流。在图 0-1 中，i_2、i_3 为正，i_1 为负。

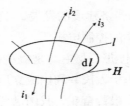

图 0-1　全电流定律

在磁路的分析计算中，常用到磁路欧姆定律，该定律可以从全电流定律推导出来。

设有如图 0-2(a)所示的无分支磁路，该磁路由铁磁物质(铁磁物质是指铁、钴、镍及其合金，例如硅钢片)所叠成，其横截面为 S，磁路平均长度为 l。如果磁路的平均长度比其横截面的线性尺寸大得多，则可近似认为磁通在横截面上的分布是均匀的，即有

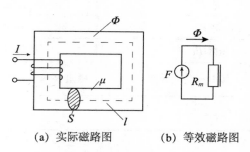

(a) 实际磁路图　　　　(b) 等效磁路图

图 0-2　无分支磁路

$$\Phi = BS$$

式中：B——中心线上的磁感应强度，也称磁通密度，简称磁密。

根据全电流定律，可得

$$\oint_l \boldsymbol{H} \cdot \mathrm{d}\boldsymbol{l} = Hl = wI$$

式中：w——励磁绕组匝数。

考虑到 $B = \mu H$，由以上各式可以导出磁通为

$$\Phi = (\mu H)S = \left(\frac{\mu wI}{l}\right)S = \frac{wI}{\dfrac{l}{\mu S}} = \frac{F}{R_m} \qquad (0\text{-}2)$$

式中：F——磁势；

R_m——磁阻。

这就是磁路的欧姆定律，这个定律与电路的欧姆定律形式上相似。磁阻 R_m 的倒数为磁导 λ_m，即 $\lambda_m = \dfrac{1}{R_m}$。

图 0-2(b)为仿照电路形式绘制出的等效磁路图，电阻图形符号侧面加线条的表示非线性磁阻。铁芯磁阻为非线性磁阻。

磁路与电路有许多相似之处，现将这二者的对比示于表 0-1 中。

表 0-1   磁路与电路的对比

电　路	磁　路
电流 I	磁通 Φ
电势 E	磁势 F
电压降 IR	磁压降 ΦR_m
电阻 $r = \dfrac{l}{\gamma S}$（其中 γ 是电导率）	磁阻 $R_m = \dfrac{l}{\mu S}$（其中 μ 是磁导率）
电导 $g = \dfrac{1}{r}$	磁导 $\lambda_m = \dfrac{1}{R_m}$

如果无分支磁路由具有不同截面或不同材料的几段所组成，例如各段磁路的截面不同但材料相同或截面相同但材料不同，此时通过各截面的磁通应相等，均为 Φ，可以得到下面较一般的表达式

$$\begin{cases} \sum F = \Phi \sum R_m \\ \sum wI = \Phi \sum R_m \end{cases} \qquad (0\text{-}3)$$

其中，$\sum F$（或 $\sum wI$）为总磁势（当 I 的方向与 Φ 的方向符合右手螺旋关系时，wI 前取"＋"号，反之取"－"号），$\sum R_m$ 为各段磁阻的总和。

必须指出，磁路与电路虽有许多相似之处，但却有一个本质的差别，即磁通并不像电流那样代表某种质点的运动；恒定磁通通过磁阻，并不像恒定电流通过电阻时那样具有能量形式的转换。并且，由于铁磁物质的磁导率 μ 不是常数，μ 随磁场强度 H 而变化，故磁阻也不是常数，使得我们不能直接利用磁路的欧姆定律，而不得不利用下述方法进行计算。

无分支磁路的计算有两种，一种是已知磁势和磁路的几何尺寸求

磁通；另一种是已知磁通和磁路的几何尺寸求磁势。由于磁路的非线性，使得铁芯磁阻不是常数，故上述两种计算，必须根据所用材料的磁化曲线，才能进行。

无分支磁路计算的顺序是：已知磁通 Φ →找出各段磁感应强度 $B_k = \dfrac{\Phi}{S_k}$ →由磁化曲线查出各段的 H_k →由 $\sum H_k l_k = wI$ 找到磁势 $F = wI$。

对于空气隙，由于磁导率 μ_0 为常数，已知 B_a 可以采用下面的公式求 H_a。如果 B_a 的单位用 T，H_a 的单位用 A/m，由于空气的磁导率 $\mu_0 = 4\pi \times 10^{-7}$ H/m，则

$$H_a = \frac{B_a}{\mu_0} = \frac{B_a}{4\pi \times 10^{-7}} = 0.8 B_a \times 10^6 \qquad (0\text{-}4)$$

铁芯的净截面积等于从视在截面积中扣除其中绝缘材料的截面积后剩余的面积，一般用视在截面积乘以填充系数来求。填充系数 $K = \dfrac{\text{净截面积}}{\text{视在截面积}}$，一般 K 在 0.91 左右。

几种常用材料的磁化曲线，如图 0-3、图 0-4 所示。

［例 0-1］ 如图 0-5(a) 所示的磁路具有励磁线圈 200 匝，磁路各部分尺寸均已在图中标出，其单位为 mm。磁路用 0.5mm 厚的 D11 硅钢片叠成，其填充系数 $K = 0.91$，忽略气隙的边缘效应（在空气隙中，磁通有向外扩张的效应，使得气隙截面积大于邻近铁芯的截面积，若忽略该效应，则气隙截面积等于所邻近铁芯的截面积）。求在该磁路中建立 $\Phi = 3 \times 10^{-3}$ Wb 的磁通所需的励磁电流。图 0-5(b) 示出其等效磁路图，其中，电阻图形符号侧面未加线条的为线性磁阻，空气隙的磁阻就是线性磁阻。

［解］ 绘制出磁路的中心线并把磁路划分为铁芯长度 l_1、l_2 与气隙长度 l_a 三段，如图 0-5(a) 所示，各段长度为

$$l_1 = 240 - \frac{40}{2} - \frac{40}{2} - 5 = 195\text{mm} = 0.195\text{m}$$

$$l_2 = \left(240 - \frac{40}{2} - \frac{40}{2}\right) + 2\left(190 - \frac{40}{2} - \frac{60}{2}\right) = 480\text{mm} = 0.48\text{m}$$

$$l_a = 5\text{mm} = 0.005\text{m}$$

磁路的有效厚度为

$$b = 55 \times 0.91 \approx 50\text{mm} = 0.05\text{m}$$

各段的截面积计算如下

$$S_1 = 0.05 \times 0.06 = 30 \times 10^{-4}\text{m}^2$$

$$S_2 = 0.05 \times 0.04 = 20 \times 10^{-4}\text{m}^2$$

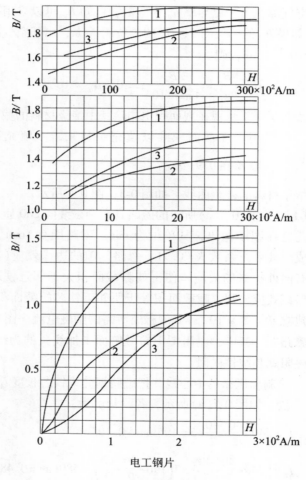

电工钢片

图 0-3 常用材料磁化曲线(1)

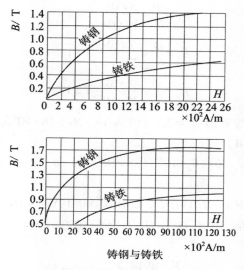

1—D330 冷轧硅钢片；2—D41 热轧硅钢片；3—D11 热轧硅钢片

图 0-4　常用材料磁化曲线(2)

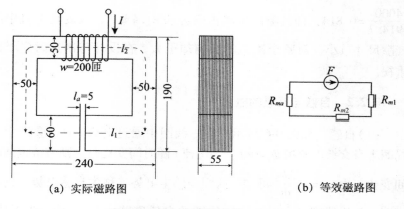

(a) 实际磁路图　　　　　　　　　　　(b) 等效磁路图

图 0-5　例 0-1 用图(单位：mm)

$$S_a = 0.05 \times 0.06 = 30 \times 10^{-4} \text{m}^2 \quad (\text{认为与 } S_1 \text{ 相等})$$

各段的磁感应强度为

$$B_1 = \frac{\Phi}{S_1} = \frac{3 \times 10^{-3}}{30 \times 10^{-4}} T = 1 T$$

$$B_2 = \frac{\Phi}{S_2} = \frac{3 \times 10^{-3}}{20 \times 10^{-4}} T = 1.5 T$$

$$B_a = \frac{\Phi}{S_a} = \frac{3 \times 10^{-3}}{30 \times 10^{-4}} T = 1 T$$

由 D11 磁化曲线查出 $H_1 = 2.6 \times 10^2 A/m$，$H_2 = 18 \times 10^2 A/m$。气隙的磁场强度由式(0-4)计算

$$H_a = 0.8 B_a \times 10^6 = 0.8 \times 10^6 A/m = 8 \times 10^5 A/m$$

求出磁势为

$$F = Iw = H_1 l_1 + H_2 l_2 + H_a l_a = 2.6 \times 10^2 \times 0.195 + 18 \times 10^2 \times 0.48 +$$
$$8 \times 10^5 \times 0.005 = 50.7 + 864 + 4000 = 4914.7 A$$

故励磁电流

$$I = \frac{F}{w} = \frac{4914.7}{200} A = 24.57 A。$$

由上例可以看出气隙磁压降占有磁势的大部分$\left(因 \dfrac{气隙磁压降}{磁势} = \right.$

$\dfrac{4000}{4914.7} = 0.814$，即气隙磁压降占磁势的 81.4% $\Big)$，故旋转电机中的气隙尺寸虽小，对整个磁路的影响却很大，在设计与制造时应予以重视。

0.2.2 自感与互感的概念

（1）自感   如图 0-6 所示。在一线圈中通过电流 i 时，会产生与线圈本身交链的磁链 $\psi_L = w\phi$。当电流 i 随时间变化时，则磁链也随时间变化，由 $e_L = -\dfrac{\mathrm{d}\psi_L}{\mathrm{d}t}$ 可知，线圈会感生电势，称为自感电势。试验表明：如果线圈是空心的，则线圈的自感磁链 ψ_L 与电流 i 成正比，比例系数是线圈的自感系数，简称自感，用 L 表示，可以写成 $\psi_L = Li$。由于空心线圈的自感 L 是常数，于是自感电势

$$e_L = -L \frac{\mathrm{d}i}{\mathrm{d}t}$$

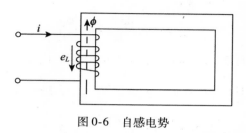

图 0-6　自感电势

又因 $\psi_L = w\phi$，且 $\phi = \dfrac{wi}{R_m} = wi\lambda_m$，由此可得自感

$$L = \frac{\psi_L}{i} = \frac{w\phi}{i} = \frac{w\left(\dfrac{wi}{R_m}\right)}{i} = w^2\lambda_m \tag{0-5}$$

上式表明：自感的大小与匝数的平方和磁导的乘积成正比。由于铁磁材料的磁导率比空气的大得多，所以铁芯线圈的自感比空心线圈的大得多；又因铁磁材料的磁导率不是常数（如图 0-7 所示），并且 $L \propto \lambda_m \propto \mu$，因此铁芯线圈的自感也不是常数。

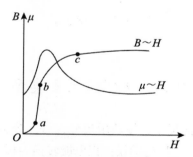

图 0-7　铁磁材料磁化曲线与其磁导率的变化情况

（2）互感　如图 0-8 所示，有两个互相靠近的线圈 1、2，其匝数分别为 w_1 与 w_2，当线圈 1）中有电流 i_1 流过时，将产生磁通的一部分 ϕ_{21} 交链线圈 2。如果 i_1 随时间变化，ϕ_{21} 也随时间变化，线圈 2 中

便会感生电势，用 e_{M2} 表示为

$$e_{M2} = - w_2 \frac{\mathrm{d}\phi_{21}}{\mathrm{d}t} = - \frac{\mathrm{d}\psi_{21}}{\mathrm{d}t} \tag{0-6}$$

对于空心线圈而言，$\psi_{21} = Mi_1$，其中 M 为线圈 1、2 的互感系数（也称互感，单位为 H）。由于 $\psi_{21} = w_2\phi_{21} = w_2 \dfrac{w_1 i_1}{R_{12}}$，这样互感可由下式求得

$$M = \frac{\psi_{21}}{i_1} = \frac{w_1 w_2}{R_{12}} = w_1 w_2 \lambda_{12} \tag{0-7}$$

其中 λ_{12} 为互感磁通 ϕ_{21} 所经过的磁路的磁导。由此可见：互感的大小与两个线圈匝数的乘积 $w_1 w_2$ 以及磁导 λ_{12} 成正比。

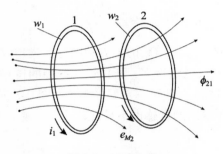

图 0-8　互感电势

0.3　电机的主要类型

电机分类的方法很多，按功用来分，可以分为：（1）发电机：把机械能转换为电能；（2）电动机：把电能转换为机械能；（3）变压器、变频机等：分别用来改变电压、频率等；（4）控制电机：用于自动控制系统中，完成信息的某种处理。

前面三种统称为电力机械。从电力机械的运行情况来分，可以大致分为变压器与旋转电机两大类。旋转电机又可以分为直流电机与交流电机两类。交流电机中，转速和频率有固定比例关系的，称为同步电机；

转速和频率无固定比例关系，且其转速随负载而变的称为异步电机。

为了简明起见，这种分类可以归纳如下：

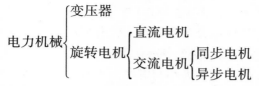

旋转电机原则上既可作发电机运行，也可作电动机运行。

0.4　电机学的任务与学习方法

电机学是工科专业的一门技术基础课。本课程将讨论电机的结构、工作原理和工作性能，主要是电、磁、机械方面的问题。学习重点是分析电机内部的电磁过程。

与电工原理课程不同，电机学是一门既带基础性又带专业性的课程。在电工原理中解决的是理想化了的比较单纯的问题，在电机学中则要求运用理论来解决实际问题，而这些实际问题往往是比较复杂的。因此，在分析电机学的问题时，有必要先将问题简化，找出主要矛盾，再运用理论知识加以解决。这样得到的结果，虽然带有一定程度的近似性，但一般能够满足实用要求。当然，必要时也可以再深入分析次要的因素，得到更准确的结果。

现代大中型水电站广泛使用了电力变压器、同步发电机、异步发电机，在某些场合也使用直流发电机；现代大中型电力排灌站广泛使用了电力变压器、异步电动机、同步电动机，在某种场合也使用直流发电机。故本书中对电力变压器、异步电机和同步电机三部分叙述比较详细，而对直流电机叙述比较简略。

应当指出，各种电机之间有着密切的内在联系。因此，只有把它们联系起来学习，比较它们的共同点与不同点，这样才能对各种电机有更好的了解。还应当注意，我们在重视理论知识学习的同时，切不可忽视试验环节与其他教学环节（如习题等）。只有理论与实际密切结合，才能学好本课程。

习 题

0-1 电机在国民经济中有哪些主要作用?

0-2 按功用分,电机可以分为哪几类? 各有何用途? 按电力机械的运行情况分,可以分为哪几类? 各有何用途?

0-3 自感系数与互感系数的大小与哪些因素有关? 有两个匝数相等的线圈,一个绕在闭合铁芯上,一个绕在木质材料上,哪一个自感系数大? 哪一个自感是常数? 哪一个自感是变数? 为什么?

0-4 如图 0-9 所示,磁路由铸钢制成,各尺寸的单位为 mm,忽略气隙边缘效应。若欲在气隙中建立 1.6×10^{-3} Wb 的磁通,试问需磁势多大?

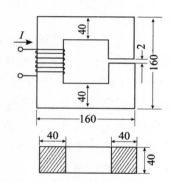

图 0-9 习题 0-4 用图(单位: mm)

0-5 自感电势和互感电势产生的原因有什么不同? 它们的大小与哪些因素有关?

第一篇 变 压 器

变压器是电力系统中的重要设备。变压器是利用电磁感应的原理，将一种等级的交变电压变为同频率的另一等级交变电压的静止电器。

本篇主要研究一般用途的电力变压器，首先简要地介绍其结构，然后着重说明其基本工作原理和运行性能，以及三相变压器的连接组和并联运行，最后对三绕组变压器、自耦变压器和仪用互感器也作一般性介绍。

第1章 变压器的基本工作原理、类别和结构

1.1 变压器的基本工作原理

变压器工作原理的基础是电磁感应定律，现以降压变压器为例来说明。两个互相绝缘的绕阻（线圈）套在一个共同的铁芯上，绕组之间彼此有磁的耦合，但没有电的联系，如图1-1所示。其中一个绕组接到交流电源，称为原绕组；另一个绕组接到负载，称为副绕组。原绕组在外施交变电压的作用下，有交变电流流过，并在铁芯中产生交变磁通，其频率等于外施电源电压的频率。该交变磁通交链着原、副绕组，根据电磁感应定律，在原、副绕组中产生感应电势。当副绕组向负载供电时，变压器便实现了电能的传递。

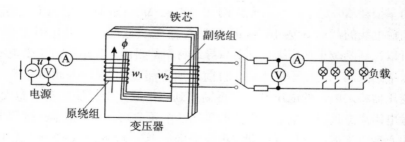

图1-1 变压器示意图

1.2　变压器的用途和分类

为了适应不同的使用目的和工作条件，变压器有许多类型，而且各种类型的变压器在结构上和性能上的差异也很大。

要将大功率的电能从发电厂输送到远距离的用电地区，必须采用高压输电。因为当输送的电功率一定时，电压愈高，线路中的电流愈小，线路上的电压降和功率损耗也愈小，输电线路的有色金属耗用量也少。现以单相为例加以说明。例如要把发电机发出的电功率 $P = UI\cos\varphi$ 输送到用户（假设输送功率 P 一定、功率因数 $\cos\varphi$ 也不变），在输电过程中，输电线上要损耗一部分功率 Δp_l，被损耗的这一部分功率与输电线上电流 I、输电线的电阻 r_l 有关，即输电线总损耗 $\Delta p_l = 2I^2 r_l$，在一定输电距离 l 情况下，输电线上的总功率损耗将为

$$\Delta p_l = 2I^2 r_l = 2\left(\frac{P}{U\cos\varphi}\right)^2 \times \frac{l}{\gamma S} = C\frac{1}{U^2 S}$$

式中：γ——输电线的电导率；

S——输电导线截面积；

$C = \dfrac{2P^2 l}{\gamma \cos^2\varphi}$，常数。

由上式可以看出：1）若输电导线截面积 S 已定，电压 U 愈高，则功率损耗 Δp_l 愈小；2）若允许的功率损耗 Δp_l 一定时，电压 U 愈高，则输电线的截面 S 愈小。在适当选择输电线截面时，电压 U 愈高，可以达到既减小功率损耗又节省导线材料的目的。发电机由于受绝缘水平的限制，电压不能太高，目前一般不超过 20kV，因此需用升压变压器将发电机的电压升高，再输送到输电线路上。输送功率愈大、输电距离愈远时，则输送电能时采用的电压愈高。当电能输送到用电中心后，又需用降压变压器将电压降低，再输送到配电系统上，以供各种负载之需。

由此可见，电力系统中变压器总容量要比发电机的总容量大得多。据统计，变压器的安装总容量约为发电机总装机容量的 6～8 倍。

变压器的种类很多，可以按其用途、结构、相数、冷却方式等进行分类。

1. 按用途分类

（1）电力变压器 主要用在输配电系统中，分为升压变压器、降压变压器、配电变压器，联络变压器和厂用变压器等若干种。

（2）调压变压器 用来调节电压的高低，小容量调压器多用于试验室中。

（3）仪用互感器 有电压互感器与电流互感器两种，主要用于高电压和大电流的测量。

（4）矿用变压器 用于矿坑井下变电所。

（5）试验变压器 用于高压试验，输出电压很高，而输出电流很小。

（6）特殊用途变压器 如整流变压器、电炉变压器、电焊变压器等。

2. 按绕组数目分类

（1）自耦变压器 每相只有一个绕组，高、低压绕组之间有电的联系。

（2）双绕组变压器 每相有高压、低压两个绕组。

（3）三绕组变压器 每相有高压、中压、低压三个绕组。

（4）多绕组变压器 每相绕组数多于三个。

3. 按相数分类

（1）单相变压器。

（2）三相变压器。

（3）多相变压器。

4. 按冷却方式分类

（1）油浸自冷变压器 变压器绕组和铁芯全浸在变压器油里，借助于油的自然循环进行冷却，变压器油还起绝缘作用。

（2）油浸风冷变压器 在散热器上安装电风扇吹风冷却。

（3）油浸强迫油循环变压器 用油泵强迫变压器油进行外循环，以提高散热能力。

（4）干式变压器 变压器的铁芯和绕组用空气直接冷却。

（5）充气式变压器 变压器密封在铁箱内，充以某种特种气体，以加强冷却。

上述各种变压器，以油浸自冷式三相双绕组变压器使用最为广泛。

国产变压器型号的规定如表1-1所示。

表1-1　　　　　　　　　　**国产变压器型号的规定**

序号	分类	类别	代表符号
1	相数	单相	D
		三相	S
2	绕组外冷却介质	矿物油	—
		不燃性油	B
		气体	Q
		空气	K
		成型固体	C
3	箱壳外冷却介质	空气自冷	—
		风冷	F
		水冷	W
4	循环方式	自然循环	—
		强迫循环	P
		强迫导向	D
		导体内冷	N
		蒸发冷却	H
5	绕组数	双绕组	—
		三绕组	S
		自耦	O
6	调压方式	无激磁调压	—
		有载调压	Z

　　注　（1）铝线变压器加注字母L；

　　　　　（2）代表符号系关键字拼音的第一个字母。

在系列生产方面，变压器按容量可以分成五类。第Ⅰ、Ⅱ类为小型变压器，容量为 10 ~ 630kV·A，其中第Ⅰ类的电压为 10kV 及以下，容量为 100kV·A 及以下；第Ⅱ类的电压为 10kV 及以下，容量为 125 ~ 630kV·A。第Ⅲ类为中型变压器，容量为 800 ~ 6300kV·A，电压为 35kV 及以下。第Ⅳ类为大型变压器，容量为 8000 ~ 63000kV·A，电压为 35kV 及以下。90000kV·A 及以上为第Ⅴ类特大型变压器。

电压为 10 ~ 35kV，容量为 10 ~ 6300kV·A 的中、小型变压器，目前生产的有 S、SL 和 SL_1 三种系列。S 系列采用热轧硅钢片和铜导线；SL 系列采用热轧硅钢片和铝导线；SL_1 系列采用冷轧硅钢片和铝导线。变压器的型号一般按以下规定：将表 1-1 所列代表符号按序号书写，组成基本型号，其后用短线分开，再加注额定容量（kV·A）/高压绕组电压等级（kV）。例如 S-500/10，表示"三"相油浸自冷、双绕组 500kV·A、10kV 级电力变压器；再如 SWPO-125000/220，表示"三"相强"迫"油循环"水"冷、自"耦"，125000kV·A、220kV 级电力变压器。

近年来，我国已能生产容量为 36kV·A，电压为 330kV 及以下的各种类型变压器。最近，我国又研制了 500kV、25kV·A 超高压变压器和电压 500kV 超高压电流互感器，使我国变压器生产达到一个新的水平。

1.3　变压器的结构与额定值

电力变压器的基本结构可以分为四个部分：铁芯、绕组、绝缘套管、油箱及其他附件。其中，铁芯和绕组是变压器的主要部分，称为变压器器身。油浸式变压器器身安放在油箱内，油箱内灌满变压器油。当变压器运行时，通过油的对流把绕组及铁芯上的热量传递给油箱壁或散热器，从而达到冷却变压器器身的目的。图 1-2 是油浸式电力变压器的外形图。

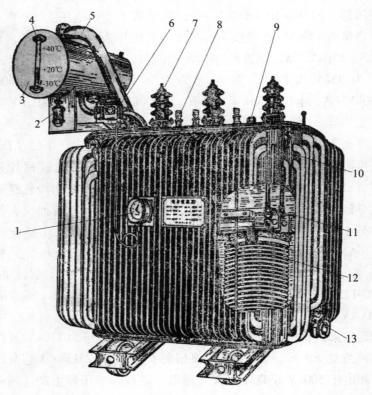

1—讯号式温度计；2—吸潮器；3—储油柜；4—油表；5—排气管；
6—气体继电器；7—高压套管；8—低压套管；9—分接开关；
10—油箱；11—铁芯；12—绕组；13—放油阀门
图1-2 油浸式电力变压器

1.3.1 铁芯

铁芯既是变压器的磁路，又是变压器的机械骨架。铁芯分为铁芯柱和铁轭两部分。铁芯柱上套装绕组，铁轭将铁芯柱连接起来，使之形成闭合磁路。

（1）铁芯材料 为了提高磁路的磁导和降低铁芯损耗（简称铁

耗），铁芯一般用高磁导率的硅钢片叠成。硅钢片厚度为 0.35mm，表面涂上绝缘漆，使片与片之间绝缘。硅钢片有热轧与冷轧两种，冷轧硅钢片沿着轧碾方向的磁导率较高，损耗较小。

（2）铁芯型式　按铁芯结构，可以分为心式和壳式两类。壳式结构铁芯包围绕组的顶面、底面和侧面。单相壳式变压器铁芯如图 1-3（a）所示。心式结构的铁芯柱被绕组所包围，单相、三相心式变压器铁芯分别如图 1-3（b）及图 1-4 所示。壳式结构机械强度好，但制造较复杂，耗用铁芯材料较多。心式结构比较简单，绕组的装配及绝缘的处理也比较容易，因此电力变压器主要采用心式结构，只有一些特种变压器（如电炉变压器）才采用壳式铁芯结构。

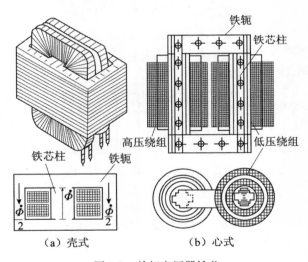

图 1-3　单相变压器铁芯

（3）铁芯的叠装　变压器铁芯，一般是先将硅钢片裁成长方形，然后交错叠装而成。为了避免接缝集中使得磁路磁阻增大，在叠装时相邻层的接缝应相互错开，如图 1-5 所示，冷轧硅钢片由于非轧碾方向磁导率较低，损耗较大，若按图 1-5 下料和叠装，则在磁路转角处，由于磁力线方向和轧碾方向成 90°，将引起铁耗增加，因此采用

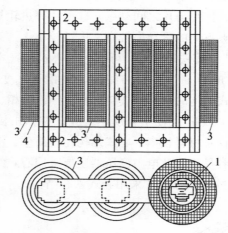

1—铁芯柱；2—铁轭；3—高压绕组；4—低压绕组

图 1-4　三相心式变压器铁芯

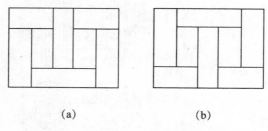

（a）　　　　　　　　　（b）

图 1-5　三相叠片式铁芯的叠装次序

斜切钢片叠装，如图 1-6 所示。

（4）铁芯截面　为了使绕组便于制造、在电磁力作用下受力均匀及具有良好的机械性能，一般把绕组做成圆筒形。为了充分利用绕组内的圆柱形空间，铁芯柱一般做成如图 1-7 所示阶梯截面。阶梯的级数愈多，截面愈接近于圆形，空间利用率愈高，但加工工时也愈多。所以，阶梯一般只采用几级到十几级，级数随着变压器容量的增大而增加。在大容量变压器中，为了改善铁芯的冷却条件，常在铁芯中开

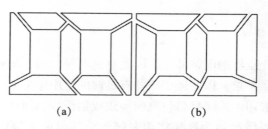

(a)　　　　　　　　　　(b)

图 1-6　冷轧硅钢片的叠装法

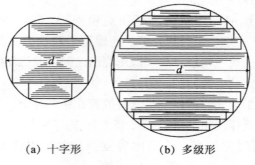

（a）十字形　　　　　（b）多级形

图 1-7　铁芯柱截面形状

设油道，以利散热。

　　铁轭的截面有矩形、T 形和阶梯形几种，如图 1-8 所示。为了减小变压器的空载电流和铁耗，在心式铁芯中，铁轭截面一般比铁芯柱截面大 5% ~ 10%。

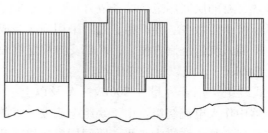

图 1-8　铁轭截面各种形状

23

1.3.2 绕组

绕组是变压器的电路部分，因此对其电气性能、耐热性能及机械强度都有严格要求，以保证变压器有足够的使用年限。

绕组一般用由绝缘材料包裹的铜线或铝线绕制而成。变压器中接到高压电网的绕组称为高压绕组，接到低压电网的绕组称为低压绕组。根据高压绕组和低压绕组相互之间位置的不同，绕组可以分为同心式和交叠式两种不同的排列方式。

同心式绕组的高压绕组和低压绕组同心地套在铁芯柱上，如图1-3（b）和图1-4所示。为了便于处理绕组和铁芯之间的绝缘，通常把低压绕组安放在内层。高、低压绕组之间以及低压绕组和铁芯柱之间必须有一定的绝缘间隙。

交叠式绕组的高、低压绕组交替放置在铁芯柱上，为了减小绝缘距离，通常将低压绕组靠近铁轭，绕组都作成饼式。这种绕组的高、低压绕组之间间隙较多，绝缘比较复杂，主要用在大型壳式变压器上。

同心式绕组具有结构简单、制造方便的特点，国产电力变压器均采用这种结构。同心式绕组又可分为圆筒式、螺旋式和连续式几种基本型式。

（1）圆筒式绕组　圆筒式绕组是由一根或几根并联的绝缘导线沿铁芯柱高度方向连续绕制而成。高压绕组由于匝数多、导线细，通常用圆线绕成多层圆筒式绕组，如图1-9所示。当层数较多时，为了便于绕组内部散热，有的层间用绝缘撑条隔开，形成轴向油道，以改善散热条件。低压绕组匝数少、导线粗，通常采用扁线绕成单层或双层圆筒式绕组。圆筒式绕组绕制方便，但端部支撑稳定性较差，一般用于每柱容量为210kV・A及以下的变压器。

（2）螺旋式绕组　用于容量在800kV・A及以上、电压为35kV及以下的变压器中作大电流绕组。由于绕组电流大、匝数少，通常用多根并联扁线绕成，每一线饼为一匝，匝间用横垫块隔开形成径向油道，整个绕组像螺纹一样绕制下去，如图1-10所示。这种绕组由于并绕根数较多，里层导线与外层导线在漏磁场中所处的位置不同，造成导线的长度不等，故每根导线的阻抗不相等，致使并联的各根导线的电流分布不均匀。因此，在绕制过程中，并联导线之间必须进行换位，以减小由于交变漏磁场在并联导体中产生环流所引起的附加损耗。单螺旋式绕组换位方法如图 1-11 所示。

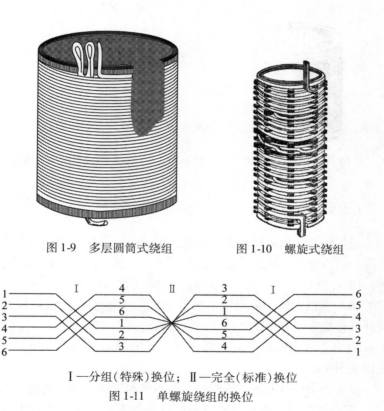

图 1-9　多层圆筒式绕组　　　　图 1-10　螺旋式绕组

Ⅰ—分组（特殊）换位；Ⅱ—完全（标准）换位

图 1-11　单螺旋绕组的换位

（3）连续式绕组　由单根或多根并联扁导线连续绕成，如图 1-12所示，线饼之间的连接不用焊接，而用特殊的"翻绕"方法。这种绕组有径向和轴向冷却油道，机械强度也较好，但制造工艺较复杂，用于容量为 630kV·A 及以上的高压绕组或 10000kV·A 及以上的低压绕组。连续式绕组线饼间的连接方法见图 1-13。

图 1-12　连续式绕组

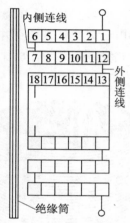

图 1-13　连续式绕组线饼间的连接法

1.3.3　套管

变压器的引出线从油箱内穿过油箱盖时，必须经由绝缘套管，使引线和油箱绝缘，绝缘套管一般是瓷质的，1kV 以下的采用实心瓷套管，10～35kV 用空心充气式或充油式瓷套管，如图 1-14 所示。电压在 110kV 及以上时，采用电容式套管。为了增加表面放电距离，套管外形作成多级伞形，电压愈高，级数愈多。

此外，还有油箱及其附件，例如瓦斯继电器与排气道等，其位置详见图 1-2。

图 1-15 示出 DFPS—250000/500 型单相三绕组变压器的外形图。

变压器在规定的使用环境和运行条件下的主要技术数据称为额定值，一般都标注在变压器的铭牌上，分别说明如下。

（1）额定容量 S_N　额定容量是变压器的额定视在功率，kV·A。额定容量是在额定工作状态下变压器输出能力的保证值。通常把双绕组变压器的原、副绕组额定容量设计得相等，对于三绕组变压器则以各绕组中容量最大的一个来表示其额定容量。

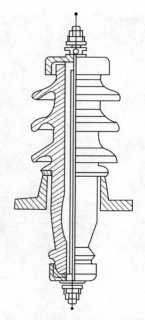

图 1-14　35kV 充油式套管

（2）额定原边及副边电压 U_{1N} 和 U_{2N}（V 或 kV），按规定，额定副边电压 U_{2N} 是当变压器原边外施额定电压 U_{1N}，分接头在额定位置时副边的空载电压。对三相变压器，额定电压所标数值是指线电压。

（3）额定原边及副边电流 I_{1N} 和 I_{2N}　根据额定容量和额定电压算出的电流（对三相变压器而言是线电流）称为额定电流，A。

对于单相变压器：$I_{1N} = \dfrac{S_N}{U_{1N}}$；$I_{2N} = \dfrac{S_N}{U_{2N}}$

对于三相变压器：$I_{1N} = \dfrac{S_N}{\sqrt{3}\,U_{1N}}$；$I_{2N} = \dfrac{S_N}{\sqrt{3}\,U_{2N}}$。

（4）额定频率　单位为赫，我国工频为 50Hz。

此外，铭牌上还有相数、接线图与连接组、阻抗电压等。

图 1-15　DFPS—250000/500 型单相三绕组变压器

小　　结

　　变压器工作原理的基础是电磁感应定律，因此要求变压器的原、副绕组具有良好的磁耦合，同时磁路材料应有良好的磁导率，在叠制铁芯时，应尽可能减小磁阻。绕组的布置还应考虑到易于绝缘，因此，心式变压器的高压绕组一般均安放在外面。

　　学习完本章后，应当了解变压器的结构与分类，了解电力变压器的主要部件(铁芯与绕组)和它们的作用。同时，还应知道变压器额定值的意义以及额定容量和原、副边额定电压、额定电流之间的关系，这对后面作性能运算是有用的。

习　　题

1-1　变压器是根据什么原理工作的？变压器的主要用途有哪些？

1-2　变压器由哪些基本部件构成？各个部件的作用是什么？

1-3　对变压器铁芯的材料有何要求？用什么方法可以减小铁耗？

1-4　试简述变压器的铁芯和绕组的几种主要结构形式。

1-5　一般采用哪些措施来提高变压器的冷却效果？

1-6　有一台单相变压器，额定容量 $S_N = 250\mathrm{kV \cdot A}$，额定电压 $\dfrac{U_{1N}}{U_{2N}} = \dfrac{10}{0.4}\mathrm{kV}$，试求原、副边的额定电流。

1-7　有一台三相变压器，额定容量 $S_N = 5000\mathrm{kV \cdot A}$，额定电压 $\dfrac{U_{1N}}{U_{2N}} = \dfrac{10}{6.3}\mathrm{kV}$，$\curlyvee / \triangle$ 连接，试求原、副边的额定电流。

1-8　有一台单相变压器，额定容量 $S_N = 10\mathrm{kV \cdot A}$，高、低压边均由两个相同的线圈组成。高压边每个线圈的额定电压 $U_{1N} = 1100\mathrm{V}$，低压边每个线圈的额定电压 $U_{2N} = 110\mathrm{V}$。用这个变压器进行不同的连接，且各种连接方案全部线圈均应接入，试问可得几种不同的连接方案与变比？每种连接方案的高、低压边的额定电压与额定电流为多少？

第2章 变压器的基本原理

2.1 概 述

本章主要分析变压器的基本原理、参数和运行性能。分析时,先由变压器内部的电磁关系出发,根据磁势平衡关系,讨论变压器原、副边的电压、电势、电流和阻抗压降之间的相互关系,列出变压器的基本方程组,然后通过折算,导出变压器的等效电路和相量图,进而分析计算变压器的运行性能——电压变化率和效率。

分析过程中,为了突出主要因素,常常忽略某些次要因素的影响,在获得基本规律之后,再将被忽略的次要因素考虑进去,以形成一个完整的概念。

本章以单相变压器为例进行分析,但所得结论,完全适用于三相变压器在对称负载运行时的一相情况,因此,本章是全篇的核心。

2.2 变压器的空载运行

2.2.1 变压器空载运行时的物理情况

原边接到电压为 u_1 的交流电网上而副边开路的运行方式称为变压器的空载运行。图 2-1 是单相变压器空载运行示意图。

当原边绕组接上交流电网后,绕组中便有电流流过,这个电流称为空载电流 i_0。i_0 在原绕组中产生交变磁势 $f_0 = w_1 i_0$。并建立起交变磁通。该磁通分为两部分:一部分磁通沿铁芯闭合,同时交链着

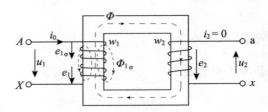

图 2-1　单相变压器空载运行示意图

原、副绕组，称为主磁通 Φ，主磁通是变压器进行能量传递的媒介；另一部分磁通只交链原绕组，经原绕组附近的空间而闭合，称为原绕组的漏磁通 $\Phi_{1\sigma}$。由于铁芯是用高磁导率的材料制成，其磁导率远比空气大，故总磁通中的绝大部分是通过铁芯形成主磁通的，而漏磁通 $\Phi_{1\sigma}$ 只占总磁通的一小部分（为 $0.1\% \sim 0.2\%$）。

　　主磁通和漏磁通在性质上有着明显的不同。第一，由于铁磁材料存在着饱和现象，主磁通与建立它的电流之间的关系是非线性的，即主磁通与空载电流不是正比关系；而漏磁通其磁路大部分是空气，不但磁阻大，而且无饱和现象，即漏磁通与空载电流保持线性关系。第二，主磁通 Φ 同时交链原、副绕组，同时在原、副绕组中产生感应电势，所以主磁通 Φ 起着传递能量的作用；而漏磁通 $\Phi_{1\sigma}$ 只交链原绕组，在原绕组中产生感应电势 $e_{1\sigma}$，只参与原绕组的电压平衡关系，不能传递能量。

　　根据电磁感应定律，交变主磁通 Φ 在原、副绕组中所感生的主电势分别为

$$e_1 = -w_1 \frac{\mathrm{d}\Phi}{\mathrm{d}t}; \quad e_2 = -w_2 \frac{\mathrm{d}\Phi}{\mathrm{d}t}$$

漏磁通 $\Phi_{1\sigma}$ 在原绕组中感生的漏电势为

$$e_{1\sigma} = -w_1 \frac{\mathrm{d}\Phi_{1\sigma}}{\mathrm{d}t}$$

式中：e_1——主磁通在原绕组中感生的主电势的瞬时值；

　　　　e_2——主磁通在副绕组中感生的主电势的瞬时值；

$e_{1\sigma}$——原绕组漏磁通 $\Phi_{1\sigma}$ 在原绕组中感生的漏电势瞬时值；

w_1——原绕组的匝数；

w_2——副绕组的匝数。

2.2.2　参考正向的规定

由于电源电压 u_1 的大小和方向随时间而交变，其他各电磁量的大小和方向也会随时间而交变。为了分析各个电磁量的相互关系及计算它们的数值，必须首先规定它们的正向（又称参考正向或假定正向）。正向原则上可以任意规定，但正向规定的不同，则同一电磁过程所列出的方程式中的正负号亦有所不同，为了避免出错，通常均按"电工惯例"来规定参考正向。具体规定如下：

（1）在同一支路内，电压降的正向与电流的正向一致；

（2）磁通正向与电流正向符合右手螺旋定则；

（3）由交变磁通所感应的电势的正向与产生该磁通的电流正向一致（即感应电势的正向与产生它的磁通的正向符合右手螺旋定则）。

习惯上的变压器各物理量的参考正向如图 2-2 所示。不难看出：变压器原边采用的是电动机惯例，是输入电能的，故以流入绕组的电流作为电流的正向，电流的正向选定之后，可以按上述"电工惯例"规定出电压、磁通与电势的正向。变压器的副边采用的是发电机惯例，是输出电能的。当知道主磁通 $\dot{\Phi}$ 的正向之后，即可规定出其电势的正向。在副边电势正向确定后，按惯例不难定出其他各量的正向。

2.2.3　空载运行电压平衡方程式

在图 2-1 的原边电路中根据基尔霍夫第二定律，依照习惯规定的正向，以顺时针方向环绕原边回路，由 $\sum e = \sum u$ 得

$$e_1 + e_{1\sigma} = -u_1 + i_0 r_1$$

整理后可得

$$u_1 = -(e_1 + e_{1\sigma}) + i_0 r_1 \tag{2-1}$$

若上述物理量均按正弦规律变化，则可以写成复量形式（参看

图 2-2）

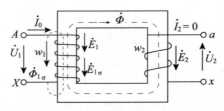

图 2-2　空载变压器各物理量的参考正向

$$\dot{U}_1 = -(\dot{E}_1 + \dot{E}_{1\sigma}) + \dot{I}_0 r_1 \qquad (2\text{-}2)$$

式中：$\dot{I}_0$——空载电流；

$\quad$ r_1——原绕组的电阻。

而

$$e_{1\sigma} = -w_1 \frac{\mathrm{d}\Phi_{1\sigma}}{\mathrm{d}t} = -L_{1\sigma} \frac{\mathrm{d}i_0}{\mathrm{d}t}$$

写成复量形式时

$$\dot{E}_{1\sigma} = -j\omega L_{1\sigma} \dot{I}_0 = -j\dot{I}_0 x_{1\sigma} \qquad (2\text{-}3)$$

式中：$L_{1\sigma}$——原绕组的漏电感；

$\quad$ $x_{1\sigma}$——原绕组的漏电抗，简写为 x_1。

$-\dot{E}_{1\sigma} = j\dot{I}_0 x_1$ 称为原绕组漏抗压降。

由式（0-5）可知，变压器的漏电感

$$L_{1\sigma} = w_1^2 \lambda_{1\sigma}$$

由于漏磁通的磁路不会饱和，其磁导 $\lambda_{1\sigma}$ 是常数，故漏电感 $L_{1\sigma}$ 及其对应的漏电抗 x_1 均是常数。

由式（2-2）并且考虑到式（2-3）的关系，可得

$$\dot{U} = -\dot{E}_1 + \dot{I}_0 r_1 + j\dot{I}_0 x_1 = -\dot{E}_1 + \dot{I}_0 Z_1 \qquad (2\text{-}4)$$

其中 Z_1 称为原绕组的复数漏阻抗，显然也是常数。

对于电力变压器，I_0、r_1、x_1 均很小，故漏阻抗压降（$\dot{I}_0 Z_1$）很

小，因此在分析变压器空载运行的电磁关系时，常忽略漏阻抗压降，这时式(2-4)变成

$$\dot{U}_1 = -\dot{E}_1$$

或

$$u_1 = -e_1$$

这表明，当忽略漏阻抗压降时，u_1 仅由电势 e_1 所平衡，即在任一瞬间，外施电压 u_1 和感应电势 e_1 二者大小相等，方向相反，故 e_1 又称为反电势。

变压器空载运行时，副边没有功率输出，但原边仍需从电网吸收一部分有功功率来补偿由于交变磁通在铁芯内引起的铁耗和 I_0 流过原绕组所引起的铜耗。这两种损耗合称空载损耗。对电力变压器来说，空载损耗不超过额定容量的 1%，空载电流为原边额定电流的 2% ~ 10%，小容量变压器取较大数值。

在变压器中，通常利用下式计算单位重量的铁耗

$$p = p_{1/50}\left(\frac{f}{50}\right)^{\beta} B_m^2 \quad (\text{W/kg}) \tag{2-5}$$

式中：$p_{1/50}$——铁耗系数，表示当 $B_m = 1\text{T}$、$f = 50\text{Hz}$ 时，每公斤硅钢片的铁耗；β 在 1.2 ~ 1.6 之间取值。

将单位重量的铁耗 p 乘以铁芯重量 $G(\text{kg})$，而得铁耗

$$p_{\text{Fe}} = p \cdot G(\text{W})$$

2.2.4 电势和变比

设主磁通按正弦规律变化，即

$$\Phi = \Phi_m \sin\omega t$$

式中：Φ_m——交变磁通的幅值；

ω——电源的角频率。

那么，原边电势为

$$e_1 = -w_1 \frac{\mathrm{d}\Phi}{\mathrm{d}t} = -w_1 \omega \Phi_m \cos\omega t = E_{1m}\sin(\omega t - 90°)$$

式中：E_{1m}——原绕组主电势的幅值。

上式表明，当主磁通 Φ 按正弦变化时，其感应的主电势 e_1 也按正弦变化，但在相位上滞后于主磁通 $90°$。

故原绕组主电势的有效值为

$$E_1 = \frac{E_{1m}}{\sqrt{2}} = \frac{\omega w_1 \Phi_m}{\sqrt{2}} = \frac{2\pi f}{\sqrt{2}} w_1 \Phi_m = 4.44 f w_1 \Phi_m \tag{2-6}$$

同理可得副绕组主电势的有效值为

$$E_2 = 4.44 f w_2 \Phi_m \tag{2-7}$$

其中 Φ_m 的单位为 Wb，E_1、E_2 的单位为 V。

当 f、w_1、w_2 一定时，电势大小仅由主磁通 Φ_m 来决定。空载运行时若忽略原边漏阻抗压降，则 $U_1 \approx E_1$。因此主磁通 Φ_m 的大小取决于外施电压 U_1，而与变压器所用的材料和尺寸无关。

同样，对于漏电势也有以下关系

$$\begin{cases} E_{1\sigma} = 4.44 f w_1 \Phi_{1\sigma m} \\ E_{2\sigma} = 4.44 f w_2 \Phi_{2\sigma m} \end{cases} \tag{2-8}$$

其中 $\Phi_{1\sigma m}$ 与 $\Phi_{2\sigma m}$ 为原、副边漏磁通的幅值(设原、副绕组漏磁通分别交链原、副绕组全部匝数 w_1、w_2)。

变压器中的原边电势 E_1 与副边电势 E_2 之比称为变压器的变比，用 k 表示，即

$$k = \frac{E_1}{E_2} = \frac{w_1}{w_2} \tag{2-9}$$

上式表明，变压器的变比等于原、副绕组的匝数比。空载运行时由于 $E_1 \approx U_1$，副边空载电压 $U_{20} = E_2$，故也可以近似地用空载运行时原、副边电压之比作为变压器的变比

$$k = \frac{E_1}{E_2} \approx \frac{U_1}{U_{20}}$$

所以，变比 k 也称为空载电压比。

对三相变压器来说，变比是指原、副边相电压之比，如若出现电压之比时，要加以说明。

2.2.5　空载电流和空载相量图

图 2-3 示出空载变压器的简化相量图。

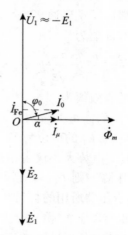

图 2-3　变压器简化的空载相量图

变压器空载运行时，原绕组中电流 $\dot{I}_0$ 称为空载电流，它主要用来建立主磁通，所以又称为激磁电流。$\dot{I}_0$ 可以分为铁耗电流分量（即有功分量）$\dot{I}_{Fe}$ 与磁化电流分量（即无功分量）$\dot{I}_\mu$，于是有

$$\begin{cases} \dot{I}_0 = \dot{I}_{Fe} + \dot{I}_\mu \\ I_0 = \sqrt{I_{Fe}^2 + I_\mu^2} \end{cases} \qquad (2\text{-}10)$$

在电力变压器中，$I_\mu \gg I_{Fe}$，故可以近似地用 $I_0 = I_\mu$ 来分析空载电流的性质。

由于磁路材料磁化曲线的非线性，激磁电流的大小和波形取决于铁芯的饱和程度，即取决于铁芯中磁通密度 B_m 的大小。对于热轧硅钢片，当 $B_m < 0.8T$ 时，可以认为磁路不饱和；磁化曲线 $\phi = f(i_\mu)$ 近似地呈线性，此时若 ϕ 按正弦变化，则 i_μ 也按正弦变化；当 $B_m > 0.8T$ 时磁路开始饱和，$\phi = f(i_\mu)$ 已不再是线性关系。在电力变压器中为了充分利用磁路材料，对于热轧硅钢片，常取 $B_m = 1.4 \sim 1.47T$；对于冷轧硅钢片，常取 $B_m = 1.5 \sim 1.7T$。此时铁芯已相当饱和，当 ϕ

按正弦变化时，由于磁路饱和，使得激磁电流变成尖顶波，如图 2-4
所示。饱和程度愈深，激磁电流波形愈尖，即波形畸变愈厉害。根据
富里叶级数，变压器原边这种尖顶波电流可以看成是由基波和三、
五、七……奇次谐波的叠加，其中具有较强的三次谐波分量。由此看
来，在变压器中为了建立正弦波的主磁通，激磁电流必须是尖顶波，
亦即激磁电流中必须含三次谐波分量，如图 2-5 所示。

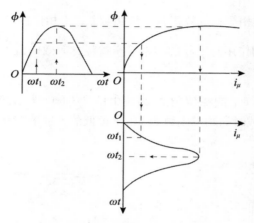

图 2-4　不考虑铁耗时激磁电流波形

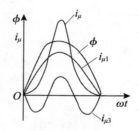

图 2-5　无铁耗时磁通与激磁电流波形分解

由于忽略了铁耗，激磁电流 $\dot{I}_{\mu}$ 的基波与 $\dot{\Phi}_m$ 同相位，它是滞后于
外施电压 90° 的无功电流。

根据式(2-4)与式(2-10)，可以绘制出变压器的空载相量图，如图 2-6(a)所示。通常漏阻抗压降很小，在图 2-6(a)空载相量图中为了更清楚地表示各个相量之间的关系，有意将原方漏阻抗压降夸大了，实际上，$\dot{U}_1$ 很接近于 $-\dot{E}_1$。由于 i_0 和 i_μ 都不是正弦波，因此用相量表示电流 $\dot{I}_0$、$\dot{I}_\mu$ 时，必须将它们取为等效正弦波。等效的原则是：等效正弦波电流的频率、有效值分别与实际电流波 i_0、i_μ 的实际频率、有效值相等；等效正弦电流相量 $\dot{I}_0$、$\dot{I}_\mu$ 相位的选取应使等效电流 $\dot{I}_0$ 与 $-\dot{E}_1$ 相作用时吸收的功率等于铁耗，等效电流 $\dot{I}_\mu$ 与 $-\dot{E}_1$ 相作用吸收的功率为零。

$\dot{I}_0$ 滞后于 $\dot{U}_1$ 的相位角为 φ_0，由图 2-6(a)所示的相量图可知，$\varphi_0 \approx 90°$，空载时的功率因数 $\cos\varphi_0$ 是很低的，一般在 0.1 ~ 0.2 之间。

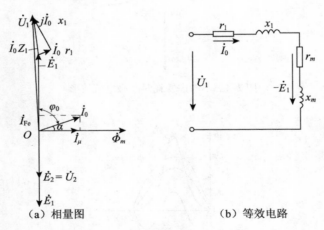

（a）相量图　　　　　　　　（b）等效电路

图 2-6　变压器空载相量图与等效电路

2.2.6　空载运行的等效电路

前面讲过，漏磁通在原绕组中产生的感应漏电势的负量（$-\dot{E}_{1\sigma}$）

可以看成一个漏阻抗压降 $j\dot{I}_0 x_1$，即电流 $\dot{I}_0$ 流过电抗 x_1 所产生的压降。主磁通 $\dot{\Phi}_m$ 在原绕组中产生的感应主电势的负量（$-\dot{E}_1$）当然也可以看做 $\dot{I}_0$ 在某种电路元件上产生的电压降。由空载相量图 2-6(a) 可见 $-\dot{E}_1$ 与 $\dot{I}_0$ 相角差小于 90°，显然它不是一个纯电感元件而是一个阻抗元件，其阻抗为

$$Z_m = \frac{-\dot{E}_1}{\dot{I}_0} \qquad\qquad (2\text{-}11)$$

而

$$\varphi_0 \approx \arctan \frac{x_m}{r_m} \qquad\qquad (2\text{-}12)$$

$$Z_m = r_m + jx_m$$

式中：Z_m—— 激磁阻抗；

r_m—— 激磁电阻，由 $I_0^2 r_m$ 等于铁耗，故 r_m 是对应于铁耗的等效电阻，也可以称为铁耗电阻；

x_m—— 激磁电抗。

将式(2-11)变化后代入式(2-4)中，可得

$$\dot{U}_1 = -\dot{E}_1 + \dot{I}_0 Z_1 = \dot{I}_0 Z_m + \dot{I}_0 Z_1 = \dot{I}_0 (Z_m + Z_1) \qquad (2\text{-}13)$$

这样一来，空载运行变压器可以看成两个阻抗 Z_1 和 Z_m 相串联的电路，如图 2-6(b) 所示。其中 r_1、x_1 是常数，相当于一个空心线圈，而 r_m、x_m 不是常数，当 f 一定时，由于铁芯的饱和现象，r_m、x_m 会随着外施电压 U_1 的变化而变化。如果电压在额定值附近变动，当电压升高时，铁芯更加饱和，μ 下降，磁导 λ_m 也下降，$L_m = w_1^2 \lambda_m$ 减小；Φ_m 增大，铁耗 $p_{Fe} \propto B_m^2$ 也增大。由于铁耗 p_{Fe} 增大的速度比不上 I_0^2 增大的速度，故激磁电阻 r_m 将变小。当外加电压在额定值左右变化不大时，可以认为 r_m、x_m 和 Z_m 基本上不变。

电力变压器在空载时，$\cos\varphi_0$ 很小（$\varphi_0 \approx 90°$），因此 $r_m \ll x_m$。这一点从图 2-6(b) 所示的变压器的空载等效电路可以看出。

2.3　变压器的负载运行

若变压器原边接上交流电压 $\dot{U}_1$，副边接上负载阻抗 Z_L，如图 2-7 所示，这种运行状态称为变压器的负载运行。

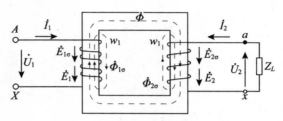

图 2-7　变压器负载运行示意图

2.3.1　负载时的磁势关系和原、副边的电流关系

副绕组中由于有电势 $\dot{E}_2$，接上负载阻抗 Z_L 后，就会产生电流 $\dot{I}_2$，它产生磁势 $\dot{F}_2 = \dot{I}_2 w_2$，这时原绕组中的电流也由空载时的电流 $\dot{I}_0$ 变为负载时的电流 $\dot{I}_1$。根据全电流定律可知，负载时铁芯中的主磁通是由 $\dot{F}_1$、$\dot{F}_2$ 这两个磁势共同产生的

$$\dot{F}_1 = \dot{I}_1 w_1$$

$$\dot{F}_2 = \dot{I}_2 w_2$$

合成激磁磁势为

$$\dot{F}_m = \dot{F}_1 + \dot{F}_2 = \dot{I}_1 w_1 + \dot{I}_2 w_2 = \dot{F}_0 \tag{2-14}$$

F_m 是负载时的合成激磁磁势，由于 $\dot{F}_2$ 的出现，将使空载时的主磁通 Φ_m 趋于改变。但是，从前述可知，由于变压器原边的漏阻抗压降很小，故可以认为 $\dot{U}_1 \approx -\dot{E}_1$，设 U_1 不变，则 E_1 也应保持近似不变，即主磁通 Φ_m 也保持近似不变(因 $E_1 = 4.44 f w_1 \Phi_m$)，于是可以认

为合成磁势 $\dot{F}_m$ 保持不变(即 $\dot{F}_m = \dot{F}_0$)。具体地说,在负载运行时,变压器副绕组负载电流产生磁势 $\dot{F}_2$,原绕组中必须增加一个相应的磁势来抵消 $\dot{F}_2$ 的作用,这就使得原绕组中电流由空载时的 $\dot{I}_0$ 增大为负载时的 $\dot{I}_1$,重新建立起电磁的平衡。即

$$\dot{I}_1 w_1 + \dot{I}_2 w_2 = \dot{I}_0 w_1 \tag{2-15}$$

或

$$\dot{I}_1 w_1 = \dot{I}_0 w_1 + (-\dot{I}_2 w_2) \tag{2-16}$$

上式表明,原绕组的磁势 $\dot{F}_1 = \dot{I}_1 w_1$ 由两个分量组成。一个分量是激磁磁势 $\dot{F}_0 = \dot{I}_0 w_1$,近似等于空载激磁磁势,用来建立主磁通,当 $\dot{U}_1$ 恒定时,主磁通近似为一个常数,可以认为不随负载大小而变。另一个分量是 $\dot{F}_{1L} = -\dot{F}_2 = -\dot{I}_2 w_2$,用来平衡或抵消副绕组磁势 $\dot{F}_2$ 的作用,称为负载分量,其大小与副绕组磁势相等,方向相反,它随负载大小而变。前面讲过,电力变压器 $I_0 = (2\% \sim 10\%)I_{1N}$,故 F_0 在数量上相对来说很小,从式(2-16)可以导出原边电流

$$\dot{I}_1 = \dot{I}_0 + \left(-\frac{w_2}{w_1}\dot{I}_2\right) = \dot{I}_0 + \left(-\frac{\dot{I}_2}{k}\right) = \dot{I}_0 + \dot{I}_{1L} \tag{2-17}$$

其中 $\dot{I}_{1L} = -\dfrac{\dot{I}_2}{k}$ 是原绕组带负载时所增加的电流分量,称为负载分量。

可见,副边电流 I_2 增大时,原边电流 I_1 也随之增大,在原、副边电压基本一定时, I_2 增大表示副边输出功率增大, I_1 增大表示原边从电源输入的功率随之增加。原、副绕组之间虽然没有直接电的联系,但是由于两个绕组共用一个磁路,共同交链一个主磁通,借助于主磁通,通过电磁感应作用,原、副绕组之间实现了电压的变换及电功率的传递。

2.3.2　电势平衡方程式

副绕组磁势 $\dot{F}_2$ 除了与原绕组磁势 $\dot{F}_1$ 合成为 $\dot{F}_0$ 去建立主磁通外,还会产生只交链副绕组的漏磁通 $\phi_{2\sigma}$,而 $\phi_{2\sigma}$ 又在副绕组中产生感应漏电势 $\dot{E}_{2\sigma}$ 。和原边相似,同样可以得到

$$\dot{E}_{2\sigma} = -jx_2\dot{I}_2 = -j\omega L_{2\sigma}\dot{I}_2 \qquad (2\text{-}18)$$

式中 x_2（即 $x_{2\sigma}$）是副绕组的漏抗，它也是常数。

在如图 2-7 所示变压器的副边应用基尔霍夫第二定律，并考虑到 $\dot{E}_{2\sigma} = -j\dot{I}_2 x_2$，可得副边电势平衡方程为

$$\dot{U}_2 = (\dot{E}_2 + \dot{E}_{2\sigma}) - \dot{I}_2 r_2 = \dot{E}_2 - \dot{I}_2 r_2 - j\dot{I}_2 x_2 = \dot{E}_2 - \dot{I}_2 Z_2 \quad (2\text{-}19)$$

其中 $Z_2 = r_2 + jx_2$ 为副绕组的复数漏阻抗。

变压器负载运行时各物理量之间的联系可以归纳如下。

根据前面的分析，可以列出变压器负载运行的基本方程组如下

$$(2\text{-}20)\quad\begin{cases}\dot{U}_1 = -\dot{E}_1 + \dot{I}_1 Z_1 \\[4pt] \dot{U}_2 = \dot{E}_2 - \dot{I}_2 Z_2 \\[4pt] \dot{I}_0 = \dot{I}_1 + \left(-\dfrac{\dot{I}_2}{k}\right) \\[4pt] \dot{E}_1 = k\dot{E}_2 \\[4pt] -\dot{E}_1 = \dot{I}_0 Z_m \\[4pt] \dot{U}_L = \dot{I}_2 Z_L \end{cases}$$

2.3.3 折算法

上面导出了变压器的基本方程组，利用这些方程可以计算出变压

42

器的运行参数。例如当给定 U_1、变比 k 和参数 Z_1、Z_2、Z_m 和 Z_L 时，就能用上面六个方程式联立解出六个未知量：I_1、I_2、I_0、E_1、E_2 与 U_2；并可以由式(2-20)绘制出变压器负载时的相量图。但是，求解联立的复量方程组相当复杂，而且由于原、副绕组的匝数不等($w_1 \neq w_2$)，$E_1 \neq E_2$，这就给分析变压器的工作性能和绘制相量图增加了困难。为克服这些困难，我们设法将变压器的绕组进行折算，折算的同时使折算前后的磁势平衡关系、功率传递、损耗、漏磁场储能等均保持不变。折算的方法通常是将副绕组看成与原绕组有相等匝数的绕组，这种绕组称为折算绕组(即 $w_2' = w_1$)，这样做称为副边折算到原边，当然也可以将原绕组看成与副绕组有相等的匝数的绕组，称为原边折算到副边，但这种情况是较少的。被折算的量称为折算值，其表示方法是在该量代表符号的右上角加一个"'"号。

变压器原、副边没有电的联系，只有磁的联系。当副边带上负载时，副边有了电流 $\dot{I}_2$，就有一个相应的副边磁势 $\dot{F}_2$，副边对原边的作用是通过 $\dot{F}_2$ 来实现的。只要保持折算前后的 $\dot{F}_2$ 的大小、相位不变，就不会改变变压器的电磁本质。折算时，我们将副绕组匝数认为是 $w_2' = w_1$，根据折算原则 $\dot{I}_2' w_2' = \dot{I}_2' w_1 = w_2 \dot{I}_2$，可得电流 $\dot{I}_2$ 的折算值为 $\dot{I}_2' = \frac{w_2}{w_1} \dot{I}_2$。显然，这样折算对原边各物理量毫无影响。

折算后的等效变压器其变比等于 1，这对于分析其运行性能和绘制相量图都十分方便。

副边各量具体的折算方法如下。

(1)副边电流的折算值 $\dot{I}_2'$ 根据折算前后副绕组的磁势保持不变，可得

$$\dot{I}_2' = \dot{I}_2 \frac{w_2}{w_1} = \frac{1}{k} \dot{I}_2 \tag{2-21}$$

即副边电流的折算值 $\dot{I}_2'$ 等于实际的副边电流 $\dot{I}_2$ 除去变比 k。

(2)副边电势的折算值 E_2'、$E_{2\sigma}'$ 根据折算前后主磁通和漏磁通

均保持不变，由式(2-6)至式(2-8)可知电势与匝数成正比。故

$$\frac{\dot{E}'_2}{E_2} = \frac{4.44 f w_1 \Phi_m}{4.44 f w_2 \Phi_m} = \frac{w_1}{w_2} = k$$

$$\frac{E'_{2\sigma}}{E_{2\sigma}} = \frac{4.44 f w_1 \Phi_{2\sigma m}}{4.44 f w_2 \Phi_{2\sigma m}} = \frac{w_1}{w_2} = k$$

即

$$\begin{cases} E'_2 = kE_2 \\ E'_{2\sigma} = kE_{2\sigma} \end{cases} \tag{2-22}$$

即副边电势(包括主电势、漏电势)的折算值均等于实际的副边电势乘以变比 k。副边电压显然也有这种关系，即 $U'_2 = kU_2$。

(3)副边电抗的折算值 x'_2　由漏抗的定义可得

$$x'_2 = \frac{-\dot{E}'_{2\sigma}}{j\dot{I}'_2} = \frac{-k\dot{E}_{2\sigma}}{j\frac{1}{k}\dot{I}_2} = k^2\left(\frac{-\dot{E}_{2\sigma}}{j\dot{I}_2}\right) = k^2 x_2 \tag{2-23}$$

即副边漏抗的折算值 x'_2 等于实际的副边漏抗 x_2 乘以变比 k 的平方。

(4)副边电阻的折算值 r'_2　根据折算前后绕组中电阻损耗(铜耗)应保持不变，可得

$$r'_2 = \left(\frac{I_2}{I'_2}\right)^2 r_2 = k^2 r_2 \tag{2-24}$$

即副边电阻的折算值 r'_2 等于实际的副边电阻 r_2 乘以变比 k 的平方。

综上所述，当把副边各物理量折算到原边时，其折算关系可以归纳如下：

凡是以 V 为单位的物理量(电压、电势)，其折算值等于原来的数值乘以 k；凡是以 Ω 为单位的物理量(电阻、电抗、阻抗)，其折算值等于原来的数值乘以 k^2；电流的折算值等于原来的数值乘以 $1/k$。

若已知折算值与变比 k，可以反过来求各量的实际值。

经过折算后，变压器的基本方程组可以写为

$$\begin{cases} \dot{U}_1 = -\dot{E}_1 + \dot{I}_1(r_1 + jx_1) = -\dot{E}_1 + \dot{I}_1 Z_1 \\[6pt] \dot{U}'_2 = \dot{E}'_2 - \dot{I}'_2(r'_2 + jx'_2) = \dot{E}'_2 - \dot{I}'_2 Z'_2 \\[6pt] \dot{I}_1 = \dot{I}_0 + (-\dot{I}'_2) \\[6pt] \dot{E}'_2 = \dot{E}_1 \\[6pt] -\dot{E}_1 = \dot{I}_0 Z_m \\[6pt] \dot{U}'_2 = \dot{I}'_2 Z'_L \end{cases} \tag{2-25}$$

2.3.4　等效电路

在分析变压器的运行性能时，希望有一个既能正确反映变压器内部电磁过程，又便于工程计算的电路来代替实际变压器。这种电路称为等效电路。

等效电路内部的电压、电流及参数之间的关系符合变压器的基本方程组，等效电路各项技术参数完全反映了变压器稳态运行情况。这样，就把对非线性磁路的变压器的分析，简化为分析一个线性电路的问题。等效电路中副边各物理量均采用折算值。

由于 $W'_2 = W_1$，$\dot{E}'_2 = \dot{E}_1$，同时将原、副绕组之间磁势关系化为电流关系：$\dot{I}_1 = \dot{I}_0 + (-\dot{I}'_2)$，于是可以将变压器的原、副边绕组的相应端点联系在一起，构成变压器的等效电路。由后面的分析可知，有了等效电路，就可以近似用一个等效阻抗（短路阻抗）接在电网上代替整个变压器，这对计算电力系统相关参数带来很大方便。

1. T 形等效电路

由式（2-25），可以直接绘制出如图 2-8 所示的 T 形等效电路。为了便于初学者理解这种等效电路，下面说明一下它的物理意义。

图 2-9（a）表示一台带负载运行的实际变压器，图 2-9（b）将漏磁通所感应的电势用漏阻抗压降处理，并用参数 x_1 和 x_2 来表征。将原、副边漏阻抗忽略后，图 2-9（b）的铁芯部分便成为无铜耗，且

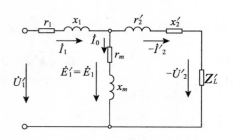

图 2-8　变压器的 T 形等效电路

原、副绕组完全耦合的变压器。图 2-9(c) 是进行分析折算后的图形，将实际匝数为 w_2 的副绕组，看成为 $w_2' = w_1$ 的折算绕组，于是副边各参数均变为折算值。将激磁支路(r_m、x_m) 也移至原边电路，再将电流 $\dot{I}_1$ 分解为激磁分量 $\dot{I}_0$ 与负载分量 $\dot{I}_{1L}$ 两部分，于是，余下的铁芯部分就成为原、副边匝数相等、无铜耗、不需激磁电流、完全耦合的理想变压器，如图 2-9(d) 所示。它有什么特点呢？我们发现：刚好 $\dot{I}_{1L} = -\dot{I}_2'$，即理想变压器的原、副边电流折算到一边后相等，且方向一致；同时原、副边电压折算到一边后也相等(因 $-\dot{E}_2' = -\dot{E}_1$)。此时，从计算的观点而言，理想变压器可以略去，于是得到如图 2-9(e) 所示的变压器 T 形等效电路。

从 T 形等效电路可以看出：负载运行时，尽管外加电压 $\dot{U}_1$ 不变，但由于 $\dot{I}_1 Z_1$ 的影响，激磁支路两端电压的数值仍将略有减小，激磁电流 I_0 也略有减小，从而主磁通幅值 $\varPhi_m$ 也将略有减小。

2. 近似 Γ 形等效电路

T 形等效电路较准确地反映了变压器内部的电磁关系，但它含有串联和并联支路，进行复数运算时比较麻烦。考虑到 $I_{1N} \gg I_0$、$Z_m \gg Z_1$，且当负载变化时，$\dot{E}_1$ 变化很小，故可认为 $\dot{I}_0$ 不随负载而变化。这样便可把 T 形等效电路中的激磁支路移到电源端，如图 2-10 所

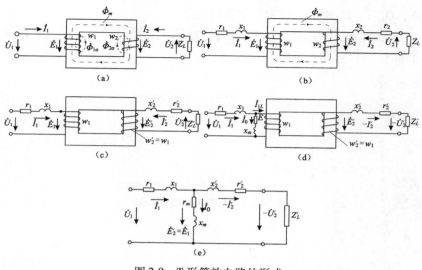

图 2-9　T 形等效电路的形式

示，称为近似 Γ 形等效电路。如此近似对 $\dot{I}_1$、$\dot{I}_2$ 的数值引起的误差很小，可略去不计，但却使计算大为简化。

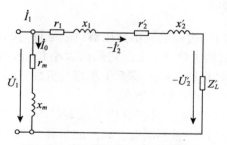

图 2-10　变压器近似 Γ 形等效电路

3. 简化等效电路

在电力变压器中，由于空载电流很小，$I_0 = (0.02 \sim 0.1)I_{1N}$，故在工程计算中可以忽略，即去掉激磁支路而得到一个更简单的串联电路，如图 2-11 所示，称为简化等效电路。

在近似 Γ 形等效电路和简化等效电路中，可以将原、副边参数合并起来，即

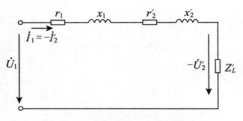

图 2-11　变压器简化等效电路

$$\begin{cases} r_k = r_1 + r_2' \\ x_k = x_1 + x_2' \\ Z_k = Z_1 + Z_2' \end{cases} \tag{2-26}$$

式中：Z_k—— 变压器的短路阻抗；

　　　r_k—— 变压器的短路电阻；

　　　x_k—— 变压器的短路电抗。

2.3.5　相量图

根据式（2-25），可以绘制出变压器负载运行时的相量图，即将各个物理量（假定都是正弦量）按照它们的大小和相位关系，在相量图上表示出来，感性负载（$\cos\varphi_2$ 滞后）和容性负载（$\cos\varphi_2$ 超前）时的相量图分别如图 2-12（a）、（b）所示。

相量图的具体画法，要视分析变压器时所给的具体条件而定，当给出的已知量和待求量不同时，画图的步骤就不一样，但各电磁量之间的关系仍是不变的。

假定已知感性负载情况，即已知 $\dot{U}_2$、$\dot{I}_2$ 和 $\cos\varphi_2$，以及变压器的变比 k 和参数 r_1、x_1、r_2、x_2、r_m、x_m 等，则绘图的步骤［参看图 2-12（a）］如下：

（1）根据已知的变比 k 算出 U_2'、I_2'、r_2'、x_2'，然后按比例绘出 $\dot{U}_2'$

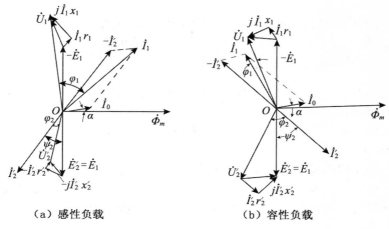

（a）感性负载　　　　（b）容性负载

图 2-12　负载运行时变压器的相量图

和 $\dot{I}'_2$ 的相量，它们之间的夹角为 φ_2。

（2）在 $\dot{U}'_2$ 的末端加上副边的漏阻抗压降 $\dot{I}'_2 r'_2$ 和 $j\dot{I}'_2 x'_2$，根据式（2-25）中第二式可得 $\dot{E}'_2$。绘图时，注意使 $\dot{I}'_2 r'_2$ 与 $\dot{I}'_2$ 同相，$j\dot{I}'_2 x'_2$ 和 $\dot{I}'_2$ 超前 $90°$。

（3）由 $\dot{E}'_2 = \dot{E}_1$，可得到 $\dot{E}_1$，将它转过 $180°$，便是 $-\dot{E}_1$。主磁通 $\dot{\Phi}_m$ 比 $\dot{E}_1$ 超前 $90°$，大小由 $\Phi_m = \dfrac{E_1}{4.44 f w_1}$ 算出。

（4）激磁电流分量 $\dot{I}_0$，先算出 $I_0 \left(\text{等于} \dfrac{E_1}{z_m}\right.$，其中激磁阻抗 $z_m = \sqrt{r_m^2 + x_m^2}$ ）后，由 $\dot{I}_0$ 相位上超前于 $\dot{\Phi}_m$ 一个角度 $\alpha \left(\alpha = \arctan \dfrac{r_m}{x_m}\right)$ 便可绘出。

（5）根据式（2-25）第三式，将相量 $\dot{I}_0$ 与 $-\dot{I}'_2$ 相加，便可绘出原边电流 $\dot{I}_1$。

（6）作出相量 $-\dot{E}_1$，再按式（2-25）第一式在相量 $-\dot{E}_1$ 的末端加

上 $\dot{I}_1 r_1$ 及电抗压降 $j\dot{I}_1 x_1$，即得原边电压 $\dot{U}_1$。由图可见，$\dot{I}_1$ 滞后于 $\dot{U}_1$ 一个 φ_1 角。由于 $\varphi_1 < \varphi_0$。故负载时的 $\cos\varphi_1$ 有所提高。

图 2-12(b) 是容性负载时的相量图，仍依上述步骤绘出。不过此时 $\dot{I}'_2$ 超前 $\dot{E}'_2$ 一个 φ_2 角，且 φ_1 很小（而且可能是超前角），这说明 $\cos\varphi_1$ 提高了。

由相量图可见：感性负载时，$U'_2 < U_1$；而容性负载时，可能出现 $U'_2 > U_1$。

图 2-12 对应于变压器的 T 形等效电路。变压器的短路漏电抗为 $x_k = x_1 + x'_2$，由于实际上很难用试验方法将 x_1 和 x'_2 分开，故分析负载运行时，常根据图 2-11 的简化等效电路来绘制相量图。感性负载时变压器的简化相量图如图 2-13 所示，显然，简化相量图中忽略了 $\dot{I}_0$。

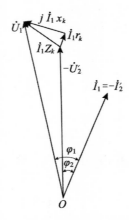

图 2-13　感性负载下变压器的简化相量图

2.4　变压器参数的测定

变压器等效电路中的参数，可以用空载试验和短路试验来测定。这两个试验是变压器试验中的主要项目。

通过空载、短路试验，不仅可以测定变压器的参数，而且还能测得空载损耗、短路损耗、短路电压等量，以便用来分析变压器的运行情况。

2.4.1　空载试验

空载试验可求出变比 k、空载电流 I_0、空载损耗 p_0 和激磁阻抗 Z_m 等。空载试验接线图如图 2-14 所示。

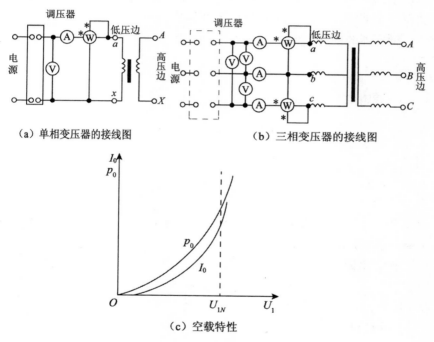

（a）单相变压器的接线图　　　　　（b）三相变压器的接线图

（c）空载特性

图 2-14　变压器的空载试验

考虑到空载试验时所加电压较高，并且电流较小，一般在低压边加电压，将高压边开路。为了测出变压器的空载特性，可用调压器调节外加电压 U_1，使 U_1 从零逐步升至 $1.15U_{1N}$ 为止，每次读出 I_0、U_1、p_0，即可绘出空载特性曲线 I_0、$p_0 = f(U_1)$ 来。曲线 $I_0 = f(U_1)$ 是变压器的磁化特性，如图 2-14（c）所示。从曲线上查出额定电压 U_{1N} 时的 I_0 与 p_0 值，据此可以计算出额定电压处的激磁电阻 r_m、激磁电抗 x_m 与激磁阻抗 Z_m。

空载试验时，变压器副边开路，无电流，不输出有功功率，也无铜耗；原绕组中只有很小的电流 I_0。产生的空载铜耗很小，可以忽略。如所加电压为额定值，铁芯中的磁密为正常值，则铁耗也为正常值，可以认为 $p_0 \approx p_{\text{Fe}}$，即空载损耗近似地等于铁耗。

根据测量结果及高压边空载电压 U_{20}，参考空载运行时的等效电路图 2-6（b），可以计算变压器的下列参数。

变压器的变比

$$k = \frac{U_{20}}{U_1}$$

空载阻抗

$$z_0 = \frac{U_1}{I_0}$$

且

$$r_0 = \frac{p_0}{I_0^2}$$

上式中 $z_0 = |Z_1 + Z_m|$，$r_0 = r_1 + r_m$，$x_0 = x_1 + x_m$。由于 $r_1 \ll r_m$，$x_1 \ll x_m$，可知 $z_1 \ll z_m$。

激磁电阻

$$r_m \approx r_0 = \frac{p_0}{I_0^2} \tag{2-27}$$

激磁阻抗

$$z_m \approx z_0 = \frac{U_1}{I_0} \tag{2-28}$$

激磁电抗

$$x_m = \sqrt{z_m^2 - r_m^2} \tag{2-29}$$

上面计算出的数值是单相变压器或三相变压器一相的数值，因此，如果是三相变压器，则必须将式中的电压、电流和功率化为一相的数值进行计算。

空载试验是在低压边进行的，所测得的激磁阻抗是折算到低压边的数值，如要得到高压边的数值，还必须折算回高压边。

在额定电压时，一般电力变压器空载损耗在额定容量的 1% 以下，随着变压器容量的增大，I_0 和 p_0 的相对于额定电流、额定容量的百分比也将降低。

[**例 2-1**]　一台三相电力变压器，连接组为 $\curlyvee / \curlyvee_0 - 12$，$S_N = 100\mathrm{kV \cdot A}$，$\dfrac{U_{1N}}{U_{2N}} = \dfrac{6}{0.4\mathrm{kV}}$，$\dfrac{I_{1N}}{I_{2N}} = \dfrac{9.63}{144}\mathrm{A}$，在低压边作空载试验时，测得 $I_0 = 9.37\mathrm{A}$，$p_{0\varSigma} = 600\mathrm{W}$，$f = 50\mathrm{Hz}$，试求一相的激磁阻抗。

[**解**]　因为是 $\curlyvee$ 接法，故

相电压

$$U_{1N\phi} = \frac{6000}{\sqrt{3}}\mathrm{V} = 3464\mathrm{V}$$

$$U_{2N\phi} = \frac{400}{\sqrt{3}}\mathrm{V} = 231\mathrm{V}$$

变比

$$k = \frac{3464}{231} = 15$$

每相损耗

$$p_{0\phi} = \frac{p_{0\varSigma}}{3} = \frac{600}{3}\mathrm{W} = 200\mathrm{W}$$

激磁阻抗

$$z'_m \approx z'_0 = \frac{U_{2N\phi}}{I'_0} = \frac{231}{9.37}\Omega = 24.7\Omega$$

激磁电阻

$$r'_m \approx r'_0 = \frac{p_{0\phi}}{(I'_0)^2} = \frac{200}{9.37^2}\Omega = 2.28\Omega$$

激磁电抗

$$x'_m = \sqrt{(z'_m)^2 + (r'_m)^2} = \sqrt{24.7^2 - 2.28^2}\,\Omega = 24.6\Omega$$

这些都是低压边的数值，折算到高压边时为

$$z_m = k^2 z'_m = 15^2 \times 24.7\Omega = 5558\Omega$$

$$r_m = k^2 r'_m = 15^2 \times 2.28\Omega = 513\Omega$$

$$x_m = k^2 x'_m = 15^2 \times 24.6\Omega = 5535\Omega$$

空载电流的百分数为 $\dfrac{I_0}{I_{2N}} = \dfrac{9.37}{144} = 6.5\%$

空载损耗的百分数为 $\dfrac{F_{0\Sigma}}{S_N} = \dfrac{600}{100 \times 10^3} = 0.6\%$

2.4.2 短路试验

由短路试验可以测出变压器的铜耗 p_{Cu} 以及短路阻抗 z_k，从而计算出短路参数。短路试验接线如图 2-15 所示。

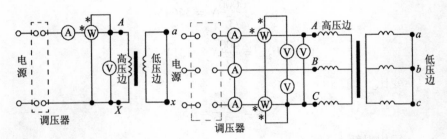

(a) 单相变压器接线图　　　　　　　　(b) 三相变压器接线图

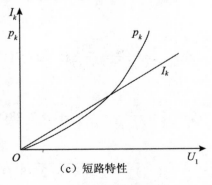

(c) 短路特性

图 2-15　变压器的短路试验

为了便于测量，通常将高压绕组接电源，低压绕组直接短路。由简化等效电路可以看出，当低压绕组短路时，外施电压仅用来克服变压器的短路阻抗压降。一般电力变压器的短路阻抗 z_k 很小，为了避免过大的短路电流损坏绕组，短路试验应在低压下进行。试验时，用调压器使电压由零逐渐增大，直到原边电流 I_k 等于额定电流 I_{1N} 的 1.2 倍为止。测出此时各外施电压 U_k、输入功率 P_k（即为短路损耗 p_k）和短路电流 I_k，并记录周围环境温度，据此可以绘制出短路特性 I_k、p_k $= f(U_k)$，如图 2-15（c）所示。由于短路阻抗 z_k 是常数，故 $I_k = f(U_k)$ 为一条直线。根据额定电流时的 I_k、p_k 与 U_k，可以计算出短路阻抗等参数。

短路试验时，变压器并不输出功率，原边从电源吸收的有功功率在哪里损耗了呢？首先是铜耗。原绕组电流为额定值，副绕组电流也为额定值，这时原、副绕组上的铜耗都等于额定负载时的铜耗。其次是铁耗。由简化等效电路（见图 2-11）可以看出，由于副边短路，从原边看进去的阻抗就是短路阻抗 z_k。当电流为额定值时，原边端电压 $U_k = I_{1N} z_{k1}$。U_k 比额定电压低得多，一般为额定电压的 4% ~ 17.5%，因而铁芯中主磁通和磁密也比正常运行时低得多。由于铁耗近似地和磁密的平方成正比，故短路试验时的铁耗比正常运行时小得多，同时激磁电流分量也比额定电压下的激磁电流小得多，均可以忽略不计，故可以近似地认为

$$p_k = p_{Cu}$$

根据测量结果，可以计算出下列参数。

短路阻抗

$$z_k = \frac{U_k}{I_k} \tag{2-30}$$

短路电阻

$$r_k = \frac{p_k}{I_k^2}$$

短路电抗

$$x_k = \sqrt{z_k^2 - r_k^2}$$

$$\left.\begin{matrix} \\ \\ \\ \\ \end{matrix}\right\} \tag{2-31}$$

绕组电阻的大小是随温度而变化的，而试验时的温度和变压器实际运行时不同。因此，按国家相关标准规定，测出的绕组电阻应换算到75℃时的数值，换算公式如下：

对于铜线变压器

对于铝线变压器

$$\left. \begin{array}{l} r_{k75℃} = r_{k\theta} \dfrac{235 + 75}{235 + \theta} \\[4mm] r_{k75℃} = r_{k\theta} \dfrac{228 + 75}{228 + \theta} \end{array} \right\} \qquad (2\text{-}32)$$

式中：θ—— 试验时的环境温度；

$r_{k\theta}$—— 在环境温度下测出的短路电阻。

故 75℃时的阻抗值

$$z_{k75℃} = \sqrt{r_{k75℃}^2 + x_k^2} \qquad (2\text{-}33)$$

短路损耗 p_k 和短路电压 U_k 也应换算到75℃ 时的数值

$$\begin{cases} p_{k75℃} = I_{1N}^2 r_{k75℃} \\ U_{k75℃} = I_{1N} z_{k75℃} \end{cases} \qquad (2\text{-}34)$$

短路试验时，一般将电源加在高压边，因此测得的短路参数就是折算到高压边的数据。一般电力变压器在额定电流下的短路损耗 p_k 为额定容量的 0.4% ~ 4%。

上面公式计算所得到的参数是单相变压器或三相变压器一相的数值。故用于计算三相变压器时，应注意先化为一相的数值再进行计算。

若试验时不具备将 I_k 调节到等于 I_N 的条件，也可以降低试验电流，但最低不应小于额定电流的 25%，然后近似地按短路损耗与电流平方成正比、短路电压与电流成正比的关系，将 p_k、U_k 换算到额定电流时的数值

$$\begin{cases} p_{kN} = p_k \left(\dfrac{I_{1N}}{I_k} \right)^2 \\[4mm] U_{kN} = U_k \dfrac{I_{1N}}{I_k} \end{cases} \qquad (2\text{-}35)$$

短路电阻 r_k 也可用其他方法测得，例如用直流电桥测量（此时所测得的电阻值略小，因直流测量没有集肤效应）。原、副绕组的电阻不难分开，但原、副绕组的漏电抗很难用试验方法分开。在画 T 形等效电路图时，通常取 $x_1 = x_2'$，即 $x_1 = x_2' = \frac{1}{2}x_k$。对于电阻，也可取 $r_1 = r_2' = \frac{1}{2}r_k$。这样取值和实际情况相差不大。

[**例 2-2**]　以例 2-1 的变压器为例，在高压侧加电源作短路试验，测得 $I_k = 9.4\mathrm{A}$，$U_k = 317\mathrm{V}$，$p_{k\Sigma} = 1920\mathrm{W}$，试验时环境温度 $\theta = 25℃$。试求一相的短路参数，求 p_{kN} 与 U_{kN}，并求出它们对各自额定值的百分比。

[**解**]　相电压

$$U_{k\varphi} = \frac{317}{\sqrt{3}}\mathrm{V} = 183\mathrm{V}$$

相电流

$$I_{k\varphi} = I_k = 9.4\mathrm{A}$$

因 $I_{1N} = 9.63\mathrm{A}$，可以先用电流 I_k 计算出各短路参数，然后求出 $r_{k75℃}$、$z_{k75℃}$，再用 $I_{1N} = 9.63\mathrm{A}$ 计算 p_{kN} 与 U_{kN} 的值。

每相短路损耗

$$p_{k\varphi} = \frac{p_{k\Sigma}}{3} = \frac{1920}{3}\mathrm{W} = 640\mathrm{W}$$

短路阻抗

$$z_k = \frac{183}{9.4}\Omega = 19.5\Omega$$

短路电阻

$$r_k = \frac{640}{9.4^2}\Omega = 7.24\Omega$$

短路电抗

$$x_k = \sqrt{19.5^2 - 7.24^2}\,\Omega = 18.1\Omega$$

折算到 75℃ 时的数值

$$r_{k75℃} = 7.24 \times \frac{235 + 75}{235 + 25}\Omega = 8.63\,\Omega$$

$$z_{k75℃} = \sqrt{8.63^2 + 18.1^2}\,\Omega = 20\,\Omega$$

$$p_{kN} = 3I_{1N}^2 r_{k75℃} = 3 \times 9.63^2 \times 8.63\,\mathrm{W} = 2400\,\mathrm{W}$$

$$U_{kN} = \sqrt{3}\,I_{1N}z_{k75℃} = \sqrt{3} \times 9.63 \times 20\,\mathrm{V} = 334\,\mathrm{V}$$

此时

$$\frac{p_{kN}}{S_N} = \frac{2400}{100 \times 10^3} = 0.024 = 2.4\%$$

$$\frac{U_{kN}}{U_{1N\varphi}} = \frac{334}{3464} = 0.0964 = 9.64\%$$

2.5 标 么 值

在变压器、电机的工程计算中，各物理量如电压、电流、阻抗和功率等往往不用它们的实际值来表示，而取这些物理量的某一值为基值，把各物理量表示成实际值与基值之比，称为该物理量的标么值。标么值实际上是一种相对值，计算时，通常取各物理量的额定值作其基值。即

$$标么值 = \frac{实际值(任意单位)}{基值(与实际值同单位)}$$

为了表示标么值与实际值的区别，我们在各物理量符号的右上角加上"$*$"来表示该物理量的标么值，如 U^*、I^* 等。

若以变压器的额定值作为基值，则原、副边电压标么值分别为

$$\begin{cases} U_1^* = \dfrac{U_1}{U_{1N}} \\[2mm] U_2^* = \dfrac{U_2}{U_{2N}} \end{cases} \tag{2-36}$$

原、副边电流标么值分别为

$$\begin{cases} I_1^* = \dfrac{I_1}{I_{1N}} \\[3mm] I_2^* = \dfrac{I_2}{I_{2N}} \end{cases} \tag{2-37}$$

上面 U_{1N}、U_{2N}、I_{1N}、I_{2N} 为基本基值，阻抗基值 z_{1N}、z_{2N} 以及功率基值 S_N 与基本基值有一定的关系，称为导出基值（$S_N = U_{1N}I_{1N} = U_{2N}I_{2N}$）。

原、副边阻抗的基值分别为

$$\begin{cases} z_{1N} = \dfrac{U_{1N}}{I_{1N}} \\[3mm] z_{2N} = \dfrac{U_{2N}}{I_{2N}} \end{cases} \tag{2-38}$$

原、副边漏阻抗的标么值（注意电阻、电抗、阻抗的基值均为各自的阻抗基值 z_{1N} 或 z_{2N}）分别为

$$\begin{cases} z_1^* = \dfrac{z_1}{z_{1N}} = \dfrac{I_{1N}z_1}{U_{1N}} \\[3mm] z_2^* = \dfrac{z_2}{z_{2N}} = \dfrac{I_{2N}z_2}{U_{2N}} \\[3mm] r_1^* = \dfrac{r_1}{z_{1N}} = \dfrac{I_{1N}r_1}{U_{1N}} \\[3mm] r_2^* = \dfrac{r_2}{z_{2N}} = \dfrac{I_{2N}r_2}{U_{2N}} \\[3mm] x_1^* = \dfrac{x_1}{z_{1N}} = \dfrac{I_{1N}x_1}{U_{1N}} \\[3mm] x_2^* = \dfrac{x_2}{z_{2N}} = \dfrac{I_{2N}x_2}{U_{2N}} \end{cases} \tag{2-39}$$

值得指出的是，对三相变压器，式中各量均应换算为相值计算。

上式表明，阻抗的标么值等于额定电流在该阻抗上产生的电压降的标么值。

采用标么值具有下列优点。

（1）可以方便地分析比较变压器的性能　不论变压器容量大小和电压高低，用标么值表示时，所有电力变压器的参数及性能数据总在一定的范围以内，便于分析比较。例如短路阻抗的变化范围为 0.04 ~ 0.175，即 $z_k^* = 0.04 ~ 0.175$，再如空载电流的变化范围为 0.02 ~ 0.10，即 $I_0^* = 0.02 ~ 0.10$。

（2）采用标么值计算可不必折算　变压器的阻抗由低压边折算到高压边时应乘以 k^2，反向折算时应除以 k^2。如采用标么值时，原、副边标么值相等，可不必再折算，运算十分方便。下面以副绕组电阻为例进行说明。

$$r_2^* = \frac{r_2}{U_{2N}/I_{2N}} = \frac{I_{2N}r_2}{U_{2N}} = \frac{(I_{2N}U_{2N})r_2}{U_{2N}^2}$$

$$= \frac{(U_{1N}I_{1N})r_2}{U_{2N}^2} = \frac{U_{1N}I_{1N}r_2}{U_{1N}^2/k^2} = \frac{I_{1N}r_2'}{U_{1N}} = r_2'^* \qquad (2\text{-}40)$$

同理可得

$$x_2^* = x_2'^*$$
$$z_2^* = z_2'^*$$

（3）采用标么值可简化物理量的数值　例如该物理量等于其额定值时，其标么值是 1。简明清楚，计算简便。

（4）采用标么值可使某些不同单位的物理量相等　例如

$$z_k^* = \frac{z_k}{z_{1N}} = \frac{I_{1N}z_k}{U_{1N}} = \frac{U_{kN}}{U_{1N}} = U_{kN}^* = u_k \qquad (2\text{-}41)$$

即短路阻抗标么值等于短路电压标么值。

U_{kN}^* 常写成 u_k，称为变压器的短路电压，或称阻抗电压，是变压器的重要技术数据，常标在变压器的铭牌上。从运行角度来看，希望 u_k 小些，这样变压器的输出电压随负载大小变化而产生的波动小。但 u_k 太小，即 z_k^* 太小，则变压器短路电流太大，可能损坏变压器。一般中、小型电力变压器 $u_k = 4\% ~ 10.5\%$，大型变压器为 12.5% ~ 17.5%。

另外，u_k 是漏阻抗压降标么值，可以分为电阻分量（也称有功分量）u_{kr} 和电抗分量（也称无功分量）u_{kx}。即

$$u_{kr} = \frac{I_{1N}r_{k75℃}}{U_{1N}} = r_{k75℃}^{*}$$

$$u_{kx} = \frac{I_{1N}x_{k}}{U_{1N}} = x_{k}^{*}$$

$$u_{k} = \sqrt{u_{kr}^{2} + u_{kx}^{2}} = z_{k}^{*}$$

额定负载时，铜耗的标么值等于短路电阻标么值，即 $p_{kN}^{*} = r_{k}^{*}$，因为

$$p_{kN}^{*} = \frac{p_{kN}}{S_{N}} = \frac{I_{1N}^{2}r_{k}}{U_{1N}I_{1N}} = \frac{I_{1N}r_{k}}{U_{1N}} = \frac{r_{k}}{z_{1N}} = r_{k}^{*} \tag{2-42}$$

激磁电流的标么值与激磁阻抗标么值互为倒数关系，即 $I_{0}^{*} = \frac{1}{z_{m}^{*}}$，因为

$$I_{0}^{*} = \frac{I_{0}}{I_{1N}} = \frac{U_{1N}/z_{m}}{U_{1N}/z_{1N}} = \frac{z_{1N}}{z_{m}} = \frac{1}{z_{m}/z_{1N}} = \frac{1}{z_{m}^{*}} \tag{2-43}$$

[例2-3] 一台单相变压器 $S_{N} = 20000\,\text{kV·A}$，$\dfrac{U_{1N}}{U_{2N}} = \dfrac{220/\sqrt{3}}{11}\text{kV}$，$f = 50\text{Hz}$，阻抗参数 $r_{1} = r_{2}' = 3.22\Omega$，$x_{1} = x_{2}' = 29.15\Omega$，$r_{m} = 3040\Omega$，$x_{m} = 32200\Omega$，负载阻抗 $Z_{L} = 4.6 + j3.45\Omega$。试求原边加额定电压时副边的电流、电压和负载的功率因数。

[解] 用 T 形等效电路求解，为了计算方便，采用标么值。
变比

$$k = \frac{U_{1N}}{U_{2N}} = \frac{220/\sqrt{3}}{11} = 11.54$$

原边电压

$$U_{1N} = \frac{220}{\sqrt{3}} \times 10^{3}\text{V} = 127 \times 10^{3}\text{V}$$

原、副边额定电流分别为

$$I_{1N} = \frac{S_{N}}{U_{1N}} = \frac{20000 \times 10^{3}}{127 \times 10^{3}}\text{A} = 157.48\text{A}$$

$$I_{2N} = \frac{S_{N}}{U_{2N}} = \frac{20000 \times 10^{3}}{11 \times 10^{3}}\text{A} = 1818.2\text{A}$$

各阻抗参数的标么值

$$r_1^* = r_2'^* = \frac{I_{1N}r_1}{U_{1N}} = \frac{157.48 \times 3.22}{127 \times 10^3} = 0.004$$

$$x_1^* = x_2'^* = \frac{I_{1N}x_1}{U_{1N}} = \frac{157.48 \times 29.15}{127 \times 10^3} = 0.036$$

$$r_m^* = \frac{I_{1N}r_m}{U_{1N}} = \frac{157.48 \times 3040}{127 \times 10^3} = 3.77$$

$$x_m^* = \frac{I_{1N}x_m}{U_{1N}} = \frac{157.48 \times 32200}{127 \times 10^3} = 39.9$$

$$r_L^* = \frac{I_{2N}r_L}{U_{2N}} = \frac{1818.2 \times 4.6}{11 \times 10^3} = 0.76$$

$$x_L^* = \frac{I_{2N}x_L}{U_{2N}} = \frac{1818.2 \times 3.45}{11 \times 10^3} = 0.57$$

原边电流

$$\dot{I}_1^* = \frac{\dot{U}_1^*}{Z_d^*}$$

其中等效阻抗(从原边看进去的总阻抗)

$$Z_d^* = Z_1^* + \frac{Z_m^*(Z_2^* + Z_L^*)}{Z_m^* + Z_2^* + Z_L^*}$$

$$= 0.004 + j0.036 + \frac{(3.77 + j39.9)(0.764 + j0.606)}{(3.77 + j39.9) + (0.004 + j0.036) + (0.76 + j0.57)}$$

$$= 0.985 \underline{/40.88°}$$

取 $\dot{U}_1^* = 1 \underline{/0°}$ 为参考相量

则

$$\dot{I}_1^* = \frac{1 \underline{/0°}}{0.985 \underline{/40.88°}} = 1.015 \underline{/-40.88°}$$

因

$$\dot{U}_1^* = -\dot{E}_1^* + \dot{I}_1^* Z_1^*$$

故

$$-\dot{E}_1^* = \dot{U}_1^* - \dot{I}_1^* Z_1^* = 1 \underline{/0°} - 1.015 \underline{/-40.88°}(0.004 + j0.036)$$

$$= 0.973 \underline{/-1.47°}$$

由此可得

$$\dot{E}_2^* = -\dot{E}_1^* \underline{/-180°} = 0.973 \underline{/-181.47°}$$

$$\dot{I}_2^* = \frac{\dot{E}_2^*}{Z_2^* + Z_L^*} = \frac{0.973 \underline{/-181.47°}}{(0.004 + j0.036) + (0.76 + j0.57)}$$

$$= -0.998 \underline{/-219.9°}$$

$$I_2 = 0.998 \times 1818.2\text{A} = 1814.6\text{A}$$

副边电压为

$$\dot{U}_2^* = \dot{I}_2^* Z_L^* = 0.998 \underline{/-221.36°}(0.76 + j0.57) = 0.948 \underline{/-183°}$$

$$U_2 = 0.948 \times 11\text{kV} = 10.43\text{kV}$$

$\dot{U}_2$ 和 $\dot{I}_2$ 的夹角为

$$\varphi_2 = (-183°) - (-219.9°) = 36.9°$$

故负载功率因数为

$$\cos\varphi_2 = \cos36.9° = 0.8$$

也可直接从负载阻抗 Z_L 求出 $\cos\varphi_2$

$$\cos\varphi_2 = \frac{r_L}{\sqrt{r_L^2 + x_L^2}} = \frac{4.6}{\sqrt{4.6^2 + 3.45^2}} = \frac{4.6}{5.75} = 0.8$$

2.6　电压变化率及电压调节

　　变压器带负载后，由于变压器的内部存在着漏阻抗，流过负载电流时产生漏阻抗压降，使副边端电压随负载电流的变化而变化。通常用电压变化率（又称电压调整率）来表示副边电压变化的程度。电压变化率是表征变压器运行性能的重要指标之一，这项指标反映了变压器供电电压的稳定性。所谓电压变化率是指在原边电压保持为额定值、负载功率因数为给定值时，空载与额定负载时副边端电压变化的相对值。

　　电压变化率

$$\Delta u = \frac{U_{20} - U_2}{U_{2N}} = \frac{k(U_{20} - U_2)}{kU_{2N}} = \frac{U_{1N} - U_2'}{U_{1N}} = 1 - U_2^* \qquad (2\text{-}44)$$

电压变化率 Δu 与变压器的短路参数和负载的大小及性质有关，可以由简化相量图求出。图 2-16 为求取电感性负载时电压变化率 Δu 的变压器的简化相量图。

利用图 2-16 求取 Δu 的方法如下。

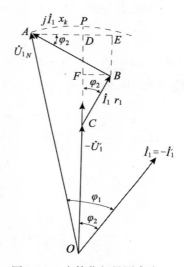

图 2-16　由简化相量图求取 Δu

由于 U_1 为额定值，则 $\overline{OA} = U_1^* = 1$。以 O 为圆心，$\overline{OA}$ 为半径画弧，延长 $\overline{OC}$ 交圆弧于 P 点。作 $\overline{AE} \perp \overline{OP}$，$\overline{BE} \mathbin{/\!/} \overline{OP}$。此时应注意 $\overline{AE}$ 与 $\overline{BE}$ 交于 E 点，$\overline{AE}$ 与 $\overline{OP}$ 交于 D 点。作 $\overline{BF} \perp \overline{OP}$，交 $\overline{OP}$ 于 F 点。令 $\overline{AD} = n_k$，$\overline{CD} = m_k$，又 $I_1 = I_{1N}$，故 $I_1^* = 1$。则

$$\overline{CB} = I_1^* r_k^* = u_{kr}$$

$$\overline{AB} = I_1^* x_k^* = u_{kx}$$

由式（2-44）可知，要求 Δu 得先求 u_2^*。由图 2-16 可见

$$U_2^* = \sqrt{\overline{OA}^2 - \overline{AD}^2} - \overline{CD} = \sqrt{1 - n_k^1} - m_k$$

又　　　　　　　　　　　$$n_k \ll d$$

故

$$\sqrt{1 - n_k^2} \approx 1 - \frac{1}{2}n_k^1$$

以此代入上式求得 U_2^*，再将 U_2^* 代入式（2-44）得

$$\Delta u = 1 - \left(1 - \frac{1}{2}n_k^2 - m_k\right) = m_k + \frac{1}{2}n_k^2$$

由图 2-16 可见

$$\overline{CD} = \overline{CF} + \overline{FD} = \overline{CB}\cos\varphi_2 + \overline{AB}\sin\varphi_2$$

即

$$m_k = u_{kr}\cos\varphi_2 + u_{kx}\sin\varphi_2$$

$$\overline{AD} = \overline{AE} - \overline{DE} = \overline{AE} - \overline{FB} = \overline{AB}\cos\varphi_2 - \overline{CB}\sin\varphi_2$$

即

$$n_k = u_{kx}\cos\varphi_2 - u_{kr}\sin\varphi_2$$

故

$$\Delta u = u_{kr}\cos\varphi_2 + u_{kx}\sin\varphi_2 + \frac{1}{2}(u_{kx}\cos\varphi_2 - u_{kr}\sin\varphi_2)^2$$

$$= r_k^*\cos\varphi_2 + x_k^*\sin\varphi_2 + \frac{1}{2}(x_k^*\cos\varphi_2 - r_k^*\sin\varphi_2)^2$$

这样求出的 Δu 是在额定负载情况下的。

在任意负载（简称任载）时，若负载系数为 β，则此时的 Δu 为

$$\Delta u_\beta = I_1^*(r_k^*\cos\varphi_2 + x_k^*\sin\varphi_2) + \frac{1}{2}I_1^{*2}(x_k^*\cos\varphi_2 - r_k^*\sin\varphi_2)^2$$

$$= \beta(r_k^*\cos\varphi_2 + x_k^*\sin\varphi_2 + \frac{1}{2}\beta^2(x_k^*\cos\varphi_2 - r_k^*\sin\varphi_2)^2$$

上式中等号右边第二项数值很小，在不需特别准确的计算中，可将第二项略去。则上式变成简化计算公式

$$\Delta u_\beta = \beta(r_k^*\cos\varphi_2 + x_k^*\sin\varphi_2) \tag{2-45}$$

上式表明，在感性负载下，电流滞后于电压，$\varphi_2 > 0$，Δu 为正

值，即带负载后副边端电压比空载电压低。若是容性负载，$\varphi_2 < 0$，则 $\sin\varphi_2$ 为负值，Δu 可能得负值，即带负载后副边端电压可能比空载电压高。

当变压器带额定负载时，$\beta = 1$，此时推导出来的电压变化率简化计算公式为

$$\Delta u = r_k^* \cos\varphi_2 + x_k^* \sin\varphi_2 = u_{kr}\cos\varphi_2 + u_{kx}\sin\varphi_2 \qquad (2\text{-}46)$$

当原边电压与负载的功率因数不变时，变压器副边电压与负载电流的关系称为变压器的外特性，画成曲线如图 2-17 所示。

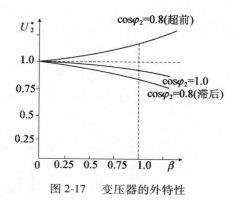

图 2-17　变压器的外特性

一般电力变压器，当 $\cos\varphi_2 = 0.8$（滞后）时，其额定负载时的电压变化率 Δu 为 $5\% \sim 8\%$。

由以上分析可知，变压器运行时，副边端电压随负载变化而变化，如果变化范围太大，则给用户带来不利影响。为了使副边电压仅在允许范围内变化，必须进行电压调整。通常在变压器高压绕组上设有抽头（分接头），用以调节高压绕组的实际工作匝数（亦即调节变比）来达到调节副边电压的目的。如图 2-18 所示，中、小型变压器一般有三个分接头位置，如图 2-18（a）所示，中间分接头相当于额定电压，另外的两个分接头相当于额定电压改变 $\pm 5\%$。大型变压器一般有五个分接头位置，如图 2-18（b）所示，相应的电压调压范围为额定值的 $\pm 2.5\%$、$\pm 5\%$。分接头利用装在油箱上的分接开关来调节。

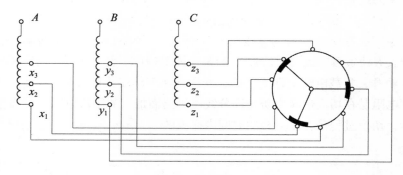

（a）在三相绕组中点调压

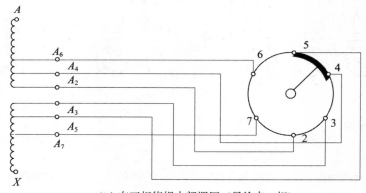

（b）在三相绕组中部调压（只绘出一相）

图 2-18　无激磁调压的原理图

　　分接开关有无载分接开关（切换分接头时必须是在变压器原边和副边均与电网断开的情况下进行）和有载分接开关（切换分接头时不必将变压器从电网切除，可带负载切换）两种。为了实现有载调压，切换过程中就需要有过渡电路，过渡电路分电阻式与电抗式两种，电阻式有载调压开关如图 2-19 所示。电抗式有载调压开关，由于其体积大，耗材多，工作时触头烧蚀严重，现已很少采用。

　　图 2-19 中 S_1、S_2 是选择开关，它们是不切换负载电流的，其作用是将要切换的分接头预先接通。下面介绍从分接头 3 切换到分接

头 4 的过程：图 2-19(a) 表示切换前变压器工作在分接头 3 位置，图 2-19(b) 表示将 S_2 接通分接头 4(选择开关 S_1 可与分接头 1、3、5 接通，选择开关 S_2 可与分接头 2、4 接通)。图 2-19(c) 表示转动切换开关 K 使负载电流同时流过 S_1 和 S_2。图 2-19(d) 表示继续转动 K 使与 S_1 断开，负载电流全部流过 S_2，变压器便工作在分接头 4 位置上。过渡电阻是在切换过程中防止部分线匝短路而加入的限流电阻。应当指出，切换过程是在十分短的时间内完成的。

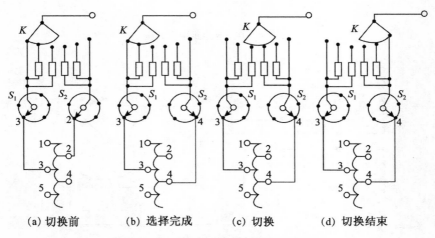

(a) 切换前　　　(b) 选择完成　　　(c) 切换　　　(d) 切换结束

图 2-19　电阻式有载分接头开关原理图

2.7　变压器的损耗和效率

在能量传递过程中，变压器内部产生损耗，致使输出功率小于输入功率。输出功率与输入功率之比称为变压器的效率。即

$$\eta = \frac{P_2}{P_1} \tag{2-47}$$

式中：P_2——副绕组输出的有功功率；

P_1——原绕组输入的有功功率。

效率反映了变压运行的经济性，效率是变压器运行性能的一个重要指标。在额定负载下，中、小型变压器效率一般为 95% ~ 98%，大型变压器可达 99% 以上。

在变压器的负载运行中原边从电网吸收的有功功率为 $P_1(U_1 I_1 \cos\varphi_1)$，其中一小部分功率消耗在原绕组的电阻 r_1 上（$I_1^2 r_1$）和铁芯损耗上（$I_0^2 r_m$），其余部分由主磁通通过电磁感应作用传递给副绕组，称为电磁功率 P_{em}。

$$P_{em} = E_2 I_2 \cos\psi_2 \qquad (2\text{-}48)$$

式中：ψ_2——$\dot{E}_2$ 与 $\dot{I}_2$ 之间的相角差。

P_{em} 中又有一小部分消耗在副绕组的电阻 r_2 上（$I_2^2 r_2$），其余输送给负载，即输出功率 P_2 为

$$P_2 = U_2 I_2 \cos\varphi_2 \qquad (2\text{-}49)$$

式中：φ_2——负载的功率因数角。

上述情况就是变压器的功率平衡关系，变压器的功率平衡图如图 2-20 所示。

变压器的损耗分为铁耗和铜耗两大类，每一类又包含基本损耗和附加损耗两部分。

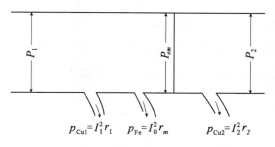

图 2-20　变压器功率平衡图

基本铁耗是指变压器铁芯中的磁滞、涡流损耗，基本铁耗与 B_m^2 或 U_1^2 成正比。附加铁耗包括铁芯叠片间绝缘损伤引起的局部涡流损耗、交变磁通在结构部件中（夹板、螺栓等处）引起的涡流损耗以及高压变压器的介质损耗，附加铁耗也近似地与 U_1^2 成正比。附加铁耗

难以准确计算，一般将基本铁耗乘上一个系数 1. 15 ～ 1. 20 来把它考虑进去。铁耗以 p_{Fe} 表示，而 $p_{Fe} \propto U_1^2$。由于变压器一般长期工作在额定电压下，铁耗基本保持不变，故又称为不变损耗。

基本铜耗是指电流在绕组的电阻上引起的损耗，基本铜耗等于 $I_1^2 r_k$。计算时电阻值按规定应换算到工作温度（75℃）时的电阻值。附加铜耗包括由于漏磁通引起的集肤效应使导线有效电阻变大而增加的铜耗，以及绕组由多根导线并绕（如螺旋式绕组）时内部的环流损耗等。附加铜耗也与电流平方成正比。它难以准确计算，中、小型变压器是将基本铜耗乘上一个系数 1. 005 ～ 1. 05 来把它考虑进去，大型变压器则乘上 1. 10 ～ 1. 20 或更大。铜耗以 p_{Cu} 表示，$p_{Cu} \propto I_1^2$，它随负载大小而变化，又称可变损耗。

变压器总铜耗

$$p_{Cu} = p_{Cu1} + p_{Cu2}$$

由图 2-20 可见，总损耗 $\sum p = p_{Fe} + p_{Cu}$，那么输入功率

$$P_1 = P_2 + \sum p = P_2 + p_{Fe} + p_{Cu} \qquad (2\text{-}50)$$

变压器效率

$$\eta = \frac{P_2}{P_1} = \frac{P_1 - \sum p}{P_1} = 1 - \frac{\sum p}{P_1} = 1 - \frac{p_{Fe} + p_{Cu}}{P_2 + p_{Fe} + p_{Cu}} \qquad (2\text{-}51)$$

在用上式计算效率时，作如下的假定：

（1）认为 $p_{Fe} \approx p_0$，并且假定铁耗 p_{Fe} 不随负载而变；

（2）忽略激磁电流 I_0，则 $\dot{I}_1 = -\dot{I}_2'$，其数值是 $I_1 = I_2'$，并且注意到负载系数

$$\beta = \frac{I_2}{I_{2N}} = \frac{I_1}{I_{1N}}$$

则任载时铜耗为

$$p_{Cu} = m(I_1^2 r_1 + I_2'^2 r_2') = m I_1^2 (r_1 + r_2') = m I_1^2 r_{k75℃}$$

$$= m\left(\frac{I_1}{I_{1N}}\right)^2 I_{1N}^2 r_{k75℃} = \beta^2 p_{kN}$$

式中：m—— 相数，p_{kN} 为额定电流时三相的短路损耗，

$$p_{kN} = m I_{1N}^2 r_{k75℃} ;$$

70

r_1，r_2'—— 折算到 75℃ 时的电阻值。

（3）认为 $U_2 = U_{2N}$，且不随负载而变，这样便有

$$P_2 = mU_2I_2\cos\varphi_2 \approx mU_{2N}I_{2N}\left(\frac{I_2}{I_{2N}}\right)\cos\varphi_2 = \beta S_N\cos\varphi_2$$

其中　　　　　　　　　　　$S_N = mU_{2N}I_{2N}$。

以上假定引来的误差不大（不超过 0.5%），却给计算带来很大方便。在假定下，式（2-51）可以写成

$$\eta = 1 - \overline{\beta S_N}\frac{p_0 + \beta^2 p_{kN}}{\cos\varphi_2 + p_0 + \beta^2 p_{kN}} \tag{2-52}$$

上式说明，当 $\cos\varphi_2$ 一定时，效率 η 是随负载系数 β 而变化的。由式（2-52）可以绘制出 $\eta = f(\beta)$ 的关系曲线，如图 2-21 所示。

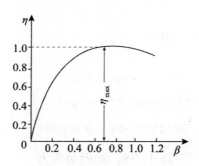

图 2-21　变压器的效率曲线

空载运行时，$\eta = 0$；负载很小时，不变损耗 p_0 所占比例大，故 η 低；负载增加时，η 上升；超过某一定负载时，短路损耗 p_k 增加很快，η 反而下降，这样，在 $\eta = f(\beta)$ 曲线上有一个最高效率点。

令　　$\dfrac{\mathrm{d}\eta}{\mathrm{d}\beta} = 0$，可得

$$p_0 = \beta^2 p_{kN}$$

上式表明，当铁耗等于铜耗时，η 最高，此时变压器的负载系数为

$$\beta = \sqrt{\frac{p_0}{p_{kN}}} = \beta_m \qquad (2\text{-}53)$$

变压器长期工作在额定电压下，但不可能长期满载运行，为了提高和节省材料，设计时往往取 $\beta_m = 0.5 \sim 0.6$，故一般电力变压器的最高 η 发生在 $\beta = 0.5 \sim 0.6$ 范围内。这时空载损耗与短路损耗之比约为 $\frac{p_0}{p_{kN}} \approx \frac{1}{4} \sim \frac{1}{3}$。

[**例 2-4**]　一台三相变压器，$\curlyvee / \curlyvee_0$ 连接，$S_N = 100 \text{kV} \cdot \text{A}$，$U_{1N}/U_{2N} = 6/0.4 \text{kV}$，$I_{1N}/I_{2N} = 9.63/144 \text{A}$，$r_k^* = 0.024$，$x_k^* = 0.0504$，$p_0 = 600 \text{W}$，$p_{kN} = 2400 \text{W}$。试求：（1）当负载系数 $\beta = \dfrac{3}{4}$，$\cos\varphi_2 = 0.8$（滞后）时的电压变化率及效率；（2）效率最高时的负载系数值及最高效率值。

[**解**]　（1）$\cos\varphi_2 = 0.8$

则

$$\sin\varphi_2 = 0.6$$

$$\Delta u_\beta = \beta(r_k^* \cos\varphi_2 + x_k^* \sin\varphi_2)$$

$$= \frac{3}{4}(0.024 \times 0.8 + 0.0504 \times 0.6) = 0.037$$

即副边电压比空载时下降 3.7%。此时效率为

$$\eta = 1 - \frac{p_0 + \beta^2 p_{kN}}{\beta S_N \cos\varphi_2 + p_0 + \beta^2 p_{kN}}$$

$$= 1 - \frac{600 + \left(\dfrac{3}{4}\right)^2 \times 2400}{\dfrac{3}{4} \times 100 \times 10^3 \times 0.8 + 600 + \left(\dfrac{3}{4}\right)^2 \times 2400}$$

$$= 1 - 0.0315 = 0.9685 = 96.85\%$$

（2）当效率 η 最高时由式（2-53）可知

$$\beta_m = \sqrt{\frac{p_0}{p_{kN}}} = \sqrt{\frac{600}{2400}} = \frac{1}{2}$$

即负载为额定值的一半时 η 最高，由此可知

$$\eta_{\max} = 1 - \frac{600 + \left(\frac{1}{2}\right)^2 \times 2400}{\frac{1}{2} \times 100 \times 10^3 \times 0.8 + 600 + \left(\frac{1}{2}\right)^2 \times 2400}$$

$$= 1 - \frac{1200}{41200} = 1 - 0.0291 = 0.9709 = 97.09\%$$

[例 2-5]　试用 Δu 的简化计算公式计算例 2-3 的变压器在 $\cos\varphi_2 = 0.8$（滞后）时的 Δu 及 U_2。

[解]　$\Delta u = r_k^* \cos\varphi_2 + x_k^* \sin\varphi_2 = 0.008 \times 0.8 + 0.072 \times 0.6$

$$= 0.0496 = 1 - U_2^*$$

于是

$$U_2^* = 1 - 0.0496 = 0.9504$$

故

$$U_2 = 0.9504 U_{2N} = 0.9504 \times 11\,\mathrm{kV} = 10.45\,\mathrm{kV}$$

小　　结

本章是变压器原理的核心,也是深入分析变压器运行的基础。

变压器是一种静止的电能输送设备,其工作原理建立在电磁感应定律的基础上。本章通过空载与负载两种运行情况,来分析变压器变压原理、能量传递与内部电磁过程。

分析变压器内部电磁过程,可以采用基本方程式、相量图与等效电路三种方法。定性分析常用相量图,而定量计算时常用等效电路图。绘制等效电路图要先经过绕组折算。

对于已经制造好的变压器,可以通过空载、短路试验求取其参数。

变压器运行时,副边电压的变化率直接影响供电电压的稳定性和供电质量,而其效率则影响运行的经济性,这是两个主要的运行指标。

习 题

2-1 变压器中主磁通知原、副边漏磁通的作用有何不同？各是什么磁势激励的？在等效电路图中如何反映它们的作用？

2-2 漏电抗 x_1、x_2 的电阻 r_1、r_2 的物理意义是什么？用什么方法测出它们的数值？为什么把 Z_k 称作短路阻抗？z_k 为什么是常数？z_k^* 的 大小和哪些因素有关？它对变压器运行性能有何影响？

2-3 x_m、r_m 的物理意义如何？用什么方法去测定它们的数值？其大小受哪些因素影响？

2-4 将变压器的空载损耗看作是铁耗、短路损耗看作是铜耗时，各忽略了哪些因素？

2-5 变压器原绕组接到正弦交流电源上，当铁芯未饱和时，激磁电流、主磁通和感应电势各是什么波形？为什么？若铁芯饱和呢？

2-6 变压器外施电压不变，当减小原绕组匝数时，试分析铁芯饱和程度、空载电流、铁耗和副边电势有何变化？

2-7 设外接电压不变，一台单相变压器接到50Hz与60Hz的电源上，其空载电流、铁耗、漏抗、电压变压率和效率有何变化？

2-8 变压器其他参数不变，仅将原、副绕组匝数变化 $\pm 10\%$，问 x_1、x_2、x_m 怎样变化？如果将外施电压变化 $\pm 10\%$，其影响如何？如将频率变化 $\pm 10\%$，其影响又如何？

2-9 如何将变压器副边的各种参数折算到原边？用标么值表示的各参数为什么计算时不需要再折算？

2-10 有一台单相变压器，额定容量 $S_N = 5000\text{kV} \cdot \text{A}$，$\dfrac{U_{1N}}{U_{2N}} = \dfrac{35}{6.6}\text{kV}$，额定频率 $f_N = 50\text{Hz}$，铁芯有效截面积为 1120cm^2，铁芯中的 $B_m = 1.45\text{T}$，试求高、低压绕组匝数及该变压器的变比。

2-11 有一台单相变压器，$S_N = 2\text{kV} \cdot \text{A}$，$f_N = 50\text{Hz}$，$\dfrac{U_{1N}}{U_{2N}} = \dfrac{1100}{110\text{V}}$，在高压边加电源进行短路试验，测得 $z_k = 30\Omega$，$r_k = 8\Omega$；仍在高压边加电

源,进行空载试验,测得额定电压下空载电流的无功分量为 0.09A,空载电流的有功分量为 0.01A。若副边端电压为额定值,负载阻抗为 $Z_L = 10 + j5\Omega$。(1)作出变压器的近似 Γ 形等效电路(各参数均用标么值);2)求出原边电压 $\dot{U}_1$ 和电流 $\dot{I}_1$。

2-12　有一台单相变压器,$S_N = 600\text{kV} \cdot \text{A}$,$\dfrac{U_{1N}}{U_{2N}} = \dfrac{35}{6.3}\text{kV}$,$p_{kN} = 9500\text{W}$,$u_k = 0.065$,$\cos\varphi_0 = 0.10$,$U_1 = U_{1N}$,$I_0 = 0.055I_{1N}$。(1)求变压器近似 Γ 形等效电路的各参数(均用标么值表示);(2)当负载的功率因数为 0.8(滞后)时,求额定负载的原边电流与 $\cos\varphi_1$。

2-13　有一台单相变压器如图 2-22 所示,$\dfrac{U_{1N}}{U_{2N}} = \dfrac{220}{110\text{V}}$,当在高压边加 220V 电压时,空载电流为 I_0、主磁通为 Φ,今将 X、a 端连在一起,在 Ax 端加 330V 电压,此时空载电流和主磁通为多少? 如将 X 与 x 端连在一起,在 Aa 端加 110V 电压,则空载电流和主磁通又为多少?

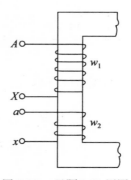

图 2-22　习题 2-13 用图

2-14　有一台单相变压器,$S_N = 100\text{kV} \cdot \text{A}$,$\dfrac{U_{1N}}{U_{2N}} = \dfrac{6000}{230\text{V}}$,$f = 50\text{Hz}$,$r_1 = 4.32\Omega$,$r_2 = 0.0063\Omega$,$x_1 = 8.9\Omega$,$x_2 = 0.013\Omega$。求:(1)折算到高压侧的短路参数 r_k、x_k 及 Z_k;(2)折算到低压侧的短路参数 r_k'、x_k' 及 Z_k';(3)将上述(1)、(2)的参数用标么值表示,通过计算能说明什么问

题？（4）变压器的短路电压及其电阻分量 u_{kr}、电抗分量 u_{kx}；（5）满载及 $\cos\varphi_2 = 1$、$\cos\varphi_2 = 0.8$（滞后）、$\cos\varphi_2 = 0.8$（超前）三种情况下的 Δu，并对结果进行讨论。

2-15　有一台单相变压器，已知 $r_1 = 2.19\Omega$，$x_1 = 15.4\Omega$，$r_2 = 0.15\Omega$，$x_2 = 0.964\Omega$，$r_m = 1250\Omega$，$x_m = 12600\Omega$，$w_1 = 876$ 匝，$w_2 = 260$ 匝，当 $\cos\varphi_2 = 0.8$（滞后），$I_2 = 180\text{A}$，$U_2 = 6000\text{V}$。（1）用近似 Γ 形等效电路和简化等效电路，求 $\dot{U}_1$ 及 $\dot{I}_1$，并将结果进行比较；（2）画出折算后的相量图和 T 形等效电路。

2-16　有一台单相变压器，$S_N = 1000\text{kV} \cdot \text{A}$，$\dfrac{U_{1N}}{U_{2N}} = \dfrac{60000}{630}\text{V}$，$f = 50\text{Hz}$，空载及短路试验的结果如表 2-1 所示。

表 2-1

试验名称	电压/V	电流/A	功率/W	备注
空载	6300	19.1	5000	电源加低压边
短路	3240	15.15	14000	电源加高压边

试求：（1）折算到高压边及低压边的参数，假定 $r_1 = r_2' = \dfrac{1}{2}r_k$，$x_1 = x_2' = \dfrac{1}{2}x_k$；（2）绘出折算到高压边的 T 形等效电路；（3）计算满载及 $\cos\varphi_2 = 0.8$（滞后）时的 Δu 及 η；（4）计算最大效率 $\eta_{\max}$。

第 3 章　三相变压器

3.1　概　　述

现代电力系统中都采用三相制，故三相变压器使用得最广泛。三相变压器可以由三台单相变压器组成，称为三相变压器组，又称三相组式变压器；也可以把三个铁芯柱和铁轭联成一个三相磁路，称为三相心式变压器。从运行原理来看，三相变压器在对称负载下运行时，各相电压、电流大小相等，相位互差 120°。第 2 章中所列出的单相变压器基本方程式、等效电路、相量图和导出的性能计算公式等完全适用于三相变压器在对称负载下的一相情况。本章将要讨论三相变压器的特点，例如三相变压器的磁路系统，三相变压器绕组的连接组，三相变压器绕组连接与铁芯结构对空载运行的电流、磁通和电势波形的影响，最后还要讨论三相变压器的并联运行等问题。

3.2　三相变压器的磁路系统

三相变压器的磁路系统，可以分成各相磁路彼此无关和彼此有关的两类。

将三台相同的单相变压器的绕组按一定方式作三相连接，可以组成三相组式变压器，如图 3-1（a）所示。这种变压器各相磁路是相互独立的，彼此无关。当原边施加三相对称交流正弦电压时，三相主磁通 $\dot{\Phi}_A$、$\dot{\Phi}_B$、$\dot{\Phi}_C$ 也是对称的，如图 3-1（b）所示。因此，三相空载电流也是对称的。

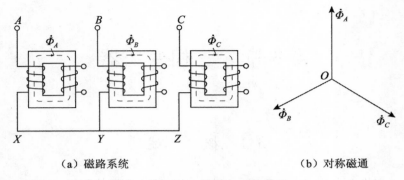

（a）磁路系统　　　　　　　　（b）对称磁通

图 3-1　三相组式变压器的磁路系统

若将三台单相变压器的铁芯合并成如图 3-2（a）所示的结构，通过中间铁芯柱的磁通便等于 A、B、C 三个铁芯柱磁通的总和（相量和）。设外施电压三相对称，则三相磁通的总和 $\dot{\Phi}_A + \dot{\Phi}_B + \dot{\Phi}_C = 0$，于是，可以将中间铁芯柱省去，形成如图 3-2（b）所示的铁芯。为了使结构简单、制造方便并且体积较小、节省材料，将 A、B、C 三相铁芯柱的中心线布置在一个平面内，如图 3-2（c）所示。这就是三相心式变压器的铁芯。这种铁芯结构，两边两相磁路的磁阻比中间那相的大。当外施电压三相对称时，各相磁通相等，但三相空载电流不相等。中间那相的空载电流较小，两边两相的相等且较大，即 $I_{0A} = I_{0C} > I_{0B}$。这种不对称情况在小容量变压器中较为明显，由于空载电流很小，故它对变压器运行性并没有什么影响。这种心式的铁芯结构与三相组式变压器相比较，其优点是材料耗用少、价格便宜、占地面积小、维护较简单。所以，工程实践中一般均采用三相心式变压器，只有在运输条件受到限制的情况下，才考虑采用三相组式变压器。

近代大容量变压器，由于受到安装场所空间高度和铁路运输条件的限制，必须降低铁芯高度，常采用三相五柱式铁芯结构，如图 3-3（a）所示。在中央三个铁芯柱上套有 A、B、C 三相绕组，左右

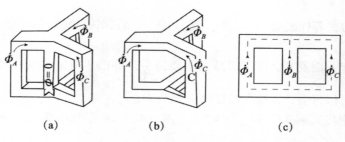

图 3-2　三相心式铁芯的构成

两个铁芯柱称为旁轭，其上没有绕组，设铁轭各段的磁通分别为 $\dot{\Phi}_1$、$\dot{\Phi}_2$、$\dot{\Phi}_3$、$\dot{\Phi}_4$，由图 3-3（a）可知

$$\begin{cases} \dot{\Phi}_2 - \dot{\Phi}_1 = \dot{\Phi}_A \\ \dot{\Phi}_3 - \dot{\Phi}_2 = \dot{\Phi}_B \\ \dot{\Phi}_4 - \dot{\Phi}_3 = \dot{\Phi}_C \end{cases} \tag{3-1}$$

将以上三式相加，由 $\dot{\Phi}_A + \dot{\Phi}_B + \dot{\Phi}_C = 0$，可得

$$\dot{\Phi}_4 = \dot{\Phi}_1$$

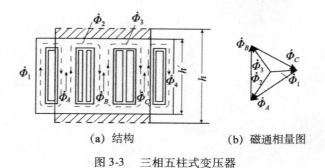

（a）结构　　　　　　　（b）磁通相量图

图 3-3　三相五柱式变压器

磁通相量图如图 3-3（b）所示。这时铁轭中的磁通（Φ_1、Φ_2、Φ_3、

79

Φ_4) 为铁芯柱磁通(Φ_A、Φ_B、Φ_C)的 $\dfrac{1}{\sqrt{3}}$,若保持铁轭中的磁密不变,则铁轭截面及其高度可以减为原来的 $\dfrac{1}{\sqrt{3}}$,即图 3-3(a)中有阴影线的部分可以省去,使铁芯高度从 h 降为 h'。

现代的渐开线铁芯变压器[如图 3-4(a)所示其中绕组未套上]的磁路与三相五柱式变压器的相似,其铁轭磁通也为铁芯柱磁通的 $\dfrac{1}{\sqrt{3}}$,从而铁轭截面也可以减小。渐开线铁芯变压器的主要优点是节省硅钢片,其次,此种变压器的三相空载电流对称。另外,其铁轭由同一宽度的硅钢带卷制成三角形[见图 3-4(b)],铁芯柱由同一种规格的渐开线形状的钢片叠成[见图 3-4(c)],较之心式铁芯,它提高了变压器运行的技术经济指标和制作的劳动生产率。由于铁芯中有明显气隙,其主要缺点是空载电流和运行时噪音较大。

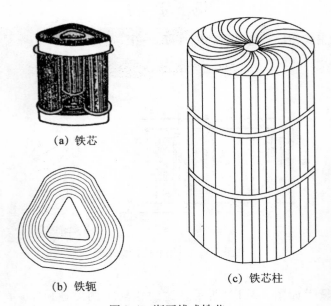

(a) 铁芯

(b) 铁轭

(c) 铁芯柱

图 3-4 渐开线式铁芯

3.3　三相变压器的电路系统——绕组的连接法和连接组

3.3.1　单相变压器的极性

变压器绕组中的感应电势是交变电势，因此单一的绕组没有固定的极性，但同一铁芯柱上有两个绕组时，由于它们被同一个主磁通 $\boldsymbol{\Phi}$ 所交链，故两个绕组中感应电势有固定的相对极性关系。即当变压器原绕组某一端点在某一瞬时电位为正时，副绕组必须有一个对应端点在该瞬时电位也为正。这两个对应的端点是同极性的，称为同极性端或同名端，在对应的同极性端旁，加一黑点"·"表示。同极性端可能在绕组的相同端，如 3-5（a）所示，也可能在绕组的不同端，如图 3-5（b）所示，这取决于绕组的绕向是否相同。

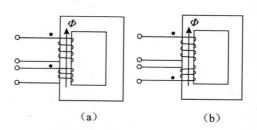

（a）　　　　　　　　（b）

图 3-5　单相变压器绕组的极性

我们常用大写英文字母作为高压绕组的端子标志，而以同名的小写英文字母作为低压绕组的端子标志。现以降压变压器为例，设 A、X 表示原绕组的首、末端，则 a、x 表示副绕组的首、末端。

当两个绕组均取上端为首端、下端为末端，且两个绕组的绕向都相同，如图 3-6（a）所示，则 A、a（或 X、x）两个端点为同极性端，相应的电势 $\dot{E}_{AX}$、$\dot{E}_{ax}$ 同相。如以 $\dot{E}_{AX}$ 为"钟表长针"，$\dot{E}_{ax}$ 为"短针"，则它们均指向"钟面的 12"字；相当于"12 点钟"，称为组别 12，标为

I/I – 12 连接组(其中 I/I 表示单相变压器的高、低压绕组)。

当两个绕组均以上端作为首端，但绕组绕向相反，如图 3-6(b) 所示，则显然 A、x 为同极性端。在这种情况下，相应电势 $\dot{E}_{AX}$、$\dot{E}_{ax}$ 反相，相当于"6 点钟"，称为组别 6，标为 I/I – 6 连接组。

当两个绕组标志不同，一个绕组以上端为首端，另一个绕组以下端为首端，两个绕组绕向相同，如图 3-6(c) 所示，则不难看出，此时 A、x 为同极性端。这种情况下，相应电势 $\dot{E}_{AX}$、$\dot{E}_{ax}$ 反相，相当于"6 点钟"，称为组别 6，标为 I/I – 6 连接组。

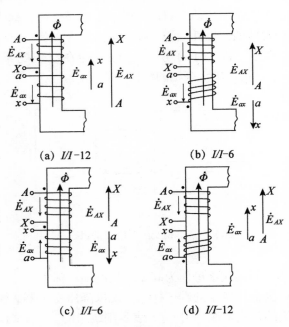

(a) I/I-12　　(b) I/I-6

(c) I/I-6　　(d) I/I-12

图 3-6　单相变压器的连接组

如两个绕组标志不同、绕向也相反，如图 3-6(d) 所示，则 A、a 同极性端。此时，相应电势 $\dot{E}_{AX}$、$\dot{E}_{ax}$ 同相，相当于"12 点钟"，称为组别 12，标为 $I/I - 12$ 连接组。

所以，同一铁芯柱上两个绕组的相对极性取决于绕组绕向，加上标志后，则可确定单相变压器的连接组。

同极性端还可以这样简单地判定：若将恒定电流同时从两个绕组的某两个端点流入，它们在铁芯中产生的磁通如方向相同，则此两个端点为同极性端，反之为异极性端。综上所述，如首端为同极性端，如图 3-6(a)、(d) 所示，则相应电势同相；如首端为异极性端时，如图 3-6(b)、(c) 所示，则相应电势反相。我国规定对单相变压器只采用 $I/I - 12$ 连接组。

3. 3. 2　三相绕组的连接法

根据变压器原、副边对应线电势的相位关系，把变压器绕组的连接分成各种不同的组合，这些组合称为绕组的连接组。三相变压器绕组首端、末端标志的规定如表 3-1 所示。

表 3-1　　　　　　　　　变压器的出线标志

绕组名称	单相变压器		三相变压器		中点
	首端	末端	首端	末端	
高压绕组	A	X	A、B、C	X、Y、Z	O
低压绕组	a	x	a、b、c	x、y、z	o
中压绕组	A_m	X_m	A_m、B_m、C_m	X_m、Y_m、Z_m	O_m

三相绕组无论是高压边或低压边，主要有如下两种常用的连接方法。

1. 星形连接法(丫连接法)

将三相绕组的末端连在一起，作为中点，而将三个首端引出，便是星形连接，如图 3-7(a) 所示。这种连接法，当无中线引出时以丫表示，当有中线引出时以丫$_0$表示。

2. 三角形连接法(△ 连接法)

将一相绕组的末端和另一相绕组的首端连在一起，顺次连成一个闭合回路，便是三角形连接。它有两种不同的连接顺序：

(1) $AX - CZ - BY - AX$，如图 3-7(b) 所示；

(2) $AX - BY - CZ - AX$，如图 3-7(c) 所示。

将图 3-7(b)、(c) 两种不同 $\triangle$ 连接进行对比时，可以看出它们的对应线电势(例如 $\dot{E}_{AB}$) 之间有 60° 的相位差。

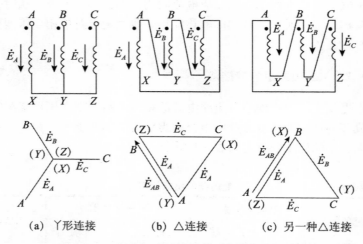

(a) 丫形连接　　　　(b) △连接　　　　(c) 另一种△连接

图 3-7　三相绕组连接法及其对应的电势相量图

此外，三相绕组的连接法还有一种 Z 形连接(或称曲折连接)，如图 3-8(a) 所示。其接法如下：将一相绕组分成相同的两半，一相绕组的上一半和另一相绕组的下一半反接串联，组成新的一相，将 A_2、B_2、C_2 连在一起作为中点，A_1、B_1、C_1 引出。图 3-8(b) 是它的电势相量图。由此图可见，每相电势是半绕组电势的 $\sqrt{3}$ 倍，而作丫形连接时，每相电势是半绕组电势的 2 倍，所以在相同材料消耗下，Z 形连接的相电势和额定容量都减为丫形的 $\frac{\sqrt{3}}{2}$ 倍。因此，除特殊情况(如整流变压器或防雷变压器)外，一般不采用 Z 形连接。

在对称三相系统中，当绕组为 $\triangle$ 连接时，线电压等于相电压。

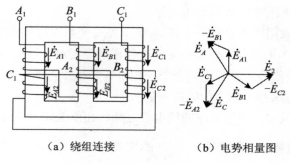

（a）绕组连接　　　　　　（b）电势相量图

图 3-8　Z 形连接

当绕组为 $\curlyvee$ 连接时，线电压等于 $\sqrt{3}$ 倍相电压。

我国生产的电力变压器常采用 $\curlyvee$／$\curlyvee_0$、$\curlyvee$／$\triangle$、$\curlyvee_0$／$\triangle$ 等连接方法，其中斜线上的符号表示高压绕组的接法，斜线下面的符号表示低压绕组的接法。

3.3.3　三相变压器的连接组

分析这个问题很重要，例如两台或多台三相变压器并联运行时，除了要知道原、副绕组的连接方法外，还必须知道原、副绕组对应的线电势（或线电压）之间的相位关系，以便确定它们是否能并联运行。三相变压器的连接组就是用来表示上述相位关系的。

如同单相变压器那样，变压器的连接组也采用时钟表示法，即把时钟的长针作为高压边对应线电势的相量，令其指向钟面上的数字 12，把时钟的短针作为低压边对应线电势的相量，它在钟面上所指的数字即为变压器的连接组别。

决定三相变压器连接组别的因素，除绕法与首端标志两个外，还要考虑到变压器的连接，故较为复杂一些，现说明如下：

（1）$\curlyvee$／$\curlyvee$ – 12 连接组　　如图 3-9（a）所示。原、副绕组首端为同极性，则原、副绕组中相电势同相位，从而其线电势也必然同相位。可以用作相量图的方法来求出连接组别，步骤如下：

85

1）根据绕组的连接方法画出绕组接线图；

2）画出原边电势相量图；

3）任取副边相电势一个首端（如 a 端）使与对应的原边相电势首端（如 A 端）相重合，根据原、副边各相电势相对极性关系（如同极性端都标在首端或末端，则两个对应相电势同相，否则反相）和副绕组三相连接方法画出副边相电势相量图；

4）比较原、副边对应的线电势之间的相位关系。例如将原边（高压边）线电势 $\dot{E}_{AB}$ 置于钟面上 12 的位置，副边（低压边）对应线电势 $\dot{E}_{ab}$ 在钟面上所指的数字即为三相变压器的连接组别。

显然图3-9（a）的连接组为 $Y/Y-12$，而图3-9（b）为其相量图。

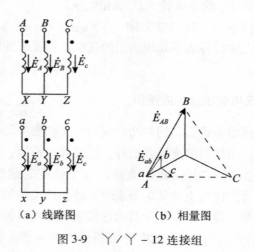

（a）线路图   （b）相量图

图3-9　$Y/Y-12$ 连接组

（2）$Y/\triangle-11$ 连接组　　如图3-10（a）所示，原、副绕组的首端为同极性端，副绕组串联次序为 $ax-cz-by-ax$，各相原、副绕组中相电势同相位，但线电势 $\dot{E}_{ab}$ 滞后 $\dot{E}_{AB}$ 相位330°。若将 $\dot{E}_{AB}$（长针）置于钟面上 12 的位置，则 $\dot{E}_{ab}$（短针）在钟面上指向 11，因此用 $Y/\triangle-11$ 来表示这种连接组。图3-10（b）为其电势相量图。

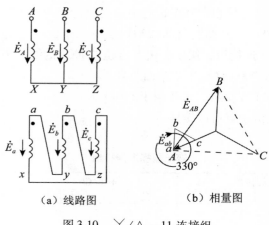

（a）线路图　　　　　　（b）相量图

图 3-10　Y／△ － 11 连接组

不论是Y／Y（或 △／△）接法，还是Y／△（或 △／Y）接法，若原绕组标志不变，而将副绕组三相出线端标志依次向右轮换移动，例如将 a、b、c 标志依次改为 c、a、b，相应线电势的相位差增加 120°，即相当增加"四个钟头"。Y／Y － 12 连接组如这样移一次，就变成Y／Y － 4 连接组。读者可以自己分析。值得注意的是：这样移换副边标志后，属于同一相的原、副绕组已不处在同一铁芯柱上了。

不难看出，当原、副边作相同连接时，例如Y／Y（或 △／△）接法，改换副边端点标志可以得到六种偶数组别；当原副边作不同连接时，例如 △／Y（或Y／△）接法，改换副边端点标志可得到六种奇数连接组，因此三相变压器共可得 12 种连接组。

3.3.4　标准连接组

连接组的数目很多，对于变压器的制造和并联运行都很不方便，安装时也容易搞错。为了制造和运行上的方便，我国规定同一铁芯柱上的原、副绕组采用相同相号的标志字母。国家标准 GB1094—71 规定了三相电力变压器的五种标准连接组，如表 3-2 所示。

表 3-2 中三相变压器前三种连接组最为常用。

Y/Y_0-12 连接组，其副边有中线引出，成为三相四线制，可兼供动力负载（380V）和照明负载（220V）。

$Y/\triangle-11$ 连接组，用于副边电压超过 400V 的线路中，其副边接成 $\triangle$，对运行有利（详见本章第四节）。

$Y_0/\triangle-11$ 连接组，主要用于 110kV 及以上的高压输电网络中。电力系统高压侧中点可以接地。

表 3-2 变压器标准连接组

分类	连接图		相量图		连接组
	高压	低压	高压	低压	
单相					$I/I-12$
三					Y/Y_0-12
					$Y/\triangle-11$
					$Y_0/\triangle-11$
相					$Y_0/Y-12$
					$Y/Y-12$

3.4　三相变压器绕组的连接法和磁路系统对空载电势波形的影响

　　第 2 章中分析相变压器的空载电流时，曾经指出：当外施电压 u_1 为正弦波时，电势 e_1 及磁通 Φ 也是正弦波；由于铁芯饱和的关系，空载电流 i_0 呈尖顶波，其中除基波外尚含有高次谐波，且高次谐波以三次谐波 i_{03} 幅值较大，故我们主要分析 i_{03} 的情况。分析表明：在三相变压器中，三相的 i_{03} 是相位相同、幅值相等的 [①] 。当原边三相绕组的连接方法不同时，i_{03} 不一定能通过。i_{03} 不能通过时将影响主磁通与相电势的波形。可见，三相变压器相电势波形与绕组的连接方法和磁路结构形式有密切关系，下面将对不同情况分别进行分析。

3.4.1　Y／Y连接的三相组式变压器

　　Y／Y连接的三相组式变压器的接线图如图 3-11 所示。它具有如下特点：

　　（1）原、副绕组均接成Y，且无中线连接，由于每相产生的三次谐波电流 i_{03} 同大小、同相位，所以在这种接法的绕组 i_{03} 中不能流通，亦即激磁电流中不含三次谐波，近似于正弦波。

　　（2）各相磁路彼此独立，自成回路，三次谐波磁通 Φ_3 可以在铁芯中形成闭合回路。

　　在Y／Y连接的三相组式变压器中，绕组激磁电流为正弦波，当铁芯饱和时，它所产生的主磁通必须是平顶波，如图 3-12 所示。由于平顶波形的主磁通中含有较大的三次谐波磁通 Φ_3，且三次谐波磁通频率较高（$f_3 = 3f_1$），故主磁通感应的三次谐波相电势 e_{13} 也较大。

---

① 　三相三次谐波电流的表达式为

$$\begin{cases} i_{03A} = I_{03m}\sin 3\omega t \\ i_{03B} = I_{03m}\sin 3(\omega t - 120°) = I_{03m}\sin 3\omega t \\ i_{03C} = I_{03m}\sin 3(\omega t - 240°) = I_{03m}\sin 3\omega t \end{cases}$$

。

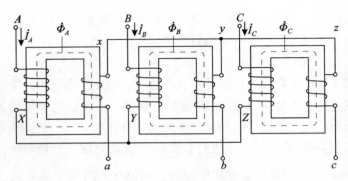

图 3-11　丫／丫连接的三相组式变压器

其幅值可达基波幅值的 45% ～ 60%，甚至更大。相电势 e_1 中含三次谐波 $e_{13}(e_1 = e_{11} + e_{13})$，它使相电势峰值升高，可能危害绕组绝缘。因此在电力变压器中不采用丫／丫接法的三相组式变压器。

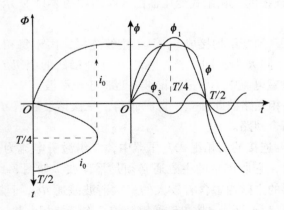

图 3-12　正弦激磁电流的磁通波形

　　附带指出：采用丫／丫接法时，线电势仍然是正弦波形的。此时线电势与相电势也不存在 $\sqrt{3}$ 关系。因为相电势的有效值为 $E_{\phi 1} = \sqrt{E_{11}^2 + E_{13}^2}$，由于三次谐波电势的存在，相电势有效值 $E_{\phi 1}$ 将升高到

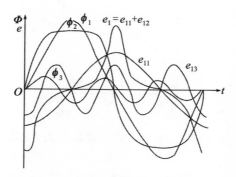

图 3-13　平顶波磁通产生的电势波形

基波电势有效值的 1.1 ~ 1.17 倍 $\left[\text{即}\sqrt{1^2+(0.45 \sim 0.6)^2}=1.1 \sim 1.17\right]$。但是线电势中无三次谐波分量，$E_{i1}=\sqrt{3}E_{11}$。故 $E_{e1}<\sqrt{3}E_{\phi 1}$。

3.4.2　Y／Y₀ 连接的三相心式变压器

Y／Y₀ 连接的三相心式变压器的特点是各相磁路互相关联，激磁电流中三次谐波电流仍无通路，故 i_0 近似为正弦波，Φ 是平顶波。磁通中含三次谐波磁通 Φ_3，它在三个铁芯柱中大小相等、相位相同，故在铁芯中不能构成回路，从而经铁芯柱周围的油、铁构件、油箱壁而闭合，如图 3-14 所示。由于磁路磁阻很大，故 Φ_3 很小，电势 e_3 也小，相电势仍接近于正弦波，故 Y／Y₀ 连接可用于三相心式变压器。但 Φ_3 在油箱壁及铁构件中感生涡流，产生附加铁耗，使变压器效率降低，并引起局部发热。所以作 Y／Y₀ 连接的心式变压器容量不宜大于 1800kV·A。

Y／Y₀ 连接的变压器负载时允许三次谐波电流通过，但由于副边三次谐波电流必须经过负载才能构成回路，而负载阻抗一般比变压器漏阻抗大得多，故三次谐波电流很小；又在空载时，副边三次谐波电流也不能流通。所以相电势波形仍会畸变。故 Y／Y₀ 连接的三相组式

91

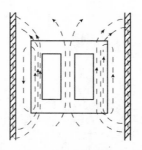

图 3-14 三相心式变压器的三次谐波磁通

变压器仍不能采用。

3.4.3 △/〉和〉/△ 连接的三相变压器

△/〉连接的三相变压器(包括组式与心式),原边接成 △,激磁电流中的 i_{03} 可以在相绕组中流通,i_0 是尖顶波,故 Φ 和 e 都是正弦波形。

〉/△ 连接的三相变压器(包括组式与心式),原边接成〉形,不能流通三次谐波电流,故 i_0 可认为是正弦波,磁通 Φ 便为平顶波。由于平顶波磁通中三次谐波磁通的存在,副绕组中将产生感应电势 $\dot{E}_{23}$,它滞后 $\dot{\Phi}_3$ 相位 90°,如图 3-15 所示。$\dot{E}_{23}$ 在接成 △ 的副绕组中产生环流 $\dot{I}_{23}$(近乎纯感性),$\dot{I}_{23}$ 滞后于 $\dot{E}_{23}$ 接近 90°。$\dot{I}_{23}$ 产生磁通 $\dot{\Phi}_{23}$,$\dot{\Phi}_{23}$ 近似地与 $\dot{\Phi}_3$ 等值且反相,对 $\dot{\Phi}_3$ 起抵消作用,如图 3-15 所示。残存的三次谐波磁通与电势均极小,故合成磁通 Φ、感应电势 e 都接近于正弦波形。但副绕组中因有环流 $\dot{I}_{23}$,增加了额外铜耗。

综上所述,三相心式变压器只要有一侧绕组接成 △ 形就能使主磁通和相电势近似为正弦波,故一般变压器常用〉/△ 或 △/〉接法。当大容量电力变压器需要将原、副绕组都接成〉时,可以在铁芯上另装一个接成 △ 的第三绕组,它不向外输出功率,仅给三次谐波环流提供通路,以改善相电势的波形。对三绕组变压器而言,总希望

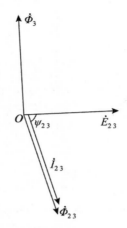

图 3-15　Y／△ 接法变压器三次谐 波电流的去磁作用相量图

有一边接成 △，以减小相电势波形的畸变。

由此可知，除 Y／Y 连接的组式变压器外，Y／Y 连接的心式变压器、△／Y 和 Y／△ 连接的三相变压器（包括组式与心式），均无尖顶波电势危害绝缘的问题。

3.5　变压器的并联运行

现代发电厂和变电站中，常采用多台变压器并联运行的方式，即将它们的原边和副边分别接到公共母线上，再一起接到电源向负载供电，如图 3-16 所示。

并联运行具有下述优点。

（1）提高了供电的可靠性，并联运行时，当某台变压器发生故障或需要检修时，可将它从电网切除，而仍不中断向重要的负载供电。

（2）提高了运行的经济性，根据负载的大小，调整投入并联运行变压器的台数，使变压器的负载系数 β 所对应的效率 η 为较大值[参看式(2-52)]。

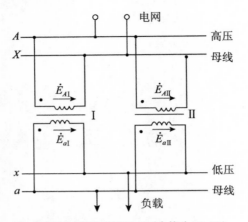

（a）单相变压器并联运行（两台均为I/I-12）

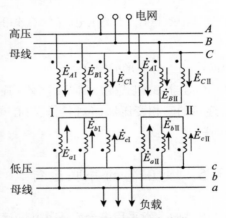

（b）三相变压器并联运行（两台均为Y/Y-12）

图 3-16　变压器的并联运行接线示意图

（3）减少系统中变压器的备用容量可以减少总的备用容量，并可随着用电量的增加，分期分批地安装新的变压器，做到逐步发展，以减少初期投资。

但是，并联变压器台数太多也是不经济的。因为在总容量相同的情况下，一台大容量变压器的造价、基建投资、占地面积等都比多台变压器的少。因此，并联变压器一般不超过三台。

3.5.1　变压器的理想并联条件

变压器并联运行时，理想的情况是：

（1）空载时并联的各变压器副绕组之间没有环流。因环流引起附加铜耗，使温升提高，运行效率降低，同时环流还占用设备容量。

（2）带负载后，变压器的负载电流应按它们各自的额定容量成比例地分配，使各台变压器的容量都能得到充分利用。

（3）带负载后，各并联变压器副边同名相的电流最好是同相位。这样，总负载电流等于各台变压器负载电流的算术和。也就是说，总负载电流一定时，各变压器分担的电流为最小值。

为了达到上述理想情况，并联运行的各变压器必须满足下列三个条件：

（1）各变压器的高压边和低压边额定电压分别相等。

（2）各变压器的连接组相同。

（3）各变压器短路阻抗的标么值 z_k^* 相等，最好各变压器的 $\dfrac{x_k^*}{r_k^*}$ 也相等。

上述三条中，第一条中变比允许有小的差别。实用上变比差值 $|\Delta k|$ 在 1% 以内的变压器仍许可并联运行。

第二条要求必须严格保证。因为连接组别不同时，当各变压器的原边接到同一电源上，其副边线电压的相位不同。由前面分析，其相位差是 $\Delta \times 30°$（Δ 表示组别号之差），即连接组不同时，相位差至少相差 30°。例如丫/丫-12 和丫/△-11 并联时，副边对应线电势相位差为 30°。此时，即使各变压器副边线电势相等（$E_{2\mathrm{I}} = E_{2\mathrm{II}} = E_2$），如图 3-17 所示，也会产生一回路电压 ΔE_2

$$\Delta E_2 = 2E_2 \sin 15° = 0.518E_2$$

ΔE_2 作用在两变压器副绕组所构成的闭合回路上，而变压器漏阻抗又很小，这样大的电压将在变压器绕组中产生很大的环流，可能使变压器绕组烧坏。故连接组不同的变压器是绝对不允许并联运行的。

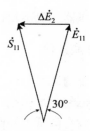

图 3-17 $\curlyvee/\triangle-11$ 与 $\curlyvee/\curlyvee-12$ 的变压器并联副边相应线电势相量图

第三条要求也不很严格。当两台变压器的 z_k^* 不等时，负载电流的分配将不按各变压器额定容量成比例分配，这样就不能充分利用变压器的容量，实用上要求各并联运行变压器的 z_k^* 相差不超过其平均值的 10% 。

下面将分别讨论这些条件的影响，为了简单明了，仅以两台变压器并联运行时的情况来分析。

3.5.2　变比不等时的变压器并联运行

两台变压器连接组别相同，但变比 k_{I} 、k_{II} 不等。原边接入同一电源，原边电压相等，但由于变比不等，副边电压便不等。为了便于计算，我们将原边各物理量折算到副边，且忽略激磁电流，得到变压器并联运行时的简化等效电路，如图 3-18 所示。

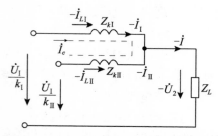

图 3-18　变比不等的两台变压器并联运行简化等效电路

图 3-19 为两台变比不等的变压器空载运行相量图。单独运行时，两台变压器的副边空载电压同相，且分别为 $\dot{U}_{20\text{I}}$、$\dot{U}_{20\text{II}}$。设 $k_{\text{I}} < k_{\text{II}}$，故有 $U_{20\text{I}} > U_{20\text{II}}$。并联后，有 $\Delta\dot{U}_{20} = \dot{U}_{20\text{I}} - \dot{U}_{20\text{II}}$ 产生，在它的作用下产生副边空载环流为 $\dot{I}_{c\text{I}}$（$\dot{I}_{c\text{I}}$ 是感性的）。$\dot{I}_{c\text{I}}$ 从第一台变压器副边流入第二台变压器副边，故 $\dot{I}_{c\text{I}}$ 滞后于 $\Delta\dot{U}_{02}$ 一个 $\psi_{k\text{I}}$ 角，其值为

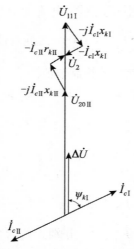

图 3-19　变比不等的变压器并联空载运行的相量图

$$\psi_{k\text{I}} = \arctan\frac{x_{k\text{I}} + x_{k\text{II}}}{r_{k\text{I}} + r_{k\text{II}}} \tag{3-2}$$

环流为

$$\dot{I}_{c\text{I}} = \frac{\Delta\dot{U}_{20}}{Z_{k\text{I}} + Z_{k\text{II}}} = \frac{\dot{U}_{20\text{I}} - \dot{U}_{20\text{II}}}{Z_{k\text{I}} + Z_{k\text{II}}} = \frac{\left(-\dfrac{\dot{U}_1}{k_{\text{I}}}\right) - \left(-\dfrac{\dot{U}_1}{k_{\text{II}}}\right)}{Z_{k\text{I}} + Z_{k\text{II}}} = -\dot{I}_c \tag{3-3}$$

其中　$\dot{I}_c = \dfrac{\dot{U}_{20\text{I}} - \dot{U}_{20\text{II}}}{Z_{k\text{I}} + Z_{k\text{II}}}$，称为空载环流。

由于 $\dot{I}_{c\,\mathrm{I}} = -\dot{I}_{c\,\mathrm{II}}$，从而可知

$$\dot{I}_{c\,\mathrm{II}} = \dot{I}_e$$

副绕组中有环流，根据磁势平衡关系，原边也必然会产生环流。但由于变比不等，两台变压器原绕组中的环流是不相等的。环流不是负载电流，它占用了变压器的容量，增加了变压器的损耗，故应加以限制。

在两台容量相同但变比不等的变压器并联运行时，为了保证变压器并联运行时空载环流不超过额定电流的 10%，通常规定并联变压器的变比差值 $\Delta k = \dfrac{k_{\mathrm{II}} - k_{\mathrm{II}}}{\sqrt{k_{\mathrm{I}} \cdot k_{\mathrm{II}}}} \times 100\%$ 的绝对值不应大于 1%。这也是对一般并联变压器变比差值的控制数值。

变压器并联后运行，显然有如下关系

$$\begin{cases} \dot{U}_{20} = \dot{U}_{20\,\mathrm{I}} - \dot{I}_{c\,\mathrm{I}} Z_{k\,\mathrm{I}} \\ \dot{U}_{20} = \dot{U}_{20\,\mathrm{II}} - \dot{I}_{c\,\mathrm{II}} Z_{k\,\mathrm{II}} \end{cases}$$

带上负载后，每台变压器均担负一定的负载电流，其相量关系如图 3-20 所示。图中 $\dot{I}_{c\,\mathrm{I}}$、$\dot{I}_{c\,\mathrm{II}}$ 为第一台、第二台变压器副边环流。则总负载电流 $\dot{I}_L = \dot{I}_{L\,\mathrm{I}} + \dot{I}_{L\,\mathrm{II}}$，$\dot{I}_{L\,\mathrm{I}}$、$\dot{I}_{L\,\mathrm{II}}$ 分别为两台变压器所分担的负载电流。由图 3-18 可见，$-\dot{I}_{\mathrm{I}} = \dot{I}_c + (-\dot{I}_{L\,\mathrm{I}}) = -\dot{I}_{c\,\mathrm{I}} - \dot{I}_{L\,\mathrm{I}}$，即 $\dot{I}_{\mathrm{I}} = \dot{I}_{c\,\mathrm{I}} + \dot{I}_{L\,\mathrm{I}}$；$-\dot{I}_{\mathrm{II}} = -\dot{I}_c + (-\dot{I}_{L\,\mathrm{II}}) = -\dot{I}_{c\,\mathrm{II}} - \dot{I}_{L\,\mathrm{II}}$，即 $\dot{I}_{\mathrm{II}} = \dot{I}_{c\,\mathrm{II}} + \dot{I}_{L\,\mathrm{II}}$。假定两台变压器负载功率因数相等，由图 3-20 所示的相量图可以看出，在感性负载下，变比小的第一台变压器副绕组中的电流 I_{I} 增大，而变比大的第二台变压器副绕组中的电流 I_{II} 减小。因此对于感性负载，为了使大容量变压器能够充分被利用，当两台变压器变比不等时，希望较大容量变压器的变比较小，这样较大容量变压器可先达到满载。

3.5.3　短路阻抗标幺值不等时变压器的并联运行

设两台变压器连接组相同，变比相等，但 Z_k^* 不等，设 $k_{\mathrm{I}} = k_{\mathrm{II}} = k$，

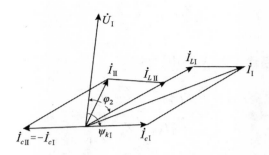

图 3-20　变比不等的变压器并联运行时的负载电流

其并联运行简化等效电路，如图 3-21 所示。在这种情况下，变压器内无环流，只有负载电流。将各物理量折算到副边，设总负载电流为 $\dot{I}$，则有如下关系

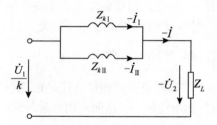

图 3-21　Z_k^* 不等的变压器并联运行简化等效电路

$$\dot{I}_{\mathrm{I}} Z_{k\mathrm{I}} = \dot{I}_{\mathrm{II}} Z_{k\mathrm{II}}$$

或写成

$$\frac{\dot{I}_{\mathrm{I}}}{\dot{I}_{\mathrm{II}}} = \frac{Z_{k\mathrm{II}}}{Z_{k\mathrm{I}}} \tag{3-4}$$

而

$$\dot{I}_{\mathrm{I}} = \dot{I}_{\mathrm{I}}^* I_{N\mathrm{I}} \; ; \quad \dot{I}_{\mathrm{II}} = \dot{I}_{\mathrm{II}}^* I_{N\mathrm{II}}$$

$$Z_{k\,I} = Z_{k\,I}^* \frac{U_{N\,I}}{I_{N\,I}}; \quad Z_{k\,II} = Z_{k\,II}^* \frac{U_{N\,II}}{I_{N\,II}}$$

$$U_{N\,I} = U_{N\,II}$$

将以上的关系代入式(3-4)中，得

$$\frac{\dot{I}_I^* I_{NI}}{\dot{I}_{II}^* I_{NII}} = \frac{Z_{k\,II}^* \dfrac{U_{N\,II}}{I_{N\,II}}}{Z_{k\,I}^* \dfrac{U_{N\,I}}{I_{N\,I}}}$$

即

$$\frac{\dot{I}_I^*}{\dot{I}_{II}^*} = \frac{Z_{k\,II}^*}{Z_{k\,I}^*} = \frac{Z_{k\,II}^*}{Z_{k\,I}^*} \underline{/\ \psi_{k\,II} - \psi_{k\,I}} \tag{3-5}$$

上式表明，并联运行的各台变压器所分担的负载电流标幺值与其短路阻抗标幺值成反比。若 z_k^* 相等，则各台变压器的负载电流分配与其额定容量成比例，可以使得两台变压器同时达到满载，变压器容量可得到充分利用；若 z_k^* 不等，则负载电流不能按比例分配，z_k^* 较小的变压器先达到满载，则另一台变压器的容量不能充分利用。由式(3-5)还可以看出，如两台变压器 $\dfrac{x_k^*}{r_k^*}$ 相等，则 $\psi_{k\,II} = \psi_{k\,I}\left(因 \psi_k = \arctan \dfrac{x_k^*}{r_k^*}\right)$，$\psi_{k\,II} - \psi_{k\,I} = 0$，于是两台变压器电流同相位，这是很理想的。因为在一定的负载电流下，各变压器电流最小，从而占用容量与铜耗均可减小。

3.5.4　变压器并联运行时的负载分配

设变压器的短路阻抗标幺值不等，但变比相等，即 $z_{k\,I}^* \neq z_{k\,II}^*$，$k_I = k_{II} = k$。将各物理量折算到副边，由并联运行简化等效电路图3-21，可得

$$\begin{cases} -\dot{I}_I = \dfrac{1}{Z_{k\,I}}\left(\dfrac{\dot{U}_1}{k} + \dot{U}_2\right) \\[3mm] -\dot{I}_{II} = \dfrac{1}{Z_{k\,II}}\left(\dfrac{\dot{U}_1}{k} + \dot{U}_2\right) \end{cases} \tag{3-6}$$

由式(3-6)可得

$$\dot{I} = \dot{I}_{\mathrm{I}} + \dot{I}_{\mathrm{II}} = -\left(\frac{\dot{U}_1}{k} + \dot{U}_2\right) \sum_{i=1}^{2} \frac{1}{Z_{ki}}$$

式中

$$\sum_{i=1}^{2} \frac{1}{Z_{ki}} = \frac{1}{Z_{k\mathrm{I}}} + \frac{1}{Z_{k\mathrm{II}}}$$

于是

$$-\left(\frac{\dot{U}_1}{k} + \dot{U}_2\right) = \frac{\dot{I}}{\displaystyle\sum_{i=1}^{2} \frac{1}{Z_{ki}}} \tag{3-7}$$

将式(3-7)代入式(3-6)，可得

$$\begin{cases} \dot{I}_{\mathrm{I}} = \dfrac{\dfrac{1}{Z_{k\mathrm{I}}}}{\displaystyle\sum_{i=1}^{2} \dfrac{1}{Z_{ki}}} \dot{I} \\[4mm] \dot{I}_{\mathrm{II}} = \dfrac{\dfrac{1}{Z_{k\mathrm{II}}}}{\displaystyle\sum_{i=1}^{2} \dfrac{1}{Z_{ki}}} \dot{I} \end{cases} \tag{3-8}$$

对于多台(n 台)变压器并联运行时，同理可得第 i 台变压器负载电流的一般表达式为

$$\dot{I}_i = \frac{\dfrac{1}{Z_{ki}}}{\displaystyle\sum_{i=1}^{n} \dfrac{1}{Z_{ki}}} \dot{I} = \frac{\dot{I}}{Z_{ki} \displaystyle\sum_{i=1}^{n} \dfrac{1}{Z_{ki}}} \tag{3-9}$$

一般并联变压器容量之比在 1~3 的范围内。这时各台变压器对应相的电流可以认为是同相位，总输出电流可不用相量和，而只用算术和；同时可将短路阻抗的复量 z_{ki} 用幅值 z_{ki} 表示，或用短路阻抗标么值 z_{ki}^* 表示。由于 $z_{ki}^* = \dfrac{z_{ki}}{\dfrac{U_{Ni}}{I_{Ni}}}$，可得 $z_{ki} = \dfrac{U_{Ni}}{I_{Ni}} z_{ki}^*$。因为变压器系并联运行，故 $U_{Ni} = U_{Nn}$，则式(3-9)可以写成

$$I_i = \frac{I}{\frac{U_{Nn}}{I_{Ni}} z_{ki}^* \sum_{i=1}^{n} \frac{I_{Ni}}{U_{Ni} z_{ki}^*}} = \frac{I}{\frac{z_{ki}^*}{I_{Ni}} \sum_{i=1}^{n} \frac{I_{Ni}}{z_{ki}^*}}$$

故该变压器的负载系数

$$\beta_i = \frac{I_i}{I_{Ni}} = \frac{I}{z_{ki}^* \sum_{i=1}^{n} \frac{I_{Ni}}{z_{ki}^*}} \qquad (3\text{-}10)$$

式中：I——副边每相的总负载电流；

z_{ki}^*——第 i 台变压器短路阻抗的标么值。

将式(3-10)右边上、下同乘 $3U_{N\varphi}$(设 $U_{N\varphi}$ 为三相变压器副边的额定相电压)，可得出三相变压器并联运行时以总负载容量 S、额定容量 $S_{Ni}(i = 1, 2, \cdots, n)$ 等表达的负载系数，其计算公式如下

$$\beta_i = \frac{S}{z_{ki}^* \sum_{i=1}^{n} \frac{S_{Ni}}{z_{ki}^*}} \qquad (3\text{-}11)$$

实际运行时，各并联变压器负载电流标么值相差应不超过 10%，所以要求各变压器的 z_k^* 相差不应超过其平均值的 10%。

[**例 3-1**] 两台变压器并联运行，具体数据为：$S_{NI} = 1800\text{kV} \cdot \text{A}$，$\curlyvee / \triangle - 11$ 连接，$\dfrac{U_{1N}}{U_{2N}} = \dfrac{35}{10\text{kV}}$，$u_{kI} = 8.25\%$；$S_{NII} = 1000\text{kV} \cdot \text{A}$，$\curlyvee / \triangle - 11$ 连接，$\dfrac{U_{1N}}{U_{2N}} = \dfrac{35}{10\text{kV}}$，$u_{kII} = 6.75\%$。总负载为 $2800\text{kV} \cdot \text{A}$，求：(1)每台变压器分配的负载是多少？(2)不使任何一台变压器过载时，能供给的负载是多少？

[**解**] (1)副边每相总负载电流(副边相电流)

$$I = \frac{2800 \times 10^3}{3 \times 10 \times 10^3} \text{A} = 93.3\text{A}$$

各变压器副边额定相电流分别为

$$I_{NI} = \frac{1800 \times 10^3}{3 \times 10 \times 10^3} \text{A} = 60\text{A}$$

$$I_{N\text{II}} = \frac{1000 \times 10^3}{3 \times 10 \times 10^3} \text{A} = 33.3 \text{A}$$

$$\sum_{i=1}^{2} \frac{I_{Ni}}{z_{ki}^*} = \frac{I_{N\text{I}}}{z_{k\text{I}}^*} + \frac{I_{N\text{II}}}{z_{k\text{II}}^*} = \frac{60}{0.0825} + \frac{33.3}{0.0675} = 1221$$

于是

$$\beta_{\text{I}} = \frac{I}{z_{ki}^* \sum\limits_{i=1}^{2} \frac{I_{Ni}}{z_{ki}^*}} = \frac{93.3}{0.0825 \times 1221} = 0.926$$

$$\beta_{\text{II}} = \frac{93.3}{0.0675 \times 1221} = 1.132$$

此时第一台变压器未满载,而第二台变压器已过载 13.2%。各变压器分配的负载为

$$S_{\text{I}} = \beta_{\text{I}} S_{N\text{I}} = 0.926 \times 1800 \text{kV} \cdot \text{A} = 1667 \text{kV} \cdot \text{A}$$

$$S_{\text{II}} = \beta_{\text{II}} S_{N\text{II}} = 1.132 \times 1000 \text{kV} \cdot \text{A} = 1132 \text{kV} \cdot \text{A}_{\circ}$$

(2)为了使任何一台变压器都不过载,应取短路电压较小的第二台的负载系统 $\beta_{\text{II}} = 1$,则由式(3-10)得

$$I = z_{k\text{II}}^* \sum_{i=1}^{2} \frac{I_{Ni}}{z_{ki}^*} \beta_{\text{II}} = 0.0675 \times 1221 \times 1 \text{A} = 82.4 \text{A}$$

此时最大能供给负载的功率为

$$S = 3 \times 10 \times 82.4 \text{kV} \cdot \text{A} = 2473 \text{kV} \cdot \text{A}$$

而两台变压器的总容量为 2800kV · A,显然设备容量未得到充分利用,总设备利用系数 $= \frac{2473}{2800} = 0.883 = 88.3\%$。

此例如按式(3-11)计算,则非常简便。现计算如下

$$\sum_{i=1}^{2} \frac{S_{Ni}}{z_{ki}^*} = \frac{S_{N\text{I}}}{z_{k\text{I}}^*} + \frac{S_{N\text{II}}}{z_{k\text{II}}^*} = \frac{1800}{0.0825} + \frac{1000}{0.0675} = 36633$$

$$\beta_{\text{I}} = \frac{S}{z_{k\text{I}}^* \sum\limits_{i=1}^{2} \frac{S_{Ni}}{z_{ki}^*}} = \frac{2800}{0.0825 \times 36633} = 0.926$$

$$\beta_{\mathrm{II}} = \frac{S}{z_{k\mathrm{II}}^{*} \sum\limits_{i=1}^{2} \dfrac{S_{Ni}}{z_{ki}^{*}}} = \frac{2800}{0.0675 \times 36633} = 1.132$$

已知各台变压器负载系数，即可求出各台变压器负载，所得结果与前所得完全一样。

短路阻抗 z_k^* （即 u_k ）小的先到满载，则令 $\beta_{\mathrm{II}} = 1$ ，可得最大能供给的负载

$$S = z_{k\mathrm{II}}^{*} \sum \frac{S_{Nn}}{z_{kn}} = 0.0675 \times 36633 \mathrm{kV \cdot A} = 2473 \mathrm{kV \cdot A}$$

与前面的结果一致。

3.6 变压器的 Ⅴ／Ⅴ 连接组

Ⅴ／Ⅴ 连接是用两台单相变压器接成 Ⅴ 形，供给三相负载，如图 3-22 所示。实际上它可以看成是由 △／△ 连接的三相组式变压器中拆走一台单相变压器以后的情形。

设原边外施线电压为 $\dot{U}_{AB}$ 、 $\dot{U}_{BC}$ 、 $\dot{U}_{CA}$ ，是三相对称的，若略去变压器内部阻抗压降，参看图 3-23，则副边线电压为

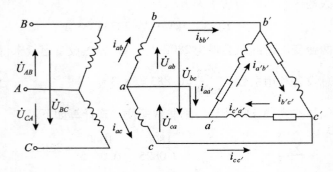

图 3-22 变压器的 Ⅴ／Ⅴ 连接组

$$\begin{cases} \dot{U}_{ab} = \dot{E}_{ab} = -\dfrac{\dot{U}_{AB}}{k} \\[3mm] \dot{U}_{ca} = \dot{E}_{ca} = -\dfrac{\dot{U}_{CA}}{k} \\[3mm] \dot{U}_{bc} = \dot{E}_{bc} = -(\dot{U}_{ca} + \dot{U}_{ab}) = -\dfrac{1}{k}(-\dot{U}_{CA} - \dot{U}_{AB}) = -\dfrac{\dot{U}_{BC}}{k} \end{cases} \tag{3-12}$$

仍是一组三相对称电压。若副边接上三相对称负载，则负载电流
$\dot{I}_{a'b'}$、$\dot{I}_{b'c'}$、$\dot{I}_{c'a'}$ 也是三相对称电流。因此两台单相变压器可以接成
Ｖ／Ｖ形用在三相线路上。

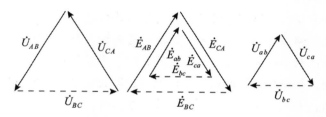

图 3-23　Ｖ／Ｖ连接组的电压、电势相量图

　　带上负载后，由于这种接法的变压器中短路阻抗压降不对称，即
使三相负载对称，变压器副边端电压将略有不对称，但一般不对称度
很小（因 z_k^* 很小，变压器阻抗压降也不大）。

　　应该指出：变压器Ｖ／Ｖ连接的三相容量要比两台单相变压器容
量之和小些。理由如下。

　　当将三台单相变压器接成△／△时，三相容量为 $3U_{N\phi}I_{N\phi}$（$U_{N\phi}$、
$I_{N\phi}$ 为变压器额定相电压、相电流）。接成Ｖ／Ｖ形时，由于绕组电流
等于线电流，故其最大输出线电流应不超过绕组相电流 $I_{N\phi}$，则三相
总容量为 $\sqrt{3}\,U_l I_l = \sqrt{3}\,U_{N\phi}I_{N\phi}$，两台单相变压器的总设备容量为
$2U_{N\phi}I_{N\phi}$，故二者相比等于 $\dfrac{\sqrt{3}}{2} = 0.866$，也就是说Ｖ／Ｖ连接的变压器

105

可供给的容量只能是总设备容量的 86.6%，故设备容量不能充分利用。∨／∨ 连接不是标准连接法，仅用于特殊场合，例如使用△／△连接的三相组式变压器，在其中一台单相变压器检修时将两台单相变压器作∨／∨连接，作为供电的应急措施。此外，为了节省设备，仅用互感器常用∨／∨形接法。

小　　结

本章讨论了三相变压器的磁路系统、绕组连接法和连接组以及三相变压器绕组连接法和磁路系统对空载电势波形的影响。此外，还研究了变压器并联运行等问题。

三相变压器的磁路系统可分为各相磁路彼此无关的三相组式变压器与各相磁路彼此有关的三相心式变压器两种，不同的磁路系统与绕组连接方法对空载电势波形有很大的影响。为了并联运行的需要，根据原、逼边相应线电势的相位差，把变压器的绕组连接分成各种不同的连接组，不同连接组的变压器不能并联运行。

习　　题

3-1　有一台三相变压器，$S_N = 5600\text{kV} \cdot \text{A}$，10/6.3kV，$\curlyvee／\triangle$ -11 连接组。变压器的空载与短路试验数据如表 3-3 所示。

表 3-3

试验名称	绕电压/V	绕电流/A	三相功率/W	备注
空载	6300	7.4	6800	电源加在低压边
短路	550	324	18000	电源加在高压边

试求：（1）折到高压边的参数的实际值与标么值；（2）利用近似 Γ 形等效电路求满载且 $\cos\varphi_2 = 0.8$（滞后）时，副边电压 $\dot{U}_2$ 与原边电

流$\dot{I}_1$；（3）求满载且 $\cos\varphi_2 = 0.8$（滞后）时电压变化率 Δu 与效率 η。

3-2 变压器原、副绕组接线图如图 3-24 所示，试判定其连接组别，三相变压器的连接组与哪些因素有关？判别它有什么用途？

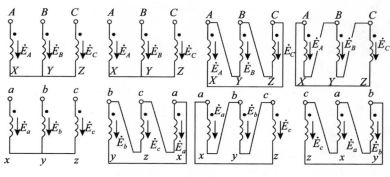

图 3-24 习题 3-2 用图

3-3 三相变压器原、副绕组的同名端及原方端点标字如图 3-25 所示，试把它接成 $\curlyvee/\triangle-7$，$\triangle/\curlyvee-7$，$\curlyvee/\curlyvee-4$，$\triangle/\triangle-4$。

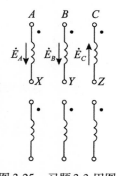

图 3-25 习题 3-3 用图

3-4 一台三相组式变压器为 $\curlyvee/\triangle$ 接法，由于不慎将 $\triangle$ 侧的一相绕组接反，将产生什么后果？如何判定哪一个绕组接反了？

3-5 为什么丫/△连接组的三相变压器，其原、副边相电势近似为正弦波？

3-6 什么是理想并联运行？满足什么条件才能达到理想并联运行？

3-7 有一台丫/△连接的三相变压器，原边外施额定正弦电压，空载运行。若将副边△打开一角测量开口电压，再将△闭合测量电流，试问此变压器为三相心式时与三相组式时所测得的数值相比有何不同？为什么？

3-8 有一台丫/△连接的三相变压器，空载运行，原边外施电压为三相对称正弦电压，试分析：（1）原边电流、副边相电流和线电流中有无三次谐波？（2）主磁通、原、副边相电势中有无三次谐波？（3）原、副边相电压和副边线电压中有无三次谐波？

3-9 有两台三相变压器，均为丫/△-11 连接组，其数据如下：$S_{NI} = 100\text{kV} \cdot \text{A}$，$U_{1N}/U_{2N} = 6000/230\text{V}$，$u_{kI} = 0.055$；$S_{NII} = 320\text{kV} \cdot \text{A}$，$U_{1N}/U_{2N} = 6000/227\text{V}$，$u_{kII} = 0.055$。两台变压器 $\dfrac{x_k^*}{r_k^*}$ 比值相等。当它们并联运行，原边电源电压为 6000V 时，求空载环流。

3-10 有三台变压器并联运行，丫/△-11 连接组，电压均为 $U_{1N}/U_{2N} = 35/6.3\text{kV}$；$S_{NI} = 1000\text{kV} \cdot \text{A}$，$S_{NII} = 1800\text{kV} \cdot \text{A}$，$S_{NIII} = 2400\text{kV} \cdot \text{A}$；$u_{kI} = 0.0625$，$u_{kII} = 0.066$，$u_{kIII} = 0.07$，求：（1）当负载为 4500kV · A 时各变压器所供给的负载及设备利用系数；（2）在不使任一台变压器过载的情况下，三台变压器所能供给的总负载。

第4章 变压器的瞬变过程

4.1 概　　述

变压器在正常运行中，如果负载或电源变化不很明显，可以看做稳态运行，即认为交变磁通、电流和电压等的幅值在此时保持不变。若变压器受到较大的扰动，例如负载突然变化、空载合闸到电网上、副边发生突然短路故障，等等，那么变压器将从一种稳定运行状态过渡到另一种稳定运行状态。这种从一种稳态过渡到另一种稳态的过程称为瞬变过程或过渡过程。

当变压器由于上述原因出现瞬变过程时，可能使变压器绕组中的电压和电流超过额定值许多倍，即出现所谓过电压和过电流现象。虽然瞬变过程延续时间很短，但对变压器的影响却很大，例如突然短路时的过电流会产生很大的电磁力，将使变压器的绕组遭到破坏；过电压则可能使变压器绝缘损坏。因此，分析瞬变过程，找出其规律性，对变压器的设计、制造、运行都是很重要的。

本章主要讨论空载合闸和突然短路时的过电流现象，同时，还要简单介绍过电压现象及其防护。

4.2　变压器的空载合闸

在变压器副边开路情况下，将原边接入电网称为空载合闸。在稳态运行时，变压器的空载电流很小，一般仅为额定电流的 2% ~ 10% 。但在空载投入电网的瞬间，由于变压器铁芯有饱和现象，可能出现很大的冲击电流(也称激磁涌流)。该冲击电流为稳态空载电流的数十倍甚至近百倍,相当于数倍的额定电流。由于继电保护作用,它可能使开关跳闸,造成变压器不能顺利地投入电网。下面分析产生空载合闸过电流的物理过程。

以单相变压器为例,设电网电压按正弦规律变化为

$$u_1 = \sqrt{2}\,U_1\sin(\omega t + \alpha_0)$$

根据变压器原边电路的电势平衡方程式,可以列出

$$\sqrt{2}\,U_1\sin(\omega t + \alpha_0) = i_0 r_1 + w_1\frac{\mathrm{d}\Phi_t}{\mathrm{d}t} \tag{4-1}$$

式中:α_0—— 合闸瞬时电压 u_1 的初相角(又称合闸角);

Φ_t—— 和原绕组交链的总磁通,包括主磁通和漏磁通。

由于电阻压降 $i_0 r_1$ 很小,故在分析瞬变过程的初始阶段时,可以忽略不计,这样可以更清楚地看到这一阶段的物理过程。但是,r_1 的存在是使瞬变分量衰减的原因,因此在分析瞬变分量衰减过程时,r_1 的作用不能忽略。

忽略 $i_0 r_1$ 后,式(4-1)可以写成

$$w_1\frac{\mathrm{d}\Phi_t}{\mathrm{d}t} = \sqrt{2}\,U_1\sin(\omega t + \alpha_0) \tag{4-2}$$

$$\mathrm{d}\Phi_t = \frac{\sqrt{2}\,U_1}{w_1}\sin(\omega t + \alpha_0)\,\mathrm{d}t$$

两边积分

$$\Phi_t = -\frac{\sqrt{2}\,U_1}{\omega w_1}\cos(\omega t + \alpha_0) + C \tag{4-3}$$

式中积分常数 C 可以由初始条件来确定。为简单起见,忽略铁芯中较小的剩磁,则 $t=0$ 时,$\Phi_t=0$,代入式(4-3),得

$$\Phi_t = -\frac{\sqrt{2}\,U_1}{\omega w_1}\cos\alpha_0 + C = 0$$

于是

$$C = \frac{\sqrt{2}\,U_1}{\omega w_1}\cos\alpha_0 \tag{4-4}$$

其中 $\dfrac{\sqrt{2}\,U_1}{\omega w_1} \approx \dfrac{\sqrt{2}\,E_1}{\omega w_1} = \dfrac{E_1}{4.44fw_1}\varPhi_m$，为稳态磁通幅值。

将式(4-4)代入式(4-3)中，可得

$$\varPhi_t = -\varPhi_m\left[\cos(\omega t + \alpha_0) - \cos\alpha_0\right] = \varPhi'_t + \varPhi''_t \qquad (4\text{-}5)$$

上式表明，空载合闸时原绕组交链的总磁通可以分为两个分量，一个是周期分量，又称稳态分量，以 $\varPhi'_t$ 表示，为 $-\varPhi_m\cos(\omega t + \alpha_0)$；另一个是非周期分量，又称暂态分量，以 $\varPhi''_t$ 表示，为 $\varPhi_m\cos\alpha_0$。当有电阻 r_1 存在时，暂态分量是随时间而衰减的。

上式还表明，合闸时磁通的大小与合闸角 α_0 有关，下面我们分析两个极端情况：

(1)合闸角 $\alpha_0 = \dfrac{\pi}{2}$（即在 $u_1 = U_{1m}$ 瞬间合闸），由式(4-5)得

$$\varPhi_t = -\varPhi_m\cos\left(\omega t + \frac{\pi}{2}\right) = \varPhi_m\sin\omega t \qquad (4\text{-}6)$$

这时，非周期分量为零，合闸后立即进入稳态，于是建立此磁通的合闸电流也没有瞬变过程，而立即达到稳态时的空载电流，其变化曲线如图 4-1 所示。也就是说，在 $u_1 = U_{1m}$ 瞬间合闸最为有利。

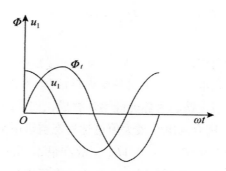

图 4-1　$\alpha_0 = \dfrac{\pi}{2}$ 时的磁通变化曲线

(2)合闸角 $\alpha_0 = 0$（即在 $u_1 = 0$ 瞬间合闸），由式(4-5)得

$$\varPhi_t = \varPhi_m(1 - \cos\omega t) = \varPhi_m - \varPhi_m\cos\omega t = \varPhi''t + \varPhi't \qquad (4\text{-}7)$$

此时，磁通的暂态分量 Φ_t'' 达到最大值。

假设 $r_1 = 0$，则磁通暂态分量不衰减，稳态分量 Φ_t' 幅值不变，其变化曲线如图 4-1 所示。

由图 4-2 可见，在 $u_1 = 0$ 瞬间合闸，磁通 Φ_t 在合闸后半个周期 $t = \dfrac{\pi}{\omega}$ 时达到最大值 $\Phi_{t\max}$，当暂态分量不衰减时为

$$\Phi_{t\max} = 2\Phi_m$$

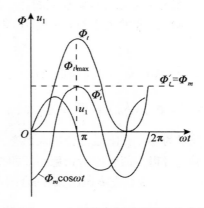

图 4-2 $\alpha_0 = 0$ 空载合闸时磁通变化曲线

由于铁芯有饱和，当 Φ_t 增大到 $2\Phi_m$ 时，它所对应的激磁电流可能增大到稳态空载电流的几十倍甚至近百倍（参看图 4-3）。例如，一般电力变压器，假设铁芯为热轧硅钢片叠成，如空载运行时铁芯内的磁密 $B_m = 1.4\text{T}$，则合闸电流最大值可达稳态空载电流的 $50 \sim 80$ 倍。空载电流一般等于 $0.02I_{1N} \sim 0.1I_{1N}$，故在最不利的情况下，合闸电流可达额定电流的 $5 \sim 8$ 倍，图 4-4 是空载合闸电流的波形图。

由于有 r_1 存在，合闸电流逐渐衰减，衰减的快慢由时间常数 $T = \dfrac{L_{11}}{r_1}$ 来决定（L_{11} 是原绕组中的全自感，r_1 是原绕组的电阻）。L_{11} 愈大，则磁场储能愈多，合闸电流衰减愈慢；r_1 愈大，则储能消耗得愈快，

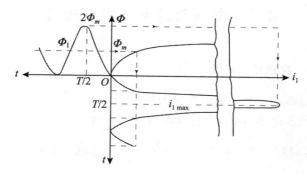

图 4-3　由磁化曲线确定激磁电流 i_1

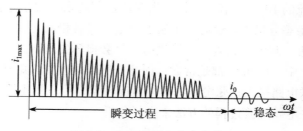

图 4-4　空载合闸电流变化曲线

合闸电流衰减得也愈快。一般小容量变压器 r_1 较大，合闸电流只要经过几个周波就可接近稳态值，大型变压器 r_1 小，衰减较慢，有的衰减过程可长达 20s。

空载合闸电流由于持续时间较短，对变压器本身没有直接危害，但它可能引起原边过流保护装置动作，引起跳闸。在大型变压器中，为了避免上述跳闸现象，加快合闸电流的衰减，可在变压器原边串入一个合闸电阻，合闸以后再将该电阻切除。

以上讨论的是单相变压器的情况，但对于三相变压器中一相的情况也完全适用。在三相变压器中，由于三相电压相位互差 120°，因此合闸时总有一相的合闸电流处于最大或接近于最大。

113

4.3 变压器的副边突然短路

4.3.1 突然短路电流

当变压器在运行中副边发生突然短路时，若忽略激磁电流分量，则变压器的简化等效电路如图 4-5 所示。此时，变压器等效于短路电阻 $r_k = r_1 + r_2'$ 和短路电抗 $L_k = \dfrac{x_k}{\omega} = \dfrac{x_1 + x_2'}{\omega}$ 的串联，其稳态短路电流的标么值为 $I_k^* = \dfrac{1}{z_k^*}$。一般变压器的 $z_k^* = 0.05 \sim 0.1$，故稳态短路电流可达额定电流的 10～20 倍。并且，当变压器副边发生突然短路时，短路电流除稳态分量外，还有一个暂态分量。二者相加之后，使短路电流的峰值进一步增加，若不采取措施，将会损坏变压器。

图 4-5 中，r_k 和 x_k 都是常数，因此变压器副边突然短路时的情况和 RL 串联电路接入正弦电压源时的情况相似，可以用电路原理中分析 RL 串联电路过渡过程的方法来进行分析。

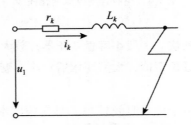

图 4-5 变压器的副边突然短路

为了简单起见，设电网容量很大，短路电流不致引起电网电压下降，也就是说电网是一个理想电压源。突然短路时原边电路的微分方程式为

$$u_1 = \sqrt{2}\, U_1 \sin(\omega t + \alpha_0) = i_k r_k + L_k \frac{\mathrm{d}i_k}{\mathrm{d}t} \tag{4-8}$$

这是一个常系数线性微分方程，该方程的解有两个分量：即稳态分量和暂态分量。

在变压器发生短路前，可能已经带有一定负载，但因荷载电流比短路电流小得多，我们可以忽略，认为短路是在空载情况下发生的，即在 $t=0$ 时，$i_k=0$。这样做不会引起显著误差。

微分方程式(4-8)的解为

$$i_k = i_k' + i_k'' \tag{4-9}$$

其中短路电流的稳态分量为

$$i_k' = \sqrt{2} I_k \sin(\omega t + \alpha_0 - \varphi_k) \tag{4-10}$$

式中，$I_k = \dfrac{U_1}{\sqrt{r_k^2 + x_k^2}}$ 稳态短路电流的有效值；

$$\varphi_k = \arctan \frac{x_k}{r_k} = \arctan \frac{\omega L_k}{r_k}$$ 为短路阻抗角。

　　由于　　　　　　　　$x_k \gg r_k$　　　　故 $\varphi_k \approx \dfrac{\pi}{2}$

短路电流暂态分量为

$$i_k'' = C e^{-\frac{t}{T_k}} \tag{4-11}$$

式中：T_k——暂态分量衰减时间常数；

　　　C——待定积分常数，由初始条件决定。

将式(4-10)、式(4-11)代入式(4-9)中，并认为 $\varphi_k = \dfrac{\pi}{2}$，可得

$$i_k = \sqrt{2} I_k \sin\left(\omega t + \alpha_0 - \frac{\pi}{2}\right) + C e^{-\frac{t}{T_k}} \tag{4-12}$$

将初始条件 $t=0$ 时，$i_k=0$，代入上式，得

$$0 = \sqrt{2} I_k \sin\left(\alpha_0 - \frac{\pi}{2}\right) + C$$

于是

$$C = -\sqrt{2} I_k \sin\left(\alpha_0 - \frac{\pi}{2}\right) = \sqrt{2} I_k \cos\alpha_0 \tag{4-13}$$

将上式代入式(4-12)中得到

$$i_k = \sqrt{2}I_k \sin\left(\omega t + \alpha_0 - \frac{\pi}{2}\right) + \sqrt{2}I_k \cos\alpha_0 \mathrm{e}^{-\frac{t}{T_k}}$$

$$= -\sqrt{2}I_k \cos(\omega t + \alpha_0) + \sqrt{2}I_k \cos\alpha_0 \mathrm{e}^{-\frac{t}{T_k}}$$

或

$$i_k = \sqrt{2}I_k \left[\cos\alpha_0 \mathrm{e}^{-\frac{t}{T_k}} - \cos(\omega t + \alpha_0)\right] \tag{4-14}$$

下面讨论短路初相角 α_0 的两种极端情况：

（1）在 $\alpha_0 = \dfrac{\pi}{2}$ 时发生突然短路。由式（4-14）可知这时暂态分量为零，突然短路一发生就进入稳态，短路电流的峰值最小。短路电流表达式为

$$i_k = \sqrt{2}I_k \sin\omega t \tag{4-15}$$

（2）在 $\alpha_0 = 0$ 时发生突然短路。由式（4-14）可得

$$i_k = -\sqrt{2}I_k(\cos\omega t - \mathrm{e}^{-\frac{t}{T_k}}) \tag{4-16}$$

其电流变化曲线如图 4-6 所示。由图 4-6 可知，在突然短路后半个周期（$\omega t = \pi$）时，短路电流达到最大值 $i_{k\max}$。以 $t = \dfrac{\pi}{\omega}$ 代入式（4-16）可得

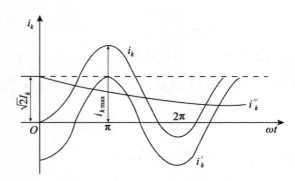

图 4-6 $\alpha_0 = 0$ 时突然短路电流变化曲线

$$i_{k\max} = \sqrt{2}I_k(1 + \mathrm{e}^{-\frac{\pi}{\omega T_k}}) = k_y\sqrt{2}I_k \tag{4-17}$$

式中，$k_y = 1 + \mathrm{e}^{-\frac{\pi}{\omega T_k}}$，它是突然短路电流最大值与稳态短路电流最大值

的比值，显然，k_y 的大小与时间常数 $T_k = \dfrac{L_k}{r_k}$ 有关。对于小型变压

器，$\dfrac{r_k}{x_k} = \dfrac{1}{3} \sim \dfrac{1}{2}$，故 $k_y = 1.2 \sim 1.3$ 倍；大型变压器，$\dfrac{r_k}{x_k} = \dfrac{1}{15} \sim \dfrac{1}{10}$，

故 $k_y = 1.7 \sim 1.8$ 倍。

若用以 $\sqrt{2} I_{1N}$ 为基值的标么值表示式(4-17)，并考虑到 $I_k = \dfrac{U_{1N}}{z_k}$，

得

$$i_{k\max}^* = \frac{i_{k\max}}{\sqrt{2} I_{1N}} = k_y \frac{I_k}{I_{1N}} = k_y \frac{U_{1N}}{I_{1N} z_k} = k_y \frac{1}{z_k^*} \tag{4-18}$$

上式表明：$i_{k\max}^*$ 与 z_k^* 成反比，即短路阻抗标么值 z_k^* 愈小，突然短

路电流 $i_{k\max}^*$ 愈大。若 $z_k^* = 0.06$，则 $i_{k\max}^* = (1.2 \sim 1.8) \dfrac{1}{0.06} = 20 \sim$

30，即为额定电流幅值的 20 ~ 30 倍。这是一个很大的冲击电流，该
冲击电流产生的电磁力很大，严重时可使变压器绕组变形而破坏。为
了限制 $i_{k\max}^*$，变压器的 z_k^* 不宜太小；但从减小变压器的电压变化率 Δu
的角度来看，z_k^* 又不宜过大。因此在设计变压器时必须全面地考虑 z_k^*
值的选择。大型变压器为了限制短路冲击电流，一般 z_k^* 较大。

对于三相变压器，由于各相电压相位互差 120°，因此在突然短
路时，总可能有一相会处于或接近于最大短路电流。

4.3.2 突然短路时的电磁力

变压器绕组的导线处在漏磁场中，绕组中电流与漏磁场相互作
用，在绕组导线上产生电磁力，其大小与漏磁场的磁密和电流的乘积
成正比。漏磁场的磁密又与电流成正比，因此短路时的电磁力与短路
电流的平方成正比。由前述分析知，变压器突然短路时电流最大瞬
时值可达额定电流幅值的 20 ~ 30 倍，可见此时绕组上受到的电磁力
可达正常运行时电磁力的几百倍。并且这冲击电流的产生如此迅速，
以致断路器无法动作。如果不在变压器的设计制造中予以必要的注
意，它所产生的电磁力往往会将变压器的绕组扯断或因绕组的拧曲变

形而损坏绝缘。

下面简单地分析当原、副绕组高度相等，并且磁势沿绕组高度分布均匀时，同心式绕组所受的电磁力。

图 4-7 为同心式绕组所受的电磁力示意图。图 4-7（a）为原、副绕组中漏磁场的分布图形，B_d 为漏磁密的轴向分量，B_q 为漏磁密的径向分量。图 4-7（b）为绕组上所受的电磁力（左为侧视图，右为上视图），F_d 为轴向电磁力，F_q 为径向电磁力。轴向电磁力的方向总是从上、下两端把绕组压缩，而径向力的方向总是把外层绕组向外拉伸，把内层绕组向内压缩。

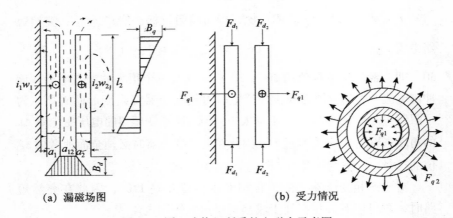

(a) 漏磁场图　　　　　　　　(b) 受力情况

图 4-7　同心式绕组所受的电磁力示意图

在变压器中，由于径向漏磁场的磁通密度沿高度方向是变化的，所以轴向电磁力沿绕组高度方向分布也是不均匀的。如果轴向电磁力过大，就可能压坏绕组支撑件，使绕组变形，这在设计制造时应予以充分注意。径向电磁力沿绕组的圆周方向可以认为是均匀分布的。在一般电力变压器中，漏磁场的轴向分量远大于径向分量，因而径向电磁力远大于轴向电磁力。圆形绕组能承受较大的径向力而不变形，矩形绕组容易变形，故电力变压器绕组总是做成圆形的。可见，轴向电磁力对变压器的危害较大，在设计制造变压器时应当充分考虑。

4.4 变压器的过电压及其防护

变压器运行时，由于某种原因，使得电压超过变压器的最大允许工作电压时，称为过电压。通常过电压具有周期或非周期短时电脉冲的性质。过电压常在下面几种情况下产生：

（1）操作过电压。即在变压器接到电网上或从电网上断开时的过程中，伴随着系统的电磁能量的急剧变化而产生的过电压，例如切除空载变压器就可能出现这种过电压。

（2）故障过电压。例如系统中发生短路或间歇弧光接地而产生的过电压。

（3）大气过电压。由于雷电直接打在输电线上或杆塔上，或者由于大气中雷云放电在输电线路上感应出来的雷电波而产生的过电压。

不管哪种过电压，其作用时间都是很短暂的（例如，大气过电压仅有几十微秒），但对变压器的影响却很大。许多观察到的情况说明，电力系统本身引起的过电压，一般不超过额定相电压的 4.5 倍，对变压器危险性较小；而大气过电压数值很高，幅值可达额定相电压的十几倍，并且绕组上的电压分布极不均匀，端部线匝承受很高的电压，则可能导致绝缘击穿，故大气过电压对变压器危害很大。变压器绝缘损坏的分析表明，大气过电压对于额定电压在 220kV 以下的变压器最为危险，当额定电压较 220kV 更高时，则对过电压的防护必须同时考虑电力系统本身引起的过电压。

根据变压器过电压的原理分析，可以找出以下几种保护方法。

（1）避雷器保护　避雷器是在雷击过电压时能够很快地对地放电的一种电器，该装置装在变压器的出线端，如图 4-8 所示。当雷击波从输电线侵入时，先将保护间隙击穿，然后过电压波经避雷器对地放电，从而保护了变压器的绝缘。

（2）加强绝缘　除了加强高压绕组对地的主绝缘外，还要加强首端及末端部分线匝的绝缘，以承受起始电压分布不均匀而出现的匝间较高电压。

119

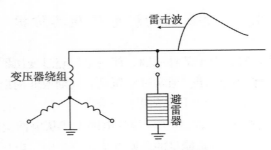

图 4-8　避雷器保护原理图

（3）采用静电环及静电屏保护　如图 4-9 所示，静电环使首端头一个线饼的匝间电压分布均匀，静电屏使头几个线饼间的电压分布均匀。静电环是由金属箔包裹在绝缘纸板上的一个金属开口环，放在绕组的一端；静电屏是一些开口的线匝，罩在最初几个线饼的外面。它们通过电容补偿起到相应的保护作用，被用于 110kV 及以上的大型变压器。

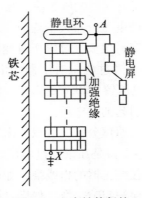

图 4-9　电容补偿保护

（4）采用纠结式绕组　纠结式绕组线饼之间的等效电容比连续式绕组显著增大，大大有利于改善起始电压的分布，防止绕组过电压。

（5）采用接地中性点　若变压器中性点是绝缘的或经电抗器接地，则应在中性点与地之间接入避雷器，再并联一个电容，如图 4-10 所示，使变压器中性点在过电压瞬间相当于接地。

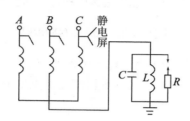

L— 电抗器；R— 避雷器；C— 电容器

图 4-10　变压器中性点保护

小　　结

瞬变过程中，变压器可能出现过电流或过电压。瞬变过程的时间虽然很短，却可能使变压器遭到损坏。

变压器过电流是在原边加额定电压下发生的，可以分为原边空载合闸过电流和副边突然短路过电流两种。前者对变压器本身没有什么危害，但却使变压器的继电保护装置变得复杂；后者有很大危害，应当极力避免与加以防护。过电压可以分为操作过电压、故障过电压与大气过电压三种。其中以大气过电压对变压器危害最大，应当设法对其加以防护。

习　　题

4-1　如果磁路没有饱和，变压器空载合闸电流的最大值是多少？

4-2　当电网电压为正弦波时，在什么瞬间合闸，合闸电流最大？在什么瞬间突然短路，短路电流最大？

4-3　突然短路电流最大值的大小和哪些因素有关？其可能出现的最大值是额定电流幅值的多少倍？对变压器有何危害？

121

4-4 说明同心式绕组漏磁场的分布情况，分析其原因，判断绕组在短路电流作用下的受力方向。

4-5 为什么电力变压器绕组都采用圆形绕组？

4-6 变压器运行时可能出现哪几种过电压？如何防护？

4-7 有一台三相变压器，$S_N = 60000 \text{kV} \cdot \text{A}$，$\dfrac{U_{1N}}{U_{2N}} = \dfrac{220}{11} \text{kV}$，$Y/\triangle - 11$ 连接组，$r_k^* = 0.008$，$x_k^* = 0.072$。试求：（1）高压边的稳态短路电流值和标幺值；（2）在最不利情况下发生突然短路时，短路电流的最大值。

第5章 特殊变压器

5.1 概　　述

前面几章，分析了原、副绕组套在一个铁芯柱上的变压器，称为双绕组变压器。

除双绕组变压器外，工程实践中还有许多的特殊变压器。如在电力系统中，经常需要将三个不同电压的输电系统互相联系起来，采用三绕组变压器能比较经济地实现这一要求；有的电力系统，高、低压间变比不大，为了节省材料与减小变压器重量及体积，常采用自耦变压器；在高电压、大电流的测量方面，广泛采用了仪用互感器；在把交流电能转变为直流电能的整流设备中广泛采用整流变压器；在金属材料焊接中，广泛使用电焊变压器，等等。

本章仅介绍三绕组变压器、自耦变压器和仪用互感器的工作原理及特点。

5.2　三绕组变压器

电压为 U_1 的电网，要同时供电给电压为 U_2 和 U_3 的两个电网时，若采用双绕组变压器需要分别装置电压为 $\dfrac{U_1}{U_2}$ 和 $\dfrac{U_1}{U_3}$ 的双绕组变压器各一台。但采用三绕组变压器，则只需一台变压器就够了。因此，在这种情况下采用三绕组变压器，可以使变压器台数减少，并且维护管理也较方便。

三绕组变压器的工作原理与双绕组变压器的工作原理是一样的，但在结构、工作方式上有其特殊性。

5.2.1 绕组的布置和额定容量

三绕组变压器的铁芯一般为心式结构，每个铁芯柱上都套着高压、中压和低压三个绕组。其中一个为原绕组，另两个为副绕组。若为升压用变压器，低压绕组是原绕组，中压、高压绕组是副绕组；若为降压用变压器，则高压绕组是原绕组，中压、低压绕组是副绕组。

为了绝缘的方便，三绕组变压器总是将高压绕组放在最外层。对于升压用变压器，将低压绕组放在中层，中压绕组放在内层，这样可使漏磁场分布均匀，漏电抗分配合理，以保证有较好的电压变化率和运行性能，如图5-1（a）所示。对于降压用变压器，则低压绕组放在内层，绝缘比较方便，如图5-1（b）所示。

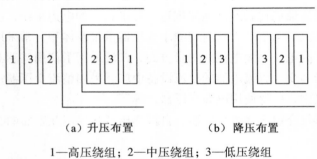

（a）升压布置 （b）降压布置

1—高压绕组；2—中压绕组；3—低压绕组

图5-1 三绕组变压器的绕组布置示意图

根据国家标准 GB 1094—71 中的规定，三相三绕组电力变压器的标准连接组有$Y_0/Y_0/\triangle-12-11$ 和$Y_0/Y_0/Y-12-12$ 两种，单相三绕组变压器的标准连接组为 $I/I/I-12-12$。

三绕组变压器一般都有较大的额定容量。根据供电的实际需要，三个绕组的容量可以设计成不一样的。这时，三绕组变压器的额定容量是指三个绕组中容量最大的一个绕组的容量。

如果将额定容量设为 100%，根据国家标准 GB 1094—71 中的规定，三个绕组的容量配合有以下三种：

高压绕组	100%	100%	100%
中压绕组	100%	50%	100%
低压绕组	50%	100%	100%

5.2.2　三绕组变压器的基本方程式

三绕组变压器具有不同于双绕组变压器的自身特点，现以降压用三绕组变压器来说明。

（1）如前所述，双绕组变压器有主磁通与自漏磁通。三绕组变压器除有主磁通与自漏磁通外，还有互漏磁通。就主磁通而言，它是由三个磁势 $\dot{F}_1$、$\dot{F}_2$、$\dot{F}_3$ 联合产生的（其磁势平衡关系为 $\dot{F}_m = \dot{F}_1 + \dot{F}_2 + \dot{F}_3 = \dot{F}_0$），并与三个绕组同时交链（如图 5-2 的 Φ_m）。就漏磁通而言，凡是只与一个绕组交链而与其他两个绕组不交链的磁通，称为自漏磁通（如图 5-2 中的 $\dot{\Phi}_{\sigma11}$、$\dot{\Phi}_{\sigma22}$、$\dot{\Phi}_{\sigma33}$）；如只与两个绕组相交链而与第三个绕组不交链的则称为互漏磁通（如图 5-2 中的 $\dot{\Phi}_{\sigma12}$、$\dot{\Phi}_{\sigma23}$、$\dot{\Phi}_{\sigma13}$）。令 L_{11}、L_{22}、L_{33} 表示各绕组的自感系数，M_{12}、M_{23}、M_{13} 表示两个绕组间的互感系数。由于自感与互感均包括有主磁通和漏磁通的感应作用，所以这些系数都不是常数。

（2）三绕组变压器三个绕组的额定容量可能不相等，而变压器额定容量是指三个绕组中容量最大的一个绕组的容量，故其短路电压等数值都应折算到额定容量的数值。

（3）三绕组变压器等效电抗的表达式中，由于有互感电抗，其等效电抗的数值可能为接近于零的负值（位于中间的那个绕组就是这种情况）。

三绕组变压器的分析方法与双绕组变压器的分析方法相似，也是利用磁势平衡关系列出方程式，并画出等效电路。图 5-2 是单相三绕组变压器的示意图。假定各物理量都是正弦量，则三绕组变压器稳态

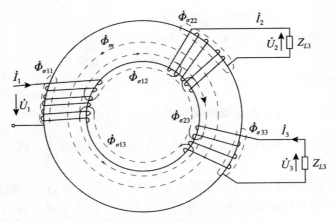

图 5-2　单相三绕组变压器的示意图

运行的电势平衡方程式为

$$\begin{cases} \dot{U}_1 = -\dot{E}_1 + \dot{I}_1 r_1 \\ \dot{U}_2 = \dot{E}_2 - \dot{I}_2 r_1 \\ \dot{U}_3 = \dot{E}_3 - \dot{I}_3 r_3 \end{cases}$$

式中：$\dot{E}_1$、$\dot{E}_2$、$\dot{E}_3$——绕组 1、2、3 中的感应电势。

$$\begin{cases} -\dot{E}_1 = j\omega L_{11}\dot{I}_1 + j\omega M_{12}\dot{I}_2 + j\omega M_{13}\dot{I}_3 \\ \dot{E}_2 = -j\omega L_{22}\dot{I}_2 - j\omega M_{21}\dot{I}_1 - j\omega M_{23}\dot{I}_3 \\ \dot{E}_3 = -j\omega L_{33}\dot{I}_3 - j\omega M_{31}\dot{I}_1 - j\omega M_{32}\dot{I}_2 \end{cases}$$

故上面方程组经整理后变为

$$\begin{cases} \dot{U}_1 = \dot{I}_1 r_1 + j\omega L_{11}\dot{I}_1 + j\omega M_{12}\dot{I}_2 + j\omega M_{13}\dot{I}_3 \\ -\dot{U}_2 = \dot{I}_2 r_2 + j\omega L_{22}\dot{I}_2 + j\omega M_{21}\dot{I}_1 + j\omega M_{23}\dot{I}_3 \\ -\dot{U}_3 = \dot{I}_3 r_3 + j\omega L_{33}\dot{I}_3 + j\omega M_{31}\dot{I}_1 + j\omega M_{32}\dot{I}_2 \end{cases} \tag{5-1}$$

由电工理论可知，式（5-1）中有

$$\begin{cases} M_{12} = M_{21} \\ M_{13} = M_{31} \\ M_{23} = M_{32} \end{cases} \tag{5-2}$$

三绕组变压器各绕组之间的变比为

$$k_{12} = \frac{w_1}{w_2} = \frac{U_{1N}}{U_{2N}}; \qquad k_{13} = \frac{w_1}{w_3} = \frac{U_{1N}}{U_{3N}};$$

$$k_{23} = \frac{w_2}{w_3} = \frac{\dfrac{w_2}{w_3}}{\dfrac{w_1}{w_2}} = \frac{k_{13}}{k_{12}} = \frac{U_{2N}}{U_{3N}} \tag{5-3}$$

各物理量的折算值计算如下。

电压的折算值为

$$U_2' = k_{12} U_2$$
$$U_3' = k_{13} U_3 \tag{5-4}$$

电流的折算值为

$$I_2' = \frac{I_2}{k_{12}}$$

$$I_3' = \frac{I_3}{k_{13}} \tag{5-5}$$

电阻的折算值为

$$r_2' = k_{12}^2 r_2$$
$$r_3' = k_{13}^2 r_3 \tag{5-6}$$

电抗的折算值，考虑到绕组的自感系数 L 与本绕组匝数的平方成正比（$L_{22} \propto w_2^2$，$L_{33} \propto w_3^2$），且两绕组间的互感系数与两绕组匝数的乘积成正比（$M_{12} \propto w_1 w_2$，$M_{13} \propto w_1 w_3$，$M_{23} \propto w_2 w_3$），则有以下关系，为

$$\begin{cases} x_{22}' = \left(\dfrac{w_1}{w_2}\right)^2 x_{22} = k_{12}^2 x_{22} \\ x_{33}' = \left(\dfrac{w_1}{w_3}\right)^2 x_{33} = k_{13}^2 x_{33} \end{cases} \tag{5-7}$$

$$\begin{cases} x'_{12} = \dfrac{w_1 w_1}{w_1 w_2}x_{12} = k_{12}x_{12} \\[2mm] x'_{13} = \dfrac{w_1 w_1}{w_1 w_3}x_{13} = k_{13}x_{13} \\[2mm] x'_{23} = \dfrac{w_1 w_1}{w_2 w_3}x_{23} = k_{12}k_{13}x_{23} \end{cases} \tag{5-8}$$

式(5-1)改写成折算后的形式，则有

$$\begin{cases} \dot{U}_1 = \dot{I}_1 r_1 + j\omega L_{11}\dot{I}_1 + j\omega M'_{12}\dot{I}'_2 + j\omega M'_{13}\dot{I}'_3 \\[2mm] -\dot{U}'_2 = \dot{I}'_2 r'_2 + j\omega L'_{22}\dot{I}'_2 + j\omega M'_{12}\dot{I}_1 + j\omega M'_{23}\dot{I}'_3 \\[2mm] -\dot{U}'_3 = \dot{I}'_3 r'_3 + j\omega L'_{33}\dot{I}'_3 + j\omega M'_{13}\dot{I}_1 + j\omega M'_{23}\dot{I}'_2 \end{cases} \tag{5-9}$$

或写成

$$\begin{cases} \dot{U}_1 = \dot{I}_1 r_1 + j\dot{I}_1 x_{11} + j\dot{I}'_2 x'_{12} + j\dot{I}'_3 x'_{13} \\[2mm] -\dot{U}'_2 = \dot{I}'_2 r'_2 + j\dot{I}'_2 x'_{22} + j\dot{I}_1 x'_{12} + j\dot{I}'_3 x'_{23} \\[2mm] -\dot{U}'_3 = \dot{I}'_3 r'_3 + j\dot{I}'_3 x'_{33} + j\dot{I}_1 x'_{13} + j\dot{I}'_2 x'_{23} \end{cases} \tag{5-10}$$

根据磁势平衡关系，当忽略激磁电流分量 I_0 时，则合成激磁磁势为

$$\dot{F}_m = \dot{F}_1 + \dot{F}_2 + \dot{F}_3 = \dot{I}_0 w_1 = 0$$

即

$$\dot{I}_1 w_1 + \dot{I}_2 w_2 + \dot{I}_3 w_3 = 0 \tag{5-11}$$

将上式左右除以 w_1，经整理后可得

$$\dot{I}_1 + \dot{I}'_2 + \dot{I}'_3 = 0 \tag{5-12}$$

式中 $\qquad \dot{I}'_2 = \dfrac{w_2}{w_1}\dot{I}_2 = \dfrac{1}{k_{12}}\dot{I}_2, \qquad \dot{I}'_3 = \dfrac{w_3}{w_1}\dot{I}_3 = \dfrac{1}{k_{13}}\dot{I}_3。$

式(5-10)中第一式减去第二式，将 $\dot{I}'_3 = -(\dot{I}_1 + \dot{I}'_2)$ 代入，得

$$\dot{U}_1 = \dot{I}_1 r_1 + j\dot{I}_1 x_{11} + j\dot{I}'_2 x_{12} - j\dot{I}'_1 x'_{13} - j\dot{I}'_2 x'_{13}$$

$$- \dot{U}'_1 = \dot{I}'_2 r'_2 + j\dot{I}'_2 x'_{22} + j\dot{I}_1 x'_{12} - j\dot{I}_1 x'_{23} - j\dot{I}'_2 x'_{23}$$

$$\dot{V}_1 - (-\dot{V}'_1) = \dot{I}_1 r_1 + j\dot{I}_1 x_{11} + j\dot{I}'_2 x'_{12} - j\dot{I}_1 x'_{13} - j\dot{I}'_2 x'_{13}$$

$$- \dot{I}'_2 r'_2 - j\dot{I}'_2 x'_{22} - j\dot{I}_1 x'_{12} + j\dot{I}'_1 x'_{23} + j\dot{I}'_2 x'_{23}$$

$$= [\dot{I}_1 r_1 + j\dot{I}_1 (x_{11} - x'_{13} - x'_{12} + x'_{23})] -$$

$$[\dot{I}'_2 r'_2 + j\dot{I}'_2 (x'_{22} - x'_{12} + x'_{13} - x'_{23})] \tag{5-13}$$

式(5-10)中第一式减第三式，将 $\dot{I}'_2 = -(\dot{I}_1 + \dot{I}'_3)$ 代入得

$$\dot{U}_1 - (-\dot{U}'_3) = [\dot{I}_1 r_1 + j\dot{I}_1 (x_{11} - x'_{12} - x'_{13} + x'_{23})] -$$

$$- [\dot{I}'_3 r'_3 + j\dot{I}'_3 (x'_{33} - x'_{13} - x'_{23} + x'_{12})] \tag{5-14}$$

将式(5-13)、(5-14)改写成

$$\begin{cases} \dot{U}_1 - (-\dot{U}'_2) = \dot{I}_1 (r_1 + jx_1) - \dot{I}'_2 (r'_2 + jx'_2) = \dot{I}_1 Z_1 - \dot{I}'_2 Z'_2 \\ \dot{U}_1 - (-\dot{U}'_3) = \dot{I}_1 (r_1 + jx_1) - \dot{I}'_3 (r'_3 + jx'_3) = \dot{I}_1 Z_1 - \dot{I}'_3 Z'_3 \end{cases} \tag{5-15}$$

上式中 x_1、x'_2、x'_3 是各绕组的等效电抗，它们都是常数，且

$$\begin{cases} x_1 = x_{11} - x'_{12} - x'_{13} + x'_{23} \\ x'_2 = x'_{22} - x'_{12} - x'_{23} + x'_{13} \\ x'_3 = x'_{33} - x'_{13} - x'_{23} + x'_{12} \end{cases} \tag{5-16}$$

$Z_1 = r_1 + jx_1$、$Z'_2 = r'_2 + jx'_2$、$Z'_3 = r'_3 + jx'_3$ 是各绕组的等效阻抗，也都是常数。

从前述的自感和互感的意义可知，式(5-16)中等号右边每一电抗所对应的磁通均包括有主磁通和漏磁通，故在式(5-16)中等式右边的电抗都是两个加的电抗和两个减的电抗所组成。因此主磁通所对应的电抗便彼此互相被减掉，剩下的全是漏电抗。由此可见，等效电抗具有漏电抗的性质，它们均是常数。

三绕组变压器忽略激磁支路的简化等效电路如图 5-3 所示，与之对应的相量图如图 5-4(图 5-4 是在设各绕组等效电抗全为正值时绘制的)所示。

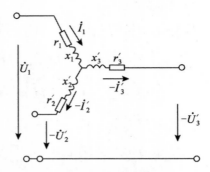

图 5-3　三绕组变压器简化等效电路

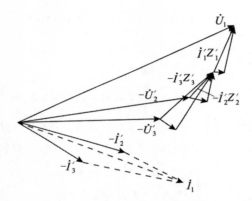

图 5-4　三绕组变压器简化相量图

5.2.3　等效电路的参数测定

简化等效电路图中各参数，可以从每两个绕组之间的短路试验间接测定。试验如图 5-5 所示。

按图 5-5（a）试验时，绕组 1 加电压、绕组 2 短路、绕组 3 开路，得

$$Z_{k12} = Z_1 + Z_2' = (r_1 + r_2') + j(x_1 + x_2') = r_{k12} + jx_{k12} \qquad (5-17)$$

按图 5-5（b）试验时，绕组 1 加电压、绕组 2 开路、绕组 3 短路，得

$$Z_{k13} = Z_1 + Z_3' = (r_1 + r_3') + j(x_1 + x_3') = r_{k13} + jx_{k13} \qquad (5-18)$$

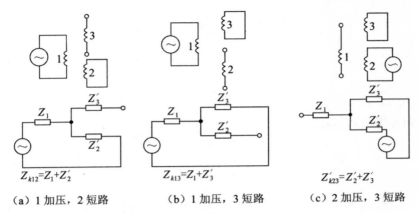

（a）1 加压，2 短路　　　　（b）1 加压，3 短路　　　（c）2 加压，3 短路

图 5-5　三绕组变压器的短路试验

按图 5-5（c）试验时，绕组 2 加电压、绕组 1 开路、绕组 3 短路，将测试值折算到绕组 1（乘以 k_{12}^2）得

$$Z'_{k23} = Z'_2 + Z'_3 = (r'_2 + r'_3) + j(x'_2 + x'_3) = r'_{k23} + jx'_{k23} \quad (5\text{-}19)$$

对式（5-17）、式（5-18）、式（5-19）中实数部分和虚数部分列出的方程组分别求解，即

$$\begin{cases} r_1 + r'_2 = r_{k12} \\ r_1 + r'_3 = r_{k13} \\ r'_2 + r'_3 = r_{k23} \end{cases}$$

$$\begin{cases} x_1 + x'_2 = x_{k12} \\ x_1 + x'_3 = x_{k13} \\ x'_2 + x'_3 = x'_{k23} \end{cases}$$

可得

$$\begin{cases} r_1 = \dfrac{1}{2}(r_{k12} + r_{k13} - r'_{k23}) \\[2mm] r'_2 = \dfrac{1}{2}(r_{k12} + r'_{k23} - r_{k13}) \\[2mm] r'_3 = \dfrac{1}{2}(r_{k13} + r'_{k23} - r_{k12}) \end{cases} \quad (5\text{-}20)$$

$$\begin{cases} x_1 = \dfrac{1}{2}(x_{k12} + x_{k13} - x'_{k23}) \\[2mm] x'_2 = \dfrac{1}{2}(x_{k12} + x'_{k23} - x_{k13}) \\[2mm] x'_3 = \dfrac{1}{2}(x_{k13} + x'_{k23} - x_{k12}) \end{cases} \tag{5-21}$$

则各绕组的等效阻抗为

$$\begin{cases} Z_1 = r_1 + jx_1 \\ Z'_2 = r'_2 + jx'_2 \\ Z'_3 = r'_3 + jx'_3 \end{cases} \tag{5-22}$$

求出参数 Z_1、Z'_2、Z'_3 后，即可根据简化等效电路对应的相量图求出电压变化率和稳态短路电流。例如绕组 1 接电源、绕组 3 开路、绕组 2 短路时的稳态短路电流为

$$\dot{I}_{k12} = \frac{\dot{U}_1}{Z_1 + Z'_2}$$

考虑到 $P_1 = P_2 + P_3 + \sum p$，而 $\sum p = p_{Cu1} + p_{Cu2} + p_{Cu3} + p_{Fe}$，可知三绕组变压器效率的计算公式如下

$$\eta = \frac{P_2 + P_3}{P_1} = \frac{P_2 - \sum p}{P_1} = 1 - \frac{\sum p}{P_2 + P_3 + \Sigma p}$$

$$= \left(1 - \frac{p_{Cu1} + p_{Cu2} + p_{Cu3} + p_{Fe}}{P_2 + P_3 + p_{Cu1} + p_{Cu2} + p_{Cu3} + p_{Fe}}\right) \times 100\% \tag{5-23}$$

式中：P_2，P_3——副绕组 2、3 输出的有功功率；

p_{Fe}——变压器铁耗，可由空载试验求得；

p_{Cu1}，p_{Cu2}，p_{Cu3}——各绕组的铜耗，应按实际负载时各绕组的电流计算。

当三绕组变压器的三个绕组额定容量不等时，还应进行容量折算，即将各参数折算到同一边(通常是高压边)。

例如某三绕组变压器各绕组的相对容量为：$S_{1N} = 100\%$，$S_{2N} = 100\%$，$S_{3N} = 50\%$，设绕组 1 接电源。当绕组 3 满载时，此时绕组 1 才达到半载。故进行容量折算后的电流为 $I^*_{3(容)} = I^*_3 \dfrac{S_{3N}}{S_{1N}} = 0.5$。

[例 5-1]　有一台三相三绕组变压器，容量为 50000/50000/

25000kV·A，额定电压为 110/38.5/11kV，绕组连接组为丫$_0$/丫$_0$/△-12-11试验数据如表 5-1（表 5-1 中电流系指加在电源绕组中的电流，相对于该绕组额定电流的百分数）所示。

表 5-1

试验		绕组			电压 /%	电流 /%	短路损耗 /kW
		高压	中压	低压			
短路	1	加电源	短路	开路	10.5	100	350
	2	加电源	开路	短路	8.75	50	80
	3	开路	加电源	短路	3.25	50	63.75

试求忽略激磁支路的简化等效电路各参数（以标幺值表示）。

[**解**]　因忽略激磁支路，故只要先求短路阻抗，再求电阻与等效电抗即可。由于低压绕组容量为额定容量的 50%，所以短路试验低压绕组电流达额定值时，高压绕组电流只有额定电流的一半，即 50%，因此，应将 p_k 和 u_k 换算到高压绕组额定电流时应有的数值，即 p_k 应乘以 $\left(\dfrac{100}{50}\right)^2$，$u_k$ 应乘以 $\left(\dfrac{100}{50}\right)$。一般地，如果加电源的绕组中测得的电流百分值为 $I_k(\%)$，则 p_k 应乘以 $\left[\dfrac{100}{I_k(\%)}\right]^2$，$u_k$ 应乘以 $\left[\dfrac{100}{I_k(\%)}\right]$，所以折算过的（均折算到高压边）短路损耗为

$$p_{k12} = 350\text{kW}$$

$$p'_{k13} = p_{k13}\left[\frac{100}{I_k(\%)}\right]^2 = 80\times\left(\frac{100}{50}\right)^2\text{kW} = 320\text{kW}$$

$$p'_{k23} = p_{k23}\left[\frac{100}{I_k(\%)}\right]^2 = 63.75\times\left(\frac{100}{50}\right)^2\text{kW} = 255\text{kW}$$

标幺值电阻为

$$r^*_{k12} = p^*_{k12} = \frac{350}{50000} = 0.007$$

$$r^*_{k13} = p'^{*}_{k13} = \frac{320}{50000} = 0.0064$$

$$r_{k23}^* = p_{k23}^{'*} = \frac{255}{50000} = 0.0051$$

等效电路中的电阻为

$$r_1^* = \frac{1}{2}(r_{k12}^* + r_{k13}^* - r_{k23}^*) = \frac{1}{2}(0.007 + 0.0064 - 0.0051) = 0.00415$$

$$r_2^* = \frac{1}{2}(r_{k12}^* + r_{k23}^* - r_{k13}^*) = \frac{1}{2}(0.007 + 0.0051 - 0.0064) = 0.00285$$

$$r_3^* = \frac{1}{2}(r_{k13}^* + r_{k23}^* - r_{k12}^*) = \frac{1}{2}(0.0064 + 0.0051 - 0.007) = 0.00225$$

换算过的短路电压为

$$u_{k12} = 10.5\%$$

$$u'_{k13} = u_{k13}\left[\frac{100}{I_k(\%)}\right] = 8.75\left(\frac{100}{50}\right)\% = 17.5\%$$

$$u'_{k23} = u_{k23}\left[\frac{100}{I_k(\%)}\right] = 3.25\left(\frac{100}{50}\right)\% = 6.5\%$$

如忽略相对很小的短路电阻,可得短路电抗

$$x_{k12}^* \approx z_{k12}^* = u_{k12} = 0.105$$

$$x_{k13}^* \approx z_{k13}^* = u'_{k13} = 0.175$$

$$x_{k23}^* \approx z_{k23}^* = u'_{k23} = 0.065$$

简化等效电路中的等效电抗为

$$x_1^* = \frac{1}{2}(x_{k12}^* + x_{k13}^* - x_{k23}^*) = \frac{1}{2}(0.105 + 0.175 - 0.065) = 0.1075$$

$$x_2^* = \frac{1}{2}(x_{k12}^* + x_{k23}^* - x_{k13}^*) = \frac{1}{2}(0.105 + 0.065 - 0.175) = -0.0025$$

$$x_3^* = \frac{1}{2}(x_{k13}^* + x_{k23}^* - x_{k12}^*) = \frac{1}{2}(0.175 + 0.065 - 0.105) = 0.0675。$$

5.3　自耦变压器

　　普通变压器原、副绕组之间只有磁的联系。自耦变压器的特点在于原、副绕组之间不但有磁的联系,而且有电的联系。

　　采用自耦变压器比普通变压器节省材料、缩小体积、减轻重量和降低成本。因此,高压大容量的电力系统中,当电压变比不大时常采用自耦变压器。

5.3.1　自耦变压器的连接方式和容量关系

自耦变压器可以看做是由一台双绕组变压器改接而成的。设双绕组变压器原、副绕组的匝数分别为 w_1 和 w_2，额定电压为 U_{1N}、U_{2N}，额定电流为 I_{1N}、I_{2N}，则此变压器的容量为 $S_N = U_{1N}I_{1N} = U_{2N}I_{2N}$，变比为 $k = \dfrac{w_1}{w_2}$ $= \dfrac{U_{1N}}{U_{2N}}$。若将这台双绕组变压器的原、副绕组按如图 5-6(a) 所示的方法串联起来，便成为一台自耦变压器。绕组 w_2 同时属于原边和副边，称为共同绕组，其余部分(w_1) 称为串联绕组。自耦变压器可以用于升压，也可以用于降压。图 5-6 为降压自耦变压器，若将电源和负载互相对调，就成为升压自耦变压器。下面以降压自耦变压器为例来进行分析。

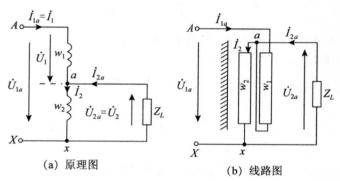

(a) 原理图　　　　(b) 线路图

图 5-6　降压自耦变压器的原理图

由图 5-6(b)，写出电压方程式

$$\begin{cases} U_{1a} = U_1 + U_2 = \left(1 + \dfrac{U_2}{U_1}\right) U_1 = \left(1 + \dfrac{1}{k}\right) U_1 \\ U_{2a} = U_2 \end{cases} \tag{5-24}$$

这说明按图 5-6 改接而成的降压自耦变压器原边额定电压比原双绕组变压器高，其副边额定电压和原双绕组变压器副边额定电压相等。

自耦变压器的变比为

$$k_a = \frac{U_{1a}}{U_{2a}} = \frac{w_1 + w_2}{w_2} = 1 + k \tag{5-25}$$

原边电流为

$$I_{1a} = I_1 \tag{5-26}$$

从图中的 a 点，由 $\sum I = 0$ 可得到自耦变压器副边电流为

$$\dot{I}_{2a} = \dot{I}_2 - \dot{I}_1 \tag{5-27}$$

忽略激磁电流，根据磁势平衡关系有

$$\dot{I}_1 w_1 + \dot{I}_2 w_2 = 0$$

$$\dot{I}_1 = -\frac{w_2}{w_1} \dot{I}_2 = -\frac{\dot{I}_2}{k} \tag{5-28}$$

代入式（5-27）得

$$\dot{I}_{2a} = \dot{I}_2 - \left(-\frac{\dot{I}_2}{k} \right) = \left(1 + \frac{1}{k} \right) \dot{I}_2 \tag{5-29}$$

上式表明：$\dot{I}_{2a}$ 与 $\dot{I}_2$ 同相位，且 I_{2a} 大于 I_2。

自耦变压器的额定容量为

$$S_{aN} = U_{1aN}I_{1aN} = U_{2aN}I_{2aN} = \left(1 + \frac{1}{k} \right) U_{1N}I_{1N}$$

$$= U_{2N}\left(1 + \frac{1}{k} \right) I_{2N} = \left(1 + \frac{1}{k} \right) S_N = S_N + \frac{U_{2N}I_{2N}}{k}$$

$$= S_N + U_{2N}I_{1N} = S_N + S'_N \tag{5-30}$$

由上式可见：把额定容量为 S_N、变比为 k 的普通双绕组变压器改接成自耦变压器后，其容量增大为 $\left(1 + \frac{1}{k} \right) S_N$、变比增大为 $(1 + k)$。自耦变压器的容量 S_{aN} 可以分成两部分，第一部分 $S_N = U_{1N}I_{1N} = U_{2N}I_{2N}$，它等于共同绕组 w_2 和串联绕组 w_1 之间通过电磁感应关系传给负载的功率，称为感应容量或计算容量，它决定了变压器的主要尺寸和材料消耗；第二部分 $S'_N = U_{2N}I_{1N}$ 对应着原边电流 I_{1N}，通过传导关系直接传递给负载的功率，称为传递容量。由式（5-30）可得感应容量为

$$S_N = \frac{S_{aN}}{1 + \frac{1}{k}} = \left(1 - \frac{1}{k_a} \right) S_{aN} \tag{5-31}$$

代入式(5-30),可得自耦变压器的传递容量为

$$S'_N = \frac{S_{aN}}{k_a}$$

可见自耦变压器的计算容量 S_N 较其额定容量 S_{aN} 小。当 k_a 愈接近于 1 时,计算容量愈小,体积重量也愈小。因此,自耦变压器适合于原、副边电压相差不大的场合,一般 k_a 在 2 左右。

5.3.2　自耦变压器的电势方程式和等效电路

将普通双绕组变压器改接成自耦变压器后,内部的电磁关系并没有变化,故可由双绕组变压器的电势方程来推导自耦变压器的电势方程式。

普通双绕组变压器简化等效电路如图 2-11 所示。由此可得:

$$\dot{U}_1 = \dot{I}_1 Z_k - \dot{U}'_2 = \dot{I}_1 Z_k - k\dot{U}_2 \tag{5-32}$$

由图 5-6 可得降压用自耦变压器的下列关系式

$$\begin{cases} \dot{U}_{1a} = \dot{U}_1 - \dot{U}_2 \\ \dot{U}_1 = \dot{U}_{1a} + \dot{U}_2 \\ \dot{U}_{2a} = \dot{U}_2 \\ \dot{I}_{1a} = \dot{I}_1 \\ k_a = 1 + k \end{cases} \tag{5-33}$$

将以上各式代入式(5-32),可得

$$\dot{U}_{1a} = \dot{I}_{1a} Z_k - \dot{U}_2(k+1) = \dot{I}_{1a} Z_k - k_a \dot{U}_{2a}$$

$$= \dot{I}_{1a} Z_k - \dot{U}'_{2a} \tag{5-34}$$

式中 $\dot{U}'_{2a} = k_a \dot{U}_{2a}$ 为自耦变压器副边电压折算值。

由式(5-33)、式(5-28)与式(5-29)可得

$$\dot{I}_{1a} = \dot{I}_1 = -\frac{\dot{I}_2}{k} = -\frac{1}{k}\frac{\dot{I}_{2a}}{1 + \frac{1}{k}} = -\frac{\dot{I}_{2a}}{1+k} = \frac{\dot{I}_{2a}}{k_a} = -\dot{I}'_{2a} \tag{5-35}$$

式中 $I_2' = \dfrac{I_{2a}}{k_a}$ 为自耦变压器副边电流折算值。

由式(5-34)和式(5-35)可以绘制出自耦变压器简化等效电路,如图5-7所示。图5-7中 $Z_L' = k_a^2 Z_L$ 是负载阻抗的折算值。

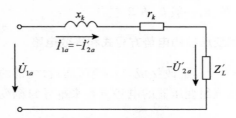

图 5-7　降压自耦变压器的简化等效电路

综上所述,自耦变压器的电势方程和等效电路在形式上和双绕组变压器是一样的。但是双绕组变压器的变比是 k,自耦变压器的变比是 $k_a = 1 + k$。

自耦变压器等效电路中副边电压 U_{2a}、电流 I_{2a} 的折算方法和双绕组变压器相似,即 $U_{2a}' = k_a U_{2a}$,$I_2' = \dfrac{I_{2a}}{k_a}$。

自耦变压器的短路阻抗标么值 z_{ka}^* 小于当它作双绕组变压器的标么值 z_k^*。这很容易从短路试验得出。

自耦变压器的短路试验接线图如图5-8(a)所示,该图可以等效变成图5-8(b)的形式。在高压侧测得的 z_{ka} 等于把绕组 $A - a'$ 作为原边、$a' - x$ 作为副边的双绕组变压器的短路阻抗。

$$z_{ka} = z_{Aa'} + z_{a'x}\left(\frac{w_1}{w_2}\right)^2 = z_k \tag{5-36}$$

式中:$z_{Aa'}$——绕组 $A - a'$ 段的漏阻抗;

$z_{a'x}$——绕组 $a' - x$ 段的漏阻抗;

z_k——接成双绕组变压器时所测得的短路阻抗。

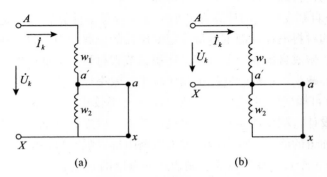

图 5-8　降压自耦变压器高压边加电源作短路试验

显然 z_{ka} 和 z_k 二者的欧姆值是相等的。但是，接成双绕组变压器和接成自耦变压器时，它们的阻抗基值不同，所以二者的标么值并不相等。参看图 5-6(a)，可得

$$z_{ka}^* = z_k \frac{I_{1aN}}{U_{1aN}} = z_k \frac{I_{1N}}{U_{Ax}}$$

$$z_k^* = z_k \frac{I_{1N}}{U_{1N}} = z_k \frac{I_{1N}}{U_{Aa}'}$$

$$\frac{z_{ka}^*}{z_k^*} = \frac{U_{Aa}'}{U_{Ax}} = \frac{w_1}{w_1 + w_2} = \frac{1}{1 + \frac{1}{k}} = \frac{k}{k_a} = \frac{k_a - 1}{k_a} = 1 - \frac{1}{k_a}$$

所以

$$z_{ka}^* = \left(1 - \frac{1}{k_a}\right) z_k^* \qquad (5\text{-}37)$$

上式表明，将一台双绕组变压器接成自耦变压器使用时，其短路阻抗标么值减小，h_a 愈小，z_{ka}^* 下降愈多。由于自耦变压器 z_{ka}^* 较小，故电压变化率也较小，但短路电流较大。

5.3.3　自耦变压器的优缺点及其应用

取一台双绕组变压器分别当作双绕组变压器使用和改接成自耦变

压器使用，将二者进行比较后可得如下结论：

（1）自耦变压器的计算容量小于额定容量。计算容量决定变压器的体积和材料消耗，额定容量决定变压器的负载能力。故在相同额定容量下，做成自耦变压器可缩小体积，节省材料，降低成本。而且随着材料的减少，铜耗、铁耗也相应减小，效率提高。

（2）自耦变压器 z_{ka}^* 较小，故电压变化率较小，但短路电流较大。因此，设计自耦变压器时应加强机械结构，以提高其承受突然短路时电磁力冲击的能力，或者设法增大短路阻抗以限制短路电流。

（3）由于自耦变压器原、副边之间有电的直接联系，当高压边遭受过电压时会引起副边的过电压，故其过电压保护比较复杂。

（4）当自耦变压器电压变比不大时，其经济性才较显著。

电力系统中常使用三相三绕组自耦变压器，如图 5-9 所示，为了消除相电势中的三次谐波，其第三绕组常接成△。此外，在试验室中常用可调自耦变压器作为调压器使用。当异步电动机或同步电动机采用降压启动时，也常采用自耦变压器。

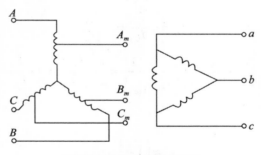

图 5-9　三绕组自耦变压器

[**例 5-2**]　有一台双绕组变压器 $S_N = 2\text{kV} \cdot \text{A}$、$U_{1N}/U_{2N} = 220/110\text{V}$，今将高、低压绕组作"顺串"连接改成自耦变压器，如图 5-10 所示。试求：（1）自耦变压器变比 k_a；（2）设所加 $U_2 = U_{2N} = 110\text{V}$，问 U_{1aN} 多大？（3）感应容量 S_N，传递容量 S_N' 与自耦变压器额定容量各为多大？（4）电流 I_{2N} 与 I_{2aN} 各多大？

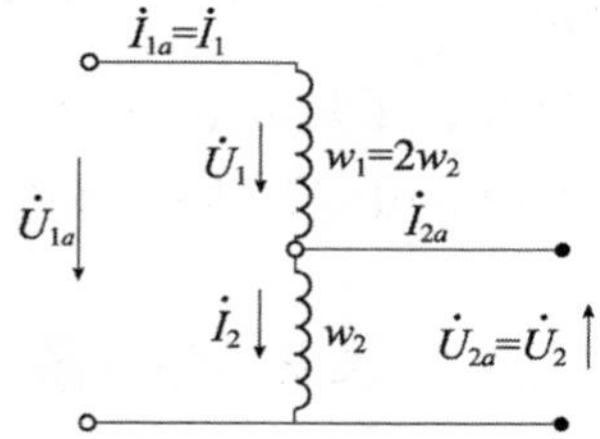

图 5-10　例 5-2 用图

[**解**]　(1)改成自耦变压器，接线图如图 5-10 所示，故自耦变压器变比

$$k_a = \frac{w_1 + w_2}{w_2} = \frac{2w_2 + w_2}{w_2} = 3$$

(2)　　　　　　$U_{1aN} = k_a U_2 = 3 \times 110\text{V} = 330\text{V}$

(3)　　　　　　$I_{1N} = \frac{2000}{220}\text{A} = 9.1\text{A}$

自耦变压器的额定容量为

$$S_{aN} = U_{1aN} I_{1aN} = 330 \times 9.1\text{V} \cdot \text{A} = 3\text{kV} \cdot \text{A}$$

其中感应容量

$$S_N = U_{1N} I_{1N} = 220 \times 9.1\text{V} \cdot \text{A} = 2\text{kV} \cdot \text{A}$$

或　　　$S_N = \left(1 - \frac{1}{k_a}\right) S_{aN} = \left(1 - \frac{1}{3}\right) \times 3\text{kV} \cdot \text{A} = 2\text{kV} \cdot \text{A}$

传递容量　　$S'_N = U_{2N} I_{1N} = 110 \times 9.1\text{kV} \cdot \text{A} = 1\text{kV} \cdot \text{A}$

$$\left(\text{或 } S'_N = \frac{1}{k_a} S_{aN} = \frac{1}{3} \times 3\text{kV} \cdot \text{A} = 1\text{kV} \cdot \text{A} \right)$$

(4)共同绕组电流为

$$I_{2N} = \frac{2000}{110} = 18.2\text{A}$$

副边输出电流

$$I_{2aN} = k_a I_{1N} = 3 \times 9.1\text{A} = 27.3\text{A}$$

141

（I_{2aN} 与 S_{aN} 也可以这样计算。由图 5-10 可知：$\dot{I}_{2aN} = \dot{I}_{2N} - \dot{I}_{1N}$，在忽略激磁电流后，$\dot{I}_{2N}$ 与 $\dot{I}_{1N}$ 反相，于是 $I_{2aN} = I_{2N} + I_{1N} = 18.2 + 9.1 = 27.3A$；从而可以求得 $S_{aN} = U_{2aN}I_{2aN} = 110×27.3kV \cdot A = 3kV \cdot A$）

5.4 仪用互感器

电力系统中高电压和大电流不便于直接测量，必须经过仪用互感器将原边电量转换为具有一定标准值的副边电量后，再接入一般测量仪表测量。

仪用互感器的作用有二：一是可以与小量程的标准化了的电流表和电压表配合去测量大电流、高电压；二是为了工作人员的安全，使测量回路与高压电网隔离。故其应用十分广泛。仪用互感器的工作原理和变压器相同，它可以分为电流互感器和电压互感器两大类。

5.4.1 电压互感器

电压互感器如图 5-11 所示，它的工作原理和普通降压变压器相同。

电压互感器的原、副绕组同绕在一个闭合铁芯上，高压绕组直接并联接到待测高压电网上，副边接测量仪表。电压互感器的原绕组匝数很多，其额定电压等于或稍大于待测压电电网的电压；副绕组匝数很少，其额定电压为某一标准电压，一般设计为 100V。电压互感器变压比 $k_u = \dfrac{U_1}{U_2} = \dfrac{w_1}{w_2}$。利用不同的变压比，电压互感器将不同等级的高电压变为上述同一标准的低电压，以便测量。

为了提高电压互感器的准确度，必须减小激磁电流和原、副边的漏阻抗，所以电压互感器一般采用性能较好的硅钢片制成，并使铁芯不饱和（磁密为 0.6~0.8T）。

电压互感器的运行情况相当于变压器的空载情况。使用时，电压互感器副边不能短路，否则会产生很大的短路电流。为了安全起见，电压互感器的副绕组连同铁芯一起，且必须可靠地接地。

电压互感器有单相与三相两种。测量三相电压时，可用一台三相电压互感器，也可以将两台单相电压互感器接成 V／V 连接进行测量。

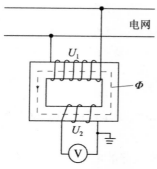
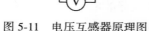
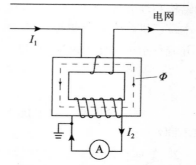

图 5-11　电压互感器原理图　　　　图 5-12　电流互感器原理图

5.4.2　电流互感器

电流互感器的结构、工作原理和普通变压器相似，其原理图如图 5-12 所示。

电流互感器的原绕组串入待测电流的电路中。

为了减少误差，绕组中激磁电流很小，故铁芯中磁通密度很低（一般设计取 $B_m = 0.08 \sim 0.1\mathrm{T}$）。如只考虑数值关系时，磁势平衡方程为 $I_1 w_1 = I_2 w_2$。故变流比

$$k_i = \frac{I_1}{I_2} = \frac{w_2}{w_1}$$

电流互感器原边额定电流等于或稍大于待测电路的电流，副边额定电流为统一的标准值（一般设计为 5A 或 1A）。为了安全，电流互感器使用时，铁芯和副绕组的一端必须可靠接地。同时，电流互感器在运行中，绝对不允许副边开路。否则将使铁芯中的磁密剧增，从而铁耗剧增，以致烧坏绕组绝缘。并且，副边开路时，在副绕组将会感应很高的电压，可能击穿绕组绝缘，危害操作人员。

小　结

本章叙述了三绕组变压器、自耦变压器和仪用互感器等特殊变压器的结构和性能特点。

本章还讲解了三绕组变压器和自耦变压器参数的测试与计算方法，并着重指出了使用仪用互感器时应当严格遵守的注意事项。

习　题

5-1　三绕组变压器等效电抗与双绕组变压器的漏电抗在概念上有何不同？

5-2　如何从短路试验测定三绕组变压器的电阻与等效电抗？

5-3　三绕组变压器的阻抗折算和双绕组变压器有何异同？

5-4　三绕组变压器中，当一个副绕组的负载变化时，为什么会对另一个副绕组的端电压产生影响？

5-5　什么是自耦变压器的感应容量和额定容量？自耦变压器是如何传递功率的？

5-6　一台双绕组变压器，将它用作普通变压器或改接成自耦变压器使用。试将它们的额定容量、变比、短路阻抗标么值、阻抗折算关系、电压变化率、效率等作一对比，并说明其优缺点和使用条件。

5-7　电流互感器运行时为什么不允许副边开路？电压互感器运行时为什么不允许副边短路？

5-8　仪用互感器与普通变压器有何相同点？有何不同点？

5-9　比较电流互感器和电压互感器的特点，它们各用在什么场合？

5-10　有一台三绕组变压器，额定容量为 120000/120000/60000kV·A；额定电压为 220/121/10.5kV，空载、短路试验数据如表 5-2 所示，试求忽略激磁支路时的简化等效电路中参数的标么值。

表 5-2

		绕 组			电压 /(%)	电流 /(%)	短路损耗 /(kW)
		高压	中压	低压			
短路试验	1	加电源	短路	开路	24.7	100	1023
	2	加电源	开路	短路	7.35	50	227
	3	开路	加电源	短路	4.4	50	165

5-11　有一台 5600kVA、6.6/3.3kV、$\curlyvee/\curlyvee_0-12$ 连接的三相双绕组变压器，$z_k^* = 0.105$。现将其改接成 9.9/3.3kV 的降压自耦变压器，试求：（1）自耦变压器的额定容量、感应容量与传递容量；（2）绘制出此降压自耦变压器的连接图；（3）求在额定电压下发生稳态短路时的短路电流标么值 I_{ka}^*，并求其与原来双绕组变压器稳态短路电流标么值 I_k^* 的比值。

第二篇
交流电机的绕组、电势和磁势

———————————————————————————————

　　旋转电机主要是三相交流电机，可以分为同步电机和异步电机两大类。它们的基本功能是进行交流电能和机械能的相互转换。

　　虽然两类电机在原理、结构、励磁方式、运行特性和主要运行方式等方面有很大差别，但也有许多共同问题可以统一起来进行分析。本篇要研究的交流绕组、电势和磁势都是交流电机共同性的基本问题。

第6章 交流电机的绕组和电势

6.1 概　　述

　　交流绕组是交流电机进行机电能量转换的重要部件，通过交流绕组可以感应电势并对外输送电功率(发电机)或通入电流建立旋转磁场产生电磁转矩(电动机)。本章先以同步发电机模型为主，提出对交流绕组的基本要求，介绍绕组的基本型式和有关的术语。然后以应用较多的双层叠绕组为主，叙述三相绕组的连接规律，利用槽电势星形图与元件电势星形图分析绕组并接着讨论绕组的电势，最后介绍在水轮发电机中常用的分数槽绕组。

　　图6-1是三相同步发电机模型的剖面图。它由定子(静止部分)和转子(转动部分)两个基本部分所组成，其间有空气隙(简称气隙)。转子上装有磁极，用来建立空载气隙磁场，定子铁芯的槽内装有三相互成120°的交流绕组。当转子由原动机拖动时，气隙磁场也跟着旋转，它切割静止的定子三相绕组，使之感生三相交变电势。

　　从运行和设计制造两个方面考虑，对交流绕组提出如下的要求：(1)在一定的导体数下，绕组的合成电势和磁势在波形上力求接近正弦形，在数量上力求得到较大的基波电势和基波磁势，且绕组的损耗要小，用铜量要省；(2)对于三相绕组，各相的电势和磁势要对称，各相绕阻的阻抗要平衡；(3)绕组的绝缘和机械强度可靠，散热条件好，制造工艺简单，安装、检修方便。

　　实用的交流绕组是分布嵌放在定子槽内的称为分布绕组，通常以绕组元件(或称线圈)为最小嵌放单位。绕组元件是外包绝缘的单匝

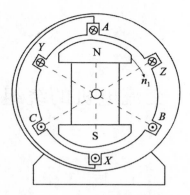

图 6-1　三相同步发电机模型

或多匝的线圈，小型电机的散下元件大多为未包外绝缘的漆包线线圈。图 6-2 示出叠绕组和波绕组这两个基本绕组型式的元件。相互连接的叠绕组元件一个叠在另一个的上面，相互连接的波绕组元件形似"波浪"，叠绕组与波绕组由此而得名。

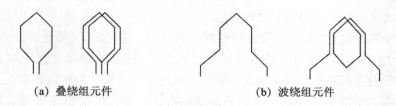

(a) 叠绕组元件　　　　　　　　(b) 波绕组元件

图 6-2　绕组元件的基本型式

　　每一嵌放好的绕组元件都有两条切割磁力线的边，称为有效边。有效边嵌放在定子铁芯的槽内。在双层绕组中，一条有效边在上层，另一条在下层，故分别称为上元件边、下元件边，也称为上圈边、下圈边。连接上、下圈边的连接导体处在铁芯端部，称为端接，如图 6-3 所示。

　　以下介绍有关的术语。

　　(1)极距　极距 τ 是相邻异性磁极轴线间沿气隙圆周的距离。一般用每个磁极下所占的槽数表示。如定子槽数为 Z，极对数为 p（极

数为 $2p$ ），则极距 $\tau = \dfrac{Z}{2p}$。

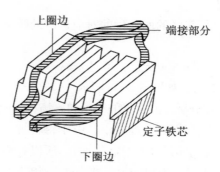

图 6-3 双层叠绕组元件的构成与嵌线

（2）节距 如图 6-4 所示，节距的长短通常用元件所跨过的槽数表示。第一节距 y_1 是元件的宽度，表示元件两边之间的距离。$y_1 = \tau$ 称为整距绕组，$y_1 < \tau$ 称为短距绕组，$y_1 > \tau$ 称为长距绕组。长距绕组与短距绕组均能削弱高次谐波电势或磁势，但长距绕组的端接较长，故

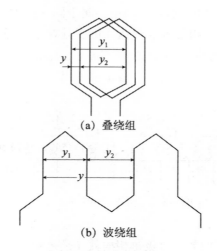

(a) 叠绕组

(b) 波绕组

图 6-4 绕组的节距

很少采用。短距绕组由于其端接较短，故采用较多。

第二节距 y_2 是相互连接的前一元件下圈边与后一元件上圈边间的距离，用槽数表示。

合成节距 y 是相串联的两元件的对应边间的距离，也用跨过的槽数表示。

各节距的含义如图 6-4 所示，可见 $y=y_1+y_2$。三相叠绕组一般均采用 $y=1$ 的右行绕组，如图 6-4（a）所示。

（3）电角度　在分析交流电机的绕组和磁场在空间上的分布等问题时，电机的空间角度常用电角度表示。由于每转过一对磁极时，导体的基波电势变化了一个周期（360°电角度），所以我们说一对磁极所占的空间电角度为 360°。若电机的极对数为 p，则电机定子内腔整个圆周有 $p \times 360°$ 电角度。为了区别，我们将一个定子内腔的圆周的空间角度（360°）称为机械角度。将机械角度乘以 p，可得电角度，即 $\alpha_\text{电} = p\alpha_\text{机}$。那么，一个定子内腔的圆周（$\alpha_\text{机} = 360°$）的电角度为 $p \times 360°$。

（4）相带　通常将每个极面下所占有的绕组的范围按相数等分，每个等分所包括的地带称为一个相带，相带用电角度表示。由于每个磁极占有 180°电角度，故三相绕组的相带通常为 60°电角度，称为 60°相带绕组，如图 6-5 所示。图中，属于同一标志的带"'"的相带内的导体与不带"'"的相带内的导体，由于处在不同极性的磁极下，故电势方向相反。此外，也有 120°相带绕组，由于这种绕组的每相合成电势较 60°相带绕组的为小，故很少采用。

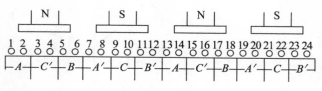

图 6-5　三相绕组相带范围举例

（5）每极每相槽数　每极每相槽数 q 是每相绕组在每个磁极下平均占有的槽数。当总槽数 Z，极对数 p，相数 m 为已知时，q 可按下

式求取

$$q = \frac{Z}{2pm} \tag{6-1}$$

（6）槽距电角　槽距电角 α_1 是相邻槽间的电角度（角标 1 系指对基波而言的电角度）。电机定子的内圆周是 $p \times 360°$ 电角度，被其槽数 Z 除，可得槽距电角。即

$$\alpha_1 = \frac{p \times 360°}{Z} \tag{6-2}$$

6.2　槽电势星形图

为了帮助分析绕组的电势和绕组元件的连接规律，可以将各槽内导体感应的正弦电势用相量图表示，该图称为槽电势星形图。现举一实例来说明。如图 6-5 所示，$Z_1 = 24$，$2p = 4$，$m = 3$，假设电机的磁极向右边运动，则各槽内导体的基波电势在相位上比左边相邻槽内导体的电势滞后一个槽距角 $\alpha_1 = \dfrac{2 \times 360°}{24} = 30°$。该电机的槽电势星形图如图 6-6所示。由于各同极性磁极下对应位置的电势同相位，所以 13，14，15，…相量与 1，2，3，…相量分别重合。

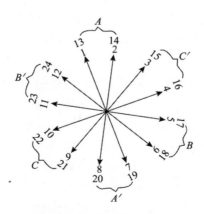

图 6-6　槽电势星形图举例

6.3 三 相 绕 组

交流电机在运行时，通过其交流绕组进行机电能量转换，这种绕组称为电枢绕组。电枢绕组与其铁芯合称为电枢。

前面说过，绕组是由绕组元件按一定的规律连接而成的。对三相绕组来说，一般是先将属于同一相的所有元件连接成若干个元件组。元件组内的元件是串联的，同一相的各元件组的电势的大小和相位均相同。根据需要，各相的元件组可以串联或并联接成相绕组。至于相绕组之间的连接(丫接或△接)，一般在安装现场完成。

为了获得较大的电枢电势，绕组的第一节距应接近于一个极距，元件或元件组串联时应使其电势相加。并联时应注意各支路的电势要相等，相位要相同，从而使并联支路中空载时无环流。至于一相内各元件连接的先后次序则是无关紧要的。但是，为了节约导线和使端接整齐、便于固定，实际绕组的连接次序也需按一定的规律进行。为了保证各相对称，各相的连接规律应相同。

常用的三相绕组可以分为单层绕组和双层绕组两大类。按元件的形状和连接方式，单层绕组可分为同心式、链式和交叉式三种，双层绕组可分为叠绕组和波绕组两种。此外，每极每相槽数 q 是整数的称为整数槽绕组，q 是分数的称为分数槽绕组。本节以应用广泛的双层叠绕组为例介绍三相整数槽绕组的连接规律。分数槽绕组将在本章6.7 节中介绍。

绕组接法常用展开图来表示。展开图是假设将定子在某齿中心线处沿轴向切开，并展成平面后所绘制出的示意图，如图 6-7 所示。一般在展开图中，不需绘制出铁芯。展开图中各槽按顺序编号，元件用线条图形表示，如为双层绕组，元件上圈边可用粗线表示，下圈边可用细线表示。为了清晰，元件常画成单匝的形式，但应注意，实际元件为多匝的。本来元件和磁极之间并没有固定的相对位置，但为了说明元件间的相互关系，还常把某瞬时磁极的位置和各导体感应电势的方向也绘制在图中。另外，连接简图也可用来表示绕组的连接情况，

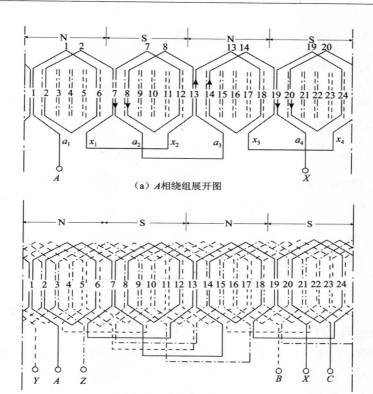

（a）*A* 相绕组展开图

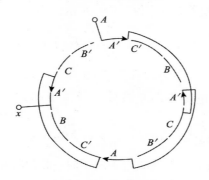

（b）三相绕组展开图

（c）*A* 相绕组连接简图

图 6-7 三相双层短距叠绕组（$Z=24$，$2p=4$，$m=3$，$y_1=\dfrac{5}{6}\tau$；$a=1$）

如图 6-7(c)所示，这种图比较清晰易懂。

6.3.1 双层叠绕组

因为交流绕组一般均采用短距绕组，故以三相双层短距叠绕组为例进行说明。

[**例 6-1**] 已知 $Z=24$，$2p=4$，$m=3$，线圈匝数 $w_c=1$，$y_1=\dfrac{5}{6}\tau$，并联支路数 $a=1$，试绕制一三相双层叠绕组，绘制出其展开图与连接简图。

[**解**] 计算出槽距电角 $\alpha_1=\dfrac{2\times360°}{24}=30°$，可以绘制出槽电势星形图如图 6-6 所示。每极每相槽数 $q=\dfrac{Z}{2pm}=\dfrac{24}{4\times3}=2$，即每个元件组有两个元件。以 $q=2$ 对图 6-6 的电势星形图进行分相，可以将槽号看成绕组的元件号，凡是分到 A、B、C 相带的元件组应当"顺串"，凡是分到 A'、B'、C' 相带的元件组应当"反串"，由此可以绘出一相(A相)绕组与三相绕组的展开图如图 6-7(a)、(b)所示。绕组的连接规律是各元件组"反串"、"顺串"交错进行连接，即符合"尾尾接、头头接"的接线规律。其连接简图如图 6-7(c)所示。由于元件是短距的，现在极距 $\tau=\dfrac{Z}{2p}=\dfrac{24}{4}=6$，于是 $y_1=5$，在图 6-7(a)中，第 1 元件的上圈边放在第 1 槽内，而其下圈边放在第 6 槽内，其余元件照此类推。图 6-7 中所示的各元件电势方向是按处于导体下的磁极向右运动绘出的。

由上面的例子可以看出，短距绕组有部分槽内的上、下圈边属于不同相，而整距绕组时上、下层圈边应属于同一相。将短距绕组和整距绕组进行比较可以发现，如保持绕组的上圈边位置不变，将整距绕组下圈边向左移一个槽，便得到 $y_1=\tau-1$ 的短距绕组(上例就是这种情况)，如向左移两个槽，便得到 $y_1=\tau-2$ 的短距绕组。图 6-8(a)绘

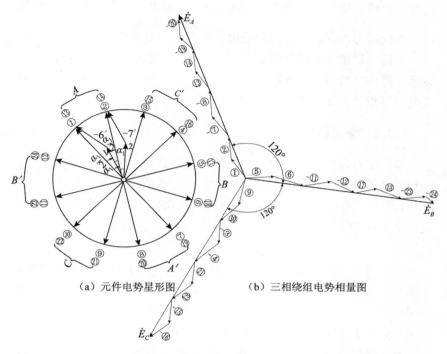

（a）元件电势星形图　　　　（b）三相绕组电势相量图

图 6-8　图 6-7 所示绕组的元件电势星形图和三相绕组的电势

制出图 6-7 所示绕组的元件电势星形图，这与图 6-6 所示该绕组的槽电势星形图在大小与相位上都不同，但在元件电势间和槽电势间的相位关系上却是一致的，这也是前述的可以将槽号看成绕组元件号进行分相的道理。在上例这个短距绕组中，元件 1 的电势与槽 1 导体的电势在相位上超前 $\frac{\alpha_1}{2}$ 角度。元件 1 的电势为元件 1 的两个圈边（上圈边在 1 槽，下圈边在 6 槽）电势的相量差，其幅值大小不再是整距那样为槽导体电势的两倍，而是略小于两倍。各元件间电势相位关系与图 6-6 所示槽导体间电势相位关系是一样的，只是元件电势相位上超前对应的槽导体电势 $\frac{\alpha_1}{2}$ 角度。图 6-8(b)绘制出了三相绕组电势相量图。由此图可以看出,该短距绕组三相电势是对称的。

上例中每相绕组的并联支路数 $a=1$,每相元件组数均为 $2p=4$,实际上每相绕组的并联支路数可为 1、2、4 几种。通常,双层整数槽绕组的每相最大并联支路数为 $2p$。

6.3.2 单层绕组

单层绕组每槽只有一个圈边,所以元件数等于槽数的一半。其分相和连接的基本原则和双层叠绕组的相似。单层绕组的形式很多,如图 6-9 所示,有同心式、链式(亦称等元件式)、交叉式几种。不难看出,这是由绕组形状来命名的。应当指出,它们实质上都是整距绕组。

单层绕组中的同心式与链式绕组,在每对极下只有一个元件组,如图 6-9(a)、(b)所示,串联时为了使电势相加,两元件组应采用"尾接头"的方法。至于交叉式绕组,如图 6-9(c)所示,则仍如双层叠绕组那样,采用"尾尾接,头头接"的方法。

单层绕组下线比较方便,由于没有层间绝缘,槽的利用率比较高。其缺点是不像双层绕组那样能灵活选择元件节距来削弱谐波电势和谐波磁势,并且端接较长、用铜较多、漏电抗也较大。单层绕组通常多用于 10kW 以下的小型异步电动机。

实际上,元件分组时不仅要使其电势符合前述要求,而且要保证各元件组的阻抗相等。单层绕组元件的端接长度可能不同,例如在图 6-9(a)中,占 1、8 槽的元件和占 2、7 槽的元件有不同的端接长度,故它们的阻抗不相等。为了保证同相中各元件组的阻抗相等,各组内包含的同种端接长度的元件数应当相等。单层绕组一般每相绕组在每对极下具有一个元件组,见图 6-9(a)、(b),从而其最大并联支路数为 p。

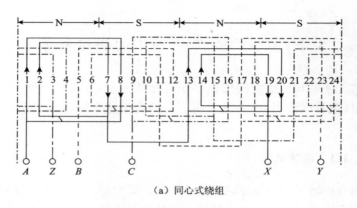

（a）同心式绕组

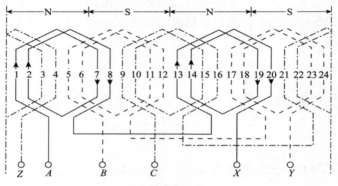

（b）链式绕组

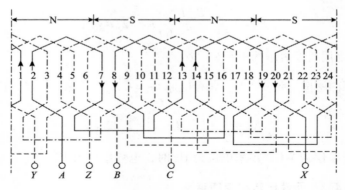

（c）交叉式绕组

图 6-9　三相单层绕组（$Z=24$，$2p=4$，$m=3$）

159

6.4 在正弦分布磁场下的绕组电势

由上述可知，绕组的构成顺序是导体——元件(或称线圈)——元件组(或称线圈组)——相绕组。我们也按这个顺序来分析绕组的电势。

6.4.1 导体电势

当电机转子磁极被原动机拖动旋转，使沿圆周呈正弦分布的磁极磁场切割定子导体时，导体的感应电势也是正弦波。由于每转过一对磁极电势变化一周期，故当电机极对数为 p、转速为 $n(\text{r/min})$ 时，电势的频率 f 为

$$f=\frac{pn}{60} \tag{6-3}$$

若气隙磁密的幅值为 B_{m1}，导体的有效长度为 l，磁场与导体的相对速度为 v，则电势最大值 E_{C1m} 为

$$E_{C1m}=B_{m1}lv \tag{6-4}$$

考虑到 $v=\dfrac{2p\tau n}{60}$($2p\tau$ 为定子内圆的周长)、$f=\dfrac{Pn}{60}$，导体电势的有效值为

$$E_{c1}=\frac{E_{c1m}}{\sqrt{2}}=\frac{B_{m1}l}{\sqrt{2}}\frac{2p\tau}{60}n=\sqrt{2}fB_{m1}l\,\tau \tag{6-5}$$

其中 τ 为用长度表示的极距。

当磁密按正弦分布时，每极磁通 $\varPhi_1=\dfrac{2}{\pi}B_{m1}\tau l$，故式(6-5)可写成

$$E_{c1}=\frac{\pi}{\sqrt{2}}f\left(\frac{2}{\pi}B_{m1}\tau l\right)=2.22f\varPhi_1 \tag{6-6}$$

当磁通单位为 Wb，频率单位为 Hz 时，电势单位为 V。

6.4.2 元件电势和短距系数

对图 6-10(a)所示的整距单匝元件($y_1=\tau$)，其上、下圈边的电势

大小相等而相位相反，如图 6-10(b)所示。由图可知，整矩单匝元件的电势 $\dot{E}_{t1} = \dot{E}_{c1} - \dot{E}'_{c1} = 2\dot{E}_{c1}$，所以它的电势值为一个圈边电势的两倍，即

$$E_{t_1(y_1-\tau)} = 2E_{c1} = 4.44f\Phi_1 \tag{6-7}$$

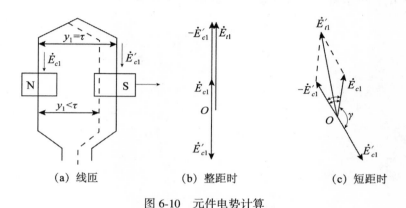

（a）线匝　　　　　　（b）整距时　　　　　　（c）短距时

图 6-10　元件电势计算

对短距单匝元件，如图 6-10(a)所示，从槽电势星形图可知其上、下圈边电势的相位差不再是 180°，而是小于 180° 的 γ 角，如图 6-10(c)所示。γ 是用电角度表示的元件第一节距，也称短距对应角，$\gamma = \dfrac{y_1}{\tau} \times 180°$。因此，短距单匝元件的电势为

$$E_{t_1(y_1<\tau)} = 2E_{c1}\cos\frac{180°-\gamma}{2} = 2E_{c1}\sin\left(\frac{y_1}{\tau}\times90°\right) = 4.44k_{y_1}f\Phi_1 \tag{6-8}$$

$$k_{y_1} = \frac{E_{t1(y1<\tau)}（短距元件的电势）}{E_{t1(y1=\tau)}（整距元件的电势）} = \sin\left(\frac{y_1}{\tau}\times90°\right) \tag{6-9}$$

k_{y_1} 称为元件的短距系数，它小于 1，只有当 $y_1 = \tau$ 时，k_{y1} 才等于 1。式 (6-9) 表明短距元件的电势比整距元件的电势小。

对整距多匝元件，当匝数为 w_C 时，元件电势 E_{y1} 便为整距单匝元件电势的 w_C 倍，即

$$E_{y1} = 4.44k_{y1}w_Cf\Phi_1 \tag{6-10}$$

6.4.3 元件组电势和分布系数

由上一节可知，每个元件组都是由 q 个元件串联而成的，并且同一元件组内各相邻元件的电势相位依次相差一个槽距角 α_1。故根据 q 和 α_1，可求得元件组电势 E_{q1}，如图 6-11 所示。

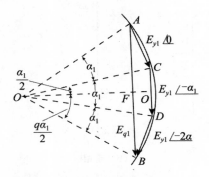

图 6-11　元件组电势的计算

q 个元件的电势依次相加，必将构成正多边形的一部分。若作这个正多边形的外接圆，R 为外接圆的半径，则

$$\frac{E_{y1}}{2} = R\sin\frac{\alpha_1}{2}$$

即

$$E_{y1} = 2R\sin\frac{\alpha_1}{2}$$

又

$$\frac{E_{q1}}{2} = R\sin\frac{q\alpha_1}{2}$$

由 E_{y1} 表达式求得 R 代入上式，得

$$E_{q1} = 2R\sin\frac{q\alpha_1}{2} = qE_{y1}\frac{\sin\dfrac{q\alpha_1}{2}}{q\sin\dfrac{\alpha_1}{2}} = qE_{y1}k_{q1} \qquad (6\text{-}11)$$

式中

$$k_{q1} = \frac{E_{q1}(q \text{ 个分布线圈的合成电势})}{q E_{y1}(q \text{ 个集中线圈的合成电势})} = \frac{\sin \dfrac{q\alpha_1}{2}}{q\sin \dfrac{\alpha_1}{2}} \qquad (6\text{-}12)$$

k_{q1} 称为绕组的分布系数，它也小于 1，只有在集中绕组 $q = 1$ 时，k_{q1} 才等于 1。式(6-12)表明分布绕组的电势比集中绕组的电势小。

　　将式(6-10)代入式(6-11)可得元件组的感应电势为

$$E_{q1} = 4.44 q w_C k_{y1} k_{q1} f \Phi_1 = 4.44 q w_C k_{w1} f \Phi_1 \qquad (6\text{-}13)$$

式中

$$k_{w1} = k_{y1} \cdot k q_1 \qquad (6\text{-}14)$$

k_{w1} 称为绕组系数。式(6-13)表明绕组的短距和分布使其电势比同匝数整距集中绕组的电势减小。

6.4.4　相电势

　　同一相内各元件组的电势是同大小、同相位的，因此相电势等于元件组电势与一个支路中串联元件组数的乘积。式(6-13)中 $q w_C$ 是元件组的串联匝数，它与串联元件组数的乘积，即为每相绕组一条支路中的串联匝数 w。故相电势 $E_{\varphi1}$ 为

$$E_{\varphi1} = 4.44 w k_{w1} f \Phi_1 \qquad (6\text{-}15)$$

　　由于每相绕组有 $2pq$ 个线圈(双层绕组)或 pq 个线圈(单层绕组)，每个线圈的匝数为 w_C，则双层绕组每相有 $2pqw_C$ 匝，单层绕组有 pqw_C 匝。设并联支路数均为 a，则每相每一支路串联匝数 $w = \dfrac{2pqw_C}{a}$(双层绕组)或 $w = \dfrac{pqw_C}{a}$(单层绕组)。式(6-15)和变压器绕组的计算公式形式上相似，只不过交流发电机采用短距和分布绕组，公式中多了一个绕组系数而已。

　　[**例 6-2**]　已知一台汽轮发电机(双层叠绕组)，定子槽数 $Z = 36$，极数 $2p = 2$，元件节距 $y_1 = 14$，元件匝数 $w_C = 1$，并联支路数 $a = 1$，电势频率 $f = 50\text{Hz}$，每极基波磁通 $\Phi_1 = 2.63\text{Wb}$。试求：(1)绕组的基波电势的分布系数、短距系数与绕组系数；(2)相电势 $E_{\varphi1}$。

　　[**解**]　(1)每极每相槽数

$$q = \frac{2}{2pm} = \frac{36}{2 \times 3} = 6$$

槽距电角

$$\alpha_1 = \frac{p \times 360°}{Z} = \frac{360°}{36} = 10°$$

故

$$k_{q1} = \frac{\sin \dfrac{q\alpha_1}{2}}{q\sin \dfrac{\alpha_1}{2}} = \frac{\sin \dfrac{6 \times 10°}{2}}{6\sin \dfrac{10°}{2}} = 0.955$$

$$\tau = \frac{Z}{2p} = \frac{36}{2} = 18$$

$$y_1 = \frac{14}{18}\tau = 14$$

故

$$k_{y1} = \sin\left(\frac{y_1}{\tau} \times 90°\right) = \sin\left(\frac{14}{18} \times 90°\right) = 0.94$$

由此得基波绕组系数

$$k_{w1} = k_{q1}k_{y1} = 0.955 \times 0.94 = 0.898_{\circ}$$

（2）每相串联匝数为

$$w = \frac{2pqw_C}{a} = \frac{2 \times 6 \times 1}{1} = 12$$

故

$$E_{\varphi 1} = 4.44fw\Phi_1 k_{w1} = 4.44 \times 50 \times 12 \times 2.63 \times 0.898\text{V} = 6292\text{V}_{\circ}$$

6.5　在非正弦分布磁场下绕组的谐波电势

实际电机的气隙磁密很难保证按正弦规律分布，根据富里叶级数，它可以分解成为正弦分布的基波和一系列奇次谐波，如图 6-12 所示。图中还分别画出 3 次和 5 次谐波所对应的转子模型。

谐波电势的计算方法和基波电势的计算方法相似。由图 6-12 可

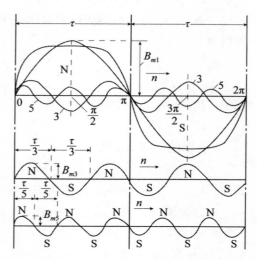

（a）主极磁密分解为一系列谐波

（b）3次谐波

（c）5次谐波

图 6-12 主极磁密的空间分布曲线

见，v 次谐波磁场的极对数为基波的 v 倍，而极距则为基波的 $\dfrac{1}{v}$ 倍，即

$$p_v = vp$$

$$\tau_v = \frac{1}{v}\tau$$

由于谐波磁场也因转子旋转而形成旋转磁场，其转速等于转子转速，即 $n_v = n$。因 $p_v = vp$，故在定子绕组内感生的高次谐波电势的频率为

$$f_v = \frac{p_v n_v}{60} = \frac{(vp)\,n}{60} = vf_1 \tag{6-16}$$

其中 $f_1 = \dfrac{pn}{60}$ 为基波的频率。

根据式（6-15），谐波电势的有效值为

$$E_{\varphi v} = 4.44 w k_{wv} f_v \Phi_v \tag{6-17}$$

式中：Φ_v —— v 次谐波的每极磁通量；

165

k_{wv} —— v 次谐波的绕组系数。

Φ_v 与 k_{wv} 可以分别通过下面的式子来计算。v 次谐波的每极磁通量为

$$\Phi_v = B_{avv} l \, \tau_v = \frac{2}{\pi} \, l \, \frac{\tau}{v} B_{mv} \qquad (6\text{-}18)$$

式中：B_{mv} —— v 次谐波磁密的幅值；

B_{avv} —— B_{mv} 的平均值。

v 次谐波的绕组系数

$$k_{wv} = k_{yv} k_{qv} \qquad (6\text{-}19)$$

式中：k_{yv}、k_{qv} —— v 次谐波的短距系数与分布系数。

对基波而言，短距对应角和槽距电角分别为 γ 和 α_1 电角度。对 v 次谐波而言，由于极对是基波的 v 倍，所以短距对应角和槽距电角分别为 $v\gamma$ 和 $v\alpha_1$ 电角度。故从式(6-9)、式(6-12)可得

$$\left. \begin{array}{l} k_{yv} = \sin\left(\dfrac{vy_1}{\tau} \times 90° \right) \\[3mm] k_{qv} = \dfrac{\sin \dfrac{vq\alpha_1}{2}}{q\sin \dfrac{v\alpha_1}{2}} \end{array} \right\} \qquad (6\text{-}20)$$

进一步的分析表明：高次谐波电势对相电势大小影响很小，它主要是影响电势的波形。

6.6 电势中谐波的削弱方法

谐波电势会引起许多不良后果，如使电机的运行特性变坏、损耗增加、效率降低、温升增高、对邻近通讯线路产生干扰，等等。因此要采取措施来削弱谐波电势。

6.6.1 改善磁场分布情况

改善磁场分布的目的是使磁密的分布比较接近正弦。这可由采用

合适的磁极形状和励磁绕组分布范围等方法来实现，如图 6-13 所示。

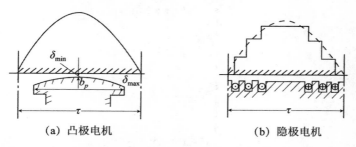

（a）凸极电机　　　　　　　　（b）隐极电机

图 6-13　凸极同步电机的极靴外形和隐极同步电机的励磁绕组布置

为了得到满意的磁场分布，在凸极机中，取 $\dfrac{\delta_{max}}{\delta_{min}} = 1.5 \sim 2.0$，$\dfrac{b_p}{\tau} =$ 0.7~0.75；在隐极机中，安放绕组的部分与极距之比值应在 0.7~0.75 范围内。

6.6.2　三相绕组的连接

在三相绕组中，各相的三次谐波电势大小相等、相位也相同，并且 3 的奇数倍次谐波电势(如 9、15 次等)也有此特点。

当三相绕组接成 Y 连接时，由于线电势等于相邻两相的相电势的相量差，故线电势中无 3 次谐波，如图 6-14 所示。发电机绕组多采用 Y 形连接。

当三相绕组接成 △ 联接时，由于各相中三次谐波电势大小相等、相位相同，故其经闭合的 △ 回路而短路，产生三次谐波环流。即在线电势中也不会出现三次谐波。虽然如此，由于作 △ 连接时会在绕组中产生附加的三次谐波环流，使损耗增加、效率降低、温升变高，故发电机绕组很少采用 △ 形连接。

6.6.3　采用短距绕组和分布绕组

选择适当的短距绕组或分布绕组，可使高次谐波的绕组系数远比

167

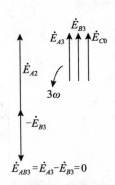

图 6-14　三次谐波电势及其线电势

基波的为小，故能在基波电势降低不多的情况下大幅度削弱高次谐波。

　　一般说，如短$\dfrac{\tau}{\nu}$，可以消去ν次谐波，例如短距$\dfrac{\tau}{5}$，可消去 5 次谐波。如图 6-15 所示。当绕组为整距($y_1=\tau$)时，元件的两个圈边分别处于 5 次谐波磁密的 N、S 极相应位置下，且电势方向相反，因此其 5 次谐波电势是相加的；如采用$y_1=\dfrac{4}{5}\tau$的短距绕组，由图可见两

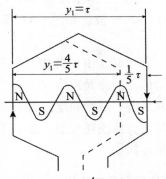

图 6-15　采用短距$y_1=\dfrac{4}{5}\tau$消除 5 次谐波电势

个圈边均处于 N 极相应位置下，电势方向相同，故互相抵消，即元件中无 5 次谐波电势。

由于电势中通常没有偶次谐波，线电势中没有 3 及 3 的奇数倍次谐波，在分析绕组电势时，这两类谐波可不予考虑。各相电势中余下的 $6k\pm1$（k 为整数）次谐波会反映在线电势上。但 7 次以上谐波的幅值已经很小，故在一般计算中可以忽略。因此，短距绕组主要被用来削弱 5 次及 7 次谐波。通常选用 $y_1=\dfrac{5}{6}\tau$，这种短距绕组可削弱 5、7 次谐波电势的大部分（削弱到只有原来的 $\dfrac{1}{4}$ 左右）。表 6-1 列出了不同节距时基波和部分谐波的短距系数。

表 6-1   **基波与部分高次谐波短距系数 $k_{y\upsilon}$**

υ \ y_1/τ	1	8/9	5/6	4/5	7/9	2/3
1	1	0.985	0.966	0.951	0.940	0.886
3	1	−0.866	−0.707	−0.588	−0.500	0
5	1	0.643	0.259	0	−0.174	−0.866
7	1	−0.342	0.259	0.588	0.706	0.866

采用分布绕组是利用元件组电势和元件电势之间的几何相加的关系削弱高次谐波电势的。由表 6-2 可见，当 q 增加时，基波的分布系数减小不多，但高次谐波的分布系数却有显著减小。但随着 q 的增大，电枢槽数 $Z=2p\cdot m\cdot q$ 也增多，这将引起制造工时和绝缘材料的增加，从而使电机成本提高。当 $q>6$ 时，高次谐波分布系数的下降已经不显著，因此除二极汽轮发电机采用 $q=6\sim12$ 外，一般 q 均在 $2\sim6$ 范围内。

下面我们用图 6-7 所示三相双层短距叠绕组的基波、5 次谐波和 7 次谐波绕组系数的具体数值来作进一步说明。绕组 $Z=24$，$m=3$，$2p=4$，$y_1=\dfrac{5}{6}\tau$。由此算出：$q=2$，$\tau=6$，$\alpha_1=30°$。于是可以算出电机各次谐波的绕组系数如下。

表 6-2 基波与部分高次谐波分布系数 k_{qv}

v \ q	2	3	4	5	6	7	8	∞
1	0.966	0.960	0.958	0.957	0.957	0.957	0.956	0.955
3	0.707	0.667	0.654	0.646	0.644	0.642	0.641	0.636
5	0.259	0.217	0.205	0.200	0.197	0.195	0.194	0.191
7	-0.259	-0.177	-0.158	-0.149	-0.145	-0.143	-0.141	-0.136

基波绕组系数为

$$k_{w1} = k_{q1} \cdot k_{y1} = \frac{\sin\left(2 \times \dfrac{30°}{2}\right)}{2\sin\left(\dfrac{30°}{2}\right)} \times \sin\left(\frac{5}{6} \times 90°\right) = 0.966 \times 0.966 = 0.933$$

5 次谐波绕组系数为

$$k_{w5} = k_{q5} \cdot k_{y5} = \frac{\sin\left(5 \times 2 \times \dfrac{30°}{2}\right)}{2 \cdot \sin\left(\dfrac{5 \times 30°}{2}\right)} \times \sin\left(\frac{5 \times 5}{6} \times 90°\right)$$

$$= 0.259 \times 0.259 = 0.067$$

7 次谐波绕组系数为

$$k_{w7} = k_{q7} \cdot k_{y7} = \frac{\sin\left(7 \times 2 \times \dfrac{30°}{2}\right)}{2\sin\left(\dfrac{7 \times 30°}{2}\right)} \times \sin\left(\frac{7 \times 5}{6} \times 90°\right)$$

$$= -0.259 \times 0.259 = -0.067$$

我们在这里只考虑各次谐波电势的大小，故不必注意绕组系数的符号，即在实际计算中短距系数、分布系数等只取绝对值即可。由此可见，5 次和 7 次谐波的绕组系数远比基波的小得多。这就是说，短距绕组和分布绕组虽然使基波电势稍微减小了一点，但却显著地改善了电势的波形。

当三相绕组作丫形连接，绕组的相电势 E_Φ、线电势 E_l 和各次谐波的相电势 $E_{\Phi v}$（如 $E_{\Phi 1}$、$E_{\Phi 3}$ 等）均用有效值表示时，其数值为

$$E_\Phi = \sqrt{E_{\Phi 1}^2 + E_{\Phi 3}^2 + E_{\Phi 5}^2 + \cdots} \tag{6-21}$$

$$E_l = \sqrt{3}\sqrt{E_{\Phi 1}^2 + E_{\Phi 5}^2 + E_{\Phi 7}^2 + \cdots} \cdot \tag{6-22}$$

显然 $\dfrac{E_l}{E_\Phi} < \sqrt{3}$。

6.6.4　采用分数槽绕组

分数槽绕组实际上是绕组在极对与极对之间实现了分布，因而也能削弱高次谐波势。其原理在下一节阐述。

6.7　分数槽绕组

在低速的水轮发电机中，由于极数很多，极距很小，极距内不足以安排很多的槽，因此通常每极每相槽数不采用整数而采用分数。例如定子槽数 $Z = 30$、极数 $2p = 8$ 的三相交流发电机，其每极每相槽数为

$$q = \frac{Z}{2pm} = \frac{30}{8\times 3} = 1\frac{1}{4}$$

这种绕组称为分数槽绕组。

分数槽绕组可以做成单层的，也可以做成双层的。我们只研究双层分数槽绕组。

首先，仍然分析槽电势星形图。以 $Z = 30$，$2p = 8$ 为例，槽距电角为

$$\alpha_1 = \frac{p\times 360°}{Z} = \frac{4\times 360°}{30} = 48°$$

按上式可以绘制出分数槽绕组的槽电势星形图如图 6-16（a）所示，图中仍采用 60°相带划分。由此图可见，每一个单元电势星形占

据 4 个极，共有 15 个槽。即第 1 号槽到第 15 号槽的电势相量构成第一个单元的电势星形，第 16 号槽到第 30 号槽的电势相量构成第二个单元电势星形。由于第 16 号槽与第 1 号槽在磁场中的位置相同，第 17 号槽与第 2 号槽在磁场中的位置相同，以此类推，后面 15 个槽电势相量所组成的第二个单元的电势星形图与前 15 个槽电势相量所组成的第一个单元的电势星形图［图 6-16（a）所示］完全重合。由

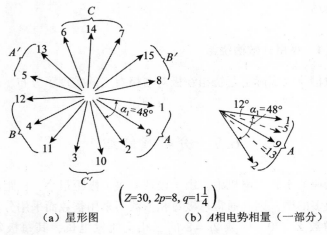

$$\left(Z=30,\ 2p=8,\ q=1\frac{1}{4} \right)$$

（a）星形图　　　　　（b）A相电势相量（一部分）

图 6-16　分数槽绕组的电势星形图

图 6-16（a）可见，A 相带内有两个槽（1 和 2），C′、B、A′ 相带内只有一个槽（3、4 和 5）；C 相带内有两个槽（6 和 7），B′、A、C′ 相带内又是一个槽（8、9 和 10）；B 相带内有两个槽（11 和 12），A′、C、B′ 相带内又是一个槽（13、14 和 15）。这样，每单元内各个极下的各相槽数分配共重复三次，每次数序都是"2、1、1、1"，这个数序称为分数槽绕组的循环数序。因此在所研究例子中，每极每相槽数 $q = 1\frac{1}{4} = \frac{5}{4}$，可以理解为四个极下每相共有 5 个槽。槽是不能分割的，实际上每极下每相占有的槽数只能是整数。上述分数槽绕组每极每相槽数，

实际是指平均值而言。

一般设分数槽绕组的每极每相槽数为

$$q = b + \frac{c}{d} = \frac{bd+c}{d} = \frac{N}{d}$$

其中 b 为一整数，c 与 d 互为质数。对所研究例子，$q = 1\frac{1}{4} = \frac{5}{4}$，$b = 1$，$c = 1$，$d = 4$，$N = 5$。如果分数槽绕组的总槽数 Z 和极对数 p 之间有最大公约数 t，则整个绕组可分为 t 个单元(对所研究例子言，由于 $Z = 30$ 与 $2p = 8$ 之间的最大公约数 $t = 2$，故共有两个单元)，每一个单元内有 $\frac{p}{t}$ 对极，占有 $Z_0 = \frac{Z}{t}$ 个槽(对所研究例子，由于 $\frac{p}{t} = \frac{4}{2} = 2$，$Z_0 = \frac{Z}{t} = \frac{30}{2} = 15$，故每一单元内有两对极，15 个槽)。图 6-16(b)示出 A 相绕组前两对极下的各元件电势相量。图中 5 号和 13 号元件属于 A' 相带，和 A 相带的 1 号、2 号和 9 号元件处于不同磁极下。在实际连接中，A' 相带的元件组与 A 相带的元件组反接，故在相量图上的相位也翻转 180°，在图中用虚线表示。这样，1、-5、9、-13、2 五个相量间互差电角为 12°。从电势星形图和分布系数计算上来看，$q = 1\frac{1}{4} = \frac{5}{4}$ 的分数槽绕组实质上相当于一个 $q' = 5$(等于 N)、$\alpha' = 12°$ $\left(\text{等于} \dfrac{60°}{N} = \dfrac{60°}{5} = 12°\right)$ 的整数槽绕组。故分数槽绕组的基波和 υ 次谐波的分布系数分别为

$$\begin{cases} k_{q1} = \dfrac{\sin\dfrac{q'\alpha'}{2}}{q'\sin\dfrac{\alpha'}{2}} \\[6mm] k_{q\upsilon} = \dfrac{\sin\dfrac{\upsilon q'\alpha'}{2}}{q'\sin\dfrac{\upsilon\alpha'}{2}} \end{cases} \tag{6-23}$$

由此可见：分数槽绕组每极每相槽数虽小（例如 $q = 1\frac{1}{4}$），却能起到很好的分布效果（相当于 $q' = 5$），所以它能削弱电势中的高次谐波分量。

现在谈谈分数槽绕组循环数序的确定方法。由前面对电势星形图的分析可知，所研究例子的分数槽绕组的循环数序"2、1、1、1"在一个单元内共重复三遍。由于电机是圆形的，起始槽号可以任意选定，所以截取 2、1、1、1、2、1、1、1…中的任一段（共 d 个数字）作为循环数序均可，例如 1112 或 1121 等。

在所研究例子中，如选取 $y_1 = \frac{4}{5}\tau$ 便可算出节距 y_1 来。先计算极距 $\tau = \frac{Z}{2p} = \frac{30}{8} = 3.75$，节距 $y_1 = \frac{4}{5} \times 3.75 = 3$。已知 τ、y_1，可以画出三相双层分数槽叠绕组的展开图，如图 6-17 所示。其各元件组之间也是按"尾尾接、头头接"的规律进行连接的。

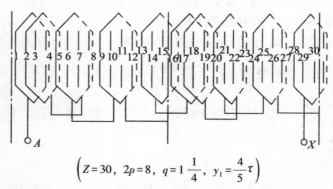

$$\left(Z = 30,\ 2p = 8,\ q = 1\frac{1}{4},\ y_1 = \frac{4}{5}\tau \right)$$

图 6-17　三相双层分数槽叠绕组展开图（仅画出 A 相）

与叠绕组相比，波绕组的优点是可以减少元件组之间的连接线，故大型水轮发电机多采用三相双层分数槽波绕组。波绕组的连接次序取决于合成节距 y，为了把属于同一极性下的元件依次连接起来，波

绕组的合成节距 y 应取接近于一对极距（即 2τ）的整数，即

$$y = 2mq \pm \varepsilon = 整数 \tag{6-24}$$

$$mq = m\frac{Z}{2pm} = \frac{Z}{2p} = \tau$$

式中：ε——使 y 凑成整数时的最小分数。

循环数序和合成节距确定后，即可画出绕组表，也称方格图，并在方格图上确定接线方案，从而绘制出绕组的展开图。

方格图的画法为：

（1）作一矩形多行表。此表每行有 y 格（y 为合成节距数），然后从 1 开始依次将各元件号填入表格。

（2）根据绕组的循环数序进行分相。以 A、C'、B、A'、C、B' 六个相带的划分线为阶梯折线，确定各相带所属的元件号。

（3）在方格图上进行接线。接线在各相所属相带内进行，对 A、B、C 各正相带应正向连接，对 A'、B'、C' 各负相带应进行反向连接。仍以 $Z = 30$，$2p = 8$，$q = 1\frac{1}{4}$ 为例。由式（6-24）可以计算合成节距为

$$y = 2 \times 3 \times \frac{5}{4} + \frac{2}{4} = 8$$

循环数序仍取"2、1、1、1"。这样，就可绘出分数槽绕组的方格图如图 6-18（a）所示。

三相绕组的连接，以 B 相为例来说明。B 相连接应在 B、B' 相带内进行，如图 6-18（b）所示。由于方格图每行共有 y 格（即 8 格），所以图中属于同一列的上、下两个元件组恰好相差一个合成节距，它们之间的连接（如 4 号与 12 号元件之间、11 号与 19 号元件之间的连接）属于波绕组的自然连接。正相带 B 内的元件和负相带 B' 内的元件（如 11 号与 15 号、12 号与 8 号之间）用连接导线连接起来，同相带内的非同一列的上、下两元件之间（如 23 号与 30 号之间）则要用斜连接线连接起来。实践证明，同一波绕组可能有几种连接方案，但其中最好的方案总是连接线总长为最短、斜连接线最少，连接线之间的交叉也为最少的方案，图 6-19 示出 B 相绕组的展开图。

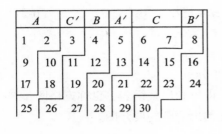

（a）方格图的画法

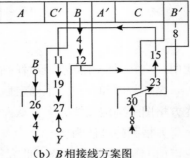

（b）B 相接线方案图

$$\left(Z=30,\ 2p=8,\ q=1\frac{1}{4}\right)$$

图 6-18　分数槽绕组的方格图

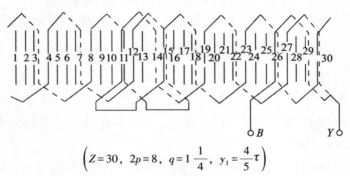

$$\left(Z=30,\ 2p=8,\ q=1\frac{1}{4},\ y_1=\frac{4}{5}\tau\right)$$

图 6-19　三相双层分数槽波绕组展开图（仅画出 B 相）

进一步分析表明，这种分数槽绕组可以获得对称的三相电势。

小　　结

交流绕组及其电势是交流电机理论的基本问题之一。

对交流绕组的基本要求是在一定的导体下能感生较大的基波电势或磁势，同时要求其绝缘性能好、节约材料、制造和检修方便等，对三相绕组还要求对称。

变压器采用的是集中绕组，而交流电机的电枢绕组则广泛采用分布绕组和短距绕组，分布绕组和短距绕组有利于削弱绕组电势的高次谐波分量，使电势波形趋于正弦形。分数槽绕组也可以有效地削弱高次谐波电势。

利用槽电势星形图安排绕组，并结合傅氏级数来分析绕组的电势，是本章采用的基本分析方法。现代交流电机绕组大都采用三相双层整数槽叠绕组，但水轮发电机常采用分数槽波绕组。小型异步电动机一般采用单层绕组。

习　　题

6-1　对绕组的基本要求是什么？试说出有关绕组的术语及其含义。

6-2　什么是槽电势星形图与元件电势星形图？若把各次谐波的槽电势星形图画出来，它们一样吗？为什么？

6-3　试绘制出 $Z=24$、$2p=4$、$y_1=\dfrac{5}{6}\tau$、$w_C=5$、并联支路数 $a=1$ 的三相双层短距绕组 A 相展开图与 $a=1$、$a=2$ 的三相绕组的连接简图。

6-4　求出上题绕组的基波、5 次谐波和 7 次谐波电势的绕组系数（$a=1$ 时）。

6-5　为什么分布绕组和短距绕组主要用来削弱 5 次和 7 次谐波？

6-6　高次谐波的绕组系数是否一定比基波的小？为什么？

6-7　削弱电势中高次谐波的方法有哪些？试简述之。

6-8　为什么在低速水轮发电机中常用分数槽绕组？

6-9　为什么说分布、短距和分数槽绕组对电势影响的实质都是分布的结果？

6-10　一台三相异步电动机的额定线压 $U_N=380\text{V}$，$f_N=50\text{Hz}$，定子绕组为双层叠绕组。已知：极数 $2p=4$，定子槽数 $Z=36$，元件节距 $y_1=8$，元件匝数 $w_C=14$，绕组的并联支路数 $a=2$，丫形连接，正常运行时定子绕组电势是额定电压的 88%。试求每极基波磁通 Φ_1。

6-11　一台三相同步发电机，$f_N = 50\text{Hz}$，$n_N = 1500\text{r/min}$，定子采用双层短距分布绕组，$q = 3$，$y_1 = \dfrac{8}{9}\tau$，每相串联匝数 $w = 108$，丫接，每极磁通 $\Phi_1 = 1.015 \times 10^{-2}\text{Wb}$，$\Phi_3 = 0.66 \times 10^{-2}\text{Wb}$，$\Phi_5 = 0.24 \times 10^{-2}\text{Wb}$，$\Phi_7 = 0.09 \times 10^{-2}\text{Wb}$，试求：（1）电机的极对数；（2）定子槽数；（3）绕组系数 k_{w1}、k_{w3}、k_{w5}、k_{w7}；（4）相电势 E_1、E_3、E_5、E_7 与合成电势 E_φ 以及线电势 E_l。

第7章　交流电机绕组的磁势

7.1　概　　述

本章中，我们将研究交流电机绕组的磁势。当交流电机的绕组通过电流时，载流绕组就会产生磁势。在异步电机中，由于交流绕组磁势的作用，产生电机的主磁场；在同步电机中，电枢磁势对主磁极磁场的影响对运行也很重要。无论是电机主磁场还是电枢磁势，对电机的机电能量转换和运行性能都有重大影响。因此，研究交流电机绕组的磁势具有重要的意义。

本章在分析过程中，本着由浅入深的原则，先分析单相绕组的脉振磁势，再研究三相绕组的旋转磁势，最后讨论谐波磁势。此外，为了简化分析起见，假定：（1）绕组中的电流随时间按正弦规律变化；（2）槽内导体电流集中在槽中心处；（3）转子为圆柱形，气隙是均匀的；（4）铁芯不饱和，因而铁芯的磁压降可以忽略不计。

7.2　单相绕组的脉振磁势

由前面对三相绕组的分析可知，一相绕组由几个线圈组连接而成，而线圈组又由若干个分布在槽中的线圈串联而成。下面首先分析一个线圈所产生的磁势，进而分析一个线圈组与整个单相绕组的磁势。

7.2.1 整距线圈的磁势

图 7-1(a)是一台两极电机的示意图,定子铁芯内只有一个整距线圈,当线圈通以电流(如从 X 流入,从 A 流出)时,线圈便产生一个两极磁场。按右手螺旋定则,磁场方向如图中箭头所示。对于定子而言,下边为 N 极,上边为 S 极。

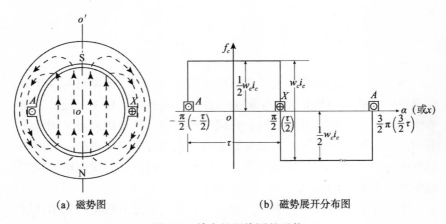

(a) 磁势图　　　　　　　　(b) 磁势展开分布图

图 7-1　单个整距线圈的磁势

设线圈电流为 i_c,线圈的匝数为 N_c,于是线圈产生磁势为 $w_c i_c$。根据全电流定律,任何一条闭合磁力线回路的磁势,等于它所包围全部电流数。由图 7-1(a)可以看出,每条磁力线所包围的安数都是 $w_c i_c$,从图中还可看到,每一条磁力线都通过定子铁芯和转子铁芯,并两次穿过气隙。在前面假定的定子、转子铁芯间的气隙均匀、铁芯磁压降可以忽略不计的情况下,这个整距线圈的磁势在空间的分布为一矩形波[参看图 7-1(b)],矩形波幅值的一般表达式为

$$f_c = \frac{1}{2} w_c i_c \qquad (7-1)$$

该数值也就是每极安数。如果线圈的电流 i_c 为恒定电流,则矩形波的幅值将恒定不变。如果线圈中通以正弦交变电流,并以线圈轴线处

作为坐标原点，如图 7-1(b)所示，则在

$$-\frac{\tau}{2}<\alpha<\frac{\tau}{2}$$

的范围内，整距线圈所产生的磁势为

$$f_c(\alpha,\ t)=\frac{1}{2}w_c i_c=\frac{1}{2}w_c(\sqrt{2}I_c\sin\omega t)=F_{cm}\sin\omega t \qquad (7\text{-}2)$$

其中 $F_{cm}=\frac{1}{2}\sqrt{2}\,w_c I_c$，单位是每极安数，后面分析的磁势单位都是每极安数，不再重复；F_{cm} 为矩形波磁势的幅值(通入最大电流的幅值)。

由式(7-2)可以看出，在一个整距线圈中通以正弦电流时，它所产生矩形波磁势的幅值将随时间作正弦变化。当 $\omega t=90°$ 时，电流达最大值，矩形波磁势的幅值也达最大值 F_{cm}；当 $\omega t=180°$ 时，电流为零，矩形波磁势也为零；当电流为负时，磁势也随着改变方向。矩形波磁势随时间的脉振情况如图 7-2(b)所示。脉振磁势的脉振频率与交变电流的频率相同。

上面分析的是一对极的情况。图 7-3 示出两对极整距线圈的磁势。由图可见，对于多极电机，由于整个磁路组成一个对称的分支磁路，各对极下的情况都一样，所以只要分析一对极就可以了。

7.2.2 矩形波磁势的谐波分析法

为了便于计算，在分析交流绕组的磁势时，常采用谐波分析法。所谓谐波分析法，就是指把一个周期性非正弦波分解为基波和一系列高次谐波后再进行分析的方法。先看图 7-4 中的三条不同波长与幅值的正弦曲线 1、3、5 相加的情况，曲线 1 的波长与矩形波的波长相同，为 2τ，其幅值为 F_{c1}，称为基波磁势；曲线 3 的波长为基波的 $\frac{1}{3}$，称为三次谐波，其幅值 F_{c3} 也为基波幅值 F_{c1} 的 $\frac{1}{3}$；曲线 5 的波长为基波的 $\frac{1}{5}$，称为五次谐波，其幅值 F_{c5} 也为基波幅值的 $\frac{1}{5}$。将曲线 1、3、5 叠加起来，就可以得到接近矩形波的非正弦曲线 4。如果将基波与 3、5、7、9…无穷多个适当幅值的奇数次高次谐波叠加起来，

就可以得到一个波长为 2τ 的矩形波了。反之，一个矩形波磁势也必然可以分解为基波与高次谐波磁势。

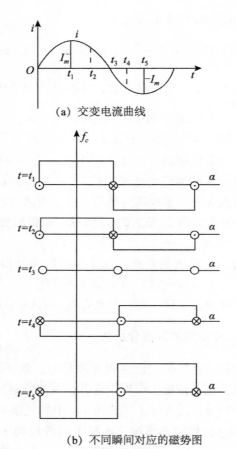

(a) 交变电流曲线

(b) 不同瞬间对应的磁势图

图 7-2 两极脉振磁势的脉振情况

上述谐波分析的图解法也可以用富里叶级数进行分析。按照富里叶级数，矩形波磁势可以用下式表示

$$F_c(\alpha) = F_{c1}\cos\alpha + F_{c3}\cos3\alpha + F_{c5}\cos5\alpha + \cdots$$

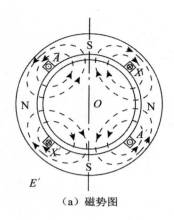

（a）磁势图

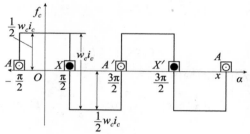

（b）磁势展开分布图

图 7-3　四极整距线圈的磁势

又 $\alpha = \dfrac{\pi}{\tau} x$，于是上式可写成

$$F_c(x) = F_{c1} \cos\left(\frac{\pi}{\tau} x\right) + F_{c3} \cos\left(3\,\frac{\pi}{\tau} x\right) + F_{c5} \cos\left(5\,\frac{\pi}{\tau} x\right) + \cdots \quad (7\text{-}3)$$

式中基波的波长为 2τ，由富里叶级数可以求出基波幅值 F_{c1} 为

$$F_{c1} = \frac{1}{\tau} \int_0^{2\tau} F_{cm}(x) \cos\left(\frac{\pi}{\tau} x\right) \mathrm{d}x = \frac{4}{\pi} F_{cm} = \frac{4}{\pi} \times \frac{\sqrt{2}}{2} w_c I_c \,(\text{A}) \quad (7\text{-}4)$$

即基波幅值为矩形波幅值的 $\dfrac{4}{\pi}$ 倍，由于 $\dfrac{4}{\pi} \times \dfrac{\sqrt{2}}{2} \approx 0.9$，故

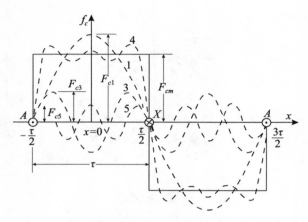

图 7-4 将矩形波磁势分解为基波与高次谐波磁势

$$F_{c1} = 0.9 w_c I_c \quad (\text{A}) \tag{7-5}$$

同理，高次谐波的幅值 $F_{c\nu}$ 为

$$F_{c\nu} = \frac{1}{\tau} \int_0^{2\tau} F_{cm}(x) \cos\left(\nu \frac{\pi}{\tau} x\right) \mathrm{d}x = \frac{1}{\nu} \frac{4}{\pi} \quad F_{cm} \sin\left(\nu \frac{\pi}{2}\right)$$

$$= \pm \frac{1}{\nu} \times \frac{4}{\pi} \times \frac{\sqrt{2}}{2} w_c I_c = \pm \frac{1}{\nu} 0.9 w_c I_c \quad (\text{A}) \tag{7-6}$$

由上式可知，高次谐波磁势的幅值 $F_{c\nu}$ 为基波磁势幅值的 $\frac{1}{\nu}$，式中正负号是因为坐标选在线圈轴线上，对各个高次谐波磁势而言便有正负区别。如对 3 次谐波，$\nu = 3$，$\sin\left(\nu \frac{\pi}{2}\right) = -1$，即在坐标原点处 3 次谐波的幅值与基波幅值的方向相反；对 5 次谐波，$\nu = 5$，$\sin\left(\nu \frac{\pi}{2}\right) = +1$，说明在坐标原点处 5 次谐波幅值与基波幅值的方向相同。以此类推。

综上所述，可以得出整距线圈所产生的脉振磁势的方程式为

$$f_c(x, t) = F_{cm} \sin\omega t$$

$$= 0.9w_c I_c \left[\begin{array}{l} \cos\left(\dfrac{\pi}{\tau}x\right) - \dfrac{1}{3}\cos\left(3\,\dfrac{\pi}{\tau}x\right) + \\ \dfrac{1}{5}\cos\left(5\,\dfrac{\pi}{\tau}x\right) + \cdots \end{array} \right] \sin\omega t \qquad (7\text{-}7)$$

由此可知正弦波电流在整距单个线圈中建立的磁势有以下的性质：

（1）磁势在空间作矩形分布$\left(\text{其幅值为}\dfrac{\sqrt{2}}{2}w_c I_c\right)$，并随时间作正弦变化。

（2）对正常工作的电机而言，基波磁势最强，是磁势的主要成分。单相整距线圈的脉振磁势基波幅值的位置与线圈轴线重合，并在空间作余弦分布，其大小（幅值）随时间作正弦变化。基波磁势既是时间 t 的函数，又是空间位置 x 的函数。

（3）v 次谐波磁势与基波磁势相比较，其幅值为基波的 $\dfrac{1}{v}$，其波长也是基波的 $\dfrac{1}{v}$，而极对数则为基波的 v 倍。

7.2.3 整距线圈组的磁势

将每极下属于同一相的线圈串联起来，就成为一个线圈组。图 7-5(a) 示出一个整距、$q = 3$ 的线圈组的合成磁势。由此图可见，每个整距线圈产生的磁势都是矩形波，将三个矩形波叠加，即可求得线圈组的合成磁势，如图 7-5(a) 中粗线条的阶梯波所示。其基波如图 7-5(b) 所示。

由于基波磁势在空间按正弦规律分布，故可用空间矢量表示。把 q 个互差 α_1 电角的基波磁势矢量相加，即可求得线圈组的合成磁势基波幅值 F_{q1}，如图 7-5(c) 所示。不难看出，用磁势矢量相加求线圈组合成磁势的方法与用电势相量相加求分布绕组合成电势的方法相同。这样，借助于前面图 6-11 求合成电势的方法，可以求得线圈组的合成磁势基波幅值 F_{q1} 为

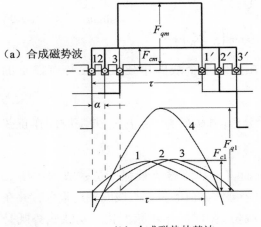
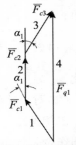

（a）合成磁势波

（b）合成磁势的基波

（c）基波磁势的矢量相加

图 7-5　整距线圈组的磁势

$$F_{q1} = qF_{c1}k_{q1} = 0.9w_cI_cqk_{q1} \quad （A） \tag{7-8}$$

式中 $k_{q1} = \dfrac{\sin\dfrac{q\alpha_1}{2}}{q\sin\dfrac{\alpha_1}{2}}$ 称为基波磁势的分布系数，它和基波电势的分布系数

公式一样，表示分布线圈基波合成磁势与具有所有分布线圈相同匝数的集中线圈基波磁势的比值。

同理，可以推得线圈组的高次谐波磁势 F_{qv} 为

$$F_{qv} = qF_{qv}k_{qv} = \frac{1}{v}0.9w_cI_cqk_{qv} \quad （A） \tag{7-9}$$

式中 k_{qv} 为 v 次谐波磁势的分布系数。和电势的 v 次谐波分布系数一样，其表达式为

$$k_{qv} = \frac{\sin\left(q\dfrac{v\alpha_1}{2}\right)}{q\sin\dfrac{v\alpha_1}{2}}$$

显然，和电势分析的结论一样，采用分布绕组，也可以削弱高次谐波磁势，改善磁势波形。

7.2.4　双层短距线圈组的磁势

除了采用分布绕组可以削弱高次谐波磁势之外，采用短距绕组也可达到同一目的。图 7-6 示出 $q=3$，$\tau=9$，$y_1=\dfrac{8}{9}$，$\tau=8$ 的双层短距绕组中一对极下属于同一相的两个线圈组，两个线圈组是 1-9′、2-10′、3-11′ 和 10-18′、11-19′、12-20′。

从绕组通过电流产生磁势的观点看，磁势的大小与波形只取决于槽内线圈边的分布情况及导体中电流的大小与方向，而与线圈边之间的连接顺序无关。为了分析方便起见，可以把这个短距线圈组的上层边看作一组 $q=3$ 的单层整距分布绕组，再把下层边看成另一组 $q=3$ 的单层整距分布绕组，如图 7-6(a) 所示。这两个单层整距分布绕组在空间彼此错开 β 电角度(对双层整距绕组，上、下层互相重叠，$\beta=0$)，这 β 角恰好等于线圈节距缩短的电角度，即 $\beta=\dfrac{\tau-y_1}{\tau}\times180°$，从而这两个单层整距线圈组产生的基波磁势在空间相位上也应彼此错开 β 电角度。

在图 7-6(b) 中，曲线 1、2 分别表示上层和下层线圈组的基波磁势，它们在空间错开 β 电角度，其幅值 $F_{q1(上)}=F_{q1(下)}=F_{q1}$。将这两条曲线相加，可得双层短距线圈组的基波磁势曲线(曲线 3)。如把这两个基波磁势用矢量表示，则这两个矢量间的夹角也是 β 电角度，如图 7-6(c) 所示。由矢量相加可以得到合成磁势的基波幅值矢量 $\overline{F}_{\Phi1}$。由图可见，双层短距线圈组的基波磁势比双层整距时小，为双层整距时的 $\cos\dfrac{\beta}{2}$ 倍。此系数就是基波磁势的短距系数 k_{y1}，它和电势的短距系数公式一样，即

$$k_{y_1}=\cos\frac{\beta}{2}=\cos\left[\left(1-\frac{y_1}{\tau}\right)90°\right]=\sin\left(\frac{y_1}{\tau}90°\right) \qquad (7\text{-}10)$$

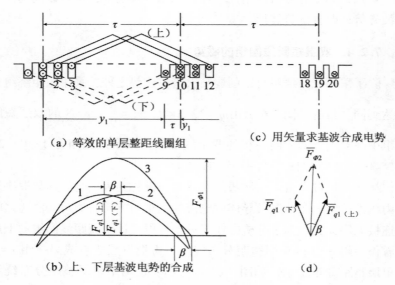

图 7-6 双层短距线圈组的基波磁势

于是双层短距线圈组的基波磁势为

$$F_{\phi 1} = 2F_{q1}\cos\frac{\beta}{2} = 2(0.9I_c q w_c k_{q1})k_{y1}$$

$$= 0.9I_c(2qw_c)k_{w1} \quad (A) \tag{7-11}$$

式中：$k_{w1} = k_{q1} \cdot k_{y1}$——基波磁势的绕组系数。

同理，可以求得 v 次谐波磁势的幅值为

$$F_{\phi v} = \frac{1}{v}0.9(2qw_c)I_c k_{wv} \quad (A) \tag{7-12}$$

式中：$k_{wv} = k_{qv} \cdot k_{yv}$——$v$ 次谐波磁势的绕组系数。

v 次谐波的短距系数为

$$k_{yv} = \sin\left(v\frac{y_1}{\tau}90°\right) \tag{7-13}$$

7.2.5 单相绕组的磁势

由于各对极下的磁势和磁路结构分别组成一个对称独立的分支磁

路，所以一相绕组的磁势就等于上述双层短距线圈组的磁势。为了使式(7-11)在实用中更为简便，一般把式(7-11)用每相电流的有效值 I 与每相每一支路串联匝数 w 来表示。

I_c 为线圈中通过的电流，$I_c = \dfrac{I}{a}$。此外，在双层绕组中，共有 $2p$ 个线圈组，每个线圈组有 qw_c 匝，则总匝数为 $2pqw_c$，由于并联支路数为 a，故每相绕组每一支路串联匝数为 $w = \dfrac{2pqw_c}{a}$，于是 $2qw_c = \dfrac{a}{p}w$。以此代入式(7-11)与式(7-12)中，即可得到双层、短距、分布的单相绕组磁势的公式

$$F_{\phi 1} = 0.9\, \frac{wk_{w1}}{p} I \qquad\qquad (7\text{-}14)$$

$$F_{\phi v} = 0.9\, \frac{wk_{wv}}{vp} I \qquad\qquad (7\text{-}15)$$

这样，整个脉振磁势方程式可由式(7-7)改写成

$$f_c(x,\ t) = 0.9\, \frac{Iw}{p}\left[k_{w1}\cos\left(\frac{\pi}{\tau}x\right) - \frac{1}{3}k_{w3}\cos\left(3\,\frac{\pi}{\tau}x\right) + \right.$$
$$\left. \frac{1}{5}k_{w5}\cos\left(5\,\frac{\pi}{\tau}x\right) - \cdots \right]\sin\omega t \qquad (7\text{-}16)$$

上式的坐标原点应取在该相绕组的轴线处。

7.3　三相绕组合成磁势的基波

对称三相绕组流过三相对称电流时产生的合成磁势是旋转磁势，对电机进行机电能量转换起重要作用的是旋转磁势的基波。下面分别用数学分析法与图示法进行分析说明。

7.3.1　数学分析法

各相绕组的磁势在空间相位上、各相电流在时间相位上彼此均相差 $120°$ 电角度，各相电流的幅值相等，各相绕组的情况也相同。因

此，如果把空间坐标的原点取在 A 相绕组的轴线上，α 的正方向设为 A 相至 B 相至 C 相，则 A、B、C 三相绕组单独产生的脉振磁势基波分别为

$$
\begin{cases}
f_{A1}(\alpha、t) = F_{\phi1}\cos\alpha\sin\omega t \\
f_{B1}(\alpha、t) = F_{\phi1}\cos(\alpha - 120°)\sin(\omega t - 120°) \\
f_{C1}(\alpha、t) = F_{\phi1}\cos(\alpha - 240°)\sin(\omega t - 240°)
\end{cases}
\tag{7-17}
$$

其中 $F_{\phi1} = 0.9\dfrac{wk_{w1}}{p}I$ 是每相脉振磁势基波的幅值，单位为 A。

利用三角函数中的公式

$$
\sin x\cos y = \frac{1}{2}\sin(x - y) + \frac{1}{2}\sin(x + y)
$$

可将上式写成

$$
\begin{cases}
f_{A1}(\alpha,\ t) = \dfrac{1}{2}F_{\phi1}\sin(\omega t - \alpha) + \dfrac{1}{2}F_{\phi1}\sin(\omega t + \alpha) \\[2mm]
f_{B1}(\alpha,\ t) = \dfrac{1}{2}F_{\phi1}\sin(\omega t - \alpha) + \dfrac{1}{2}F_{\phi1}\sin(\omega t + \alpha - 240°) \\[2mm]
f_{C1}(\alpha,\ t) = \dfrac{1}{2}F_{\phi1}\sin(\omega t - \alpha) + \dfrac{1}{2}F_{\phi1}\sin(\omega t + \alpha - 120°)
\end{cases}
$$

$$
\tag{7-18}
$$

$f_{A1}(\alpha_1,\ t)$、$f_{B1}(\alpha,\ t)$、$f_{C1}(\alpha,\ t)$ 相加可知，前三项带 $(\omega t - \alpha)$ 的正弦项可直接相加，后三项带 $(\omega t + \alpha)$ 的正弦项因互差 120°，其和为零。故得三相合成磁势的基波为

$$
f_1(\alpha,\ t) = f_{A1}(\alpha,\ t) + f_{B1}(\alpha,\ t) + f_{C1}(\alpha,\ t) = \frac{3}{2}F_{\phi1}\sin(\omega t - \alpha) = F_1\sin(\omega t - \alpha)
$$

$$
\tag{7-19}
$$

其中 $F_1 = \dfrac{3}{2}F_{\phi1}$ 为三相合成磁势基波的幅值。

由式(7-19)可知，三相合成磁势基波具有如下主要性质：

(1)三相合成磁势基波在任何时刻保持着恒定的幅值，并且它是单相脉振磁势基波幅值的 $\dfrac{3}{2}$ 倍。由式(7-14)可知，单相脉振磁势基波

的幅值为

$$F_{\phi 1} = 0.9 \frac{wk_{w1}}{p} I$$

故三相合成磁势基波的幅值为

$$F_1 = \frac{3}{2} F_{\phi 1} = 1.35 \frac{wk_{w1}}{p} I \qquad (7\text{-}20)$$

（2）三相合成磁势的基波是一个幅值恒定的旋转波。容易看出，当 $t=0$ 即 $\omega t=0$ 时，$f_1(\alpha, 0) = F_1 \sin(-\alpha) = -F_1 \sin\alpha$，说明此时磁势波 $f_1(\alpha, t)$ 是一个幅值为 F_1 且正波幅位于 $-\dfrac{\pi}{2}$ 处的正弦波，如图 7-7 的曲线 1 所示；经过 $\dfrac{1}{4}$ 周期，$t = \dfrac{T}{4} = \dfrac{1}{4f}$，亦即 $\omega t = 2\pi f \dfrac{1}{4f} = \dfrac{\pi}{2}$ 时，$f_1\left(\alpha, \dfrac{T}{4}\right) = F_1 \sin\left(\dfrac{\pi}{2} - \alpha\right) = F_1 \cos\alpha$，说明此时磁势波 $f_1(\alpha, t)$ 是一个幅值为 F_1 且正波幅处在纵坐标上的正弦波；又经过 $\dfrac{1}{4}$ 周期，$t = \dfrac{T}{2} = \dfrac{1}{2f}$ 即 $\omega t = 2\pi f \cdot \dfrac{1}{2f} = \pi$ 时，$f_1\left(\alpha, \dfrac{T}{2}\right) = F_1 \sin(\pi - \alpha) = F_1 \sin\alpha$，说明此时磁势波 $f_1(\alpha, t)$ 是一个幅值为 F_1 且正波幅位于 $\dfrac{\pi}{2}$ 处的正弦波。由此可见 $f_1(\alpha, t)$ 是一个空间按正弦规律分布、波幅 F_1 恒定不变，随着时间的推移整个沿 α 轴的正方向移动的旋转磁势波。进一步分析表明，如式（7-19）中 α 前不是"－"而是"＋"号，则旋转磁势反转。因此，从式（7-17）、式（7-18）可知，一个脉振磁势可以分解为幅值相等、转速相同、转向相反的双旋转磁势。

（3）三相合成磁势基波的转速决定于定子电流的频率和电机的极对数。旋转磁势波的运动速度，可由波上任一点（例如波幅点）的运动速度确定。对于波幅点，其幅值恒为 F_1，这相当于式（7-19）中的 $\sin(\omega t - \alpha) = 1$ 或 $\omega t - \alpha = \dfrac{\pi}{2}$，即 $\alpha = \omega t - \dfrac{\pi}{2}$，又 $\alpha = \dfrac{\pi}{\tau} x$，于是

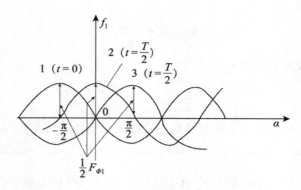

图 7-7　旋转磁势波的分析

$$x = \frac{\tau}{\pi}\omega t - \frac{\tau}{2}$$

这表明：波幅点离原点的距离 x 随着时间 t 的增大而增大，这从图 7-7 中的曲线 2、3 可清楚看出。将距离 x 对时间 t 求导，就可求出波幅点的运动速度

$$v = \frac{\mathrm{d}x}{\mathrm{d}t} = \frac{\tau}{\pi}\omega = 2\,\tau f$$

由于定子内腔的周长为 $\pi D = 2p\tau$，所以把运动速度化为转速时，可得

$$n_1 = \frac{v}{2p\tau} = \frac{f}{p}(\mathrm{r/s}) = \frac{60f}{p}(\mathrm{r/min}) \tag{7-21}$$

这是三相合成磁势基波的转速，也称同步转速。

7.3.2　图解法

上述结论也可由图解法获得。图 7-8 中，左边 5 个相量图表示 5 个不同瞬间的三相电流的相量，由此可以找出各相电流在该瞬间的瞬时值；中间 5 个图表示与左图同一瞬间的各相绕组所产生的基波磁势与三相合成基波磁势；右边 5 个图表示相应瞬间电机合成磁场与磁势的空间矢量图。图中 A、B、C 三相绕组用三个整距集中绕组表示，在右边图里其磁势用相应的空间脉振矢量表示。设第一个图为 $\omega t = 0$ 时的情况，下面 4 个图依次为 $\omega t = 60°$、$120°$、$180°$、$240°$ 的情况。

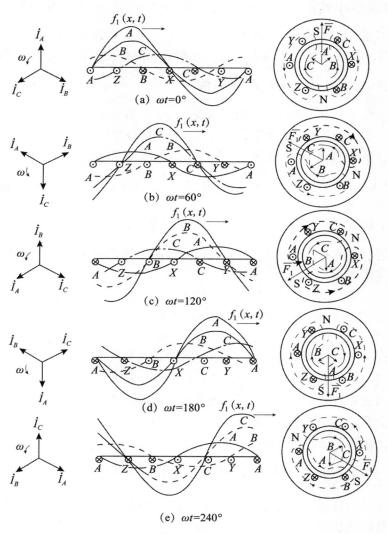

图 7-8　三相绕组基波磁势的图解

由图 7-8(a)可见，当 $i_A = I_m$ 时，$i_B = i_C = -\dfrac{I_m}{2}$，A 相磁势幅值为最大值，等于 $F_{\phi 1}$。此时，B、C 相磁势则为 $-\dfrac{1}{2}F_{\Phi 1}$。将三相磁势波逐点相加，可得三相合成磁势，如图中标上 $f_1(\alpha、t)$ 的曲线所示。由此可见，当 A 相电流达最大值时，三相合成磁势的幅值正好在 A 相绕组的轴线上，大小则为 $F_{\phi 1}$ 的 $\dfrac{3}{2}$ 倍。

当 A 相电流由正最大值逐渐变小时，B 相电流由负值逐渐变为正值，C 相电流逐渐变为负的最大值，各相磁势波幅也将随之变化。此时合成磁势的幅值将从 A 相绕组轴线向 B 相绕组轴线推移，如图7-8(b)所示。在图 7-8(c)瞬间，$i_B = I_m$，$i_A = i_C = -\dfrac{I_m}{2}$，三相合成磁势的幅值正好在 B 相的轴线上，大小则为 $F_{\phi 1}$ 的 $\dfrac{3}{2}$ 倍。依此类推，当 C 相电流达正最大值时，三相合成磁势的幅值正好在 C 相的轴线上，如图 7-8(e)所示。

可见，当三相绕组通以对称的正序电流时，合成磁势的幅值将顺着 A 相轴线—B 相轴线—C 相轴线的方向旋转，在图 7-8 中为逆时针方向转动。反之，如在上述三相绕组中通以负序电流，则由于电流达到最大值的次序变为 A—C—B，因此合成磁势将依照 A 相轴线—C 相轴线—B 相轴线的方向转动，即在图 7-8 中为顺时针转动。因此，如要改变旋转磁场的转向，只要改变通入电流的相序，即将三相绕组的任意两相端线调换一下即可。

由图解法同样可知：

(1)三相合成磁势基波幅值 $F_1 = \dfrac{3}{2}F_{\Phi 1}$。这由图 7-8 右边各图可以看出，同时由此图可见，$\overline{F}_1$ 矢量端点的轨迹为一圆形，它是一个圆形旋转磁势。

(2)同样可以求得合成磁势的转速 $n_1 = \dfrac{60f}{p}$。从图 7-8(a) ~ (d)，

电流经过 180°电角度(半个周波),合成磁势转了半转(这是对 $p=1$ 的情况),那么,当电流经过 360°电角度(一个周波)时,合成磁势将转一转。这就是说,合成磁势的转速 n_1 (r/s)与电流的频率 f(以每秒钟周波数表示)数值上是相等的,即

$$n_1 = f(\text{r/s}) = 60f(\text{r/min})$$

进一步的分析可知,当电机的极对数不为 1 而为 p 时,n_1 可以写成

$$n_1 = \frac{60f}{p}(\text{r/min})$$

(3)要改变旋转磁势的转向,只要改变通入三相绕组电流的相序即可。

7.4　三相绕组合成磁势的高次谐波

由前面的分析可知,在每相的脉振磁势中除基波外,还有 3、5、7、…奇次谐波,下面分析这些谐波。

7.4.1　3 次谐波

对 3 次谐波而言,$v=3$,仿照式(7-17)可以写出

$$\begin{cases} f_{A3}(\alpha,\ t) = F_{\Phi3}\cos 3\alpha \sin \omega t \\ f_{B3}(\alpha,\ t) = F_{\Phi3}\cos 3(\alpha-120°)\sin(\omega t-120°) \\ \qquad = F_{\Phi3}\cos 3\alpha \sin(\omega t-120°) \\ f_{C3}(\alpha,\ t) = F_{\Phi3}\cos 3(\alpha-240°)\sin(\omega t-240°) \\ \qquad = F_{\Phi3}\cos 3\alpha \sin(\omega t-240°) \end{cases} \qquad (7\text{-}22)$$

故三相绕组的 3 次谐波合成磁势为

$$\begin{aligned} f_3(\alpha,\ t) &= f_{A3}(\alpha,\ t) + f_{B3}(\alpha,\ t) + f_{C3}(\alpha,\ t) \\ &= F_{\Phi3}\cos 3\alpha \left[\sin \omega t + \sin(\omega t-120°) + \sin(\omega t-240°) \right] = 0 \end{aligned}$$

$$(7\text{-}23)$$

这就是说,在对称的三相电机中,合成磁势中不存在 3 次谐波。进一步的分析表明,也不存在 3 的奇数倍次谐波,即不存在 3,9,

15，…次谐波。

7.4.2　5 次谐波

对 5 次谐波而言，$\upsilon=5$，5 次谐波合成磁势可以写成

$$f_5(\alpha,\ t)=f_{A5}(\alpha,\ t)+f_{B5}(\alpha,\ t)+f_{C5}(\alpha,\ t)$$
$$=F_{\varPhi5}\cos5\alpha\sin\omega t+F_{\varPhi5}\cos5(\alpha-120°)\sin(\omega t-120°)+$$
$$F_{\varPhi5}\cos5(\alpha-240°)\sin(\omega t-240°)$$
$$=\frac{3}{2}F_{\varPhi5}\sin(\omega t+5\alpha)$$
$$=F_5\sin(\omega t+5\alpha)$$

上式表明，三相绕组的 5 次谐波合成磁势是一个正弦分布、波幅恒定的旋转磁势波，其特点为：

1）旋转磁势的幅值等于每相脉振磁势的 5 次谐波幅值 $F_{\varPhi5}$ 的 3/2 倍，即

$$F_5=\frac{3}{2}F_{\varPhi5}=1.35\frac{\omega k_{w5}}{5p}I(\text{A}) \tag{7-25}$$

2）旋转波的转速等于基波的 $\frac{1}{5}$，即

$$n_5=\frac{1}{5}n_1=\frac{60f}{5p}(\text{r/min}) \tag{7-26}$$

3）旋转波的转向与基波转向相反，因为式（7-24）中 5α 前为正号。

经分析可知，当 $\upsilon=6k-1(k=1,\ 2,\ 3,\ \cdots)$，即 $\upsilon=5$，11，17，…时，其三相合成磁势是一个转向与基波相反的旋转磁势。

7.4.3　7 次谐波

按照同样的分析方法，将三相绕组的三个脉振磁势的 7 次谐波相加，可得 7 次谐波的合成磁势为

$$f_7(\alpha,\ t)=\frac{3}{2}F_{\varPhi7}\sin(\omega t-7\alpha)$$

$$= F_7 \sin(\omega t - 7\alpha) \tag{7-27}$$

可见，7 次谐波的合成磁势是一个正弦分布、幅值不变与基波转向相同的旋转磁势，其转速为基波的 $\dfrac{1}{7}$，即 $n_7 = \dfrac{1}{7} n_1$。经分析可知，当 $\upsilon = 6k+1$（$k=1$，2，3，$\cdots$），即 $\upsilon = 7$，13，19，$\cdots$时，其三相合成磁势是一个转向与基波相同的旋转磁势。

谐波磁势和相应的谐波磁场，并不能像基波磁势和基波磁场那样，参与电机的机电能量转换。它们使电机的性能变坏，因此，在设计电机时应尽量削弱磁势中的高次谐波。采用分布与短距是达到这个目的的重要方法。

顺便说一下，谐波磁场在电机的定子绕组中感生电势 E_υ，其频率为

$$f_\upsilon = \frac{p_\upsilon n_\upsilon}{60} = \frac{(\upsilon p)\left(\dfrac{n_1}{\upsilon}\right)}{60} = \frac{p n_1}{60} = f_1 \tag{7-28}$$

即等于定子电流的频率。故这种电势作负漏抗压降处理，即 $\dot{E}_\upsilon = -j \dot{I} x_{\sigma\upsilon}$。$x_{\sigma\upsilon}$ 称为谐波漏抗，可归并到定子漏抗中去。

小　　结

交流绕组的磁势是交流电机理论的另一基本问题。本章讨论的脉振磁势和旋转磁势的概念，对分析异步电机和同步电机都很重要。

单相磁势是一个脉振磁势。脉振磁势是幅值位置不变，但幅值的大小和正负都随时间变化的磁势。

对称的三相电流通入对称的三相绕组，会产生旋转磁势。其中，基波旋转磁势是一个在空间作正弦分布、波幅恒定、转速为 n_1 的旋转磁势波。基波旋转方向与三相电流的相序有关，它在电机的机电能量转换中起重要作用。在三相绕组的合成磁势中，除基波磁势外，还有高次谐波磁势，它们的存在对电机运行有害，可以采用交流绕组的

分布与短距的方法对高次谐波磁势加以削弱。

习　　题

7-1　试比较三相交流绕组与单相交流绕组所产生的基波磁势的幅值大小、幅值位置、极对数、转速、转向情况，并找出其中的差别。

7-2　试证明在空间轴上互差 90°电角度的两相绕组流过幅值相等、时间上互差 90°电角度的两相电流时产生的基波磁势是一个圆形旋转磁势。

7-3　为什么说交流绕组产生的磁势既是时间的函数？又是空间的函数。试以单相绕组脉振磁的基波来说明。

7-4　产生脉振磁势、圆形旋转磁势的条件有何不同？

7-5　一台三角形连接的定子绕组，当绕组内有一相断线时，产生的磁势是什么磁势？

7-6　一台丫形连接的定子绕组，当绕组内有一相断线时，产生的磁势是什么磁势？

7-7　将三相绕组接到电源的三个接头对调两根后，其转向是否会改变？为什么？

7-8　试述三相绕组产生的高次谐波的极对数、转向、转速和幅值。它们所建立的磁场在定子绕组内所感生的电势频率是多少？

7-9　一台三相交流电动机，额定功率 $P_N = 20\text{kW}$，额定线电压 $U_N = 380\text{V}$，额定电流 $I_N = 37\text{A}$，定子绕组采用双层叠绕组，丫形连接，$Z = 48$，$2p = 4$，$y_1 = 10$，每槽导体数 $N_S = 22$，每相并联支路数 $a = 2$，试求：（1）计算相绕组脉振磁势的基波和 3、5、7 等次谐波的幅值，并写出各相基波脉振磁势的表达式；（2）当 A 相电流达最大值时，写出各相基波磁势的表达式；（3）计算三相合成磁势基波以及 3、5、7 次谐波的幅值和转速，并说明其转向；（4）写出三相合成磁势基波的表达式。

第三篇　异步电机

异步电机主要作电动机运行，原则上凡是转速和所接交流电源的频率没有严格不变关系的电机都是异步电机。异步电机可以是单相的，也可以是三相的。本篇主要讨论三相异步电动机，对于单相异步电动机和其他形式的异步电机只作简略介绍。

一般将异步电机的定子绕组接到交流电源上，转子绕组直接短路(鼠笼式电机)或启动时接到一可变电阻(线绕式电机)上。从电磁关系看，异步电机和变压器很相似。异步电机的定子绕组相当于变压器的原绕组，转子绕组相当于变压器的副绕组。异步电机的转子电流是由接到电源上的定子建立的旋转磁场(系指基波，后同)感生的。转子电流与旋转磁场相互作用产生电磁转矩，从而实现机、电能量转换。所以，异步电机也称为感应电机。由于异步电机与变压器在电磁关系上极为相似，因此在学习变压器的基础上来学习异步电机是比较容易的。

三相异步电动机具有结构简单牢固、运行可靠、效率较高、成本较低及维修方便等优点，所以，在工农业生产与人民生活中得到极为广泛的应用。异步电动机存在着功率因数较低与调速性能较差等缺点，故在一些生产机械中，不得不采用其他形式的电机(如直流电动机)来拖动。

第8章 异步电机的结构与运行状态

8.1 概　　述

异步电机虽然主要作电动机运行，但从工作原理来讲，异步电机可以运行于电动机、发电机和电磁制动三种运行状态。在生产实际中，采用第一种运行状态最为普遍，后两种运行状态有时也采用。

本章将首先介绍异步电机三种运行状态的基本工作原理，以中、小型异步电动机为例介绍它的主要结构部件(定子、转子)和额定值，并介绍国产异步电机的主要产品型号及其用途。

8.2　异步电动机的基本工作原理

如图 8-1 所示。在可以转动的永久磁铁 N、S 极之间，放置一个可以与磁铁同轴转动的钢质圆筒。在这圆筒转子的槽中，嵌进一个短路的导体(例如铝框导体)。用机械的方法使磁铁旋转，形成旋转磁场，设其转速为 n_1。于是，磁场与转子导体间有相对运动，导体便感生电势与电流(其方向可以用右手定则决定)。载流导体在磁场中便产生电磁力 f(其方向可以用左手定则决定)，电磁力 f 形成的转矩便使转子顺着旋转磁场的转向转动起来，不过其转速 n 恒小于(即异于)旋转磁场的转速 n_1。运用这种原理工作的电动机称为异步电动机，也称为感应电动机。其实，除铝框导体外，整个钢筒转子处于磁场中的导体部分，都能感生电流，产生转矩，对此，读者可以自己分析。不过必须指出：这种模型输入的是机械能，输出也是机械能，其中还有损耗，这样的能量转换当然是不可取的。实际的异步电动机定子是静止不动的，旋转磁场由通有对称三相电流的三相定子绕组来产生，如图 8-2 所示的异步电动机那样。因此，电动机输入为电能，输出则为机械能。

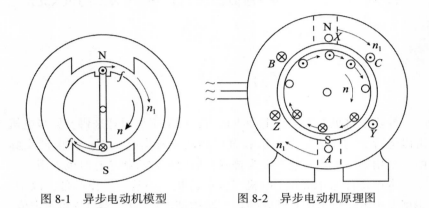

图 8-1　异步电动机模型　　　　图 8-2　异步电动机原理图

由第 7 章可以知道，旋转磁场的转速 $n_1 = \dfrac{60f}{p}(\mathrm{r/min})$，转子的实际转速 n 恒小于 n_1，其间存在一个转差率，以 s 表示，为

$$s = \frac{n_1 - n}{n_1} \tag{8-1}$$

当转子静止时，$n = 0$，转差率 $s = 1$；假设转子转到同步转速 n_1（实际上不可能靠自身动力达到 n_1），那么此时的转差率 $s = 0$。转差率是一个决定异步电机运行情况的重要参数。一般情况下，异步机额定转差率（对应于额定负载的转差率）在 0.01~0.05 之间。

由式（8-1）可以推出，异步电动机实际转速为

$$n = (1-s)n_1 \tag{8-2}$$

如已知同步转速 n_1 与转差率 s，转速 n 便可由此式计算出来。

[**例 8-1**]　有一台额定频率为 50Hz 的异步电动机，其额定转速 $n_N = 1455(\mathrm{r/min})$，试求该电机的极对数与额定转差率 s_N。

[**解**]　根据异步电动机的转速 n 略小于其同步转速 n_1 的特点，由额定转速 $n_N = 1455\text{r/min}$，可知电动机同步转速应为 $n_1 = 1500\text{r/min}$。

由 $n_1 = \dfrac{60f}{p}$，得

$$p = \frac{60f}{n_1} = \frac{60 \times 50}{1500} = 2$$

即该电机有 2 对极。

额定转差率

$$S_N = \frac{n_1 - n_N}{n_1} = \frac{1500 - 1455}{1500} = 0.03。$$

8.3　异步电机的三种运行状态

根据转差率的正负和大小分，异步电机有电动机、发电机和电磁制动三种运行状态。

8.3.1　电动机状态

当异步电机定子三相绕组接入三相电源后，定子绕组通入的三相电流在电机中建立了旋转磁场，如图 8-3(b) 所示。旋转磁场的转速 n_1 决定于电源的频率 f 与定子绕组的极对数 p：$n_1 = \dfrac{60f}{p}(\text{r/min})$。

此旋转磁场在转子闭合导体中感生出电势与电流。转子电流的有功分量 i_{2a} 与转子电势 e_2 同相位(上节中是假设电流 i_2 与电势 e_2 同相情况下分析的，严格说应是 i_{2a} 与 e_2 同相位)，这样，处于旋转磁场下的转子载流导体便产生电磁力与电磁转矩 M(电磁转矩有时也写作 M_{em})，使得转子顺着旋转磁场的转向以小于 n_1 的转速 n 转动，电磁转矩的方向与转子转向一致，这便是电动机状态。

在电动机状态下运行时，转于转速在 $0 \leqslant n < n_1$ 范围内，相应地转差率 $1 \geqslant s > 0$。经分析表明，这时定子绕组中 e_1 与 i_{1a} 方向相反[见

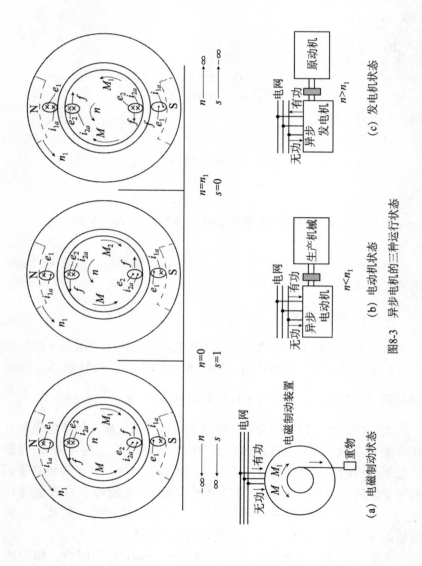

图8-3　异步电机的三种运行状态

(a) 电磁制动状态

(b) 电动机状态

(c) 发电机状态

204

图 8-3(b)]，故电机发出的电功率为负值，即从电网输入有功功率，将电能转换为机械能。

8.3.2　发电机状态

如用原动机[在图 8-3(c)中用 M_1 表示原动机的转矩]将异步电机转子拖到转速 n 高于同步转速 n_1，且二者转向相同。此时因 $n>n_1$，磁场切割转子导体的方向与电动机时相反。所以，转子导体内感应电势 e_2、电流有功分量 i_{2a} 也改变了方向，使得电磁转矩 M 与旋转磁场转向相反，电磁转矩 M 对原动机转矩起制动作用。当转子电流的有功分量改变方向时，定子电流中与转子电流的有功分量相对应的电流分量 i_{1a} 也将改变方向。故原来从电网吸取有功功率的电机，现在反过来向电网输送有功功率，也就是说，电机把从原动机那里获得的机械功率转换为电功率后输入了电网。这时，电机运行在发电状态。

从理论上说，在发电机状态下运行时，电机的转速可在 $n_1<n<\infty$ 范围内变化，相应地转差率 $\left(s=\dfrac{n_1-n}{n}\text{变为负值}\right)$ 在 $0>s>-\infty$ 范围内变化。异步发电机有时用于农村小型水电站。

8.3.3　电磁制动状态

如果由外力产生的转矩 M_1(例如起重机下放重物时所产生的转矩)把电机转子拖向逆定子旋转磁场方向转动，如图 8-3(a)所示，则旋转磁场将以高于同步转速的速度切割转子导体，且切割的方向与电动机状态相同。这时定子、转子电势(e_1、e_2)、电流有功分量(i_{1a}、i_{2a})和电磁转矩 M 的方向都和电动机状态时一样。此时，电磁转矩方向与旋转磁场方向相同，但与转子转向相反。因此，电磁转矩 M 对外力产生的转矩 M_1 起制动作用。为了克服制动性电磁转矩 M，外力必须对转子供给机械功率(这由重物下放时提供)，另一方面，与电动机状态相似，定子也从电网吸取电功率。定子从电网吸取的电功率和转子从外力获得的机械功率，都变成电机内部的热能而消耗掉。这时，电机处于电磁制动状态。

理论上来说，在电磁制动状态下运行时，电机转速可在 $-\infty < n < 0$ 范围内变化。由于转速 n 为负值，相应地转差率 s 为大于 1 的正值，在 $\infty > s > 1$ 范围内变化。异步电机一般只短时运行于电磁制动状态，例如交流起重机为了使下放重物安全平稳，下放时，异步电机便处于电磁制动状态。

8.4　异步电机的主要结构部件

我们以最常见、应用最广泛的中、小型异步电机为例，说明异步电机的主要结构部件。

异步电机分鼠笼式与线绕式两大类，图 8-4 为鼠笼式异步电动机结构图与外形图。一般说来，异步电机是由定子、转子、端盖等主要部件组成，现分述如下。

（1）定子　由定子铁芯、定子绕组和机座构成。

定子铁芯是电机中磁路的一部分，用于嵌放定子绕组。通过定子铁芯的磁通是交变的。为了减少铁芯损耗，铁芯一般采用导磁性能良好的硅钢片叠制成。对容量在 10kW 以上的电动机，在硅钢片两面涂以绝缘漆，作为片间绝缘之用。当定子外径大于 1m 时，采用扇形冲片来拼成一个整圆。

定子绕组是电机的主要电路部分，其作用是通过时电流建立旋转磁场以实现能量转换。机座的作用是固定定子铁芯并形成散热风路。

（2）转子　中、小型异步电动机的转子是由转子铁芯，转子绕组、转轴等部分组成。

转子铁芯是电机磁路的一部分，也由硅钢片叠制成。异步电机在运行时，由于通过转子铁芯的交变磁通的频率很低，从而铁耗也很小。转子铁芯一般就用定子冲片冲下后的中间部分冲制。中、小型异步电机的转子铁芯直接套在转轴上，大型异步电机的转子铁芯则套在装有转轴的转子支架上。转子铁芯上有槽，供嵌放或浇注转子绕组用。

异步电机转子绕组的主要作用是感生电势、流过电流和产生电

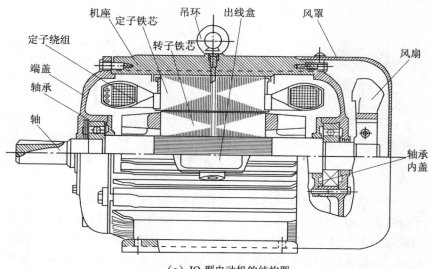

机座　定子铁芯　吊环　出线盒　风罩

定子绕组

转子铁芯　风扇

端盖

轴承

轴

轴承
内盖

（a）JO₂ 型电动机的结构图

（b）JO 型电动机外形图

图 8-4　鼠笼式异步电动机

磁转矩。中、小型异步电机的转子绕组多采用鼠笼式铸铝绕组，如图 8-5 所示。其铸铝部分如图 8-6 所示。用铜条及铜质端环焊接而成的转子绕组则如图 8-7 所示。这两种转子绕组形状很像"鼠笼"，故具有这种绕组的异步电机称为鼠笼式异步电机。

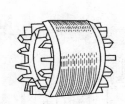

图 8-5　鼠笼式铸铝转于

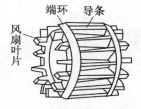

图 8-6　鼠笼式转子的
铸铝部分

图 8-7　鼠笼式转子的
铜条部分

　　转子绕组型式除鼠笼式外，还有线绕式(也称滑环式)。线绕式转子绕组也像定子绕组那样，用由导线制成的绕组元件构成。转子绕组极数应和定子绕组极数相同，绕组一般为三相且作星形连接，如图 8-8 所示。线绕式异步电机的结构图与外形图如图 8-9 所示。为了减少摩擦损耗和电刷的摩损，中、小容量电机有时还装有提刷短路装置，以便在电动机启动完毕，外部电阻全部切除后，将电刷提起并同时把三个滑环短路，参见图 8-10(b)。将三个滑环短路的圆环也随着转子一起

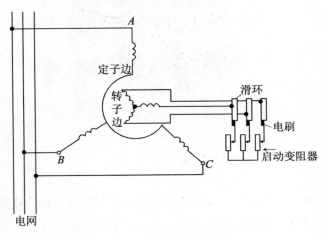

图 8-8　线绕式异步电动机接线图

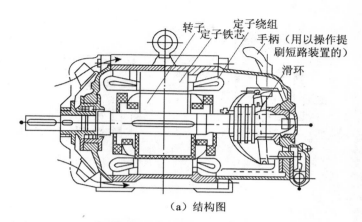

（a）结构图

（b）外形图（无提刷装置）

图 8-9　线绕式异步电动机结构图与外形图

转动。停车时，应将电刷放下并脱环解除短路，见图 8-10（a），以便下次启动。提刷短路装置增加了结构与维护管理的复杂性，故有的线绕式异步电机不采用。

转轴的作用是支撑转子和传递机械能，它由成型圆钢加工而成。

（3）端盖　主要是用以支撑转子，由铸铁铸成。转轴两端套有轴承，轴承装在端盖内，端盖通过止口固定在机座上。

（4）气隙　异步电机定子内圆与转子外圆之间有一个很小的空气

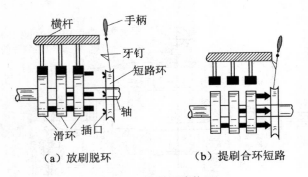

（a）放刷脱环　　　　　　（b）提刷合环短路

图 8-10　提刷短路装置

隙(一般为 0.2~1.5mm)，气隙的大小与均匀程度对电机性能有很大影响。

8.5　异步电动机的额定值

异步电机机座上有一个铭牌，上面标注有电动机的型号和主要技术数据，一般包括下面几项。

(1)额定功率 P_N　指电动机在额定情况下运行时，由转轴所输出的机械功率，kW(P_N 也可写为 P_{2N})。

(2)额定电压 U_N　指电动机额定情况下运行时，外加在定子绕组上的线电压，V。

(3)额定电流 I_N　电动机在额定电压下转轴有额定功率输出时，定子绕组的线电流，A。

(4)额定频率 f_N　国内用的异步电动机额定频率均为 50Hz。

(5)额定转速 n_N　电动机在额定电压、额定频率下，转轴上有额定功率输出时的转子转速，r/min。

此外，铭牌上还标有定子相数和定子绕组接法(丫形或△形连接，具体连接如图 8-11 所示)、额定负载下的功率因数 $\cos\varphi_N$ 与效率 η_N、绝缘等级(或温升)等，若是线绕式电机，通常还标注有转子数据。

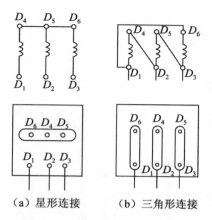

（a）星形连接　　（b）三角形连接

图 8-11　三相异步电动机的接线板

对于三相异步电动机而言，额定功率 P_N 与额定电压 U_N、额定电流 I_N。功率因数 $\cos\varphi_N$ 以及效率 η_N 之间的关系如下

$$P_N = \sqrt{3}\,U_N I_N \eta_N \cos\varphi_N \tag{8-3}$$

[**例 8-2**]　有一台 JO$_2$ – 52 – 4，10kW，$n_N = 1450$r/min，$U_N = 380$V，△连接，$\cos\varphi_N = 0.88$，$\eta_N = 0.88$，求定子绕组额定线电流。

[**解**]　由式（8-3）可知，定子绕组额定线电流

$$I_N = \frac{P_N}{\sqrt{3}\,U_N \cdot \cos\varphi_N \cdot \eta_N} = \frac{10 \times 1000}{\sqrt{3} \times 380 \times 0.88 \times 0.88} = 19.62\text{A}$$

8.6　国产异步电机简介

异步电动机是各种电机中用途最广、产量最大的一种电机，其年产量按千瓦数计算占电机总产量的 50% ~ 60%。因此，异步电机的生产对国民经济具有极为重要的意义。按照容量，电机可大致分为小型电机：0.6 ~ 100kW；中型电机：100 ~ 1000kW；大型电机：1000kW以上。我国主要生产的几种三相异步电动机的型号、结构型式及其应用场合举例如表 8-1 所示。

表 8-1　几种主要三相异步电动机的型号、结构型式及其应用

型　号	型号意义	电机名称	结构型式	应用举例
J_2	异	防护型鼠笼式异步电动机	防护型，铸铁外壳，铸铝转子	水泵、鼓风机等
JO_2，JO_3，JO_4	异闭	封闭型鼠笼式异步电动机	封闭型，铸铁外壳上有散热筋，外风扇吹冷，铸铝转子	水泵、空气鼓风机等
J_2—L	异—铝	防护型铝线线鼠笼式异步电动机	同 J_2 型，定子绕组用铝线	
JO_2—L，JO_3—L	异闭铝	封闭型铝线线鼠笼式异步电动机	同 JO_2 型，定子绕组用铝线	
JR，JR_2，JR_3	异绕	小型防护型线绕式异步电动机	封闭型，铸铁外壳，转子为线绕式转子	
JS	异双（或异鼠）	中型双鼠笼式或深槽式异步电动机	防护式或管道通风式，铸铁外壳，双鼠笼或深槽式转子	水泵、空气压缩机等
JC	异绕			
JSQ	异双（加"强"绝缘）			
JR	异绕	中型线绕式异步电动机	防护式或管道通风型，铸铁外壳，线绕式转子	
JRQ	异绕（加"强"绝缘）			
YR，Y	异绕、异	为新系列大、中型异步电动机	对原系列加以改进而成	水泵、鼓风机等

电机型号和规格举例如下：JO$_2$-52-4，"J"表示"异"步电机，"O"表示封闭式，下标"2"表示第二次设计，短横后的"5"表示 5 号机座，其后的"2"表示 2 号铁芯长度，最后的"4"表示电机为 4 极。

小　　结

转子转速异于旋转磁场转速（即同步转速）是异步电机运行的基本条件。

我们用转差率 s 来表示转速 n 与同步转速 n_1 的关系即 $s = \dfrac{n_1 - n}{n_1}$。理论上异步电机可以运行于除 n_1 以外的任何转速，即转差率可以为不等于零的任何数值。

异步电机可以有三种运行状态即电动机状态（$0 \leqslant n < n_1$，$1 \geqslant s > 0$）；发电机状态（$n_1 < n < +\infty$，$0 > s > -\infty$）与电磁制动状态（$-\infty < n < 0$，$+\infty > s > 1$）。电动机状态是异步电机的主要运行方式。

异步电动机可分为鼠笼式与线绕式两大类，后者较前者有较好的启动性能，但结构与启动操作要复杂一些。异步电动机主要由定子、转子、端盖等组成。运行时，定子绕组通入三相电流后建立起旋转磁场，使转子感生电流，产生电磁转矩，从而实现机电能量转换。

习　　题

8-1　试述异步电机的基本工作原理。异步电机是否可以在同步转速下运行？为什么？

8-2　转差率是什么含义？异步电机有哪三种运行状态？其对应的转差率的范围如何？

8-3　有一台 JO$_2$-92-4 的三相异步电动机，额定功率 $P_N = 75\text{kW}$，额定线电压 $U_N = 380\text{V}$，△连接，额定功率因数 $\cos\varphi_N = 0.89$，额定效率 $\eta_N = 92\%$，试求该电动机的额定电流（线电流）与额定相电流。

8-4　已知一台三相异步电动机额定频率 $f_N = 50\text{Hz}$，极数 $2p = 8$，额定转速 $n_N = 730\text{r/min}$，试问对应于 n_N 的转差率 s_N 为多大？

第9章　异步电动机的运行原理

9.1　概　　述

异步电动机在通过耦合磁场传递能量这一基本过程上和变压器相似。本章将根据这种相似性，来分析异步电动机在空载与负载运行时的物理过程。分析时，先把旋转的转子化为等效的静止转子，并把静止转子边各物理量折算到定子边，从而得到等效电路和相应的相量图。在分析异步电动机运行问题时，既要注意异步电动机与变压器在工作原理上的相似性，也要注意它们之间的区别，这样，才能深刻理解异步电动机的运行原理。

三相异步电动机定子、转子绕组都是对称的。在正常的对称运行时，各相发生的电磁过程完全相同。因此也可以像讨论三相变压器时那样，只讨论其中一相的电磁关系。所得结论，在考虑了相应的相位差之后，可以推广到另外两相。

9.2　转子静止时的异步电机

下面以一台三相线绕式异步电动机为例，分析转子静止时的物理过程。如图 9-1 所示，三相异步电动机的定子绕组接到三相电源上，转子回路每相接入电阻值为 R_{st} 的电阻，将转子卡住，并且假设外接电阻 R_{st} 电流容量较大而允许长时间使用。

9.2.1 基本电磁过程

在外加三相对称电压作用下，定子绕组中便有三相对称电流流过，三相对称电流产生的旋转磁势基波建立一个旋转磁场，以同步转速 n_1 在定子、转子绕组中感生相电势 E_1、E_2。转子绕组在感生电势作用下，产生三相转子电流，建立转子的旋转磁势。

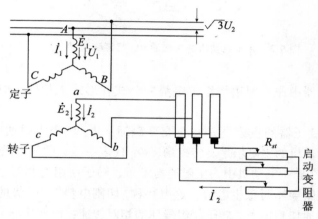

图 9-1 转子静止时线绕式异步电动机线路图

气隙中的合成磁场由定子和转子的旋转磁场共同建立，其基波磁通 Φ_m 既与定子绕组交链，又与转子绕组交链（如图 9-2 所示），称为异步电动机的主磁通。此外，定子、转子电流还分别建立只与自身交链的漏磁通 $\Phi_{1\sigma}$、$\Phi_{2\sigma}$。

主磁通在定子、转子绕组中分别感生主电势 e_1、e_2（定、转子各量分别用脚标"1"、"2"表示，下同），如主磁通的每极磁通为 Φ_m，根据前面第 6 章交流绕组电势的分析结果，定子、转子绕组每相主电势的有效值分别为

$$\begin{cases} E_1 = 4.44 f_1 w_1 k_{w1} \Phi_m \\ E_2 = 4.44 f_2 w_2 k_{w2} \Phi_m \end{cases} \tag{9-1}$$

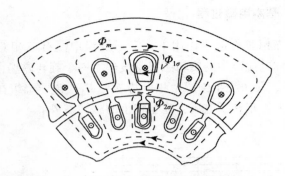

图 9-2　异步电动机的主磁通 Φ_m 与漏磁通 $\Phi_{1\sigma}$、$\Phi_{2\sigma}$

这与变压器中原、副边绕组主电势的公式在形式上相同，但仍有些区别：

（1）变压器的主磁通是一个交变磁通，Φ_m 代表主磁通的幅值；而异步电动机的主磁场是旋转磁场，Φ_m 代表主磁场的每极磁通量。

（2）在异步电动机中，主磁通与定子、转子绕组有相对运动、磁通切割绕组导体而感生电势，这电势称"切割电势"，电势的频率决定于主磁通切割定子、转子绕组导体的相对转速；而变压器中绕组电势系交变主磁通感应产生，称"变压器电势"，其频率等于主磁通交变频率，即等于电源频率。

（3）线绕式异步电动机的定子、转子绕组一般采用短距分布绕组，主电势计算公式中有一个体现绕组特征的绕组系数，定子、转子绕组的有效匝数 $w_1 k_{w1}$、$w_2 k_{w2}$ 分别小于它们的实际匝数 w_1、w_2；变压器绕组为集中绕组，也可以看成绕组系数为 1 的情况。

至于在相位上，异步电动机的感应电势 $\dot{E}_1$、$\dot{E}_2$ 仍滞后 Φ_m 相角 90°。这是由于磁密在空间作正弦分布的旋转磁场旋转时，相当于绕组所交链的磁通随时间按正弦规律变化，其幅值就是每极磁通。关于这一点，现说明如下。

如图 9-3 所示，设在电机转子上有一个短路线匝 ab 处于磁密在空间作正弦分布、转速为 n_1 的顺时针旋转磁场内，现以一对磁极来表征旋转磁场。假设转子被堵住不动，下面用几个特殊瞬间研究转子线匝感应电势的情况。

在 $t=t_1$ 瞬间，见图 9-3(a)，线匝 ab 所交链的磁通为零，感应电势为负最大值(感应电势的参考正向由减小的磁通正向规定，它们符合右手螺旋定则)；接着转到 $t=t_2$ 的瞬间，见图 9-3(b)，线匝 ab 交链的磁通为最大值，即为每极磁通 Φ_m，此时的感应电势为零；随后转到 $t=t_3$ 的瞬间，见图 9-3(c)，此时线匝 ab 交链的磁通为零，但感应电势为最大值；接着转到 $t=t_4$ 的瞬间，见图 9-3(d)，线匝 ab 交链的磁通为负最大值，感应电势再次为零；接着转到 $t=t_5$ 的瞬间，见图 9-3(e)，此时线匝交链的磁通为零，而感应电势为负最大值，即重复图 9-3(a)的情况，这样磁通便交变了一周。

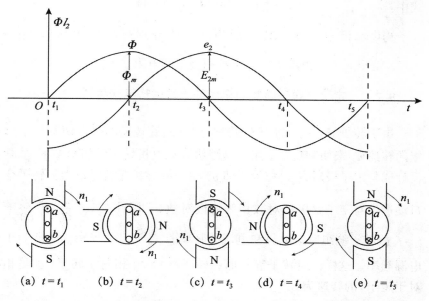

图 9-3　旋转磁场的空间矢量 $\overline{B}_m$ 转化为线匝交链磁通的时间相量 $\dot{\Phi}_m$

由此可见，线匝 ab 中由空间作正弦分布的旋转磁密感生的"切割电势"，和由磁通交变所感生的"变压器电势"具有相同的变化规律。如同变压器那样，旋转磁场主磁通在异步电动机定子、转子绕组中感生的主电势都是按正弦规律变化的，并且各绕组感应电势滞后于主磁通 $90°$。这样，便把旋转磁场的空间矢量 $\overline{B}_m$，转化为绕组所交链磁通的时间相量 $\dot{\Phi}_m$。这样的分析方法不仅适用于异步电机，并且也适用于同步电机。

漏磁通 $\Phi_{1\sigma}$、$\Phi_{2\sigma}$ 在定子、转子绕组中感生漏电势 $E_{1\sigma}$、$E_{2\sigma}$，和变压器一样，可用负漏抗压降的形式表示。即

$$\begin{cases} \dot{E}_{1\sigma} = -j\dot{I}_1 x_1 \\ \dot{E}_{2\sigma} = -j\dot{I}_2 x_2 \end{cases} \tag{9-2}$$

式中：x_1、x_2——分别为定子、转子绕组的漏抗。

当电流流过定子、转子绕组时，还分别产生电阻压降 $\dot{I}_1 r_1$、$\dot{I}_2 r_2$，这里 r_1、r_2 为定子、转子每相绕组的电阻。

9.2.2 定子、转子磁势的相对静止与磁势平衡关系

由于转子静止时，定子磁势 $\overline{F}_1$ 建立的旋转磁场将以切割定子绕组的转速 n_1 来切割转子绕组。又因线绕式电机转子的极对数 p_2 总是设计成与定子极对数 p_1 相等，即 $p_2 = p_1 = p$（在鼠笼式电机中，转子会自动产生与定子磁极极对数相等的极对数），因此，$f_1 = \dfrac{p_2 n_1}{60} = \dfrac{p_1 n_1}{60} = f_1 = f$。故转子绕组感应电势和电流的频率 f_2 等于定子频率，亦即等于电源频率。这样，当转子静止时，转子磁势 $\overline{F}_2$ 相对于转子（也是相对于定子）的转速为

$$n_2 = \frac{60f_2}{p} = \frac{60f_1}{p} = n_1$$

即与定子磁势 $\overline{F}_1$ 的转速相等。同时，因为转子三相电流系由旋转磁场感生，所以转子电流与定子电流相序一定相同。例如在图 9-1 中，

假设旋转磁场沿顺时针方向即 A—B—C 方向旋转，转子感生电势的相序必然如图中所示，与定子电流有相同的相序。这种相序电流所建立的转子磁势也是顺时针旋转，因此转子磁势 $\overline{F}_2$ 与定子磁势 $\overline{F}_1$ 旋转方向也一定相同。即 $\overline{F}_2$ 与 $\overline{F}_1$ 同转向、同转速旋转，在空间上保持相对静止的关系。只有 $\overline{F}_1$ 与 $\overline{F}_2$ 相对静止，才能共同作用在一个磁路上，建立所需要的旋转磁场，以实现机电能量转换。如果它们的合成磁势用 $\overline{F}_0$ 表示，则得到与变压器形式相同的磁势平衡方程式

或
$$\left.\begin{array}{c} \overline{F}_1 + \overline{F}_2 = \overline{F}_0 \\ \overline{F}_1 = \overline{F}_0 + (-\overline{F}_2) \end{array}\right\} \tag{9-3}$$

式中 $\overline{F}_0$ 称为激磁磁势。

根据第 7 章式（7-20）所得的结果，可以将式（9-3）用电流表示，为

$$0.45 m_1 \frac{w_1 k_{w1}}{p} \dot{I}_1 + 0.45 m_2 \frac{w_2 k_{w2}}{p} \dot{I}_2 = 0.45 m_1 \frac{w_1 k_{w1}}{p} \dot{I}_0$$

将上式化简可得

或
$$\left.\begin{array}{c} \dot{I}_1 + \dfrac{\dot{I}_2}{k_i} = \dot{I}_0 \\[3mm] \dot{I}_1 = \dot{I}_0 + \left(-\dfrac{\dot{I}_2}{k_i}\right) = \dot{I}_0 + \dot{I}_{1L} \end{array}\right\} \tag{9-4}$$

式中
$$k_i = \frac{m_1 w_1 k_{w1}}{m_2 w_2 k_{w2}} \tag{9-5}$$

由上可知，$\dot{I}_{1L} = -\dfrac{\dot{I}_2}{k_i}$，如只考虑数值，可得 $k_i = \dfrac{I_2}{I_{1L}} = \dfrac{m_1 w_1 k_{w1}}{m_2 w_2 k_{w2}}$，故 k_i 称为电流变比。

式（9-5）说明异步电动机在负载运行时，定子电流有两个分量。其中一个是用以产生激磁磁势 $\overline{F}_0$ 的激磁电流分量 $\dot{I}_0$。$\dot{I}_0$ 的大小决定

于感应一定主电势所需的主磁通的大小和主磁通路径的磁阻。由于异步电动机中主磁通两次穿过气隙，所遇的磁阻较大，所以需要的激磁电流也较大，可达额定电流的 20%~60%。电机容量愈小，激磁电流分量愈大。定子电流的另一分量是负载分量，$\dot{I}_{1L}=-\dfrac{\dot{I}_2}{k_i}$，它所产生的磁势 $\overline{F}_{1L}=0.45m_1\dfrac{w_1k_{w1}}{p}\dot{I}_{1L}$。$\overline{F}_{1L}$ 用以抵偿转子磁势 $\overline{F}_2$，以保持上述建立主磁通所需的激磁磁势，即 $\overline{F}_1+\overline{F}_2=(\overline{F}_0+\overline{F}_{1L})+\overline{F}_2=\overline{F}_0$。因此，转子电流的增加，将引起定子电流的增加，这些关系都和变压器相似。

9.2.3　电势平衡方程式

按照图 9-1 所示的参考正向，利用基尔霍夫第二定律，可得到异步电动机一相定子、转子绕组的电势平衡方程式：

$$\begin{cases} \dot{U}_1=-\dot{E}_1+\dot{I}_1r_1+j\,\dot{I}_1x_1=-\dot{E}_1+\dot{I}_1Z_1 \\ \dot{E}_2=\dot{I}_2r_2+j\,\dot{I}_2x_2+\dot{I}_2R_{st}=\dot{I}_2(Z_2+R_{st}) \end{cases} \tag{9-6}$$

式中：Z_1、Z_2——定子、转子绕组的复数漏阻抗；

　　　R_{st}——转子回路中工作的启动电阻。

当转子静止时，$f_2=f_1=f$，由式（9-1）可知，定子、转子绕组的电势变比 k_e 为

$$k_e=\frac{E_1}{E_2}=\frac{4.44f\Phi_mw_1k_{w1}}{4.44f\Phi_mw_2k_{w2}}=\frac{w_1k_{w1}}{w_2k_{w2}} \tag{9-7}$$

故 $$E_2=E_1/k_e \tag{9-8}$$

和变压器相似，定子绕组主电势也可表示为

$$\dot{E}_1=-\dot{I}_0Z_m \tag{9-9}$$

式中：$Z_m=r_m+jx_m$——复数激磁阻抗。

激磁阻抗的性质和物理意义，也与变压器相似，它是表征主磁路参数的阻抗。激磁阻抗的大小随铁芯饱和程度的不同而不同，在额定电压左右运行时，可以近似地认为是常数。在激磁阻抗中，r_m 是反

映铁耗的等效电阻；x_m 是定子每相绕组与主磁通对应的电抗，称为激磁电抗。因为主磁通同时交链定子和转子绕组，所以激磁电抗实质上也是互感电抗。r_m、x_m 在数值大小上和变压器的差别较大，尤其是激磁电抗。异步电动机存在空气隙，主磁导较小，而电抗与磁导成正比，故异步电动机的 x_m 较小。这与前面所说的异步电动机的激磁电流较大的结论是一致的。表 9-1 列出它们异步电动机与变压器激磁阻抗标么值的一般变化范围，以便于比较。

异步电动机在正常范围内运行（U_1 为额定电压，定子电流 I_1 从空载到满载），经分析计算可知 E_1 值变化不大，从而所需的主磁通 Φ_m 和铁芯的饱和程度变化也不大。于是，激磁阻抗可以认为是常数。这与变压器的分析也是相似的。

表 9-1　　三相异步电动机与三相变压器参数比较

参数	r_m^*	x_m^*	r_1^*、r_2^*	x_1^*、x_2^*
异步电动机	0.08~0.35	2~5	0.01~0.07	0.07~0.15
变压器	1~5	10~15	0.005~0.015	0.014~0.08

综前所述，转子静止的异步电动机的基本方程组如下

$$\begin{cases} \dot{U}_1 = -\dot{E}_1 + \dot{I}_1 Z_1 \\ \dot{E}_2 = \dot{I}_2(Z_2 + R_{st}) \\ \dot{I}_1 = \dot{I}_0 + \dot{I}_{1L} \\ \dot{I}_{1L} = -\dfrac{\dot{I}_2}{k_i} \\ \dot{E}_1 = k_e \dot{E}_2 \\ \dot{E}_1 = -\dot{I}_0 Z_m \end{cases} \tag{9-10}$$

9.2.4 转子绕组的折算

为了便于对上述异步电动机基本方程组求解，得到定子、转子回路之间有直接联系的等效电路以及便于绘出相量图，异步电动机也可以采用绕组折算的办法。折算时，通常是将转子边的量折到定子边。在转子静止时，折算方法和变压器的完全相同，只是折算的具体算法略有区别。

转子对定子电磁方面的影响是通过转子磁势起作用的。根据折算前后转子磁势 $\overline{F}_2$ 的大小与相位不变的原则，把原来的转子绕组看成和定子有相同相数、相同有效匝数的"折算绕组"，这就是绕组折算。折算后，为了得到同样的转子磁势 $\overline{F}_2$，转子电流和其它物理量必须作相应的变化，变化后的数值就是折算值。折算值仍然用该物理量的符号在右上角上打个"'"号来表示。

1. 转子电流的折算

转子电流的折算值 $\dot{I}'_2$ 可根据下列关系来确定。由折算原则可知

$$\overline{F}'_2 = \overline{F}_2$$

即

$$0.45 m_1 \frac{w_1 k_{w1}}{p} \dot{I}'_2 = 0.45 m_2 \frac{w_2 k_{w2}}{p} \dot{I}_2$$

得

$$\dot{I}'_2 = \frac{m_2 w_2 k_{w2}}{m_1 w_1 k_{w1}} \dot{I}_2 = \frac{\dot{I}_2}{k_i}$$

故式(9-4)可写成

$$\dot{I}_1 + \frac{\dot{I}_2}{k_i} = \dot{I}_1 + \dot{I}'_2 = \dot{I}_0$$

或

$$\dot{I}_1 = \dot{I}_0 + \left(-\frac{\dot{I}_2}{k_i} \right) = \dot{I}_0 + (-\dot{I}'_2) = \dot{I}_0 + \dot{I}_{1L} \qquad (9\text{-}11)$$

其中 $\dot{I}_{1L} = -\dot{I}_2'$

2. 转子电势的折算

因折算前后，定子、转子磁势不变，故主磁通 Φ_m 不变。转子静止时，$f_2 = f_1$，感应电势便与绕组有效匝数成正比，即

$$\frac{E_2'}{E_2} = \frac{4.44 f_1 \Phi_m w_1 k_{w1}}{4.44 f_2 \Phi_m w_2 k_{w2}} = \frac{w_1 k_{w1}}{w_2 k_{w2}} = k_e$$

故
$$E_2' = k_e E_2 = \dot{E}_1 \tag{9-12}$$

3. 转子阻抗的折算

根据上述电流、电势的折算关系，可以确定阻抗的折算关系。从式(9-6)第二式可得

$$Z_2 + R_{st} = \frac{\dot{E}_2}{\dot{I}_2} = \frac{\dot{E}_2'/k_e}{k_i \dot{I}_2'} = \frac{(\dot{E}_2'/\dot{I}_2')}{k_e k_i} = \frac{Z_2' + k_{st}'}{k_e k_i}$$

根据对应量相等原则可得

$$\left.\begin{array}{l} Z_2' = k_e k_i Z_e = k Z_2 \quad R_{st}' = k_e k_i R_{st} = k R_{st} \\ r_2' = k r_2 \\ x_2' = k x_2 \end{array}\right\} \tag{9-13}$$

同样可得

式中
$$k = k_e k_i \tag{9-14}$$
称为阻抗折算系数。

知道了转子量的折算值，便可得到绕组折算后的异步电动机基本方程组如下

$$\left.\begin{array}{l} \dot{U}_1 = -\dot{E}_1 + \dot{I}_1 Z_1 \\ \dot{E}_2' = \dot{I}_2'(Z_2' + R_{st}') \\ \dot{I}_1 = \dot{I}_0 + (-\dot{I}_2') \\ \dot{E}_2' = \dot{E}_1 \\ \dot{E}_1 = -\dot{I}_0 Z_m \end{array}\right\} \tag{9-15}$$

223

转子静止时，异步电动机各物理量的内部联系示意图如图 9-4 所示，通过这个图可以全面看出转子静止时异步电动机内部的电磁过程。

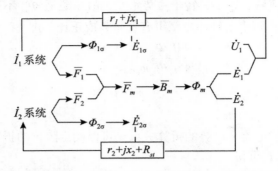

图 9-4　转子静止时异步电机各物理量的相互联系示意图

9.3　转子旋转时的异步电机

下面分析转子旋转时的几个问题。

9.3.1　转子旋转对转子各物理量的影响与旋转时电势平衡方程式

由于异步电动机旋转磁场总是以同步转速 n_1 相对于定子旋转，所以当转子沿其转向以转速 n 旋转时，旋转磁场的主磁通将不再以同步转速切割转子绕组。故旋转时，转子各物理量(频率、电势、漏抗等)发生变化，这使得转子电流也发生相应的变化。

1. 转子频率

转子绕组感生电势的频率，称为转子频率。当异步电动机以转速 n 与旋转磁场同方向旋转时，主磁通将以转差速度(n_1-n)切割转子绕组。此时，转子频率为

$$f_2 = \frac{p(n_1-n)}{60} = \frac{n_1-n}{n_1} \times \frac{pn_1}{60} = sf_1 \qquad (9\text{-}16)$$

即转子频率 f_2 与转差率 s 成正比。所以，转子频率又称为转差频率。

异步电动机在正常运行时，转差率 s 很小，一般在额定负载下 $s_N = 0.01 \sim 0.05$。故转差频率一般很低。

2. 转子电势

用 E_{2s} 表示转子转动时的转子电势，用 E_2 表示转子静止时的转子电势。根据式(9-1)中的第二式，将 $f_2 = sf_1$ 代入，可得

$$
\begin{aligned}
E_{2s} &= 4.44 f_2 w_2 k_{w2} \Phi_m = s(4.44 f_1 w_1 k_{w2} \Phi_m) \\
&= s E_2
\end{aligned} \tag{9-17}
$$

其中 $E_2 = 4.44 f_1 w_2 k_{w2} \Phi_m$，为静止时的转子电势。这表明，旋转时的转子电势 E_{2s} 等于静止时的转子电势 E_2 乘以转差率 s。

3. 转子漏抗

因为电抗与频率成正比，故旋转时的转子漏抗(用 x_{2s} 表示)为

$$
\begin{aligned}
x_{2s} &= 2\pi f_2 L_{2\sigma} = 2\pi s f_1 L_{2\sigma} = s(2\pi f_1 L_{2\sigma}) \\
&= s x_2
\end{aligned} \tag{9-18}
$$

式中：$L_{2\sigma}$——转子绕组的漏电感；

$x_2 = 2\pi f_1 L_{2\sigma}$——转子静止时的转子漏坑。

4. 转子电流

正常运行时，转子绕组一般都被短路，所以只有它本身的漏阻抗来限制转子电流。在 $\dot{E}_{2s}$ 作用下，转子电流有效值的复量为

$$
\dot{I}_2 = \frac{\dot{E}_{2s}}{r_2 + jx_{2s}} = \frac{s\dot{E}_2}{r_2 + jsx_2} \tag{9-19}
$$

其有效值的绝对值 I_2 及 $\dot{I}_2$ 滞后于 $\dot{E}_{2s}$ 或 $s\dot{E}_2$ 的相位角分别为

$$
\left.
\begin{aligned}
I_2 &= \frac{sE_2}{\sqrt{r_2^2 + (sx_2)^2}} \\
\psi_2 &= \arctan^{-1} \frac{sx_2}{r_2}
\end{aligned}
\right\} \tag{9-20}
$$

由式(9-20)第一式可以看出：

1)启动瞬间，$n = 0$，$s = 1$。和额定运行时相比，E_{2s} 增加很多，转子电流 I_2 会很大，从而定子启动电流也会很大。

2）异步电动机带上负载后，由于受到负载转矩的作用，转速略有下降。转差率 s 略有增加，转子电流会增加，定子电流也会增加。这样异步电动机从电网中吸取更多的电能变为机械能。

下面再讨论定子、转子边电势平衡方程式。

可将式（9-19）改写成

$$\dot{E}_{2s} = \dot{I}_2(r_2 + jx_{2s})$$

或
$$s\dot{E}_2 = \dot{I}_2(r_2 + jsx_2) \tag{9-21}$$

这就是转子旋转时，转子边的电势平衡方程式。用折算值表示时，为

$$\dot{E}'_{2s} = \dot{I}'_2(r'_2 + jx'_{2s})$$

或
$$\dot{E}'_2 = \dot{I}'_2\left(\frac{r'_2}{s} + jx'_2\right) \tag{9-22}$$

至于定子边，由于定子边的电势频率及电势平衡关系不受转子旋转的影响，所以，定子边的电势平衡方程式与转子静止时的相同，仍如式（9-6）中第一式所示，即

$$\dot{U}_1 = -\dot{E}_1 + \dot{I}_2 Z_1$$

转子旋转时，同样有存在如下两个关系

$$\left.\begin{array}{l} \dot{E}'_2 = \dot{E}_1 \\ \dot{E}_1 = -\dot{I}_0 Z_m \end{array}\right\} \tag{9-23}$$

9.3.2 定子、转子磁势的相对静止和磁势平衡关系

当转子旋转时，转子电流的频率 $f_2 = sf_1$。故转子磁势 $\overline{F}_2$ 相对于转子的转速为 $n_2 = \dfrac{60f_2}{p} = s\dfrac{60f_1}{p} = sn_1 = n_1 - n$。又转子本身以转速 n 向前旋转，所以转子磁势 $\overline{F}_2$ 相对于定子的转速为 $n_2 + n = (n_1 - n) + n = n_1$。定子磁势 $\overline{F}_1$ 对于定子的转速为 n_1，并且定子、转子电流的相序相

同，它们产生的磁势的转向也一定相同。所以不论转子转与不转，定子、转子磁势 $\overline{F}_1$，$\overline{F}_2$ 总是同转速、同转向地旋转，即总是相对静止的。这样，转子旋转时定子、转子磁势相互作用的关系与转子静止时的相同。故转子旋转时磁势平衡方程式为

或
$$\left.\begin{aligned} \overline{F}_1+\overline{F}_2=\overline{F}_0 \\ \dot{I}_1+\dot{I}_2'=\dot{I}_0 \end{aligned}\right\} \tag{9-24}$$

当异步电机作发电机和电磁制动状态运行时，定子、转子磁势也是相对静止的。因为不论转子的转速和转向如何，转子频率总是转差频率 f_2，转子磁势相对于转子的转速总是转差转速 $n_2=n_1-n$（只是异步发电机运行时，$n>n_1$；电磁制动状态运行时 n 与 n_1 反向，n 为负值而已），于是它与转子本身的转速 n 叠加起来总是等于同步转速 n_1。

如用箭头表示各种转速的大小和方向，可以得到不同运行情况下的定子、转子磁势相对静止的示意图如图9-5所示。

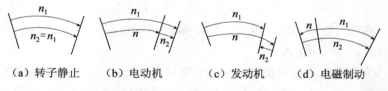

（a）转子静止　　（b）电动机　　（c）发动机　　（d）电磁制动

图9-5　定子、转子磁势转速示意图

实际上，只有当异步电机两个磁势具有相同的极对数并且相对静止，才能产生恒定的电磁转矩（否则，可以证明平均转矩即电磁转矩为零），从而实现机电能量转换。

9.3.3　异步电动机空载和负载运行情况分析

1. 空载情况分析

当异步电动机定子绕组加上额定电压；而且轴上不带机械负载，即空载运行时，转差率很小，转速 n 接近于同步转速 n_1。这时，气

隙旋转磁场以很低的相对转差 n_1-n 切割转子绕组，转子电流很小。转子电流与旋转磁场作用，产生很小的电磁转矩，维持电动机空转，此时的定子电流称空载电流。异步电动机的空载电流 I_0（I_0 可以认为就是前面所说的激磁电流分量）是比较大的，为额定电流的 $20\% \sim$

60%。由前面分析可知，电流 I_2 很小，如忽略不计，则 $\dot{I}_1 = \dot{I}_0$，$\overline{F}_1 = \overline{F}_0$。故空载磁势平衡方程为

或
$$\left.\begin{array}{c} \overline{F}_1 = \overline{F}_0 \\ \dot{I}_1 = \dot{I}_0 \end{array}\right\} \tag{9-25}$$

空载时，定子边的电势平衡方程式为

$$\dot{U}_1 = -\dot{E}_1 + \dot{I}_0 r_1 + j\dot{I}_0 x_1 = -\dot{E}_1 + \dot{I}_0(r_1 + jx_1) = -\dot{E}_1 + \dot{I}_0 Z_1 \tag{9-26}$$

其中 $Z_1 = r_1 + jx_1$，为定子绕组复数漏阻抗。

又
$$-\dot{E}_1 = \dot{I}_0 Z_m \tag{9-27}$$

于是

$$\dot{U}_1 = \dot{I}_0 Z_m + \dot{I}_0 Z_1 = \dot{I}_0(Z_m + Z_1) \tag{9-28}$$

根据式（9-28），可绘出空载等效电路图与相量图，如图 9-6(a)、(b) 所示。

空载时，从电网输入很小的有功功率，$P_0 = m_1 U_1 I_0 \cos\varphi_0$，供给空载损耗。因 $\varphi_0 \approx 90°$，$\sin\varphi_0 \approx 1$，所以，这时异步电动机从电网吸取较大的感性无功功率，引起电动机与电网功率因数的下降。由于有明显气隙存在，异步电动机空载电流的标么值 I_0^* 为 $0.2 \sim 0.6$，故在使用异步电动机时应尽量避免异步电动机空载运行。

2. 负载运行情况

当异步电动机带上机械负载的最初瞬间，轴上电磁转短暂时小于负载转矩，从而转速降低，n 减小，s 增加。此时，气隙旋转磁场便以较大的转差 n_1-n 切割转子绕组，感生较大的转子电势，产生较大的转子电流与电磁转矩。当电磁转矩和负载转矩相平衡时，异步电动机便在较空载转速稍低的转速下稳定运行。此时，转子电流增加，通

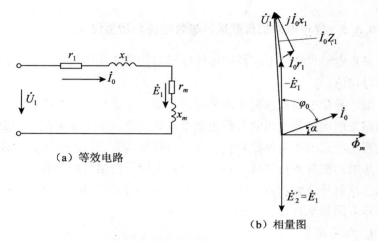

（a）等效电路

（b）相量图

图 9-6 异步电动机空载等效电路与相量图

过磁势平衡关系可知，定子电流相应增加，输入的有功功率也相应增加。这时，功率因数 $\cos\varphi$ 也较空载时有所提高。

转子在带负载下旋转时，异步电动机各物理量内部联系图如图 9-7所示。

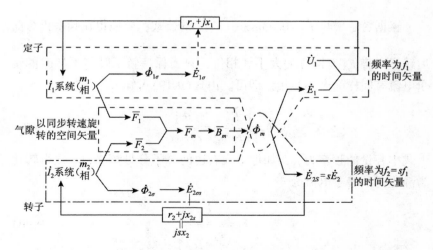

图 9-7 转子旋转时异步电动机各物理量的内部联系示意图

9.3.4 异步电动机负载运行等效电路和相量图

异步电动机负载下运行的等效电路与相量图比较复杂,在下面仔细加以讨论。

由于异步电动机在转子旋转时,定子、转子双方的频率不同,对不同频率的物理量列出的方程组很难联立求解,也不能根据它们绘出有电直接联系的等效电路和相量图,这样便需要进行频率折算。在进行异步电动机频率折算后,还得将旋转的转子绕组转化为静止的折算绕组,这就是绕组折算。绕组折算与前面转子静止时的一样,下面,先着重介绍频率折算。

1. 频率折算

当转子静止时,转手频率便等于电源频率。所以,只要把旋转的转子化为静止的转子,定子、转子便有相同的频率,即达到频率折算的目的。

前面说过,不管异步电动机的转子转与不转,定子、转子磁势总是相对静止的。只要静止转子和旋转转子的磁势 $\bar{F}_2$ 大小和相位都相同,静止的转子就能完全等效于旋转的转子。

辗据转子磁势 $\bar{F}_2 = 0.45 m_2 \dfrac{w_2 k_{w2}}{p} \dot{I}_2$ 的公式,要使得在频率折算前后转子磁势 $\bar{F}_2$ 有同样的大小和相位,只要保持转子转与不转时的转子电流有同样的大小与相位即可。由式(9-19)可知

$$\dot{I}_2 = \frac{\dot{E}_{2s}}{r_2 + jx_{2s}} = \frac{s\dot{E}_2}{r_2 + jsx_2} \tag{9-29}$$

上式中各量的频率为 f_2,如把上式右边的分子分母都除以 s 便得转化为静止时的转子电流为

$$\dot{I}_2 = \frac{\dot{E}_2}{\dfrac{r_2}{s} + jx_2} \tag{9-30}$$

式中各量频率为 f_1。

可以看出，式(9-29)和式(9-30)表示的转子电流有相同的大小和相位，但是它们对应于转子的不同情况而有不同的频率。

由式(9-29)确定的转子电流与转子旋转时的电势 E_{2s} 有相同的频率，即为转子频率 $f_2 = sf_1$。此时对应于转子在转差频率 s 下旋转的情况。而用式(9-30)确定的转子电流，与转子静止时的电势 $\dot{E}_2$ 有相同的频率，即定子频率 f_1(也是电源频率 f)。此时对应于转子静止时的情况。以上分析表明：将旋转的转子转化为静止的转子时，只需用 $\dot{E}_2$ 代替 $\dot{E}_{2s}$、x_2 代替 x_{2s}、实际的转子电阻 r_2 变为 $\frac{r_2}{s}$ 即可。$\frac{r_2}{s}$ 可以分为两项，即

$$\frac{r_2}{s} = r_2 + \frac{1-s}{s} r_2 \tag{9-31}$$

这里 r_2 为转子每相绕组电阻，$\frac{1-s}{s} r_2$ 则是等效静止转子中每相串联的"附加电阻"。这样用静止转子代替旋转转子就意味着进行了频率折算。

2. 折算后的基本方程组、T 形等效电路和相量图

经过频率折算与绕组折算，异步电动机的基本方程组可以写成

$$\begin{cases} \dot{U}_1 = -\dot{E}_1 + \dot{I}_1 Z_1 \\ \dot{E}'_2 = \dot{I}'_2\left(\dfrac{r'_2}{s} + jx'_2\right) = \dot{I}'_2\left[Z'_2 + \left(\dfrac{1-s}{s}\right)r'_2\right] \\ \dot{I}_1 = \dot{I}_0 + (-\dot{I}'_2) \\ \dot{E}'_2 = \dot{E}_1 \\ \dot{E}_1 = -\dot{I}_0 Z_m \end{cases} \tag{9-32}$$

其中复数漏阻抗 $Z_1 = r_1 + jx_1$，$Z'_2 = r'_2 + jx'_2$。

根据上面的方程组，可以绘出 T 形等效电路如图 9-8 所示，这个等效电路也可由运转的电动机逐步导出。图 9-9(a)所示为具有磁耦

合关系的定子、转子电路(对线绕式电动机言：$m_1 = 3$，三相中取一相分析)示意图，此时，转子的转速为 n，转子绕组为实际绕组；图 9-9(b)是经频率折算后的定子、转子一相电路图，此时，$n = 0$；图 9-9(c)是在频率折算的基础上，再进行绕组折算后定子、转子电路图，此时 $n = 0$，转子绕组已变换为折算绕组(即具有和定子绕组相同的相数与有效匝数)。

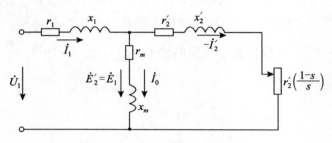

图 9-8　异步电动机 T 形等效电路

由图 9-9(c)，可以得到 T 形等效电路，如图 9-8 所示；并且，可以绘出异步电动机的相量图，如图 9-10 所示。图 9-10 的画法如下。

在横轴正方向先画出 $\dot{\Phi}_m$ 的相量作参考相量，然后画出 $\dot{E}'_2 = \dot{E}_2$，$\dot{E}'_2$、$\dot{E}_2$ 滞后 Φ_m 相角 90°。画出转子电流折算值相量 $\dot{I}'_2$，$\dot{I}'_2$ 滞后于 $\dot{E}'_2$ 相角 $\psi_2 = \arctan\left(\dfrac{x'_2}{\dfrac{r'_2}{s}}\right)$。$\dot{I}'_2 \dfrac{r'_2}{s}$ 与电流 $\dot{I}'_2$ 同相，它与 $j\dot{I}'_2 x'_2$ 相加后等于 $\dot{E}'_2$。注意到运行的异步电动机转子边被短接，可以绘制出 $\dot{I}_0$。$\dot{I}_0$ 超前于 Φ_m 的相位角等于铁耗角 α。根据 $\dot{I}_1 = \dot{I}_0 + (-\dot{I}'_2)$ 的关系，可绘出 $\dot{I}_1$。最后，根据 $\dot{U}_1 = -\dot{E}_1 + \dot{I}_1 Z_1$ 绘出 $\dot{U}_1$。$\dot{U}_1$ 与 $\dot{I}_1$ 之间的夹角为 φ_1，$\cos\varphi_1$ 便是异步电动机在相应负载下的定子功率因数。

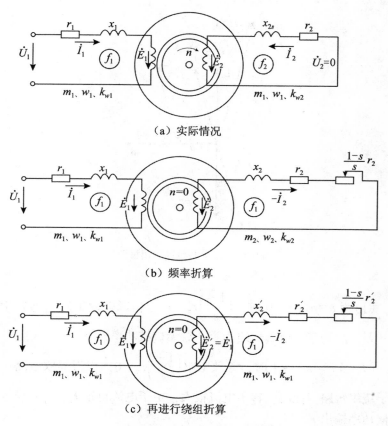

（a）实际情况

（b）频率折算

（c）再进行绕组折算

图 9-9　异步电动机 T 形等效电路的形成

　　必须指出，T 形等效电路中的电阻 $\left(\dfrac{1-s}{s}\right)r_2'$ 是说明异步电动机运行情况的一个重要的物理量。它消耗的功率系异步电动机在转差率 s 下运行时转子产生的总机械功率（为包括机械损耗在内的转子机械功率的总称）。因此，可以将它称为总机械功率的等效电阻。下面分几种情况来说明它的意义：

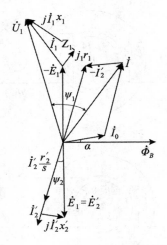

图 9-10　异步电动机的相量图

（1）当 $n=n_1$、$s=0$ 时，$\left(\dfrac{1-s}{s}\right)r_2'=\infty$，相当等效电路中的转子绕组开路，$I_2'$ 为零，电磁转矩为零。故无机械功率输出。

（2）当 $n=0$、$s=1$ 时，等效电阻 $\left(\dfrac{1-s}{s}\right)r_2'=0$，相当等效电路中的转子绕组短路。此时，转子电流很大，定子电流也很大，并且转子无机械功率输出。

（3）在一般情况下，当电动机负载增大时，转速 n 下降，转差率 s 增大，等效电阻 $\left(\dfrac{1-s}{s}\right)r_2'$ 减小，转子电流 I_2' 增大，定子电流 I_1 也增大。

3. T 形等效电路

利用 T 形等效电路，设已知外加电压 U_1、等效电路参数与转差率等必要数据，可以算出异步电动机负载运行时的转子电流、定子电流、功率因数和效率等运行数据，但计算过程比较复杂。为了简化计算，和变压器一样，可以将激磁支路移到电源端，这样便将混联的 T

形等效电路变成较简单的并联电路，这就是 T 形等效电路。

在变压器中，由于 Z_m^* 很大，I_0^* 很小，Z_1^* 也很小。这样，把激磁支路移到电源端，不加任何校正，也不致引起明显的误差。但在异步电动机中则不同，与变压器相比，异步电动机的 Z_m^* 较小，I_0^* 较大，且 Z_1^* 较大。这样，将激磁支路移到电源端，如不作任何校正，将引起较大的误差。对小型电机则更是如此。因此，在将激磁支路移到电源端的同时，必须引入一个校正系数，对电路参数作适当的校正，以便得到一个与 T 形电路完全等效的准确 T 形等效电路。可以证明，这个校正系数是 $\dot{\sigma}_1 = 1 + \dfrac{Z_1}{Z_m}$。

将定子边参数(包括激磁参数)分别乘以 $\dot{\sigma}_1$，转子边参数分别乘以 $\dot{\sigma}_1^2$，就形成如图 9-11 所示的准确 T 形等效电路。如将校正系数不用复量而用一个数值 $\sigma_1 = 1 + \dfrac{x_1}{x_m}$，参数校正方法同上，就可得到如图 9-12所示的较准确 T 形等效电路。

校正系数 $\sigma_1 = 1 + \dfrac{x_1}{x_m}$ 是一个实数，一般在 $1.03 \sim 1.08$ 之间。例如有一台 $JO_2 - L - 52 - 4$ 型 10kW 三相异声电动机，$r_m^* = 0.254$，$x_m^* = 2.52$，$r_1^* = 0.042$，$x_1^* = 0.074$，校正系数为

$$\sigma_1 = 1 + \frac{x_1}{x_m} = 1 + \frac{0.074}{2.54} = 1.03$$

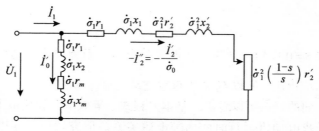

图 9-11　异步电动机的准确 T 形等效电路

对于容量大于 40kW 的异步电动机，校正系数 σ_1 接近于 1，如令 $\sigma_1 = 1$，可以得到如图 9-13 所示的简化 T 形等效电路。

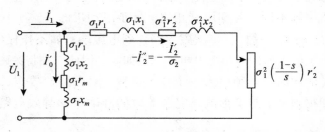

图 9-12 异步电动机的较准确 T 形等效电路

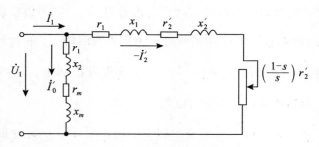

图 9-13 异步电动机简化 T 形等效电路

应当指出：在 T 形等效电路中，激磁支路所用的校正系数，均为 $\dot\sigma_1 = 1 + \dfrac{Z_1}{Z_m}$，由 $\dot\sigma_1 Z_m = Z_1 + Z_m$ 所确定的空载电流

$$\dot I_0' = \frac{\dot U}{Z_1 + Z_m} \tag{9-33}$$

是相当于 $S = 0$ 即转子同步旋转的空载电流。因为异步电动机不能自行达到同步转速，所以 $\dot I_0'$ 称为理想空载电流。

由上面的分析可以看出，基本方程式、等效电路和相量图三者均可表示异步电动机运行时的内部电磁关系。但究竟应选用哪一种形式，则看所研究的问题而定。同变压器一样，作定量计算时用等效电路比较方便。至于几种不同的等效电路，究竟选用哪一种，须视电机容量大小和对所计算问题准确度的要求而定。一般多采用较准确的 T 形等效电路。

小　　结

本章是异步电机原理的核心内容，也是深入分析异步电机运行的基础。

异步电动机从基本原理来看与变压器很相似，因此本章采用的分析方法也与变压器的分析方法基本相同。为了由浅入深，本章先分析转子静止时的情况，然后才重点分析转子旋转时的情况。

异步电机在各种运行状态下，定子、转子磁极是相对静止的。这是进行机电能量转换的必要条件。

在等效电路中，应当深入理解总机械功率等效电阻 $\left(\dfrac{1-s}{s}\right)r_2'$ 的意义及其作用。要注意异步电机的等效电路只有通过频率折算与绕组折算，才能导出。

习　　题

9-1　一台三相异步电机，如果把转子抽出，或者把转子堵住（如系线绕式，还将转子绕组短路），试问是否可以在定子绕组上长时间加三相额定电压？试分析这将产生什么后果。

9-2　有一绕线式异步电动机，定子绕组短路，转子绕组中通入三相交流电，频率为 f_1，旋转磁场相对转子以 n_1 转速沿顺时针方向旋转，问此时转向如何？转差率如何？

9-3　哪些因素会影响异步电动机空载电流的大小。空载电流过大将产生哪些不良后果？异步电动机的激磁阻抗具有什么物理意义？为什么正常运行时，转子铁耗可以忽略？

9-4　异步电动机定子绕组与转子绕组没有电的直接联系，为什么负载增加时，转子电流会增加？与此同时，定子电流和输入功率为什么会自动增加？试说明其物理过程。又从空载到满载电动机主磁通的实际值有无变化？为什么？

9-5　异步电动机的等效电路有哪几种形式，它们有什么区别？等效电路中电阻$\left(\dfrac{1-s}{s}\right)r'_2$的物理意义如何？等效电路中，能否不用电阻而用电容或电感代替电阻$\left(\dfrac{1-s}{s}\right)r'_2$？为什么？

9-6　试说明转子的绕组折算与频率折算的意义。为什么要通过这两种折算才能绘出异步电机的 T 形等效电路？

9-7　三相线绕式异步电动机，定子、转子绕组均采用丫连接，额定功率250kW，$U_{1N}=500$V，额定频率50Hz，$p=3$，满载时效率为0.935，功率因数为0.9；$r_1=0.0146\Omega$，$r_2=0.0171\Omega$；$x_1=0.088\Omega$，$x_2=0.0745\Omega$，$k_{w1}=0.926$，定子并联支路数 $a_1=6$；定子槽数为72，定子每槽导体数为16；$k_{w2}=0.957$，转子并联支路数 $a_2=1$，转子槽数为90，转子每槽导体数为2；空载电流为8.25A，试求：(1)额定负载时的定子电流 I_{1N}；(2)忽略 r_1 及 r_m 时的激磁电抗 x_m；(3)转子阻抗的折算值 r'_2 和 x'_2。

9-8　有一台三相异步电动机，已知 $U_{1N}=380$V，定子 △ 接法，50Hz，额定转速 $n_N=1426$r/min，其参数为 $r_1=2.865\Omega$，$x_1=7.71\Omega$，$r'_2=2.82\Omega$，$x'_2=11.75\Omega$，r_m 忽略不计，$x_m=202\Omega$。试求：(1)极数；(2)同步转速，额定负载时的转差率和转子频率；(3)绘制出 T 形等效电路，并计算额定负载时的 I_1、P_1、$\cos\varphi$ 与 I'_2。

第10章 异步电动机的电磁转矩

10.1 概　　述

在前面分析异步电机三种工作状态时，可知电磁转矩的产生是电机在电能和机械能之间进行能量形态转换的关键，电磁转矩与气隙磁通、转子电流有关。具体地说，异步电机电磁转矩的大小与转差率 s，定子、转子参数（r_1、r_2'、x_1、x_2'）及外施电压 U_1 和频率有关。在这一章中，我们将讨论电磁转矩与磁通和转子电流的关系、电磁转矩与转差率的关系、最大转矩及启动转矩等问题。

10.2　异步电动机中的能量转换关系、功率和转矩平衡方程式

首先研究异步电动机的能量转换关系。如图 8-3（b）所示，异步电动机转子电势和电流是由旋转磁场感应产生的。故负载运行时，定子从电网所吸取的电功率 P_1 中有一大部分通过电磁感应关系传递给转子，这便是转子获得的电磁功率 P_{em}。另一方面，转子电流与旋转磁场相作用而产生电磁力和电磁转矩 M，M 与电磁功率 P_{em} 相对应。在电动机中，电磁转矩是驱动转矩，由电磁转矩驱动转子旋转并带动生产机械，将电功率转换成为机械功率。

当异步电动机在稳定运行时，其能量转换过程中的功率平衡与转矩平衡关系可以分述如下。

10.2.1 功率平衡方程式

若定子从电网吸取的电功率为 P_1，其中一部分消耗于定子铜耗 p_{Cu1} 和定子铁耗 p_{Fe}，余下的为通过电磁感应作用传给转子的电磁功率 P_{em}，即

$$P_1 - P_{Cu1} - p_{Fe} = P_{em}$$

或

$$P_1 = P_{em} + p_{Cu1} + p_{Fe} \tag{10-1}$$

式中：$P_1 = m_1 U_1 I_1 \cos\varphi_1$——输入功率；

$p_{Fe} = m_1 I_0^2 r_m$——定子铁耗，如忽略微小的转子铁耗 p_{Fe} 就代表总铁耗；

$p_{Cu1} = m_1 I_1^2 r_1$——定子铜耗。

在转子电路中，电磁功率为

$$P_{em} = m_1 E_2' I_2' \cos\psi_2 = m_1 I_2'^2 \frac{r_2'}{s} ①$$

$$= m_1 I_2'^2 \left(r_2' + \frac{1-s}{s} r_2' \right) = p_{Cu2} + P_{mec} \tag{10-2}$$

式中：$p_{Cu2} = m_1 I_2'^2 r_2'$——转子铜耗；

$P_{mec} = m_1 I_2'^2 \dfrac{1-s}{s} r_2'$——转子所产生的总机械功率。

电磁功率中减去转子铜耗 p_{Cu2} 后，就是转子所产生的总机械功率 P_{mec}，即

$$P_{mec} = P_{em} - p_{Cu2} \tag{10-3}$$

电动机转动后，就产生了轴承与风阻摩擦等机械损耗 p_{mec}、附加损耗 p_{ad}，因而消耗了部分机械功率。从总机械功率中减去机械损耗和附加损耗，便是电动机输出的机械功率 P_2，即

$$P_2 = P_{mec} - p_{mec} - p_{ad} \tag{10-4}$$

或

---

① 这一关系从前面图 9-10 所示的异步电动机的相量图中可以看出。

$$P_{mec} = P_2 + (p_{mec} + p_{ad}) \qquad (10\text{-}5)$$

式(10-1)、式(10-3)和式(10-5)就是异步电动机的功率平衡方程式。上述异步电动机中的功率平衡关系，用图 10-1 可以形象地表示出来。这个关系也可以从异步电动机的 T 形等效电路(如前面图 9-8 所示)中看出。

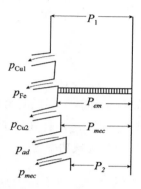

图 10-1　异步电动机的功率平衡图

10.2.2　转矩平衡方程式

由于机械功率等于转矩乘机械角速度，将式(10-5)两边除以机械角速度 Ω，便得

$$\frac{P_{mec}}{\Omega} = \frac{P_2}{\Omega} + \frac{p_{mec} + p_{ad}}{\Omega}$$

于是，电动机的转矩平衡方程式为

$$M = M_2 + M_0 \qquad (10\text{-}6)$$

式中：M——电动机电磁转矩；

　　　M_2——负载制动转矩；

　　　M_0——空载制动转矩。

又　　　　　　　　　　　$$\Omega = \frac{2\pi n}{60}$$

$$M_0 = \frac{p_{mec} + p_{ad0}}{\Omega} \approx \frac{p_{mec} + p_{ad}}{\Omega}$$

其中电动机空载时的附加损耗，可近似认为与负载时的附加损耗相等。

从式(10-2)可见，电磁功率

$$P_{em} = m_1 I'^2_2 \frac{r'_2}{s} = p_{Cu2} \frac{1}{s} \tag{10-7}$$

即

$$s = \frac{p_{Cu2}}{P_{em}}$$

或

$$p_{Cu2} = s P_{em} \tag{10-8}$$

此式表明了转差率与电磁功率和转子铜耗的关系。

转差率 s 愈大，则电磁功率 p_{em} 消耗在转子铜耗上的分量也愈大。

由式(10-2)知电动机的总机械功率为

$$P_{mec} = m_1 I'^2_2 \frac{1-s}{s} r'_2 = m_1 I'^2_2 \frac{r'_2}{s} - m_1 I'^2_2 r'_2$$

$$= P_{em} - p_{Cu2} = P_{em}(1-s)$$

考虑到 $n = n_1(1-s)$ 即 $\frac{1-s}{n} = \frac{1}{n_1}$ 之后，可得

$$M = \frac{P_{mec}}{\Omega} = \frac{P_{em}}{\Omega}(1-s) = \frac{P_{em}}{\frac{2\pi n}{60}}(1-s)$$

$$= \frac{P_{em}}{\frac{2\pi n_1}{60}} = \frac{P_{em}}{\Omega_1} \tag{10-9}$$

其中 $\Omega_1 = \frac{2\pi}{60} n_1$，是旋转磁场的角速度，称为同步角速度，单位为 rad/s。

[例 10-1] JO$_2$-L-52-4 三相异步电动机的额定数据为：$P_N = 10\text{kW}$，$U_{1N} = 380\text{V}$，$I_{1N} = 20\text{A}$，$f = 50\text{Hz}$，定子绕组为三角形连接，转子绕组是铸铝的鼠笼绕组。

设已知数据：定子铝耗（75℃）$p_{Al1} = 557W$，转子铝耗（75℃）$p_{Al2} = 314W$，铁耗 $p_{Fe} = 276W$，机械损耗 $p_{mec} = 77W$，附加损耗 $p_{ad} = 200W$，校正系数 $\sigma_1 = 1.03$，定子电阻（75℃）为 $r_1 = 1.375\Omega$，转子电阻（75℃）为 $r'_2 = 1.047\Omega$。正常运行时定转子漏抗为 $x_1 = 2.43\Omega$，$x'_2 = 4.4\Omega$；启动时为 $x_1 = 1.65\Omega$，$x'_2 = 2.24\Omega$。试求额定转差率与额定负载时的电磁转矩。

[**解**] 由电机型号标志可判定该电机极对数为 2，旋转磁场的同步转速为

$$n_1 = \frac{60f}{p} = \frac{60 \times 50}{2} = 1500 \text{r/min}$$

根据已知数据，总机械功率为

$$P_{mec} = P_z + p_{mec} + p_{ad} = 10 + 0.077 + 0.20 \approx 10.28 \text{kW}$$

电磁功率为

$$P_{em} = P_{mec} + p_{Al2} = 10.28 + 0.314 = 10.594 \text{kW}$$

故额定负载时的转差为

$$s_N = \frac{p_{Al2}}{P_{em}} = \frac{0.314}{10.594} = 0.0298$$

额定转速为

$$n_N = n_1(1 - s_N) = 1500(1 - 0.0298) \text{r/min} = 1455 \text{r/min}$$

额定负载时制动转矩为

$$M_{2N} = \frac{P_{2N}}{\Omega} = \frac{10 \times 10^3}{2\pi \dfrac{1455}{60}} = 65.6 \text{N} \cdot \text{m}$$

空载制动转矩为

$$M_0 = \frac{P_{mec} + p_{ad}}{\Omega} = \left(\frac{0.277 \times 10^3}{2\pi \dfrac{1455}{60}} - 1.82 \right) \text{N} \cdot \text{m}$$

电磁转矩为

$$M_{emN} = M_{2N} + M_0 = 65.6 + 1.82 = 67.4 \text{N} \cdot \text{m}$$

电磁转矩也可从式（10-9）算出，由于 $P_{em} = P_{mec} + p_{Al2} = 10.28 +$

0. 314 = 10. 594kW，故

$$M_{emN} = \frac{P_{em}}{\Omega_1} = \frac{10.594 \times 10^3}{2\pi \frac{1500}{60}} N \cdot m = 67.4N \cdot m$$

可见两种方法计算所得的电磁转矩是一致的。

10.3 电磁转矩与磁通和转子电流的关系

前面讲过，转子电流与旋转磁场的相互作用产生电磁力和电磁转矩，使电动机运转。因此，可以先求出每一根导体所受的电磁转矩，然后将转子全部导体所产生的电磁转矩相加而得电机的电磁转矩。

图 10-2(a)表示在空间作正弦分布的旋转磁场作用下，转子电流与转子导体受力(用内圈箭头表示)的分布情况。由于转子回路为感性，转子电流滞后于转子电势一个 ψ_2 角。$O'O'$、OO 分别与 ac、bc 垂直，故 $O'O'$ 与 OO 的夹角也为 ψ_2 角。$O'O'$ 与 OO 之间导体产生的力的方向与转子的转向相反，故此种情况较之 $\psi_2 = 0$ 时形成的电磁转矩小些。

为了便于分析，将图 10-2(a)展开为图 10-2(b)。图 10-2(b)表示出鼠笼式异步电动机的气隙磁密、转子电势、转子电流、转子每根导体产生的电磁力或电磁转矩的空间分布。若每根导体的感应电势为 e_α，由于导体本身具有一定的电感，导体中电流 i_α 在时间上滞后于该导体电势 e_α 一个 ψ_2 相位角。根据 $e_\alpha = B_\alpha lv$，每根导体中的电势 e_α 与 B_α 空间上同相位，故 i_α 在空间上也滞后于 B_α 一个 ψ_2 角。故有

$$B_\alpha = B_m \sin\alpha$$

$$i_\alpha = I_{2m} \sin(\alpha - \psi_2)$$

其中，B_m 是气隙磁密的最大值。

每一根导体所受的电磁力为

$$f_\alpha = B_\alpha i_\alpha l = B_m I_{2m} l \sin(\alpha - \psi_2)\sin\alpha$$

每根导体所产生的电磁转矩为

$$m_\alpha = \frac{D}{2}f_\alpha = \frac{1}{2}B_m I_{2m} Dl\sin\alpha\sin(\alpha - \psi_2) \tag{10-10}$$

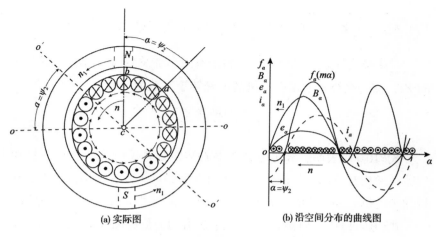

(a) 实际图　　　　　　　　(b) 沿空间分布的曲线图

图 10-2　鼠笼转子的电磁转矩分析图

式中的 D，l 分别为转子的直径和转子导体的有效长度。每根导体的电磁力 f_α 或电磁转矩 m_α 如图 10-2(b) 所示。

先按鼠笼式异步电动机计算合成电磁转矩。当转子槽数为 Z_2 时，则单位电弧度内有 $\dfrac{Z_2}{2\pi p}$ 个导体，在空间 $\mathrm{d}\alpha$ 电弧度内有 $\dfrac{Z_\alpha}{2\pi p}\mathrm{d}\alpha$ 根导体。故全部的转子导体所产生的电磁转矩为

$$M = 2p\int_0^\pi m_\alpha \frac{Z_2}{2\pi p}\mathrm{d}\alpha = \sqrt{2}\,pB_m I_2 Dl\,\frac{Z_2}{2\pi p}\int_0^\pi \sin\alpha\sin(\alpha - \psi_\alpha)\,\mathrm{d}\alpha$$

$$= \frac{Z_2 p}{2\sqrt{2}}\frac{B_m Dl}{p}I_2\cos\psi_2$$

式中

$$\frac{B_m Dl}{p} = \frac{2}{\pi}B_m l\,\frac{\pi D}{2p} = \frac{2}{\pi}B_m l\,\tau = \Phi_m$$

故

$$M = \frac{Z_2 p}{2\sqrt{2}}\Phi_m I_2\cos\psi_2 = C_M\Phi_M I_2\cos\psi_2 \tag{10-11}$$

其中 $C_M = \dfrac{1}{2\sqrt{2}}Z_2 p$，对已制成的电机为一常数，称为转矩常数。

对线绕式异步电机而言，以转子有效导体总数 $2m_2 w_2 k_{w2}$ 代替上式的 Z_2，则得线绕式异步电动机的电磁转矩常数为

$$C_M = \frac{m_2 w_2 k_{w2} p}{\sqrt{2}}$$

式(10-11)表明，异步电动机电磁转矩是转子电流的有功分量和气隙磁通相互作用产生的，这也说明在第 8 章第 8.3 节中用图 8-3 分析异步电机三种工作状态时只考虑转子电流有功分量 i_{2a} 是有道理的。

式(10-11)中，电磁转矩 M 与电流有功分量 $(I_2 \cos\psi_2)$ 成正比。这可从图 10-3 加以说明。

如图 10-3(a)所示为 $\psi_2 = 0$，即 $\dot{I}_2$ 与 $\dot{E}_{2s}$ 同相情况。应用右手定则不难确定，中性线 OO 以上所有的转子导体中电势及电流方向均是自纸面出来的；而中性线 OO 以下的各转子导体内电势与电流方向均是进去的。再应用左手定则，可以决定磁场作用于转子导体的电磁力的方向。在 $\cos\psi_2 = 1 (\psi_2 = 0)$ 时所有作用于转子导体上的力将产生同一方向的转矩，故转矩 M 也最大。

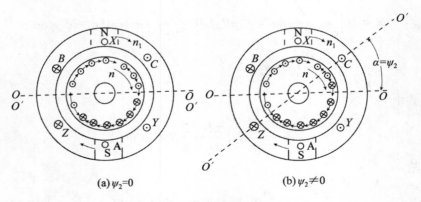

(a) $\psi_2 = 0$ (b) $\psi_2 \neq 0$

图 10-3 ψ_2 与电磁转矩的关系

图 10-3(b)表示 $\psi_2 \neq 0$ 的情况。一般说来，由于异步电动机转子回路具有电感与电阻，因此，电流 $\dot{I}_2$ 的相位滞后于 $\dot{E}_{2s}$ 一个 ψ_2 角。由图 10-3(b)可见，转子内所有流出电流均位于 $O'O'$ 线的上方($O'O'$ 是从中性线 OO 逆着转向方向转了一个 $\alpha = \psi_2$ 电角的线)。位于 $O'O'$ 线下方所有的导体内通过的电流为流进的。图中，导体旁的箭头用来表示电磁力方向。因此，在转子电流与转子电势不同相情况下，位于 OO 与 $O'O'$ 两线间的导体将产生反方向转矩。此时，电磁转矩 M 将较上述 $\psi_2 = 0$ 情况为小。

10.4　电磁转矩与转差率，最大转矩与启动转矩

10.4.1　电磁转矩与转差率的关系

从较准确 T 形等效电路(见图 9-12)可得出

$$I_2'' = \frac{U_1}{\sqrt{\left(\sigma_1 r_1 + \sigma_1^2 \dfrac{r_2'}{s}\right)^2 + (\sigma_1 x_1 + \sigma_1^2 x_2')^2}}$$

又

$$I_2' = \sigma_1 I_2'', \quad \Omega_1 = \frac{2\pi}{60} n_1 = \frac{2\pi}{p}\left(\frac{pn_1}{60}\right) = \frac{2\pi}{p} f_1$$

而

$$M = \frac{P_{em}}{\Omega_1} = \frac{1}{\Omega_1} m_1 I_2'^2 \frac{r_2'}{s}$$

故电磁转矩为

$$M = \frac{pm_1 U_1^2 \dfrac{r_2'}{s}}{2\pi f_1\left[\left(r_1 + \sigma_1 \dfrac{r_2'}{s}\right)^2 + (x_1 + \sigma_1 x_2')^2\right]} \tag{10-12}$$

上式表明，当 U_1，f_1 为定值时，对已制成的电机，因参数 r_1、r_2'、x_1、x_2' 可以认为是不变的，故电磁转矩仅与转差率 s 有关。从表

面上看来，转差率 s 愈大，转子感应电势和电流愈大，电磁转矩应愈大，但是由于电机内内部参数的影响，异步电机电磁转矩与转差率 s 关系是比较复杂的。$M=f(s)$ 的曲线如图 10-4 所示。

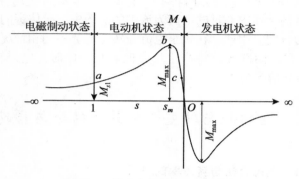

图 10-4 异步电机的 $M=f(s)$ 曲线

当异步电机作电动机运行时，转差率 s 在 $0\sim1$ 范围内，$M=f(s)$ 曲线为纵坐标左边上面的相应部分，电磁转矩为正的，是驱动性电磁转矩。当转差率 s 在 $0\sim-\infty$ 的范围内，其 $M=f(s)$ 曲线与电动机的曲线形状相似，为横坐标下面那一部分曲线，这是发电机状态，电磁转矩为负，是制动性电磁转矩。在电磁制动状态下运行时转差率 s 在 $1\sim\infty$ 范围内，$M=f(s)$ 曲线是电动机 $M=f(s)$ 曲线自 $s=1$ 起的延伸。

应当指出：异步电动机的参数实际上并不是常数，由于电流的集肤效应和漏磁磁路饱和（这与定子、转子铁芯槽形有关）的原因，定子漏抗 x_1 与定子电流大小有关，转子电阻 r_2'、漏抗 x_2' 与转子电流和转子频率大小有关。转子频率 $f_2=sf_1$ 取决于转差率 s，从等效电路可知，定子、转子电流的大小也取决于转差率 s。因此，对应不同的转差率，电机具有不同的参数。应用式（10-12）计算电磁转矩时，必须考虑到不同情况采用不同的参数值，这样才可使计算的结果接近实际情况。通常对正常运行时（s 很小）、产生最大转矩时（对应的 $s_m=0.12\sim0.2$）和启动时（对应的 $s=1$）三种情况采用不同的参数值分别进行计算。前面两种情况转差率比较接近，有时可合用一套参数计算。

关于这几种情况参数的测定在短路试验中介绍。

定子铁芯的槽形如图 10-5 所示。100kW 以下的中、小型异步电动机，定子通常采用图 10-5(a) 所示的半闭口槽；对于电压在 500V 以下的中型异步电动机，定子通常采用图 10-5(b) 所示的半开口槽；对于高电压中、大型异步电动机，一般采用图 10-5(c) 所示的开口槽；转子则多用半闭口槽。

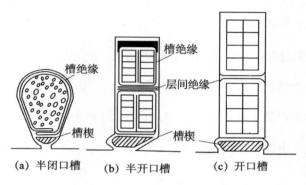

（a）半闭口槽　（b）半开口槽　（c）开口槽

图 10-5　异步电动机定子铁芯的槽形

[**例 10-2**]　根据前例（见例 10-1）所给之数据，用式（10-12）求 JO$_2$-L-52-4 异步电动机的额定电磁转矩。

[**解**]　由式（10-12）可知

$$M_{emN} = \frac{pm_1 U_1^2 \dfrac{r_2'}{s_N}}{2\pi f_1\left[\left(r_1 + \sigma_1 \dfrac{r_2'}{s_N}\right)^2 + (x_1 + \sigma_1 x_2')^2\right]}$$

$$= \frac{2\times3\times380^2 \times \dfrac{1.047}{0.0298}}{6.28\times50\left[\left(1.375 + 1.03\times\dfrac{1.047}{0.0298}\right)^2 + (2.43 + 1.03\times4.4)^2\right]}$$

$$= 66.5 \text{N} \cdot \text{m}$$

可见，由上面计算所得到电磁转矩 M_{emN} 与例 10-1 计算的 M_{emN} 是很接近的。

10.4.2　最大电磁转矩与过载能力

从图 10-4 所示的 $M=f(s)$ 可见，当 $s=s_m$ 时，电磁转矩有一个最大值 $M_{\max}$。当作电动机运行时，若负载短时增大，则只要制动转矩不大于最大电磁转矩，电动机仍能稳定运行；若大于最大电磁转矩，电动机便会停转。因此，最大电磁转矩愈大，电动机短时过载能力愈强。为此，国家标准中对异步电动机的最大电磁转矩做了规定。$k_m = \dfrac{M_{\max}}{M_N}$，称为过载能力。普通的异步电动机，$k_m = 1.8 \sim 2.5$；对 J_2，JO_2 系列异步电动机，$k_m = 1.8 \sim 2.2$。

为了求得最大电磁转矩，将式（10-12）对 s 求导数，并令 $\dfrac{\mathrm{d}M}{\mathrm{d}s} = 0$，得发生最大电磁转矩时的转差率（考虑到 $x_1 + \sigma_1 x_2 \gg r_1$ 后）为

$$s_m = \pm \frac{\sigma_1 r_2'}{\sqrt{r_1^2 + (x_1 + \sigma_1 x_2')^2}} \approx \pm \frac{\sigma_1 r_2'}{x_1 + \sigma_1 x_2'} \qquad (10\text{-}13)$$

一般异步电动机，$s_m = 0.12 \sim 0.20$，将式（10-13）代入式（10-12）可得最大电磁转矩为

$$M_{\max} = \pm \frac{m_1 p U_1^2}{4\pi f_1 \sigma_1 \left[\pm r_1 + \sqrt{r_1^2 + (x_1 + \sigma_1 x_2')^2} \right]} \qquad (10\text{-}14)$$

或近似写成

$$M_{\max} = \frac{\pm p m_1 U_1^2}{4\pi f_1 \sigma_1 (\pm r_1 + x_1 + \sigma_1 x_2')} \qquad (10\text{-}15)$$

上面式子中，取"+"号相当于电动机状态，取"–"号相当于发电机状态。由此可见，发电机状态的最大转矩比电动机状态的略大。

由式（10-15）可知，异步电动机的最大电磁转矩 $M_{\max}$ 与电源频率 f_1、外加电压 U_1、电机本身的参数等许多因素有关。如：

（1）当 f_1 一定及电机参数不变时，$M_{\max} \propto U_1^2$，故外施电压即使发生很小的变化，对电磁转矩的影响也很大。因此，当电机在额定负载

下运行时。若电压降低过多，可能发生停车事故。

（2）最大电磁转矩的大小与转子回路电阻 r_2' 大小无关，但因 $s_m \propto r_2'$，故当转子回路内（对线绕式异步电动机）串入附加电阻时，$M_{\max}$虽然不变，而产生最大电磁转矩时的转差率 s_m 却向左方（即 $s=1$ 时方向）移动，如图 10-6 所示。图中曲线 1 对应于转子回路内没有附加的电阻时的情况，曲线 2、3、4 对应于加入了附加电阻时的情况，并且 $r_2'(4)>r_2'(3)>r_2'(2)>r_2'(1)$。

从图 10-6 可见，当线绕式异步电动机在转子回路内加入附加电阻后，电动机的启动转矩（$s=1$ 时的转矩）增大了。同时，转子电流会减小，相应的定子电流也减小。这是因为在异步电动机的转子串入电阻后，使得转子回路电抗与电阻之间的比例改变，转子回路的内功率因数 $\cos\psi_2$ 提高了。另外，阻抗增大，可以限制启动电流。启动电流减小，则定子漏抗压降变小，于是 E_1 和 Φ_m 较直接启动时为大。这时，虽然转子电流 I_2 也小了一些，但 $I_2\cos\psi_2$ 增加和 Φ_m 的增加较快，故启动转矩增大。

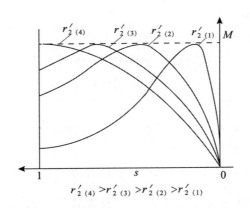

图 10-6　转子回路串电阻对 $M=f(s)$ 曲线的影响

线绕式异步电动机常在转子串电阻启动。

（3）当 U_1、f_1 一定时，由于一般异步电动机中 $x_1+\sigma_1 x_2 \gg r_1$，故

$M_{\max}$ 近似与 $(x_1+\sigma_1+x_2')$ 成反比，即定转子漏抗愈大，则 $M_{\max}$ 愈小。

（4）最大电磁转矩随频率的增加而减小。

10.4.3 启动转矩及其倍数

除了最大转矩之外，启动转矩也是衡量鼠笼式异步电动机性能的指标之一。在式（10-12）中，如令 $s=1$，便得启动转矩为

$$M_{st}=\frac{pm_1U_1^2r_2'}{2\pi f_1[(r_1+\sigma_1r_2')^2+(x_1+\sigma_1x_2')^2]} \qquad (10\text{-}16)$$

对线绕异步电动机，如欲在启动时达到最大电磁转矩，则由式（10-13），令

$$s_m=\frac{\sigma_1(r_2'+r_{st}')}{\sqrt{r_1^2+(x_1+\sigma_1x_2')^2}}\approx\frac{\sigma_1(r_2'+r_{st}')}{x_1+\sigma_1x_2'}=1$$

可见，必须将转子回路电阻增加到 $\sigma_1(r_2'+r_{st}')\approx x_1+\sigma_1x_2'$。近似取 $\sigma_1=1$，则为了获得最大启动转矩时应当串人的外加电阻 $r_{st}'=x_1+x_2'-r_2'$，如知道 k_e 与 k_i，便能求得 r_{st} 的实际值。

从式（10-16）可见：

（1）在一定的频率和参数下，$M_{st}\propto U_1^2$。

（2）线绕式异步电动机，在转子回路内串电阻启动时，当转子回路的总电阻 $\sigma_1(r_2'+r_{st}'t)$ 与电机的总漏抗 $(x_1+\sigma_1x_2')$ 相等时，$s_m=1$，M_{st} 达最大电磁转矩 $M_{\max}$。

（3）在一定的电压和频率下，漏抗 $(x_1+\sigma_1x_2')$ 愈大，则 M_{st} 愈小。

（4）随着 f_1 的增大，M_{st} 减小。

由于启动转矩是代表电动机性能的指标之一，通常把启动转矩用额定转矩的倍数 $\dfrac{M_{st}}{M_N}$ 来表示。对一般鼠笼式异步电动机，$\dfrac{M_{st}}{M_N}=1.0\sim 2.0$，对 JO_2 型异步电动机 $\dfrac{M_{st}}{M_N}=1.0\sim 1.8$。

[**例 10-3**] 根据例 10-1 的数据，试求 $JO_2-L-52-4$ 异步电动机最大转矩、过载能力、启动转矩与启动转矩倍数。

[解]　(1)由式(10-14)的上式可知

$$M_{max} = \frac{3 \times 2 \times 380^2}{4\pi \times 50 \times 1.03 \times [1.375 + \sqrt{1.375^2 + (2.43 + 1.03 \times 4.4)^2}]}$$

$$= 158 N \cdot m$$

按国家标准 GB 755—65 规定，额定转矩应按额定功率与额定转速求得。

由前面例 10-1 已求得 $M_N = M_{2N} = 65.6 N \cdot m$。

故过载能力

$$k_m = \frac{M_{max}}{M_N} = \frac{158}{65.6} = 2.41$$

(2)由式(10-16)可得

$$M_{st} = \frac{6 \times 380^2 \times 1.047}{100\pi [(1.375 + 1.03 \times 1.047)^2 + (1.65 + 1.03 \times 2.24)^2]}$$

$$= 133.2 N \cdot m$$

注意，在计算 M_{st} 时应当用启动时的漏抗参数，否则将会出现较大的误差。

故启动转矩倍数为

$$\frac{M_{st}}{M_N} = \frac{133.2}{65.6} = 2.03$$

10.5　$M = f(s)$ 曲线上的稳定运行区域

电动机稳定运行时，电磁转矩与空载制动转矩 M_0 及负载制动转矩 M_2 之和相平衡，转子保持恒速旋转。电机运行时，负载总是在一定范围内变化，当电磁转矩大于制动转矩时，电动机转速升高；当电磁转矩小于制动转矩时，转速就降低。

在图 10-7 中，若电动机开始时运行在 c 点，此时 $M = M_0 + M_2 = C$，电机恒速旋转。

假设某种原因，负载突然降低，制动转矩从 $M_0 + M_2$ 变为 $M_0 + M_2'$。此时电磁转矩大于制动转矩，电动机转速升高，转差率减小，转子的感应电势和电流减小，电磁转矩也减小，直到 c' 点时，电磁转矩又与总制动转矩 M_0+M_2' 相平衡，电动机便在 c' 点稳定运行。

若电机原来运行在 c 点，由于某种原因，负载突然增加，制动转矩变为 M_0+M_2''。此时，由于电磁转矩小于制动转矩，电机的转速降低，转差率增大，因而转子感应电势、电流、电磁转矩也增大，到达 c'' 点时，电磁转矩与制动转矩 M_0+M_2'' 又达平衡，电机便在 c'' 点稳定运行。

进一步分析表明，电动机在 $M=f(s)$ 曲线的 ob 段，即 $\dfrac{\Delta M}{\Delta s}>0$ 时（如图 10-7 所示）能稳定运行。在此范围内，当转差率增加一个 $+\Delta s$（或 $-\Delta s$）时，电磁转矩也增加一个 $+\Delta M$（或 $-\Delta M$），从而达到平衡亦即转差率在 $0\sim s_m$ 范围内电动机的运行是稳定的。

由图 10-7 也可看出：d 点也能满足 $M=M_0+M_2$ 的要求，但负载突增或突减时，都不能象 ob 段中的点那样稳定运行。例如当负载突增时，转速降低，转差率增大。随着转差率的增大，电磁转矩反而减小，因而转速将更为降低。这样继续下去，直到电机停转。也就是说，当转差率增加一个 $+\Delta s$，电磁转矩增加一个 $-\Delta M$。图 10-7 中的 ab 段，即 $\dfrac{\Delta M}{\Delta s}<0$ 时为不稳定段。

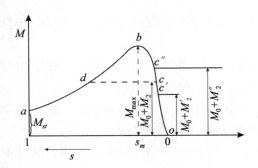

图 10-7　$M=f(s)$ 曲线稳定运行段的分析

当电动机在 ob 段稳定运行时，若负载增大到制动转矩大于电动机的最大电磁转矩，电动机就会停转。因此，最大电磁转矩又称"崩溃转矩"。

利用 $n=(1-s)n_1$，可将 $M=f(s)$ 曲线转换为 $n=f(M)$。这就是异步电动机的机械特性，如图 10-8 所示。

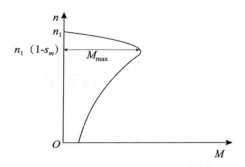

图 10-8　异步电动机的机械特性 $n=f(M)$

10.6　转矩的实用计算公式

在电力拖动的计算中，往往只需要稳定区域内的 $M=f(s)$ 特性。这可以利用产品目录中所给出的技术数据，如过载能力 k_M 和额定转速 n_N，用下述方法近似地求得。

由式（10-13）可得 $\sqrt{r_1^2+(x_1+\sigma_1 x_2')^2}=\dfrac{\sigma_1 r_2'}{s_m}$，并以此代入式（10-12）与式（10-14）可得

$$M=\dfrac{m_1 p U_1^2 \dfrac{r_2'}{s}}{2\pi f_1\left[\left(r_1+\sigma_1\dfrac{r_2'}{s}\right)^2+(x_1+\sigma_1 x_2')^2\right]}$$

255

$$= \frac{m_1 p U_1^2 \dfrac{r_2'}{s}}{2\pi f_1 \left[r_1^2 + (x_1 + \sigma_1 x_2')^2 + \left(\dfrac{\sigma_1 r_2'}{s}\right)^2 + 2\dfrac{\sigma_1 r_1 r_2'}{s} \right]}$$

$$= \frac{m_1 p U_1^2 \dfrac{r_2'}{s}}{2\pi f_1 \left[\left(\dfrac{\sigma_1 r_2'}{s_m}\right)^2 + \left(\dfrac{\sigma_1 r_2'}{s}\right)^2 + 2\dfrac{\sigma_1 r_1 r_2'}{s} \right]} \qquad (10\text{-}17)$$

$$M_{max} = \frac{m_1 p U_1^2}{4\pi f_1 \sigma_1 \left[r_1 + \sqrt{r_1^2 + (x_1 + \sigma_1 x_2')^2} \right]}$$

$$= \frac{m_1 p U_1^2}{4\pi f_1 \sigma_1 \left[r_1 + \dfrac{\sigma_1 r_2'}{s_m} \right]} \qquad (10\text{-}18)$$

式(10-17)除以式(10-18)，可得

$$\frac{M}{M_{max}} = \frac{2\left(1 + \dfrac{r_1}{\sigma_1 r_2'} s_m\right) \quad ①}{\dfrac{s}{s_m} + \dfrac{s_m}{s} + 2\dfrac{r_1}{\sigma_1 r_2'} s_m} \qquad (10\text{-}20)$$

一般异步电动机的 s_m 在 0.12～0.20 范围内。如把分子和分母中

相对较小的 $2\dfrac{r_1}{\sigma_1 r_2'} s_m$ 都忽略不计，则得下面简化的实用公式

---

① 式(10-17)除以式(（10-18)得

$$\frac{M}{M_{max}} = \frac{2\sigma_1 r_2' \left(r_1 + \dfrac{\sigma_1 r_2'}{s_m} \right)}{\dfrac{s(\sigma_1 r_2')}{s_m^2} + \dfrac{(\sigma_1 r_2')^2}{s} + 2\sigma_1 r_1 r_2'}$$

将此式右边分式上、下同乘 $\dfrac{s_m}{\sigma_1^2 r_2'^2}$，即得式(10-19)。

$$\frac{M}{M_{\max}} \approx \frac{2}{\dfrac{s}{s_m} + \dfrac{s_m}{s}} \tag{10-21}$$

产品目录中通常给出电动机的额定功率 P_N、额定转速 n_N 和过载能力 k_M。故先从 P_N 和 n_N 计算出额定转矩 M_N，再乘以过载能力可得 $M_{\max}$。另外，从 n_N 可以算出额定转差率 s_N。把 $M = M_N$、$M_{\max}$、$s = s_N$ 代入式（10-20），可以求得发生最大电磁转矩 $M_{\max}$ 时的转差率 s_m。这样 $M_{\max}$ 与 s_m 都已知道。故式（10-20）中 M 只与 s 有关。在 $0 \sim s_m$ 数值范围内假定一个 s 值，可算出相应的 M 值。逐点计算，便可获得异步电动机稳定区域的 $M = f(s)$ 特性，从而近似找到该电动机的机械特性的稳定段。

小　　结

电磁转矩的产生是异步电机实现机电能量转换的关键。电磁转矩的大小有两种表达形式，一为电磁转矩与主磁通和转子电流有功分量的表达形式，另一为电磁转矩与转差率、外加电压、电机参数的表达形式。由后一种表达形式可以推导出 $M = f(s)$ 曲线。$M = f(s)$ 曲线实质上就是异步电动机的机械特性曲线。

学完本章之后，我们应当了解 $M = f(s)$ 曲线中稳定段与非稳定段的意义，以及 $M_{\max}$ 与 M_{st} 的物理意义和计算方法。

利用产品目录的有关技术数据，由转矩的实用计算公式可以近似地计算出异步电动机稳定区域的 $M = f(s)$ 特性。

习　　题

10-1　有一台鼠笼式异步电动机，转子原来是铜条制，后因损坏，改为铸铝。如果输出同样的功率，电机的性能（包括 s_N、$\cos\varphi_1$、η_N、I_{1N}、s_m、$M_{\max}$、M_{st}、I_{st}）有什么变化？为什么？

10-2　漏抗大小对异步电动机的运行性能有何影响？为什么？

10-3　异步电动机的机械特性 $M = f(s)$ 为什么会为如图 10-4 所示

形状？在哪一段转差率范围内异步电动机能稳定运行？在哪一段转差率范围内不能稳定运行？为什么？

10-4 异步电动机的电磁转矩与磁通和转子电流有什么关系？鼠笼式异步电动机的启动电流比额定电流大很多（两者之比约为 4 ~ 7），但启动转矩与额定转矩之比并不为 4 ~ 7，为什么？

10-5 一台三相异步电动机的输入功率为 10.7kW，定子铜耗为 450W，铁耗为 200W，转差率为 0.029，试计算电动机的电磁功率、转子铜耗及总机械功率。

10-6 有一台 JO_2-52-6 三相异步电动机，额定线压 $U_N = 380V$，定子作 △ 连接，频率 $f_N = 50Hz$，额定功率 $P_{2N} = 7.5kW$，额定转速 960r/min，额定负载时，$\cos\varphi_N = 0.824$，定子铜耗 $p_{Cu1} = 474W$，铁耗 $p_{Fe} = 231W$，机械损耗 $p_{mec} = 45W$，附加损耗 $p_{ad} = 37.5W$，试计算额定负载时：（1）转差率 s_N；（2）转子电流的频率 f_2；（3）转子钢耗 p_{Cu2}；（4）效率 η_N；（5）定子线电流 I_{1N}。

10-7 有一台 6 极的三相鼠笼式异步电动机，$P_{2N} = 3kW$，$U_N = 380V$，$n_N = 957r/min$；定子绕组作 丫 连接。电动机的参数为 $r_1 = 2.08\Omega$，$r_2' = 1.525\Omega$，$r_m = 4.12\Omega$；$x_1 = 3.12\Omega$，$x_2' = 4.25\Omega$，$x_m = 62\Omega$，试求该电机额定转矩、最大转矩、过载能力和出现最大转矩时的转差率 s_m。

第11章　异步电动机的工作特性

11.1　概　　述

当异步电动机的负载变化时，异步电动机的转速 n、功率因数 $\cos\varphi$ 和效率 η 等均随之变化，由此可以绘制出几条说明其运行性能的关系曲线，这些曲线称为异步电动机的工作特性曲线。这些特性曲线可以通过直接负载法求得，也可以通过测试计算法或圆图法求得。

11.2　异步电动机的工作特性

异步电动机的工作特性是指在额定电压、额定频率下，异步电动机转速(n)或转差率(s)、定子电流(I_1)、效率(η)、功率因数($\cos\varphi$)及电磁转矩 M 随输出功率(P_2)的变化关系。用标幺值表示的这种曲线，如图 11-1 所示。

11.2.1　转差率 $s = f(P_2)$

转差率 s 与转子铜耗 p_{Cu2}、电磁功率 P_{em} 之间的关系，由式(10-8)可知

$$s = \frac{p_{Cu2}}{P_{em}}$$

空载运行时，空载制动转矩很小，转子电流也很小，$p_{Cu2} \approx 0$，故 $s \approx 0$。一般异步电动机为了保证较高的效率，转子铜耗不大，所以负载时转差率 s 也不大。额定负载时的转差率 s_N 在 $0.01 \sim 0.05$ 范围内，

相应的转速 $n=(1-s_N)n_1=(0.99\sim0.95)n_1$，与同步转速 n_1 很接近。因此，随着负载 P_2 的增加，$s=f(P_2)$ 是一条略向上翘的曲线，相应的 $n=f(P_2)$ 是一条略向下倾斜的曲线，如图 11-1 所示。

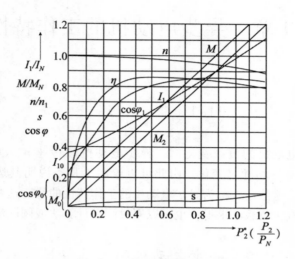

图 11-1 异步电动机的工作特性

11.2.2 定子电流 $I_1=f(P_2)$

空载时，定子电流为空载电流 I_0。带负载后，随着负载的增加，转子电流 I_2 也增加。根据磁势平衡关系，定子电流 $\dot{I}_1=\dot{I}_0+(-\dot{I}_2)$ 也增加，如图 11-1 所示。

11.2.3 效率 $\eta=f(P_2)$

异步电动机的效率为

$$\eta=\frac{P_2}{P_1}=\frac{P_1-\sum p}{P_1}=1-\frac{\sum p}{P_1}$$

其中，$\sum p=p_{Cu1}+p_{Cu2}+p_{Fe}+p_{mec}+p_{ad}$ 为总损耗。异步电动机从空载

到满载运行时，铁耗 p_{Fe} 与机械损耗 p_{mec} 变化很小（因主磁通与转速变化都很小），可以看成是不变的损耗；而定子、转子铜耗则分别与定、转子电流的平方成正比，是随负载的变化而变化的损耗。附加损耗也是随负载而变化的损耗。

空载时，输出功率 $P_2 = 0$，效率 $\eta = 0$。当负载从零增加时，效率曲线上升很快，如图 11-1 所示。直到随负载变化的损耗（$p_{Cu1} + p_{Cu2} + p_{ad}$）等于不变损耗（$p_{Fe} + p_{mex}$）时，效率曲线才趋于平坦。此时，效率达最大值。如负载继续增大，由于定子、转子铜耗增加很快，效率反而有所下降。

常用的中小型异步电动机的效率，在 $0.75 \sim 1$ 倍的额定负载时达最大值。异步电动机额定负载时的效率 η_N 为 $74\% \sim 94\%$。容量愈大，η_N 就愈高。

11.2.4　功率因数 $\cos\varphi = f(P_2)$

空载时，定子电流 I_0 主要是无功的磁化电流分量，因此功率因数很低，一般低于 0.2。随着负载的增加，定子电流的有功分量增加，功率因数便逐渐上升，在额定负载附近功率因数达最大值。超过额定负载后，由于转速的降低，转差率 s 的增大，使得转子漏抗 x_2（即 sx_2）增大，转子电流与电势间的相位角 $\psi_2 = \arctan \dfrac{sx_2}{r_2}$ 增大，转子的内功率因数 $\cos\psi_2$ 降低。这导致转子的无功电流分量与相应的定子无功电流分量也增大，故定子的功率因数 $\cos\varphi$ 有所下降，如图 11-1 所示。额定负载时，功率因数一般在 $0.8 \sim 0.9$ 的范围。

由此可以看出，选用异步电动机时容量一定要恰当。如选得过大，不仅电机价格较高，而且由于电机在低载下运行，效率与功率因数均较低，很不经济。另外，在空载时，效率为零，功率因数很低，应当尽量避免这种"打空车"的情况。

11.2.5　电磁转矩 $M = f(P_2)$

异步电动机的电磁转矩与输出功率的关系是一条近乎直线而略微

向上翘的曲线。异步电动机的负载转矩 $M_2=\dfrac{P_2}{\Omega}$，电磁转矩 $M=M_2+M_0$ $=\dfrac{P_2}{\Omega}+M_0$，式中 $\Omega=\dfrac{2\pi\eta}{60}$。由于在负载增加时，$P_2$ 增加，转速 n 略有下降，使得 $M_2=f(P_2)$ 曲线略微上翘。$M=f(P_2)$ 曲线较 $M_2=f(P_2)$ 曲线高出一个空载转矩 M_0，如图 11-1 所示。

异步电动机的工作特性，可以通过如下三种方法求取：

①直接负载法；②测试计算法，即通过空载、短路试验求出异步电机参数后，利用等效电路计算求取；③用圆图法求取。

下面我们只讨论前两种方法。至于异步电机圆图是一个专门问题，本书限于篇幅不拟介绍。

11.3 用直接负载法求取工作特性

应用此法求取工作特性时，尚需利用下节所述空载试验测出电动机的铁耗 p_{Fe} 与机械损耗 P_{mec}，并用电桥测出定子一相绕组的电阻 r_1。直接负载法试验的线路图如图 11-2 所示。

在外施电压 $U_1=U_{1N}$、频率 $f_1=f_{1N}$ 的条件下进行试验，改变电动机的负载(即增加被它拖动的直流发电机 F 的负载)，分别记录不同负载下定子输入功率 P_1、定子电压 U_1、电流 I_1 和转速 n。通过测得的数据和 p_{Fe}、p_{mec} 和 r_1，即可算出不同负载下的转差率、电磁转矩、输出功率、效率和功率因数等。随即可以绘出异步电动机的工作特性。计算方法如下：

(1)转差率

$$s=\frac{n_1-n}{n_1}$$

式中，同步转速

$$n_1=\frac{60f_1}{p}$$

(2)电磁功率

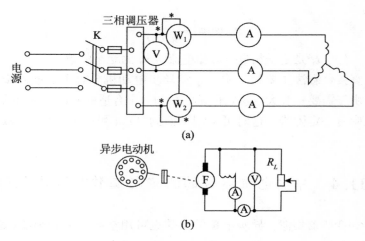

图 11-2　直接负载法线路图

$$P_{em} = P_1 - m_1 I_1^2 r_{1(75℃)} - p_{Fe}$$

式中：$r_{1(75℃)}$——在 75℃ 下的定子电阻。

（3）电磁转矩

$$M = \frac{P_{em}}{\Omega_1}$$

式中同步角速度

$$\Omega_1 = \frac{2\pi n_1}{60}$$

（4）输出功率

$$P_2 = P_{em} - p_{Cu2} - p_{ad} - p_{mec}$$

式中近似有

$$p_{Cu2} = sP_{em}; \quad p_{ad} = 0.005 P_N \left(\frac{I_1}{I_{1N}} \right)^2$$

（5）效率

$$\eta = \frac{P_2}{P_1}$$

（6）功率因数

263

$$\cos\varphi_1 = \frac{P_1}{m_1 U_1 I_1}$$

其中，U_1、I_1 是定子相电压与相电流，m_1 为定子相数。

直接负载法主要用于中、小型异步电动机。对于大型异步电动机，由于需要一套大容量的恒压电源和一个合适的负载，进行直接负载试验有一定困难。这时可采用下面的方法(测试计算法)求取工作特性。

11.4 异步电机参数的测定与工作特性的求取

和变压器相似，异步电机的参数也可用空载试验和短路(堵转)试验来确定。

11.4.1 空载试验

空载试验的目的是确定电动机的激磁参数 r_m、x_m 以及铁耗 p_{Fe}、机械损耗 p_{mec}。试验是在转子轴上不带任何负载、电源频率 $f_1 = f_{1N}$、转速 $n \approx n_1$ 的情况下进行的。试验线路图与图 11-2 很相似，不过此时异步电动机不带负载。用调压器改变电源电压的大小，使定子端电压从 $(1.1 \sim 1.2)U_{1N}$ 开始，逐步降低电压，直到转差率显著增大、定子电流开始回升为止。每次记录电动机的定子电压、电流、功率和转速，即可得到电动机的空载特性 I_{10}、$P_{10} = f(U_1)$，如图 11-3 所示。

空载时，电动机的三相输入功率可以认为全部消耗在定子铜耗、铁耗和转子的机械损耗上，即

$$P_{10} = m_1 I_{10}^2 r_1 + p_{Fe} + p_{mec} \tag{11-1}$$

将空载损耗功率减去定子铜耗，可得铁耗和机械损耗之和，即

$$P_{10} - m_1 I_{10}^2 r_1 = p_{Fe} + p_{mec} \tag{11-2}$$

铁耗的大小随电压的变化而变化，机械损耗只与转速有关而与电压的高低无关。根据这个特点，就可设法将上述两种损耗分开。

根据不同电压下的铁耗和机械损耗二项之和绘制成曲线 $p_{Fe} + p_{mec} = f(U_1^2)$，并把这一曲线延长到 $U_1^2 = 0$ 处，如图 11-4 中虚线所示。图

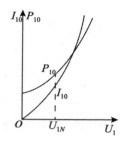

图 11-3　异步电动机的空载特性

11-4中曲线与纵坐标的交点以下部分就表示与端电压大小无关的机械损耗 p_{mec}。从这个交点作一条平行于横坐标轴的直线（图11-4上的水平虚线），在此线以上的部分则是铁耗 p_{Fe}。再由 $p_{Fe}+p_{mec}=f(U_1^2)$ 曲线纵坐标轴可找到对应于 U_{1N}^2 的损耗，便可得到对应额定端电压 U_{1N} 的铁耗 p_{Fe} 与机械损耗 p_{mec}。

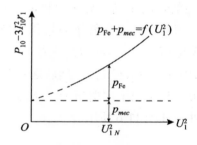

图 11-4　从空载功率中分出铁耗和机械损耗

我们再来看如何确定激磁参数。空载时，转差率 $s \approx 0$，转子回路可认为开路。此时，异步电机等效电路如图 11-5 所示。因此，定子边的空载总电抗 x_0 应为

$$x_0 = x_m + x_1 \approx \frac{U_1}{I_{10}} \tag{11-3}$$

于是激磁电抗等于

265

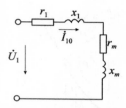

图 11-5　空载时异步电动机的等效电路

$$x_m = \frac{U_1}{I_{10}} - x_1 \qquad (11-4)$$

式中定子漏抗 x_1 可由短路试验确定。激磁电阻则为

$$r_m = \frac{p_{\mathrm{Fe}}}{m_1 I_{10}^2} \qquad (11-5)$$

11.4.2　短路(堵转)试验

短路(堵转)试验的目的是确定异步电机的短路阻抗、转子电阻和定子、转子漏抗。短路试验是在转子被堵住不转，即 $s = 1$ 的情况下进行的。调节试验电压，使 $U_1 \approx 0.4U_{1N}$ [对小型电动机，如条件具备，最好从 $U_1 = (0.9 \sim 1.0) U_{1N}$ 做起]，然后逐步降低电压进行实验。实验线路与空载相似。记录定子端电压 U_1、定子电流 I_{1k} 和功率 P_{1k}，可得电动机短路特性，如图 11-6 所示。

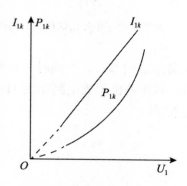

图 11-6　异步电动机的短路特性

堵转时 $s = 1$，$\dfrac{1-s}{s}r_2' = 0$，异步电动机的等效电路如图 11-7 所示。

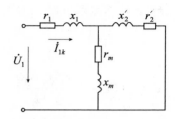

图 11-7　短路时异步电动机的等效电路

由图 11-7 可见，由于 Z_m 比 Z_2' 大得多，短路电流主要由定子、转子漏阻抗来决定。因此，即使在 $0.4U_{1N}$ 下进行短路试验，定子的短路电流仍然很大，一般为额定电流的 3~4 倍。故为了避免定子绕组过热，试验进行时间应尽量缩短。

根据短路试验数据，即可求出短路阻抗 z_k、短路电阻 r_k 和短路电抗 x_k，为

$$\begin{cases} z_k = \dfrac{U_1}{I_{1k}} \\[3mm] r_k = \dfrac{P_{1k}}{m_1 I_{1k}^2} \\[3mm] x_k = \sqrt{z_k^2 - r_k^2} \end{cases} \tag{11-6}$$

下面介绍如何根据短路参数 r_k 和 x_k 求得等效电路中的参数 r_2'、x_1、x_2'（r_1 可用电桥直接测出）。为了简化分析，假定 $x_1 = x_2'$，$r_m \ll x_m$。忽略 r_m，由图 11-7 可得

$$r_k + jx_k = r_1 + jx_1 + \frac{jx_m(r_2' + jx_1)}{r_2' + j(x_m + x_1)}$$

由上式可解出

$$r_k = r_1 + r_2' \frac{x_m^2}{r_2'^2 + (x_m + x_1)^2}$$

$$x_k = x_1 + x_m \frac{r_2'^2 + x_1^2 + x_m x_1}{r_2'^2 + (x_m + x_1)^2}$$

由式(11-3)可知 $x_0 = x_m + x_1$，代入上式可得

$$r_k = r_1 + r_2' \frac{(x_0 - x_1)^2}{r_2'^2 + x_0^2} \tag{11-7}$$

$$x_k = x_1 + (x_0 - x_1) \frac{r_2'^2 + x_0 x_1}{r_2'^2 + x_0^2} \tag{11-8}$$

由式(11-8)可得

$$x_k(r_2'^2 + x_0^2) = (x_0 - x_1)(r_2'^2 + x_0 x_1) + x_1(r_2'^2 + x_0^2)$$
$$= x_0(r_2'^2 + x_0^2) - x_0(x_0 - x_1)^2$$

即

$$\frac{(x_0 - x_1)^2}{r_2'^2 + x_0^2} = \frac{x_0 - x_k}{x_0} \tag{11-9}$$

代入式(11-7)便可求出

$$r_2' = (r_k - r_1) \frac{x_0}{x_0 - x_k} \tag{11-10}$$

将从空载试验测得的 x_0，从短路试验测得的 r_k、x_k，代入上式可求得 r_2'。再以求得的 r_2' 代入式(11-9)，可求得漏抗

$$x_1 = x_2' = x_0 - \sqrt{\frac{x_0 - x_k}{x_0}(r_2'^2 + x_0^2)}$$

由于 x_m 相对很大，对于中、大型异步电动机，图 11-7 中间的激磁支路可近似认为断开，此时可用下列简化公式来确定 r_2'、x_1 和 x_2'。

$$\begin{cases} r_2' = r_k - r_1 \\ x_1 = x_2' = \dfrac{x_k}{2} \end{cases} \tag{11-11}$$

在正常工作范围内，定子、转子漏抗基本为一常值。但当转差率较大时(例如启动时)，定子、转子电流将比各自额定值大得多。此时由于漏磁磁路饱和，漏抗变小，故定子、转子的漏抗值(饱和值)将比正常工作时小 15% ~ 30%。

在短路时,应力求测得 $I_{1k}=I_{1N}$、$I_{1k}=(2\sim3)I_{1N}$ 和 $U_{1k}=U_{1N}$ 三处的数据,然后分别算出不同饱和程度的漏抗值,以便在不同情况下采用不同的漏抗值进行计算。

计算工作特性时,采用不饱和值;计算启动特性时,采用饱和值(这是 $U_{1k}=U_{1N}$、$s=1$ 时测出的值);计算最大转矩时,采用对应于 $I_1=(2\sim3)I_{1N}$ 时的漏抗值(因最大转矩发生在 $s=s_m$ 处而 $s_m=0.12\sim0.2$,此时的定子电流约为此值)。这样做可使计算结果更接近实际情况。

通过空载、短路试验测出异步电动机的 T 形等效电路的参数后,即可计算出异步电动机的主要运行数据,绘出异步电动机的工作特性。

小　　结

本章研究了异步电动机的工作特性及其求取方法。

异步电动机的工作特性是当电源电压和频率为额定值时,I_1、$\cos\varphi_1$、s、M、η 与 P_2 之间的关系。掌握这些概念及其关系,对合理选择、运用异步电动机是非常重要的。

工作特性的求取方法有直接负载法、测试计算法与圆图法。

习　　题

11-1　试说明异步电动机工作特性中各条曲线的形状及其形成原因,从中可以看出哪些运行问题?

11-2　为什么说异步电动机在运行中应注意负载的匹配?

11-3　在异步电动机空载试验中曾经指出,当试验电压从 $(1.1\sim1.2)U_{1N}$ 开始降低电压往下做,直到定子电流回升为止。定子电流回升说明什么问题?为什么定子电流回升以后再降低电压所取得的读数就失效了?试解释之。

第 12 章　三相异步电动机的启动和调速

12.1　概　　述

异步电动机投入运行的第一步骤，就是要使静止的转子转动起来。由转速等于零开始转动到对应负载下的稳定转速的过程，称为启动过程。

异步电动机投入运行后，为适应生产机械的需要，有时要人为地改变电动机的转速。这个操作，称为电动机的转速调节，简称调速。应当指出，异步电动机的调速性能是不够理想的。

电动机启动和调速性能的好坏，是衡量电动机的运行性能的重要指标之一。本章将研究异步电动机的启动和调速性能，并简单介绍常用异步电动机的启动和调速方法。

12.2　异步电动机的启动性能

电动机的启动电流和启动转矩，是表示电动机启动性能的两个基本物理量。下面讨论这个问题。

12.2.1　启动电流和启动转矩

我们先分析异步电动机的启动电流。将鼠笼式异步电动机的定子绕组接到具有对称电压的三相电源上，电动机便开始启动。在启动初瞬，其转速 $n=0$，$s=1$，$\left(\dfrac{1-s}{s}\right)r_2'=0$。图 12-1 为这种异步电动机启动时的近似等效电路，该电路是较准确 T 形等效电路忽略其激磁支路后的情况，图中$r_k = \sigma_1 r_1 + \sigma_2^2 r_2'$，$x_k = \sigma_1 x_1 + \sigma_1^2 x_2'$。异步电动机启动时与变压器副边突然短路相似，在启动电流中有暂态分量与稳态分量两个分量，暂态分量衰减很快，当电动机接入电网尚未开始转动时，暂态分量可以认为已经衰减到零。故电动机启动电流通常是指稳态分量而言。由图 12-1 可以看出，由于短路阻抗 $z_k = \sqrt{r_k^2 + x_k^2}$ 很小，故启动电流 I_{st} 很大。虽然启动时 I_2 也很大，但此时 ψ_2 也较大，$I_2 \cos\psi_2$ 并不大，同时，由于启动时压降较大，使得 E_1 与 Φ_m 较正常运行时为小，故启动转矩并不大。

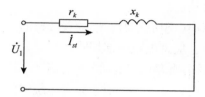

图 12-1　异步电动机启动时的近似等效电路

对于线绕式异步电动机，为加大启动转矩可以在转子回路中串入电阻启动。

12.2.2　对启动性能的要求

对异步电动机启动性能的要求为：①产生足够大的启动转矩，使电动机能够尽快进入相应负载下稳定运行。电动机所需启动转矩的大小，取决于由电动机拖动的生产机械。例如，生产机械为起重机（吊车）、空气压缩机等类机械时，需要的启动转矩很大，甚至大于额定转矩；但拖动通风机一类生产机械时，则不需要很大的启动转矩。②启动电流不致过大。当启动电流过大时，电网线路阻抗产生很大的电压降，因而使电动机端电压大大降低，影响接在同电网上的其他负载的正常运行。同时，启动电流过大时，将使电机本身受到过大电磁力的冲击；对于经常启动的鼠笼式异步电动机，还有使绕组过热的危险。③启动设备简单可靠，价格低廉。④启动操作简便。⑤启动过程短，启动过程中能量损耗小。

12.3 异步电动机的启动方法

12.3.1 线绕式异步电动机的启动

从对电动机启动性能的分析，我们已经看到：线绕式异步电动机利用转子回路串入启动电阻进行启动，可以限制启动电流及满足生产机械对电动机启动转矩的要求。因此，对于这种电动机，一般都采用转子回路串电阻启动法。

采用转子回路串电阻启动时，应随着转速的升高，逐渐切除启动电阻。启动完毕后，应将电阻全部切除。

另外，还可以采用频敏电阻起动器进行启动。其接线图如图 12-2(a)所示。所谓频敏电阻，其结构类似于只有原绕组的三相变压器，但其铁芯由几片较厚的钢板或铁板制成。三相铁芯柱上绕有三相绕组，如图 12-2(b)所示。由于组成铁芯的钢板或铁板较厚，因此涡流较大，从而铁耗电阻 r_m 较大。频敏电阻的等效电路如图 12-2(c)所示。图中，r_1 是一相绕组本身的电阻。

由于铁芯设计的饱和程度较高，激磁电抗 x_m 不大，电阻 r_1 也很小，故 r_m 起着重要的作用。因涡流损耗与频率的平方成正比，当电动机启动时，转子电流的频率较高($f_2 = f_1$)，频敏电阻铁芯的涡流损耗及对应的铁耗电阻 r_m 较大(同时，电抗与频率成正比，激磁电抗 x_m 启动时也较大)，所以能起到限制电动机的启动电流、增大启动转矩的作用。启动后，随着转子转速的上升，对应的转差率 s 下降，转子电流的频率($f_2 = sf_1$)便逐渐减小，于是频敏电阻铁芯中的涡流损耗和铁耗电阻 r_m 也随之减小。启动完毕时，最好将转子绕组短路[可用图 12-2(a)的开关 K_2 短路]。

频敏电阻是一种静止的无触点变阻器，其结构简单，在启动过程中，电磁转矩变化平滑，使用寿命长，维护方便，而且易于实现启动自动化。因此，频敏电阻是一种较好的启动器。

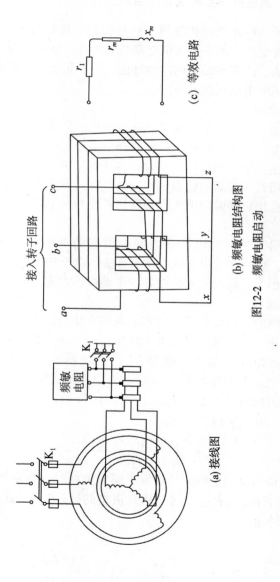

(c) 等效电路

(b) 频敏电阻结构图

(a) 接线图

图12-2　频敏电阻启动

12.3.2　鼠笼式异步电动机的启动

鼠笼式异步电动机结构简单、价格便宜、运行可靠、维修方便，是现在应用得最广泛的一种交流电动机。因此，研究鼠笼式异步电动机的启动方法、改善电动机的启动性能，具有很大的实际意义。下面介绍几种常用的电动机启动方法。

1. 直接启动

直接启动，就是指把鼠笼式异步电动机的定子绕组直接接到具有额定电压的电网上进行起动。这种启动方法用的启动设备简单，启动操作也很简便。但是，直接启动时，启动电流很大。

为了利用直接启动的优点，在设计鼠笼式异步电动机的定子绕组时，都是按直接启动时的电磁力和发热考虑异步电动机的机械强度和热稳定性。

当直接启动的启动电流在电网中引起的电压降不超过（$10\% \sim 15\%$）U_{1N}时，则允许采用直接启动的方法。由于现代电力系统和变电所的容量都很大，故较大容量的异步电动机也常常采用直接启动。

2. 降压启动

当按电网的允许电压降条件不准采用直接启动时，根据启动电流与端电压成正比的关系，可以采用降压启动法来限制启动电流。

忽略激磁电流分量 I_0，则 $I_2' = I_1$；启动初瞬，定子每相电流为 I_{1st}，则转子电流的折算值为 $I_{2st}' = I_{1st}$。设定子每相额定电流为 I_{1N}，则转子额定电流的折算值 $I_{2N}' = I_{1N}$，由式（10-7）和式（10-9）可得启动转矩（启动时 $n = 0$，$s = 1$）为

$$M_{st} = \frac{P_{emst}}{\Omega_1} = \frac{m_1 I_{2st}'^2 r_2'}{\Omega_1} = \frac{m_1 I_{1st}^2 r_2'}{\Omega_1} \tag{12-1}$$

若近似认为电动机额定转矩等于额定负载时的电磁转矩（因它们所对应的功率 P_{2N} 与 P_{emN} 之间只相差很小的损耗），设此时转差率为 s_N，则额定转矩

$$M_N = M_{emN} = \frac{P_{emN}}{\Omega_1} = \frac{m_1 I_{2N}'^2 \dfrac{r_2'}{s_N}}{\Omega_1} = \frac{m_1 I_{1N}^2 r_2'}{s_N \Omega_1}$$

将以上二式相除，得到

$$\frac{M_{st}}{M_N} = \left(\frac{I_{1st}}{I_{1N}}\right)^2 s_N \qquad\qquad (12\text{-}2)$$

这说明启动转矩倍数 $\dfrac{M_{st}}{M_N}$ 等于启动电流倍数的平方 $\left(\dfrac{I_{1st}}{I_{1N}}\right)^2$ 乘以额定负载时的转差率 s_N。

由式(12-2)可知使用降压启动虽然限制了启动电流 $\dfrac{I_{1st}}{I_{1N}}$，但由于转差率 s_N 很小，启动转矩倍数 $\dfrac{M_{st}}{M_N}$ 会显著降低。这是其不足之处。因此，这种启动方法，只适用于对启动转矩要求不高的场合。下面谈几种降压启动的方法。

（1）定子绕组串电抗启动

线路图如图 12-3 所示。启动时，先合上电源开关 K_1，并将双投开关 K_2 投向"启动"（即向下）位置，定子绕组即串入电抗以减小启动电流。待电机启动后，将双投开关 K_2 投向"运行"（即向上）位置，电动机即进入正常运行。

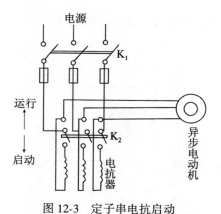

图 12-3　定子串电抗启动

设其允许的启动电流倍数为 $k_{1st}\left(\text{即}\dfrac{I_{1st}}{I_{1N}}\right)$，则由式(12-2)可以得启动转矩倍数

$$\frac{M_{st}}{M_N} = k_{1st}^2 \cdot s_N \qquad (12\text{-}3)$$

通常 s_N 很小，允许启动电流倍数 k_{1st} 也不大，故启动转矩倍数较小。

(2)用自耦变压器(成品称补偿启动器)降压启动

启动器内部主要设备是一台三相自耦变压器。启动时，经自耦变压器接到定子绕组上，降压启动；转速稳定后，将定子绕组接到电网上，全压运行。其接线图如图 12-4 所示。设自耦变压器原、副边电压之比为 k_a，经自耦变立器降压后加到电动机，电压为 $\frac{U_N}{k_a}$(设电网电压为额定电压 U_{1N})，电动机在额定电压下直接启动电流设为 I_{stN}。由于经自耦变压器加到电动机上的电压为 $\frac{U_N}{k_a}$，那么进入电动机定子绕组的启动电流 I_{st} 为 I_{stN} 的 $\frac{1}{k_a}$ 倍，即 $I_{st} = \frac{I_{stN}}{k_a}$。同时，又由于此电流为自耦变压器副边的输出电流，那么电网供给自耦变压器原边电流为 $I_{st网} = \frac{I_{st}}{k_a}$。由此可见，电网供给的启动电流为

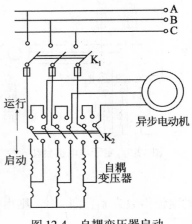

图 12-4　自耦变压器启动

$$I_{st网} = \frac{I_{stN}/k_a}{k_a} = \frac{I_{stN}}{k_a^2} \qquad (12\text{-}4)$$

即降到全压直接启动的 $\frac{1}{k_a^2}$ 倍。由于启动电压为 $\frac{U_N}{k_a}$，所以启动转矩也

降到直接启动的 $\frac{1}{k_a^2}$。

设电网供给的启动电流倍数允许值为 k_{1st}，即

$$k_{1st} = \frac{I_{st网}}{I_{1N}}$$

则进入电动机的启动电流允许值为

$$I_{1st} = k_a I_{st网} = k_a k_{1st} I_{1N}$$

代入式(12-2)可得

$$\frac{M_{st}}{M_N} = k_a^2 k_{1st}^2 S_N \qquad (12\text{-}5)$$

由式(12-3)与式(12-5)可见，一台异步电动机采用电抗器或自耦变压器启动，当电网提供的启动电流降到同一允许值(k_{1st} 相同)时，则采用自耦变压器的启动转矩比电抗器启动的大，故串电抗器法很少采用。同时可以看出，由于 s_N 较小，即使用自耦变压器启动，启动转矩也不大。

(3)Y-△启动

启动接线图如图 12-5(a)所示。这种方法适用于电动机定子绕组六个出线端全部引出机壳外，并且正常运行时，定子绕组为三角形连接的情况。

启动操作程序为：先把双投开关 K_2 合在"启动"(Y接)一边，将定子绕组接成星形；合上开关 K_1，启动电动机。当电动机转速升高到接近稳定转速时，将双投开关 K_2 换到"运行"(△接)一边，定子绕组接成三角形，电动机在额定电压下加速到稳定转速，进入正常运行。

设电动机启动时，电机的每相阻抗为 z，如电动机作△连接直接

启动，则定子绕组中的每相启动电流为 $\dfrac{U_N}{z}$（设外加电压为额定电压

U_N）。由于线电流为相电流的 $\sqrt{3}$ 倍，故电网进入电动机的启动线电流

$I_{st\triangle} = \dfrac{\sqrt{3}\,U_N}{z}$，如图 12-5（b）所示。

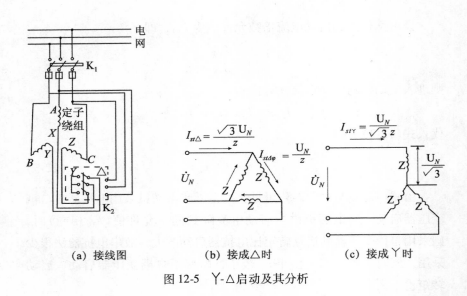

（a）接线图　　（b）接成△时　　（c）接成Ｙ时

图 12-5　Ｙ-△启动及其分析

如电动机作Ｙ连接启动，由于定子每相绕组电压为额定电压 U_N

的 $\dfrac{1}{\sqrt{3}}$ 倍，定子每相绕组的启动电流为 $\dfrac{U_N}{\sqrt{3}\,z}$。由于是Ｙ连接，线电流等于

相电流，故电网进入电动机的启动线电流 $I_{stY} = \dfrac{U_N}{\sqrt{3}\,z}$，如图 12-5（c）

所示。

故　　　　　　　　$\dfrac{I_{stY}}{I_{st\triangle}} = \dfrac{\dfrac{U_N}{\sqrt{3}\,z}}{\dfrac{\sqrt{3}\,U_N}{z}} = \dfrac{1}{3}$

即丫连接时，由电网供给电动机的启动电流只为△连接时的 $\frac{1}{3}$。由于

启动转矩与电压的平方成正比，又 $U_{Y\phi} = \frac{U_{\Delta\phi}}{\sqrt{3}}$，故 $\frac{M_{stY}}{M_{st\triangle}} = \frac{1}{3}$，即丫连接

启动转矩也只等于△连接的 $\frac{1}{3}$ 倍。

丫-△启动法，相当于变比 $k_a = \sqrt{3}$ 的自耦变压器降压启动，而它比自耦变压器降压启动法所用的附加设备少，操作也较简便。因此，现在生产的小型异步电动机，常采用这种方法启动。但是这种启动方法，在倒换开关 K_2 时，电动机的定子绕组突然开路，有产生操作过电压的危险。因此，这种启动方法，只用于低压鼠笼式异步电动机中。

鼠笼式异步电动机的降压启动法，虽然可以减小电网中的启动电流、减小电网电压降、对在同一电网上运行的其他负载的影响较小，但是降低了电动机的启动转矩，这是降压启动法的共同缺点。因此降压启动法，只适用于电动机空载或轻载启动的场合。现将鼠笼式异步电动机上述几种启动方法进行比较，如表 12-1 所示。

表 12-1　　鼠笼式异步电动机常用降压启动方法比较

降压启动 方法	电抗降压	自耦降压	丫-△降压
启动电压	kU_N（降压系数 $k<1$）	$\dfrac{U_N}{k_a}$（k_a 为变比 $k_a>1$）	$\dfrac{1}{\sqrt{3}}U_N$
启动电流	kI_{stN}	$\dfrac{I_{stN}}{k_a^2}$	$\dfrac{1}{3}I_{stN}$
启动转矩	$k^2 M_{stN}$	$\dfrac{M_{stN}}{k_a^2}$	$\dfrac{1}{3}M_{stN}$

续表

降压启动方法	电抗降压	自耦降压	Ｙ-△降压
优缺点与适用场合	相对于直接启动：①启动电流小；②启动转矩小。 一般用于容量较大且轻载启动的电动机	相对于电抗降压方法：①启动电流较小；②启动转矩较大。 一般用于容量较大，不频繁启动的电动机	相当于 $k_a=\sqrt{3}$ 的自耦降压启动，具有自耦降压的特点。 一般用于小容量正常运行作△连接的电动机

说明： 表中，I_{stN} 是电网电压为额定值的直接启动电流，M_{stN} 是电网电压为额定值的直接启动转矩。当电网额定电压为 U_N，串电抗启动加在电动机上电压为 U 时，降压系数 $k=\dfrac{U}{U_N}$。

12.3.3 双鼠笼、深槽鼠笼电动机

为了利用鼠笼式异步电动机结构简单、运行可靠、价格便宜等优点，从利用集肤效应的作用提高电动机的启动性能出发，研究人员设计制造了两种特殊形式的鼠笼式异步电动机，即双鼠笼和深槽鼠笼电动机。现将它们的特点分别叙述如下。

1. 双鼠笼异步电动机

这种异步电动机的转子有两个鼠笼，转子槽漏磁场的分布情况如图 12-6 所示，图中上鼠笼 Q 由黄铜或铝青铜等电阻率比较大的材料制成导条和端环，并且导条截面积较小，故有较大的电阻 r_Q；又它靠近转子表面，交链的漏磁较少，所以 Q 笼有较小的漏抗 X_Q。下鼠笼 G 的导条由电阻率较小的紫铜制成，并且导条截面积较大，因而电阻 r_G 较小；它处于转子铁芯内部，交链的漏磁较多，因而有较大的漏抗 x_G。

启动时（$s=1$），转子电流的频率较高（$f_2=sf_1=f_1$），转子漏抗大于电阻，转子上、下笼的电流分配主要取决于漏抗。这时，因为 $x_Q<$

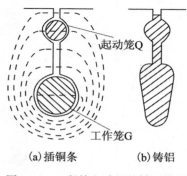

起动笼Q

工作笼G

(a)插铜条　　　　(b)铸铝

图 12-6　双鼠笼电动机的转子槽形

x_G，所以启动电流主要通过上鼠笼（启动笼）。由于上鼠笼本身有较大的电阻，相当于线绕式异步电动机在转子回路中串入电阻，因而降低了启动电流，提高了启动转矩。由于启动时上鼠笼起主要作用，所以上鼠笼被称为启动鼠笼。上鼠笼的 $M=f(s)$ 曲线如图 12-7 中的虚线 1 所示。

电动机运行时，转子电流频率很低，转子漏抗变小，转子电阻大于漏抗，于是上、下笼的电流分配将主要取决于电阻。这时，因为转子电流主要通过电阻较小的下鼠笼（工作笼），即运行时下鼠笼起主要作用。下鼠笼又被称为工作鼠笼。下鼠笼的 $M=f(s)$ 曲线如图 12-7 中虚线 2 所示。

电动机的 $M=f(s)$ 曲线由上、下鼠笼的 $M=f(s)$ 曲线合成得出，如图 12-7 中的曲线 3 所示。由 $M=f(s)$ 曲线可见，双鼠笼式电动机有较大的启动转矩 M_{st}，同时，它在额定负载下运行时，有较高的转速，即也有较好的运行性能。但由于双鼠笼转子的漏抗比单鼠笼的大些，所以它的功率因数和过载能力比同容量的单鼠笼异步电动机稍低。

双鼠笼转子也可以采用铸铝转子绕组，其常见形状如图 12-8 所示。它们的性能与上述双鼠笼电动机相似。

2. 深槽鼠笼异步电动机

其转子外形与单鼠笼转子相同，但转子槽又深又窄。转子槽形及漏磁磁场的分布如图 12-9(a)所示。

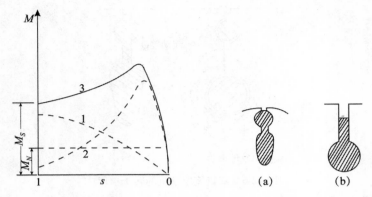

图 12-7　双鼠笼式电动机的 $M=f(s)$ 曲线　　图 12-8　改善启动特性的转子槽形

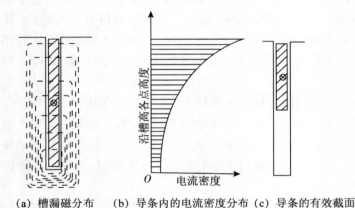

（a）槽漏磁分布　　（b）导条内的电流密度分布　（c）导条的有效截面

图 12-9　深槽式转子导条中电流的集肤效应

由图 12-9（a）可见，深槽鼠笼导体下半部交链漏磁较多，漏抗大；上半部导体交链的漏磁少，漏抗小。电动机启动时（$s=1$），转子电流的频率较高（$f_2=sf_1=f_1$），转子导体中电流的分配主要取决于漏抗。因此启动时，转子电流集中于导体的上半部截面中，电流密度沿槽深的分布如图 12-9（b）所示。这就是电流的集肤效应。

由于电流的集肤效应，启动初始时相当于转子导体的有效截面积减小[见图 12-9（c）]，因而转子电阻增大，降低了启动电流，提高了启动转矩，从而改善了启动性能。运行时，f_2 很低，转子导体中的电流分配取决于电阻，于是转子电流便均匀分布于导体截面上，转子导体有效截面较启动初始时为大，电阻减小，因而电动机负载运行时有较高转速和效率。由上述可见，深槽鼠笼异步电动机也有较好的启动性能和运行性能。因为深槽鼠笼的转子漏抗较单鼠笼的大些，所以它的功率因数和过载能力较之同容量的单鼠笼电动机稍低。

12.4　异步电动机的调速

12.4.1　调速原理简述

异步电动机转子的转速

$$n = n_1(1-s) = \frac{60f}{p}(1-s) \tag{12-6}$$

公式表明，异步电动机的调速方法有三种：

（1）变频调速，即改变电源频率 f 以调速。

（2）变极调速，即改变极对数 p 以调速。

（3）变转差率调速，即改变转差率 s 以调速。

12.4.2　几种主要的调速方法

1. 变频调速

变频调速需要有可调频率的电源，例如可调频率的同步发电机与晶闸管变频器等。此种调速法由于需要有一套变频装置，使设备费用增加，故采用较少。

2. 变极调速

一般异步电动机正常运行时，转差率很小，转速接近于同步转速。由同步转速 $n_1 = \dfrac{60f}{p}$ 可知，当电网频率 f 不变时，极对数 p 增加一倍，同步转速就减小一半，从而转速也减小近一半。这样，只要设法改变定子极对数，就可以改变异步电动机的转速。由于异步电动机转子极对数必须与定子极对数相同，才能进行工作，因此，对于线绕式异步电动机，在改变定子极对数的同时，还必须相应的改变转子的极对数，这是很复杂的，从而很少采用。

鼠笼式转子的极对数会自动与定子极对数相等，所以，变极调速的方法只用于鼠笼式异步电动机。下面，我们主要讨论单绕组双速电动机变极调速原理。

设异步电动机的每相定子绕组具有两个相同的线圈，如图12-10所示。图中只绘出一相绕组（现绘出 A 相绕组）。当定子绕组作"顺串"连接时，形成的极数 $2p=4$，如图12-10(a)所示。取 A 相电流为最大值的瞬间来分析(因为此时三相绕组通过三相电流所形成的旋转磁场轴线在 A 相绕组的轴线上)。如果将定子绕组改接成"反串"，见图12-10(b)，或"反接并联"，见图12-10(c)，所形成的极数均为 $2p=2$，即极对数减少一半。此时，转子转速将增加近一倍。具有这种定子绕组的电动机称为双速电动机。

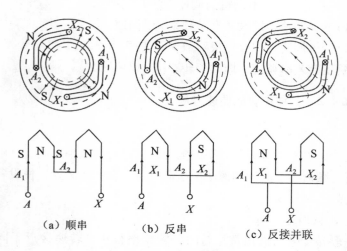

（a）顺串　　　（b）反串　　　（c）反接并联

图 12-10　变极调速原理

图12-11(a)所示系改变极对数进行调速的定子绕组及其切换开关的连接图。当切换开关放在"第一种转速"位置上时，定子绕组的

每相的两半绕组接成串联,三相绕组接成三角形,如图 12-11(b)所示,此时的极对数设为 $p_\triangle$,则其同步转速为 $n_{1\triangle} = \dfrac{60f}{p_\triangle}$;当切换开关切换到"第二种转速"位置上时,定子绕组的每相的两半绕组接成反接并联,三相绕组连成双星形(丫丫)接到电网,如图 12-11(c)所示,显然此时的极对数 $p_{YY} = \dfrac{1}{2} p_\triangle$,那么,其同步转速变为 $n_{1YY} = \dfrac{60f}{p_{YY}} = 2\left(\dfrac{60f}{p_\triangle}\right) = 2n_{1\triangle}$。因为异步电动机的实际转速略低于其同步转速,于是第二种转速与第一种转速相比将近增加了一倍。

对这样的双速电机,少极时定子绕组相带通常是 60°,当绕组改接成多极(倍极)时,极数增加一倍,电角也增加一倍,相带便由 60° 变成 120° 了。具体来说,在少极(设为二极)时,B 相绕组在空间滞后于 A 相绕组 120° 电角,C 相绕组在空间滞后 A 相绕组 240° 电角,相序为 A—B—C;当改为多极(四极)时,B 相绕组在空间滞后于 A 相绕组 240° 电角,C 相绕组在空间滞后 A 相绕 480°(即 120°),相序为 A—C—B。这表明变极前后电动机的转向不相同。故为了使两种极数的转子转向相同,变极时应把电源任意对调两相才行。

如果定子铁芯中装有两套独立的三相绕组,其中一套三相绕组又可用上述方法改变极对数的话,就形成三速电动机(其同步转速可以是 750/1000/1500r/min 或 1000/1500/3000r/min)。同理,如在定子上装上两套都可独立按上述方法变极的三相绕组,则可以做成四速电动机(其同步转速可以是 500/750/1000/1500r/min 或 500/1000/1500/3000r/min)。实际上,一般多速电动机不超过四速,同时调速级数愈多,电机结构与切换也愈麻烦。经过特殊设计的绕组也可用一套实现二级以上的变极调速。

应当指出:变极调速法的调速平滑性差,同时,双速电机的尺寸一般比同容量普通电动机稍大,定子绕组出线头多,需要有转换开关,运行性能也略有变坏。它适用于不需平滑调速的场合。

3. 变 s 调速

为了改变转差率 s,可用改变定子电压 U_1、转子回路串电阻等方

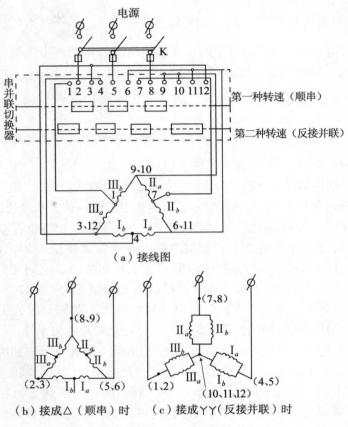

图 12-11　双速电动机及其切换开关

法。下面介绍改变定子电压 U_1 与转子串电阻的变 s 调速方法。

（1）改变电压 U_1 来调速

如图 12-12 所示的曲线 1 为 $U_1 = U_{1N}$ 时的 $M = f(s)$ 曲线。当电压降低为 $\beta U_{1N}(0<\beta<1)$，由式（10-12）可知，在同一转差率 s 时电磁转矩 M 将降为 $\beta^2 M$，如图 12-12 中曲线 2、3 所示。如果负载制动转矩 M_0+M_2 不变，转差率将由 ab 增大为 ac，即转速将有所降低。转速的变化可粗略估计如下，由式（10-11）可知，$M=C_M\varPhi_m I_2\cos\psi_2$，当转差

率很小时，ψ_2 很小$\left(\text{因 } \psi_2 = \arctan \dfrac{sx_2}{r_2}\right)$，于是可以认为 $\cos\psi_2 = 1$。如

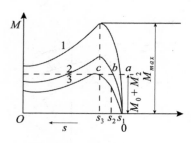

图 12-12　变压调速

$M = C_M \Phi_m I_2 = M_0 + M_2 = C$，当 U_1 由 U_{1N} 降变为 βU_{1N} 时，E_1 和 Φ_m 也约为原来的 β 倍，I_2 以及 I_2' 将增到原来的 $1/\beta$ 倍，又

$$s = \frac{p_{Cu2}}{P_{em}} = \frac{m_1 I_2'^2 r_2'}{M\Omega_1} \tag{12-7}$$

故转差率便为原来的 $1/\beta^2$ 倍，即 $s' = \dfrac{s}{x^2}$，于是调速后的转速

$$n = n_1 \times (1 - s') = n_1\left(1 - \frac{s}{x_2^2}\right)$$

其中的 s 为原来的转差率。

利用这种方法来调速，由于 $M_{\max}$ 与 v_1^2 成正比，当 v_1 降低时，$M_{\max}$ 有显著降低，于是调速后的运行稳定性就差些。同时，定子、转子绕组电流也将增大，时间长就有可能烧坏电机。因此，在实际运行中，应密切注意防止这种事故的发生。

（2）转子回路串电阻调速

这种调速方法，只适用于线绕式异步电动机。调速电阻必须按长期工作设计，它可兼作启动电阻，称为启动调速电阻；但专用的启动电阻，则不能作调速电阻。因为，启动电阻是按短时工作设计的，在调速运行中可能烧坏。

当改变转子回路电阻时，对应于不同大小的调速电阻，电动机的

$n = f(M)$ 曲线如图 12-13 所示。由图可见，在一定的负载制动转矩下，增大调速电阻，曲线由 1 变成 2，转速从 n 降到 n'。

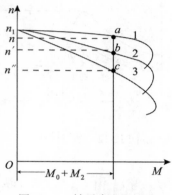

图 12-13   转子串电阻调速

这种调速方法，调速范围的大小随负载转矩的大小而变化，在空载下调速范围甚小。同时，由于转子铜耗与转差率 s 成正比，随着转子转速的降低，在转子回路电阻上消耗的电能增加，电动机的效率降低，可见此种调速经济性较差。但是，这种调速方法简单，并且调节平滑，故也有其可取之处。

小   结

本章讨论电动机的启动和调速，这是异步电动机运行中的两个主要问题。

关于电动机的启动问题，这里讨论了异步电动机的启动性能（主要是电动机的启动电流和启动转矩）、对电动机启动的要求和几种启动方法。本章以异步电动机的电磁基本关系为基础，说明了进行电动机直接启动时启动电流很大而启动转矩不大这一现象的物理本质，从而找出异步电动机降低启动电流与提高启动转矩的方法。例如，线绕式异步电动机转子回路串电阻启动，可以达到改善电动机启动性能的目的。对具体情况应进行具体分析，以便选择不同形式的电动机和不同的启动方法来满足使用的需要。

关于电动机的调速问题，这里提出的是一般的调速方法。变频调速可适用于线绕式和鼠笼式电动机，这种调速方法需要可变频率的电源。变频电源设备的改进，对它的应用范围的扩大有很大的关系。

另外，线绕式异步电动机，可以采用改变转子回路的调速电阻进行调速；对于鼠笼式异步电动机，可以采用变极调速法。

习　题

12-1　三相线绕式异步电动机在转子回路中串入电阻启动，为什么能改善启动特性？如果所串的电阻过大，是否也能增大启动转矩？为什么？

12-2　一台三相四极异步电动机，额定容量为 28kW，额定线电压为 380V，额定负载时的 $\eta_N = 90\%$，$\cos\varphi_N = 0.88$，定子绕组为△连接；在额定电压下，短路电流为额定电流的 6 倍。如果作丫-△启动，试问启动电流是多少？

12-3　一台三相鼠笼式异步电动机，$P_N = 4\mathrm{kW}$，$U_{1N} = 380\mathrm{V}$，△连接，$r_1 = 4.47\Omega$，$x_1 = 6.7\Omega$；$r_m = 11.9\Omega$，$x_m = 188\Omega$，$r'_2 = 3.18\Omega$，$x'_2 = 9.85\Omega$，$n_N = 1442\mathrm{r/min}$，试求：（1）额定转速的电磁转矩；（2）最大转矩与过载能力。

第13章 三相异步电动机在不对称电压下运行以及其他异步电机

13.1 概　述

当三相异步电动机在运行中因故障而断开其中一相时，即成为单相运行。此时的运行状态属于三相异步电动机的故障状况。三相异步电动机在单相状态下运行时，由于负序电流及反转磁场的存在，在重载下将使绕组铜耗和电机铁耗剧增。这会引起电动机温升急剧升高，甚至可能使电机烧坏，故发现单相运行时应立即切断电源，进行检查。运行经验表明，由于三相电动机的单相运行而烧坏的现象是屡见不鲜的。对此，必须予以充分重视。

本章开始介绍分析不对称运行的重要方法——对称分量法，并以此来分析三相异步电动机的不对称运行。

除三相异步电动机外，异步电动机还包括单相异步电动机、感应调压器与移相器、自整角机、交流伺服电动机等。对这几种异步电机，本章将做一简单介绍。

13.2　对称分量法

对称分量法是把一组不对称的量（如电流、电压、磁通等）分解成几组对称的量后再进行分析的方法。后者称为前者的对称分量。

一组三相不对称的量，究竟能分解成几组三相对称的量呢？要回答这个问题，首先应了解一组三相对称的量应具有的条件。这就是：

①大小相等；②三个相量彼此之间的相位差相等，即相邻两个相量之间的相位差 θ 的 3 倍应等于 2π 或 $2k\pi$（k 为正整数），若用数学式子表示就是

$$3\theta = 2k\pi$$

或

$$\theta = \frac{2k\pi}{3}(k = 1,\ 2,\ 3,\ \cdots,\ n)$$

满足这样对称条件的三相系统，实际只有正序、负序和零序三种。对正序、负序、零序分别加脚注"+"，"－"、"0"，以示区别。现以电流为例，均以 A 相为参考，分别写出 B、C 相的正序、负序、零序电流的表达式。

正序为

$$\begin{cases} \dot{I}_{B+} = e^{-j\frac{2\pi}{3}}\dot{I}_{A+} = e^{j\frac{4\pi}{3}}\dot{I}_{A+} \\ \dot{I}_{C+} = e^{-j\frac{2\pi}{3}}\dot{I}_{B+} = e^{-j\frac{4\pi}{3}}\dot{I}_{A+} = e^{j\frac{2\pi}{3}}\dot{I}_{A+} \end{cases} \tag{13-1}$$

一般用复数运算符号 a 代表 $e^{j\frac{2\pi}{3}}$，以 a^2 代表 $e^{j\frac{4\pi}{3}}$，则

$$\begin{cases} \dot{I}_{B+} = a^2\dot{I}_{A+} \\ \dot{I}_{C+} = a\,\dot{I}_{A+} \end{cases} \tag{13-2}$$

其相量图如图 13–1（a）所示。

负序为

$$\begin{cases} \dot{I}_{B-} = e^{-j\frac{4\pi}{3}}\dot{I}_{A-} = e^{j\frac{2\pi}{3}}\dot{I}_{A-} = a\,\dot{I}_{A-} \\ \dot{I}_{C-} = e^{-j\frac{4\pi}{3}}\dot{I}_{B-} = e^{-j\frac{8\pi}{3}}\dot{I}_{A-} = e^{-j\frac{2\pi}{3}}\dot{I}_{A-} = e^{j\frac{4\pi}{3}}\dot{I}_{A-} = a^2\dot{I}_{A-} \end{cases} \tag{13-3}$$

其相量图如图 13-1（b）所示。

零序为

$$\dot{I}_{A0} = \dot{I}_{B0} = \dot{I}_{C0} \tag{13-4}$$

其相量图如图 13-1（c）所示。

将图 13-1（a）、（b）、（c）三组对称分量相加，便得图 13-1（d）所示的三相不对称的量。即

$$\begin{cases} \dot{I}_A = \dot{I}_{A+} + \dot{I}_{A-} + \dot{I}_{A0} \\ \dot{I}_B = \dot{I}_{B+} + \dot{I}_{B-} + \dot{I}_{B0} = a^2\dot{I}_{A+} + a\,\dot{I}_{A-} + \dot{I}_{A0} \\ \dot{I}_C = \dot{I}_{C+} + \dot{I}_{C-} + \dot{I}_{C0} = a\,\dot{I}_A + a^2\,\dot{I}_{A-} + \dot{I}_{A0} \end{cases} \tag{13-5}$$

考虑到 $1+a+a^2=0$，$a^3=1$，$a^4=a$，将上列三式联立求解，可得

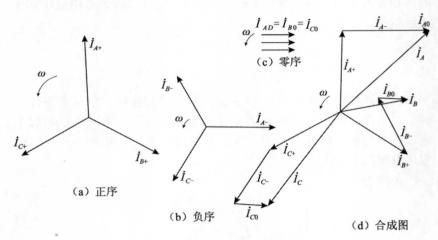

（a）正序　（b）负序　（c）零序　（d）合成图

图 13-1　对称分量法的合成

$$\begin{cases} \dot{I}_{A+} = \dfrac{1}{3}(\dot{I}_A + a\,\dot{I}_B + a^2\dot{I}_C) \\[2mm] \dot{I}_{A-} = \dfrac{1}{3}(\dot{I}_A + a^2\dot{I}_B + a\,\dot{I}_C) \\[2mm] \dot{I}_{A0} = \dfrac{1}{3}(\dot{I}_A + \dot{I}_B + \dot{I}_C) \end{cases} \tag{13-6}$$

如已知一组三相不对称的量 $\dot{I}_A$、$\dot{I}_B$、$\dot{I}_C$，可以从上面式子中求出 A 相的各相序分量 $\dot{I}_{A+}$、$\dot{I}_{A-}$、$\dot{I}_{A0}$。通过各序分量各相量之间的相位差规律，即式(13-2)，式(13-3)与式(13-4)，不难求出 B 相和 C 相的各相序分量 $\dot{I}_{B+}$、$\dot{I}_{B-}$、$\dot{I}_{B0}$ 与 $\dot{I}_{C+}$、$\dot{I}_{C-}$、$\dot{I}_{C0}$。

如果三相电压不对称，同样可以分解出三相电压的对称分量。式(13-1)～式(13-6)中，只要以 U 代替 I，就可以找出各相序对称分量。对于三相不对称的电势、磁势和磁通等，也可以同样处理。

对称分量法的理论基础是叠加原理，因此只能用于具有线性参数的系统。在非线性的系统中，如果能采用线性化的假设，可以得出近似的结果，否则可能出现较大的误差。

[例 13-1]　将一组不对称的三相电压 $U_A = 220e^{j0°}$ V，$U_B = 220e^{-j120°}$ V，$\dot{U}_C = 0$ 分解为对称分量，并绘出相量图。

[解]　由式(13-6)可得

$$\dot{U}_{A+} = \frac{1}{3}(\dot{V}_A + a\dot{V}_B + a^2 V_C)$$

$$= \frac{1}{3}(220e^{j0°} + e^{j120°} \cdot 220e^{-j120°})$$

$$= \frac{1}{3}(220 + 220) = 146.7V$$

$$\dot{U}_{A-} = \frac{1}{3}(\dot{U}_A + a^2\dot{U}_B + a\dot{U}_C)$$

$$= \frac{1}{3}(220e^{j0°} + e^{j240°} \cdot 220e^{-j120°})$$

$$= \frac{1}{3}(220 + 220e^{j120°})$$

$$= 73.3e^{j60°}V$$

$$\dot{U}_{A0} = \frac{1}{3}(220 + 220e^{-j120°})$$

$$= \frac{1}{3} \cdot 220e^{-j60°}$$

$$= 73.3e^{-j60°}V$$

相量图如图 13-2 所示。

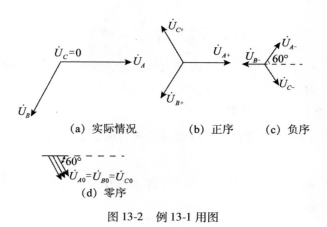

(a) 实际情况　　　(b) 正序　　　(c) 负序

(d) 零序

图 13-2　例 13-1 用图

293

13.3 在不对称电压下运行的三相异步电动机与椭圆形旋转磁势

由第 7 章中的分析可知，将对称电流通入对称的三相绕组，便能产生圆形旋转磁势。但是实际运行的三相异步电动机，由于某种原因（例如电源的三相电压不对称），达不到这种理想的情况。此时，通入三相绕组的电流是不对称电流，用对称分量法可以将此电流分解为正序电流和负序电流分量（由于无中线，故无零序电流）。对称的正序电流和负序电流通入对称的三相绕组，都能分别产生圆形旋转磁势，只是由于正序电流和负序电流的大小与相序不同，因而相应的正序和负序磁势 $\overrightarrow{F_+}$ 和 $\overrightarrow{F_-}$ 的大小与转向不同。现假设正序电流大于负序电流，从而 $F_+ > F_-$，如图 13-3 所示。如果将不同瞬时的 $\overrightarrow{F_+}$ 与 $\overrightarrow{F_-}$ 相加，可以得到一个幅值变化的旋转磁势 $\overrightarrow{F}$，$\overrightarrow{F}$ 的矢量端点轨迹是一个椭圆，故称为椭圆形旋转磁势。

假设合成磁势 $\overrightarrow{F}$ 的横轴分量为 x，其纵轴分量为 y，则

$$\begin{cases} x = F_+ \cos\omega t + F_- \cos\omega t = (F_+ + F_-)\cos\omega t \\ y = F_+ \sin\omega t - F_- \sin\omega t = (F_+ - F_-)\sin\omega t \end{cases}$$

由上式可得

$$\frac{x^2}{(F_+ + F_-)^2} + \frac{y^2}{(F_+ - F_-)^2} = 1$$

这表明合成磁势 $\overrightarrow{F}$ 矢量的端点轨迹是一个椭圆。其长轴是 F 的最大值，为 $F_+ + F_-$，其短轴是 F 的最小值，为 $F_+ - F_-$。

由图 13-3 不难看出：

（1）当正、负序磁势相等（即 $F_+ = F_-$）时，合成磁势 $\overrightarrow{F}$ 便是脉振磁势；

（2）只有正序磁势或负序磁势（即 $F_- = 0$ 或 $F_+ = 0$）时，$\overrightarrow{F}$ 便成为圆形旋转磁势。

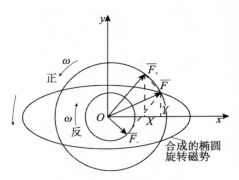

图 13-3　椭圆形旋转磁势

负序旋转磁势和磁场在异步电动机中产生的附加损耗与附加转矩，将引起温升变大、效率降低、过载能力降低等不良后果。所以，在三相异步电动机运行中，应限制负序旋转磁势，使合成磁势尽可能接近圆形旋转磁势，以改善电动机的运行性能。三相异步电动机不能在电网电压严重不对称情况下运行。

13.4　单相异步电动机

13.4.1　工作原理

单相异步电动机接在单相电源上工作，电动机的定子上装有一个工作绕组，转子一般是鼠笼式的，如图 13-4 所示。这时，流经定子工作绕组的单相交变电流产生一个脉振磁势。如前所述，这个脉振磁势可以分解为幅值相等（均等于脉动磁势幅值的一半）、转速相等$\left[\text{均为} n_1 = \dfrac{60f}{p}(\text{r/min})\right]$、转向相反的两个旋转磁势 F_+ 和 F_-。从而在气隙中建立正转磁场与反转磁场 Φ_+ 和 Φ_-，它们分别在转子绕组中感生电流，产生电磁转矩 M_+ 和 M_-，如图 13-5(a) 所示。对正转磁场而言，转差率

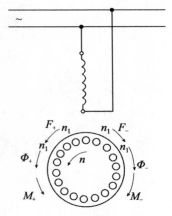

图 13-4 单相异步电动机

$$s_+ = \frac{n_1 - n}{n_1} = s \qquad (13\text{-}7)$$

对反转磁场而言，转差率

$$s_- = \frac{n_1 - (-n)}{n_1} = \frac{n_1 + n_1 - (n_1 - n)}{n_1} = 2 - s \qquad (13\text{-}8)$$

M_+ 与 s_+ 的关系，和三相异步电动机的 $M = f(s)$ 相似；如图 13-5(a)的 $M_+ = f(s_+)$ 曲线所示；M_- 与 s_- 的关系如图 13-5(a)中的 $M_- = f(s_-)$ 曲线所示。单相电动机的合成转矩为

$$M = M_- + M_+ \qquad (13\text{-}9)$$

从图 13-5(a)可见：

(1)当电动机静止时，$s=1$，合成转矩 $M=0$，即没有启动转矩，故单相异步电动机自己不能启动。这个问题也可以这样来解释，如图 13-5(b)所示，假设交变磁通某瞬间向下增加，根据楞次定律，可以确定导体电势方向。设电流与电势方向一致，则导体电磁力的作用相互抵消，故无启动转矩。

(2)如果借外力使转子向某一方向(例如 Φ_+ 的方向)转动起来。由于 $s<1$，就数值而言，$M_+ > M_-$[见图 13-5(a)]，则合成转矩 $M>0$。

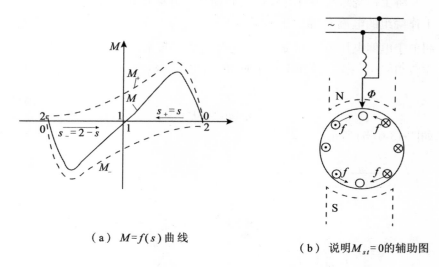

（a）$M=f(s)$曲线

（b）说明$M_{st}=0$的辅助图

图 13-5　单相异步电动机 $M=f(s)$曲线及辅助图

这时，只要 M 能克服电动机轴上的制动转矩，电动机就将沿该方向继续旋转起来。

13.4.2　启动方法

由于单相异步电动机不能自启动，要使它有一定的启动转矩，在启动时必须在电机气隙中建立一个旋转磁场。为此，可在电动机中加装辅助绕组，或采取其他措施，使电动机启动时建立一个旋转磁场，以解决电动机的启动问题。常用的方法有分相式与罩极式两种。

1. 分相式

为了在启动时在电动机的气隙中建立旋转磁场，单机异步电动机定子上除了工作绕组 G 外，还加装一个启动绕组 Q。这两个绕组在空间相差 90°电角，如图 13-6（a）所示。为了建立圆形旋转磁场，还要求启动绕组中的电流 i_Q 和工作绕组中的电流 i_G 在时间上相差 90°电角，因此，在启动绕组回路内常串有适当的电容器。

将工作绕组与串有电容器的启动绕组并联接入单相电网。这时，工作绕组的电流 $\dot{I}_G$ 滞后于电网电压 $\dot{U}$ 一个 φ_G 角，启动绕组的电流 $\dot{I}_Q$ 超前于电网电压 $\dot{U}$ 一个 φ_Q 角。为分析简明起见，假设启动绕组与工作绕组完全一样，且在空间相差 90°电角。当电容配置适当时，可使

$$\begin{cases} I_G = I_Q \\ \varphi_G + \varphi_Q = 90° \end{cases} \tag{13-10}$$

如图 13-6（b）所示。

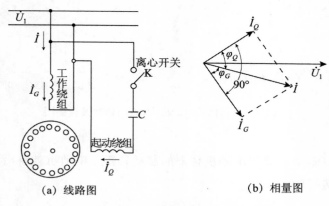

（a）线路图 　　　　　　　　（b）相量图

图 13-6　分相异步电动机的线路图与相量图

这样，在互差 90°空间电角的两个绕组 G_1、G_2、Q_1、Q_2（设两者的匝数与绕组系数都分别相等）分别通入互差 90°的两相数值相等的电流 $\dot{I}_G$ 与 $\dot{I}_Q$，就能产生一个合成磁势幅值不变的圆形旋转磁场，其转速为同步转速 $n_1 = \dfrac{60f}{p}$，这可从图 13-7 所示的图形来说明。

在图 13-7 上边所示的电流曲线取几个不同的瞬间，可以绘制出其对应的合成磁场图。由这几个图可知，合成磁场是一个旋转磁场。如再仔细分析，可以发现合成磁势的大小是不变的，即产生了圆形旋转磁场。有了这个旋转磁场，异步电动机的转子就会沿着旋转磁场方向旋转起来。

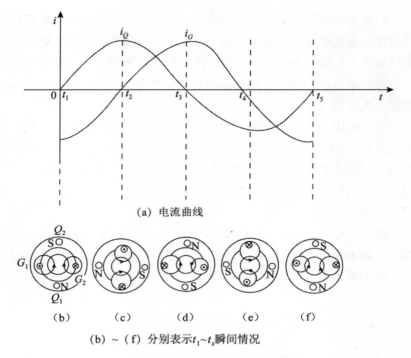

（a）电流曲线

（b）　　（c）　　（d）　　（e）　　（f）

（b）~（f）分别表示t_1~t_s瞬间情况

图 13-7　分相异步电动机的旋转磁场（理想情况）

　　如电容配置不适当，使得式（13-10）所示的两个条件有一个不满足（$I_G \neq I_Q$ 或 $\varphi_G + \varphi_Q \neq 90°$），则在气隙中建立椭圆旋转磁场，启动转矩将要小些。在电动机启动后，为了避免启动绕组过热，应立即将它切除，这可借助于图 13-6（a）中的装在电机轴上的离心式开关 K 自动完成。这种采用配置电容来启动的电机称为电容启动电动机。

　　如果设计时，考虑到启动绕组不仅能供启动用，而且能长期工作，则从电机内部而言，就是一台两相异步电动机。由于串有电容器的启动绕组在运行时继续工作，可以提高电动机的过载能力与改善功率因数，可获得较好的运行性能。这种电动机称为电容电动机（根据工作需要有时也要利用离心开关切除多余电容）。

启动绕组回路如果不串电容而串电阻,也可以使其中的电流和工作绕组的电流有一定的相位差(但小于90°)。这时也能在气隙中建立旋转磁场,但不是圆形旋转磁场,因而启动转矩较小。无论在启动绕组回路内串电容或电阻,都是利用启动绕组使电动机构成两相启动,故都称为分相式电动机。

附带指出,有时需要将三相异步电动机用于单相电源,一种可用的线路如图 13-8 所示。将Y连接的三相绕组进行适当改接,把一相绕组解开,串联电容器作启动绕组使用,而把另外两相绕组串联作工作绕组使用,可以得到与分相式电动机相似的效果。

2. 罩极式

这种电动机的定子通常作成凸极的,并且每个极上都装有工作绕组,接到单相电网上。极靴上有一个小槽,磁极的一部分套有短路铜环,称为被罩部分,如图 13-9(a)所示。

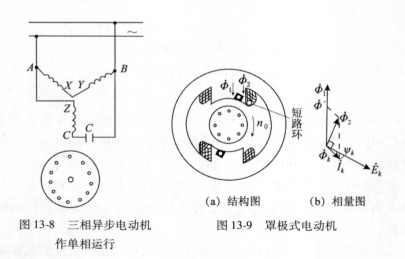

图 13-8　三相异步电动机
　　　　作单相运行

(a) 结构图　　　(b) 相量图

图 13-9　罩极式电动机

设由工作绕组中的电流所建立的脉振磁通,其中穿过未罩部分的为 $\dot{\Phi}_1$,穿过被罩部分的为 $\dot{\Phi}'$,如图 13-9(b)所示。脉振磁通 $\dot{\Phi}'$ 在短路环中感应出电势 $\dot{E}_k$ 与电流 $\dot{I}_k$,电流 $\dot{I}_k$ 在被罩部分建立的磁通为

$\dot{\Phi}_k$。设 $\dot{\Phi}_k$ 与 $\dot{I}_k$ 同相,那么,被罩部分的合成磁通 $\dot{\Phi}_2 = \dot{\Phi}' + \dot{\Phi}_k$,且短路环中的电势 $\dot{E}_k$ 滞后于 $\dot{\Phi}_2$ 90°,$\dot{I}_k$ 滞后于 $\dot{E}_k$ 一个 ψ_k 角。从相量图[图 13-9(b)]上,可见被罩部分的合成磁通 $\dot{\Phi}_2$ 与未罩部分的磁通 $\dot{\Phi}_1$ 在时间上有一定的相位差,故它们的合成磁场是一个旋转磁场。在图 13-9(a)上,其旋转方向是从超前的未罩部分的磁通 $\dot{\Phi}_1$ 转向滞后的被罩部分磁通 $\dot{\Phi}_2$ 的方向。因而能够产生一定的启动转矩,使转子也朝这个方向旋转起来。罩极式电动机不能改变旋转方向,并且启动转矩也较小。

13.4.3　单相异步电动机的特点和用途

单相异步电动机的功率因数、效率和过载能力均比三相异步电动机低些,但是它有一个很大的优点,就是它只需要单相电源,故可用在没有三相电源的场所。

13.5　感应调压器与移相器

三相感应调压器就是转子被堵住的三相线绕式异步电机,这类电机通过蜗轮蜗杆改变定子、转子的相对位置,可以调节输出电压的数值。三相感应调压器可以分为单式与双式两种,本节只叙述单式感应调压器。

三相感应调压器的接线图如图 13-10(a)所示。转子绕组作为原边,定子绕组作为副边,电网电压加在转子绕组上,定子、转子绕组串联后输出电压 $\dot{U}_2$。

三相感应调压器的定子、转子之间如自耦变压器那样,除了磁的联系外,还有电的联系。但自耦变压器是交变磁通,调节副边匝数只能改变输出电压的大小;而三相感应调压器是旋转磁场,利用蜗轮蜗杆移动转子,改变定子、转子绕组的相对位置,就可以改变定子、转子电势之间的相位差,从而改变了定子、转子电势的相量和($\dot{E}_1 +$

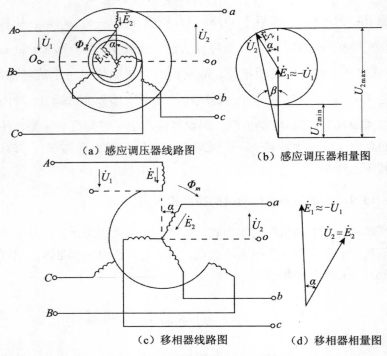

（a）感应调压器线路图　　　　　（b）感应调压器相量图

（c）移相器线路图　　　　　（d）移相器相量图

图 13-10　三相感应调压器与移相器

$\dot{E}_2$），即 $\dot{U}_2$ 的大小和相位，如图 13-10（b）所示。单式三相感应调压器电压的调节范围为最小值 $U_{2\min}$ 到最大值 $U_{2\max}$，即

$$U_{2\min} = E_1 - E_2$$

$$U_{2\max} = E_1 + E_2$$

（13-11）

　　如果将上述感应调压器定子、转子绕组之间的连接线拆掉，将定子绕组接成Y形并且接到三相电源上，就成为移相器，其接线图与相量图如图 13-10（c）、（d）所示。当我们移动转子位置，使转子和定子绕组相对位置改变时，就能改变转子电势 $\dot{E}_2$（亦即 $\dot{U}_2$）对于电压 $-\dot{U}_1$ 的相位差 α。移相器广泛用于试验室中。

13.6　自　整　角　机

自整角机用于同步联络系统中。最简单的同步联络系统由一台发送机和一台接收机组成，两机之间用导线连接起来。当发送机的转子转动任意角时，接收机的转子也跟着转同样的角度，故称为自整角机。自整角机有单相与三相两种，被广泛用于自动装置中。下面只介绍三相自整角机。

将两台完全相同的三相线绕式异步电动机，按图 13-11(a)的线路将两机的定子绕组接到同一三相电网上，转子绕组彼此对应地接在一起，便得一三相同步联络系统，其工作原理如下。

当两机的转子具有相同的位置时，现取 $\dot{E}_{2\mathrm{I}}$ 和 $\dot{E}_{2\mathrm{II}}$ 的参考正向如图 13-11(a)所示，则相量图如图 13-11(b)所示。那么，转子回路的合成电势 $\Delta\dot{E}_2 = \dot{E}_{2\mathrm{I}} + \dot{E}_{2\mathrm{II}} = 0$，故两机转子回路中没有电流，从而没有电磁转矩，两机均处于静止状态。

现将机 II 的转子堵住不动，而将机 I 的转子用外力顺着旋转磁场的方向转动 θ 角，如图 13-11(c)所示，这时，$\dot{E}_{2\mathrm{I}}$ 较图 13-11(b)中的 $\dot{E}_{2\mathrm{I}}$ 位置滞后一个 θ 角，因为旋转磁场切割机 I 转子绕组要比图 13-11(a)所示情况滞后 θ 角，于是便得图 13-11(d)的相量图。这时 $\dot{E}_{2\mathrm{I}}$ 和 $\dot{E}_{2\mathrm{II}}$ 虽然大小相等，但有 $\pi+\theta$ 角的相位差，故这个系统的转子回路内存在合成电势 $\Delta\dot{E}_2 = \dot{E}_{2\mathrm{II}} + \dot{E}_{2\mathrm{I}}$，两相的转子回路内便有电流流过，且

$$\dot{I}_2 = \frac{\Delta\dot{E}_2}{Z_{2\mathrm{I}} + Z_{2\mathrm{II}}} \tag{13-12}$$

并且，$\dot{I}_2$ 滞后于 $\Delta\dot{E}_2$ 一个 ψ_2 角，而

$$\tan\psi_2 = \frac{x_{2\mathrm{I}} + x_{2\mathrm{II}}}{r_{2\mathrm{I}} + r_{2\mathrm{II}}} \tag{13-13}$$

由于转子电阻很小，$\psi_2 \approx 90°$。如图 12-12(d)所示。

从相量图 13-11(d)可见，两机电磁转矩分别为

$$M_{\mathrm{I}} = C_M \Phi_m I_2 \cos\psi_{2\mathrm{I}} = -C_M \Phi_m I_{2a\mathrm{I}} < 0 \,(\text{因 } \psi_{2\mathrm{I}} > 90°) \tag{13-14}$$

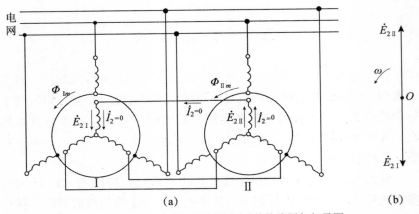

(a)、(b) 两机转子位置相同时的接线图与相量图

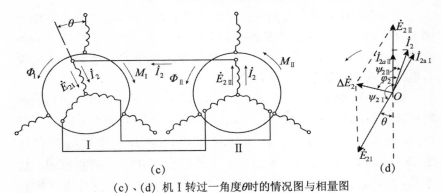

(c)、(d) 机Ⅰ转过一角度θ时的情况图与相量图

图 13-11　三相自整角机的连接图与相量图

$$M_{\text{II}} = C_M \Phi_m I_2 \cos\psi_{2\text{II}} = +C_M \Phi_m I_{2a\text{II}} > 0 \,(\,因\,\psi_{2\text{II}} < 90°) \quad (13\text{-}15)$$

M_{I} 为负值说明 M_{I} 与旋转磁场的方向相反。因此，如果将移动机Ⅰ转子的外力去掉，则在 M_{I} 作用下，机Ⅰ的转子将自动地回到原来的位置。

M_{II} 为正值说明电机Ⅱ的转子受到的电磁转矩与旋转磁场 Φ_{II} 的转向相同。因此，当将移动机Ⅰ转子的外力保持而将原来堵住机Ⅱ转子的外力去掉时，则在 M_{II} 的作用下，机Ⅱ的转子将自动顺着旋转磁

场方向转动 θ 角，使它的位置和机 I 转子的位置相同，直到 $\Delta \dot{E}_2 = 0$。

从上述可见，如果将两台电机中的任意一台转子沿任何一个方向转动 θ 角，另一台电机的转子必然会自动地跟着转动同样的角度，因此，这种电机被称为自整角机。两机中，主动的电机称为发送机，被动的电机称为接收机。

除三相自整角机外，还有定子为单相绕组、转子为三相绕组的单相自整角机。自整角机在各种自动控制装置里，尤其是在远动和随动系统中得到广泛的应用。

13.7　交流伺服电动机

交流伺服电动机广泛地用于控制系统中。当有电信号（交流控制电压）输入到伺服电动机的控制绕组时，伺服电动机就马上拖动被控制的对象旋转；当信号消失时，伺服电动机就立即停止转动。

我们在单相异步电动机中讲过，反向旋转磁场的存在会引起电机技术经济指标下降，如合成的电磁转矩下降、温升变大、效率降低等，这些都是反向旋转磁场引起的不利方面。但是，在交流伺服电动机中，却是利用改变电动机中的正向和反向旋转磁场的比例，来控制电动机的转速的。

常用的伺服电动机有直流伺服电动机与交流伺服电动机两种。交流伺服电动机是一种小型或微型的两相异步电动机，它的定子上安装了在空间彼此相差 90° 电角度的两个绕组，如图 13-12 所示。它的一个绕组经常接到交流电网上，称为激磁绕组，另一个绕组接入控制电压（即电气控制信号），称为控制绕组。控制电压 U_K 的频率与激磁电压 U_m 的频率相同。由于两个绕组在空间上具有 90° 的相位差，当信号来时，$\dot{U}_K$ 与 $\dot{U}_m$ 在时间上也有相位差，则电机气隙中形成了一个旋转磁场，从而产生了启动转矩，电机就会自己转动起来。改变控制电压 U_K 的大小与相位，就可改变电动机中正向和反向旋转磁场的比例，相应地改变了正向和反向电磁转矩的大小，从而达到控制转速的目的。为了使控制电压 $\dot{U}_K$ 和激磁电压 $\dot{U}_m$ 具有一定的相位差，可以采用在激磁回路或控制回路中串联电容器的方法来达到。

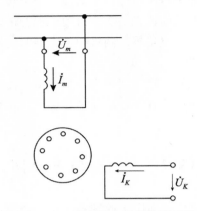

图 13-12　两相伺服电动机的原理图

当信号消失后，为了不出现误动作，要求伺服电动机能自动立即停止转动，这种要求称为"自制动"。但是当信号消失后，交流伺服电动机成了单相异步电动机运行。此时，如果转子电阻仍像普通单相异步电动机那样小，电机将会继续旋转，从图 13-13（a）所示的 $M=f(s)$ 曲线（此曲线下用阴影示出）可以看出这一点。为了消除伺服电动机的自转现象，达到自制动的目的，需要将电动机的转子电阻增大，使发生最大转矩的转差率 $s_m>1$，如图 13-13（b）所示。这时，当信号消失后，伺服电动机单相运行时产生的合成转矩与图 13-13（a）的相反，如图 13-13（b）中用阴影示出的部分，即与转子的转向相反，起制动作用。电动机就能实现自制动。为了能达到 $s_m>1$，交流伺服电动机的转子电阻都设计得比较大。

交流伺服电动机的转子有鼠笼式和杯形转子式（亦称空心转子式）两种。鼠笼式转子的转动惯量比杯形转子大，故在需要转动惯量小（反应速度快，灵敏度高）的场合，采用杯形转子。杯形转子电机的结构如图 13-14 所示。定子有内外两个铁芯，均用硅钢片叠成。在外定子铁芯上装有在空间上互差90°电角的两相绕组，而内定子铁芯

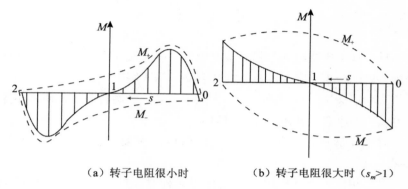

（a）转子电阻很小时　　　　　（b）转子电阻很大时（$s_m > 1$）

图 13-13　单相异步电动机的 $M = f(s)$ 曲线

则用以构成闭合磁路，以减小磁阻。内外定子之间是一个杯形薄壁的转子，由非磁性材料（铝或铝合金）制成，壁厚为 0.3～0.8mm，转子用支架装在转轴上。

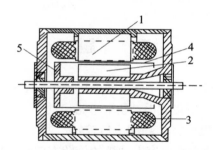

1—外定子铁芯；2—内定子铁芯；3—定子绕组；
4—杯形转子；5—转子支架
图 13-14　杯形转子异步电动机

杯形转子电动机的特点是它的转子很轻，转动惯量很小，能够迅速、灵敏地启动、旋转和自制动。其缺点是气隙较大，因此空载电流较大、功率因数和效率较低。

307

小　结

只装有工作绕组的单相异步电动机，静止时气隙磁场是一个脉振磁场，启动转矩为零，电机不能自启动。为了解决这个问题，采用了分相法和罩极法。目的是在电机气隙中建立一个旋转磁场，使单相异步电动机产生启动转矩，能够自启动。

对称分量法是分析电机不对称运行的重要方法，应当很好地掌握。

当三相异步电动机的外加电压不对称时，负序磁场将使损耗增加、温升变大、效率降低，所以三相异步电动机不允许在严重不对称电压下运行。

我们学习完本章后，除了对单相异步电动机工作原理应当掌握以外，对它的特点和用途也应有所了解。此外，对于感应调压器与移相器、自整角机、交流伺服电动机的基本结构、工作原理与用途，我们也应有一定的了解，以便在工作中能合理选用。

习　题

13-1　为什么只装有工作绕组的单相异步电动机不能自启动？为什么分组式电动机与罩极式电动机能够自启动？启动时，在启动绕组中串联哪一种附加阻抗(电容或电阻)较好？为什么？

13-2　如何改变单相电容电动机的旋转方向？罩极式电动机的旋转方向能否改变？为什么？

13-3　三相异步电动机(定子绕组接成△或丫)在启动时若有一相断线，电动机能否启动？如果在运行时有一相断线，电动机能否继续运转？如果能够继续运转，则有何不良后果？

13-4　试说明三相感应调压器与三相自整角机的工作原理。

13-5　为什么要求交流伺服电动机具有自制动作用？

第四篇　同步电机

　　同步电机也是一种交流电机，同步电机既可以作为发电机，又可以作为电动机运行。作为发电机运行是同步电机的主要运行方式。同步电动机主要用于大容量、不需调速的生产机械中，例如大型电力抽水站多用同步电动机来拖动水泵。同步电机按电枢旋转还是磁极旋转可以分为转枢式与转极式两大类，一般同步电机采用转极式结构。

第14章 同步电机的基本工作原理与结构

14.1 同步电机的基本工作原理

一般同步电机的定子和异步电机的定子相同，是在定子铁芯内圆均匀分布着槽，在槽中嵌放着三相对称绕组。图14-1示出了A相绕组。发电机的定子又称为电枢。同步电机转子的结构和异步电机的转子完全不同。因为后者不论是鼠笼式还是线绕式，运行时转子绕组都是自行闭合的绕组，且此绕组的电流是感应产生的；而同步电机的转子，主要由磁极与励磁绕组组成，励磁绕组是靠外接直流电源供给励磁电流的。正常稳定运行时，励磁绕组中并不感生电势和电流。

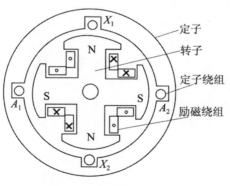

图 14-1　同步电机原理图

下面分别介绍同步发电机与同步电动机的运行原理。

同步发电机在运行时，励磁绕组中通以直流电流 I_{f0}，产生转子磁场，又称主磁场。当原动机拖动转子旋转时，就得到一个机械的旋转磁场。该磁场和定子有相对运动，在定子绕组中感应出三相对称的交变电势 e_{0A}、e_{0B}、e_{0C}，即

$$\begin{cases} e_{0A} = E_m \sin\omega t \\ e_{0B} = E_m \sin(\omega t - 120°) \\ e_{0C} = E_m \sin(\omega t - 240°) \end{cases} \qquad (14\text{-}1)$$

此时，如果同步发电机接上负载，就有三相电流流过。这说明同步发电机将机械能转换为了电能。反过来，接入电网的同步发电机也可转变为同步电动机运行，同步电动机则是将电能换为机械能。

实际上同步电机是利用气隙合成磁场和转子磁场的相互作用工作的。这两个磁场相互作用并一起旋转，它们之间没有相对运动。同步电机的运行状态（发电机运行或电动机运行）取决于这两个磁场的相对位置，如图14-2所示。

图14-2中 N_0、S_0 表示主磁极，N、S 表示由电枢绕组通过电流产生的电枢磁势与主极磁势相互作用形成的气隙合成磁场的"等效磁极"。图14-2(a)中示出的转子主磁场超前，它"拖着"气隙合成磁场一起旋转，这就是同步发电机运行。图中 M_1 是原动机给予电机转轴的驱动转矩，M 为电磁制动转矩，M_0 为空载制动转矩。图14-2(b)示出的气隙合成磁场超前，它"拖着"转子主磁场一同旋转，这就是同步电动机运行，图中 M 是电磁驱动转矩，M_2 是负载的制动转矩，M_0 为空载制动转矩。由图14-2可知，当转矩平衡时，电机的转子便与气隙磁场同步旋转，此时机、电能量转换得以进行。

同步电机的同步转速 n_1，决定于电机的磁极对数 p 和电网的频率 f，n_1 们的关系是

$$n_1 = \frac{60f}{p}(\text{r/min}) \qquad (14\text{-}2)$$

同步电机的转速 n 恒等于同步转速 n_1，n_1 和电网频率之间是严格遵守式(14-2)所示关系的，同步电机也由此得名。我国标准频率规定为 $f=50\text{Hz}$，而电机的磁极对数 p 为整数，因此同步电机的转速为

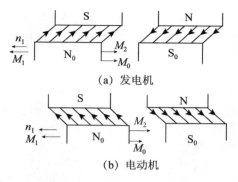

图 14-2　同步电机的运行状态

一固定值。如 $p=1$，则 $n=3000\text{r}/\min$；$p=2$，则 $n=1500\text{r}/\min$，依此类推。同步电机正常运行时，都是以同步转速运行的。

14.2　同步电机的结构

同步电机按转子磁极的形状可以分为隐极式和凸极式两种类型，如图 14-3 所示。实际上这两种类型的差别在于转子有两种不同的结构形式。汽轮发电机由于转速高，转子各部分的离心力很大，机械强度要求高，故一般采用隐极式；水轮发电机都用凸极式，一般转速在数十到数百 r/min 的范围内。凸极式转子结构较简单，材料要求比隐极式低。下面分别介绍汽轮发电机和水轮发电机的结构。

14.2.1　汽轮发电机结构

如图 14-4 所示为汽轮发电机的结构图，汽轮发电机有定子、转子与轴承三个主要部件。

（1）定子　由机座、铁芯和绕组等构成。它和异步电机定子的结构相似。

定子机座是指用来固定定子铁芯，并构成通风系统的外壳。一般采用钢板焊接而成。

定子铁芯一般用 0.35mm 厚的含硅量较高的冷轧硅钢片叠成。定

子铁芯沿轴向分为若干叠片段，每段厚为 3 ~ 6cm，段与段之间留有
1cm 宽的通风槽。整个铁芯两端用非磁性的端压板和拉紧螺杆压紧固
定于机座上。

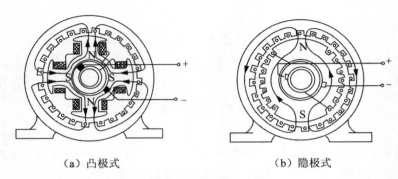

（a）凸极式　　　　　　　　　（b）隐极式

图 14-3　同步发电机的基本型式

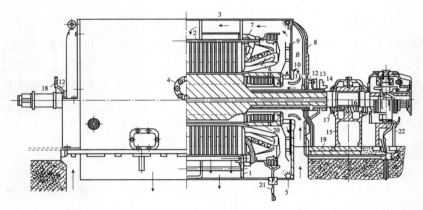

1—定子机座；2—定子铁芯；3—外壳；4—吊起定子的装置；
5—防火导水管；6—定子绕组；7—定子的压紧环；8—外护板；
9—里护板；10—通风壁；11—导风屏；12—电刷架；13—电刷握；
14—电刷；15—轴承；16—轴承衬；17—油封口；18—汽轮机边的油封口；
19—基础板；20—转子；21—端线；22—励磁机

图 14-4　汽轮发电机结构图

314

定子绕组一般为三相双层短矩叠绕组(整数槽)。

(2)转子 由转子铁芯、励磁绕组、护环、中心环、滑环及风扇等组成。如图 14-5 所示。

汽轮发电机一般为 $p = 1$ 的隐极式电机,电机的转速 $n_1 =$ 3000r/min。高速旋转时产生的巨大离心力,使得转子承受很大的机械应力,故汽轮发电机转子一般采用整块高机械强度和具有良好导磁性能的合金钢锻制而成。转子被加工成一圆柱体,并在其表面铣槽,槽内安放励磁绕组。由图 14-5(b)可见,转子表面在一个极矩内约有 1/3 的部分没有开槽,这部分称为大齿,即为主磁极。

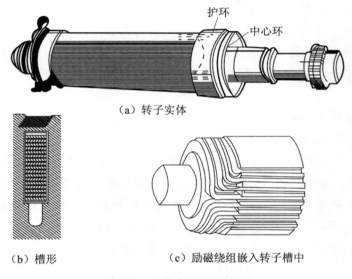

(a)转子实体

(b)槽形　　　　(c)励磁绕组嵌入转子槽中

图 14-5　汽轮发电机的转子

励磁绕组一般用扁铜线绕成同心分布式线圈,且利用槽楔将励磁绕组在槽内压紧。

护环用以保护励磁绕组的端部不致因离心力而甩出,中心环用以支持护环,并阻止励磁绕组的轴向移动。

滑环装在转轴上,通过引线接到励磁绕组的两端,励磁电流经电刷、滑环而进入励磁绕组。

风扇有离心式风扇和螺桨式风扇。风扇装在转子上,电机旋转时用来鼓风以达到冷却电机的目的。

(3)轴承 汽轮发电机一般采用油膜液体润滑的座式轴承。

14.2.2 水轮发电机结构

水轮发电机有卧式和立式两种。中、小容量水轮发电机(以及一般同步电动机)多采用卧式结构;而低速大容量水轮发电机(以及大型水泵用同步电动机)广泛采用立式"扁盘"形结构。机组结构型式对电站主厂房高度、机组的技术经济指标、运行稳定性与维护检修等都有影响,选择时必须对各种因素进行综合考虑。

推力轴承是水轮发电机的一个重要部件。该部件不仅承受发电机的转子重量,而且承受水轮机的转轮重量以及水流所产生的全部推力。

根据推力轴承位置不同,立式水轮发电机又分为悬式和伞式结构,如图 14-6 所示。

.(1)悬式水轮发电机的推力轴承位于上机架,转子系"悬吊"在推力轴承上旋转,此种结构的优点是转子重心在推力轴承的下面,机组运行时稳定性较好,并且推力轴承在发电机层,安装维护都比较方便,轴承损耗比较小。其缺点是推力轴承的负荷经上机架、定子机座传递到基础,故上机架和机座都要有很高强度,并且机组的轴向长度增加,厂房高度也需要增加。

这种结构水轮发电机的导轴承,应根据机组摆度的计算进行合理配置。在图 14-6(a)中,下导轴承置于下机架中,连同水轮机的导轴承,构成三个导轴承的悬式结构型式。如图 14-6(b)所示,取消了下导轴承和下机架,构成二导悬式。

(2)伞式水轮发电机的推力轴承位于发电机转子下方,转子被推力轴承像"托伞"一样托着旋转。这种结构的优点是结构紧凑,充分

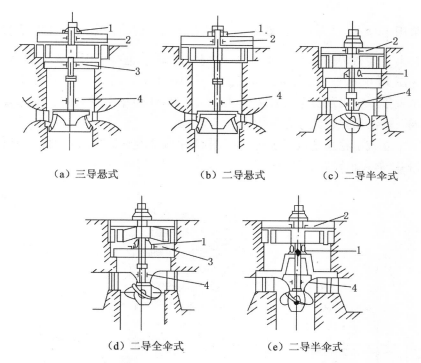

（a）三导悬式　　　　（b）二导悬式　　　　（c）二导半伞式

（d）二导全伞式　　　　（e）二导半伞式

1—推力轴承；2—上导轴承；3—下导轴承；4—水轮机导轴承

图 14-6　立式水轮发电机

利用了水轮机和发电机之间的有效空间，可以降低厂房高度，推力轴承的负荷由下机架传递给基础。其缺点是转子重心在推力轴承上面，故机组运行时稳定性较差，另外推力轴承直径较大，损耗也较大。凡是具有上导轴承的伞型称为半伞型，没有上导轴承的称为全伞型。

一般认为转速在 150r/min 以上宜采用悬式，转速在 100 ~ 150r/min宜采用半伞式，转速小于 100r/min 采用全伞式。选型也可按 $\dfrac{D_i}{l_t n_N}$ 值来进行，其中 D_i 为定子铁芯内径，l_t 为铁芯长度，n_N 为额定转速。当 $\dfrac{D_i}{l_t n_N}$<0. 035 时，宜采用悬式；在 0. 035 ~ 0. 05 之间时，宜

采用半伞式；当 $\dfrac{D_i}{l_t n_N}>0.05$ 时，采用全伞式。目前，伞式的应用日益扩大，较高转速（超过 200r/min）的水轮发电机也有采用伞式结构的。如图 14-6(c)、(e)所示为取消了下导的半伞式；图 14-6(e)中推力轴承置于水轮机顶盖上，省去下机架；图 14-6(d)中下导和推力轴承在同一个油箱内，无上导，构成二导全伞式。

立式水轮发电机总装配剖面图如图 14-7（悬式水轮发电机）、图 14-8（伞式水轮发电机）所示。

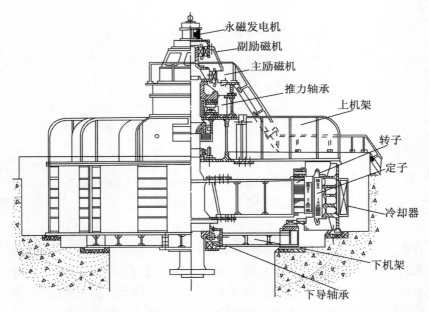

图 14-7　悬式水轮发电机

下面分别介绍水轮发电机各个主要部件的结构。

（1）定子　由机座、铁芯和绕组等部件组成。图 14-9 为定子机座，图 14-10 为定子剖面图，图 14-11 为定子铁芯装配剖面图，图 14-12 为定子绕组端部的固定图。

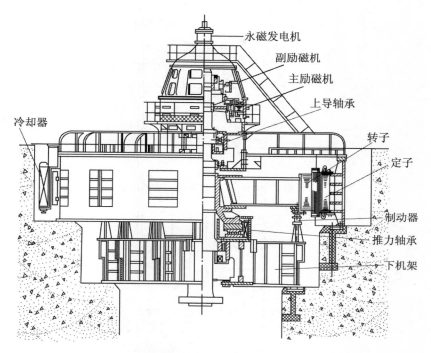

图 14-8　伞式水轮发电机

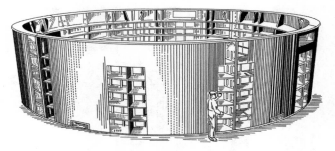

图 14-9　水轮发电机定子机座

根据铁芯外径的大小，定子可以分为：

1) 整圆定子。当铁芯外径不大于 3m 时采用整圆定子，在制造厂叠片与下线，电机制好后进行整体运输。

319

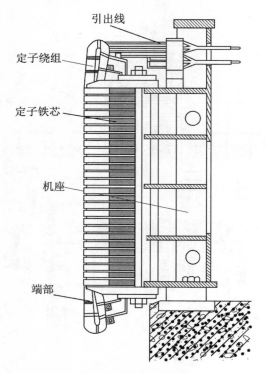

引出线

定子绕组

定子铁芯

机座

端部

图 14-10　定子剖面图

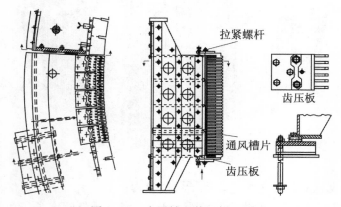

拉紧螺杆

齿压板

通风槽片

齿压板

图 14-11　定子铁芯装配剖面图

2）分瓣定子，当铁芯外径大于 3m 时采用分瓣定子。按其直径，定子可以分成 2、3、4、6 或 8 瓣。

3）工地整圆叠装定子。在机坑或安装间将分瓣机座拼合（或焊接）成整圆，进行整圆叠片，然后下线。这样，铁芯长度不受限制，并且还能消除合缝噪音、减小振动、节省钢材和简化制造工艺。这对巨型水轮发电机是一种很有发展前途的结构。

机座内有定子铁芯与定子绕组。其定子铁芯与汽轮发电机的铁芯基本相同，定子绕组有波绕组和叠绕组两种型式，并且一般用双层分数槽绕组。

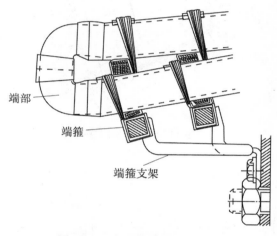

图 14-12　定子绕组端部的固定

（2）转子　由主轴、转子支架、磁轭和磁极等部件组成，详细结构参看图 14-13 水轮发电机转子装配图。图 14-14 是转子总剖面图。

1）转子支架。一般较小容量电机不需要专门的转子支架，可以用铸钢或整圆的厚钢板组成，如图 14-15 所示。大、中容量水轮发电机的转子支架是连接磁轭和主轴的中间部件，它用以固定磁轭。转子支架是传递扭矩的部件，要有足够的机械强度。大型辐臂式转子支架

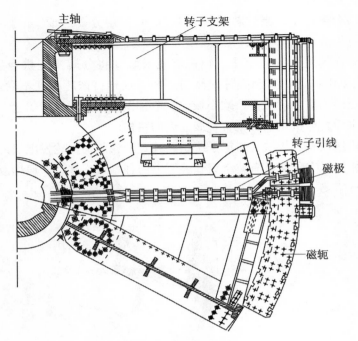

图 14-13 转子装配图

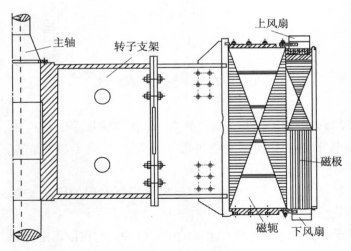

图 14-14 转子剖面图

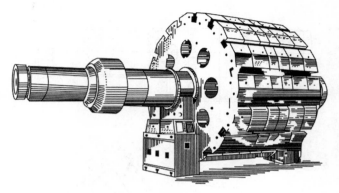

图 14-15　整体转子

由中心体和支臂组成，如图 14-16 所示。中心体由轮毂(由铸钢制成)
与钢板焊成。大容量伞式机组的转子支架，有时采用无轴结构(三段
轴结构)，如图 14-17 所示。该结构利用轮辐当做一段中间轴，轮辐
下端与带推力头的大轴通过螺栓连接，上端与另一段轴相连。伞式水
轮发电机多采用斜支臂无轴结构，以提高机组运行稳定性，如
图 14-18所示。

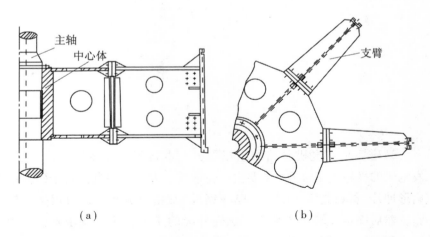

（a）　　　　　　　　　　　　　　　（b）

图 14-16　大型辐臂式转子支架

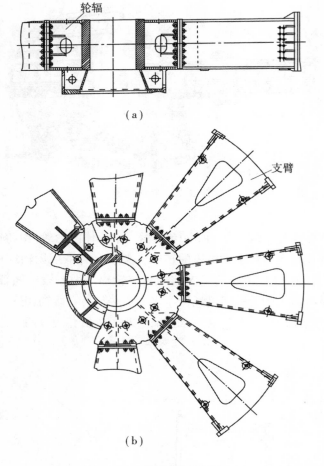

图 14-17　无轴结构式转子支架

2)磁轭是发电机磁路的组成部分，也是固定磁极的结构部件。发电机的飞轮力矩(GD^2)主要由磁轭形成。大、中型电机转子磁轭由扇形冲片(材料是 2～4.5mm 厚的钢板)交错叠成整体，再用螺杆拉紧，然后固定在转子支架上。磁轭外缘的 T 形槽用以固定磁极。为防止超速时磁轭径向胀大，造成磁轭与转子支架分离而产生偏心振

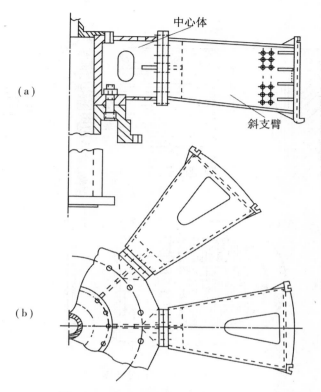

图 14-18　斜支臂无轴结构式转子支架

动，常采用磁轭加热后用径向键加以固定。

3）磁极由磁极铁芯、励磁线圈、阻尼绕组与极靴压板等组成，如图 14-19 和图 14-20 所示。磁极铁芯有实心磁极和叠片磁极两种。实心磁极由整体锻钢或铸钢件制成，叠片磁极由 1.5mm 的薄钢板冲片叠压而成。励磁绕组由扁铜线或铝线绕成，如图 14-21 所示。绕组匝间粘贴玻璃丝布或石棉纸绝缘，对地绝缘采用套筒和垫板。

叠片式磁极的极靴上一般装有阻尼绕组。实心磁极因本身有较好的阻尼作用，故不另装阻尼绕组。

4）集电环和电刷。集电环固定在转轴上，经电缆或铜线与励磁绕组连接，电刷装置固定在上机架上。

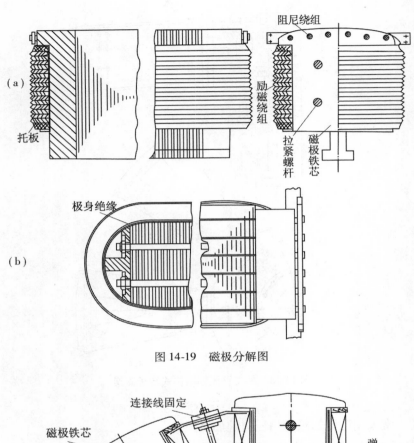

图 14-19 磁极分解图

图 14-20 磁极装配

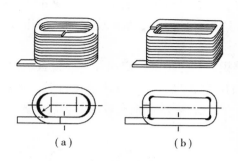

（a）　　　　　　　　（b）

图 14-21　励磁绕组

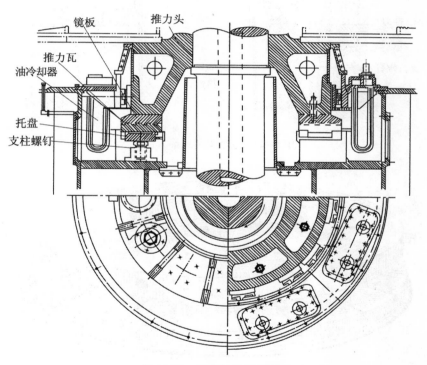

图 14-22　推力轴承装配图

5）推力轴承。立式水轮发电机组的全部轴向负荷都是靠推力轴承来承受的，大、中容量机组多采用摆动瓦块式动压推力轴承。推力轴承由推力头、镜板、推力瓦、轴承座及油膜等组成，如图 14-22 和图 14-23 所示。

推力头为铸钢件，它用键固定在轴上。镜板（见图 14-24）固定在推力头下面与轴瓦接触的地方。当轴承运行时，油膜厚度一般只有 0.03～0.07mm，因此，要求镜板有较高的精度和光洁度。

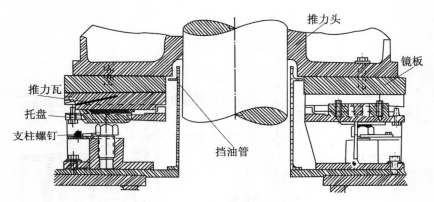

图 14-23　刚性支承式推力轴承

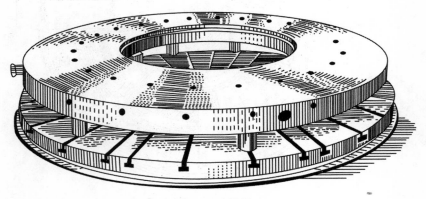

图 14-24　镜板

14.3　同步电机的额定值

电机的额定值在铭牌上标出，同步电机的额定值有如下几种：

（1）额定容量有额定视在功率、额定有功功率与额定无功功率之分。额定视在功率 S_N，单位为 kV·A 或 MV·A；额定有功功率 P_N，单位为 kW 或 MW；额定无功功率 Q_N，单位为 kV·A 或 MV·A。

额定容量，对发电机是指定子出线端输出的三相视在功率，对电动机是指轴上输出的有效机械功率，对调相机是指定子出线端输出的三相无功功率。

（2）额定电压 U_N 是指定子三相线电压，单位为 V 或 kV。

（3）额定电流 I_N 是指定子的线电流，单位为 A。

（4）额定功率因数 $\cos\varphi_N$ 为额定有功功率和额定视在功率的比值，即 $\cos\varphi_N = \dfrac{P_N}{S_N}$。

还有其他额定值，如额定频率 $f_N(\mathrm{Hz})$、额定转速 $n_N(\mathrm{r/min})$、额定效率 η_N，额定励磁电压 $U_{fN}(\mathrm{V})$、额定励磁电流 $I_{fN}(\mathrm{A})$、额定温升（℃）等。

对三相同步发电机，P_N 与 S_N、U_N、I_N、$\cos\varphi_N$ 有如下关系：

$$P_N = S_N\cos\varphi_N = \sqrt{3}\,U_N I_N \cos\varphi_N \tag{14-3}$$

对三相同步电动机，P_N 与 U_N、I_N、$\cos\varphi_N$、η_N 之间的关系为

$$P_N = \sqrt{3}\,U_N I_N \cos\varphi_N \eta_N \tag{14-4}$$

14.4　国产同步电机简介

1949 年以前，我国没有电机制造工业。20 世纪 50 年代以后，我国才建立起电机制造工业体系并取得了迅速的发展。表 14-1 列出了汽轮发电机和水轮发电机发展的情况。其他同步电机的生产也发展很快，并且已形成产品系列。

表 14-1 国产同步电机单机容量增长情况表

汽轮发电机			水轮发电机		
时间	P_N /($\times10^4$kW)	冷却方式	时间	P_N /($\times10^4$kW)	额定转速 /(r/min)
1949 年以前	0		1949 年以前	0	
1952 年	0.3	空冷	1951 年	0.08	750
1954 年	0.6	空冷	1953 年	0.6	428
1957 年	1.2	空冷	1955 年	1.0	187.5
1958 年	1.2	双水内冷	1957 年	1.2	273
	2.5	空冷	1958 年	6.0	125
1959 年	5.0	氢外冷	1959 年	7.25	150
1960 年	10.0	氢内冷			
	10.0	双水内冷	1963 年	7.5	150
1969 年	12.5	双水内冷	1964 年	10.0	150
1970 年	20.0	双水内冷		22.5	125
	20.0	定子水内冷 转子氢内冷			
1971 年	30.0	双水内冷	1971 年	30.0（双水内冷）	125
1986 年	60.0	定子水内冷 转子氢内冷	1983 年	32.0	125

我国生产的同步电机主要系列如下：

TF 系列三相同步发电机，容量为 320 ~ 3200kW；

TD 系列三相同步电动机：大型容量为 250 ~ 10000kW，中型容量为 75 ~ 400kW；

TT 系列同步调相机容量为 5000 ~ 30000kV·A；

T 系列中型三相同步发电机，容量为 120 ~ 320kW。

小　　结

本章先介绍了同步电机的工作原理、分类与结构，随后介绍了同步电机的一些主要额定值及我国同步电机的发展概况。

同步电机最基本的特点是电枢电流频率与电机转速之间有着严格的关系。同步电机的气隙合成磁场和转子磁场相互作用并一起旋转，使得这种严格的关系得以保持。

同步电机另一个结构上的特点是同步电机大多采用旋转磁极式。

同步发电机可以分成两大类，即汽轮发电机和水轮发电机。汽轮发电机由于转速高和容量大的特点，因此采用隐极结构，且转子直径要做得小，各零部件机械强度要求高。水轮发电机则由于多为立式低转速的，故一般采用立式凸极结构，且极数很多，体积较大。

习　　题

14-1　同步发电机是怎样发出三相交流电的？同步电动机是怎样将电能转换为机械能的？

14-2　如果频率 $f = 50\mathrm{Hz}$，求同步电机的磁极数分别为 28、32、48、56 时的同步转速。

14-3　同步发电机的额定视在功率 $S_N = 1000\mathrm{kV \cdot A}$，额定电压 $U_N = 6900\mathrm{V}$，采用Y接法，$\cos\varphi_N = 0.8$（滞后），试求这台电机的额定有功功率和额定电流。

14-4　有一台水轮发电机 $P_N = 3000\mathrm{kW}$，采用Y接法，$\cos\varphi_N = 0.8$（滞后），$f_N = 50\mathrm{Hz}$，$n_N = 333\mathrm{r/min}$，$I_N = 314\mathrm{A}$，求该电机的额定电压 U_N 和磁极数 p。

14-5　比较水轮发电机和汽轮发电机在结构上的异同。为什么会形成各自的结构特点？

14-6　试比较水轮发电机的悬式和伞式的特点。它们各有什么优缺点？

14-7　试叙述水轮发电机主要部件的名称、结构和作用。

第15章 同步发电机的对称运行

15.1 概　　述

三相对称运行是同步电机的主要运行方式。研究同步发电机的对称运行主要有以下两个方面的内容。

（1）研究电机内的电磁关系　全面研究电机内部的电势方程、绕组的磁势、磁场及其相互作用关系。并且，通过研究建立起完整的理论体系，包括得出同步电机的基本方程式和相量图等。这是分析研究同步电机的理论基础。

（2）研究电机的运行特性　研究各主要运行特性曲线的定义、形状和试验求法，同时还研究电机参数的测定。在研究各特性时，发电机被认为保持同步转速旋转（即转速 $n = n_N =$ 常数），并且假定功率因数 $\cos\varphi$ 不变。

假设电机三个互相影响的量 U、I、I_f 中的一个不变，找出其他两者之间的关系，就可以得出同步发电机的下列五种基本特性：

1）空载特性。即 $I = 0$ 时，U_0（或 E_0）$= f(I_f)$。

2）短路特性。即 $U = 0$ 时，$I_k = f(I_f)$。

3）零功率因数负载特性，简称零功率因数特性。即同步发电机带上接近纯感性的负载，在 $I = I_N$、$\cos\varphi = 0$ 时，$U = f(I_f)$。

4）外特性。即 I_f、$\cos\varphi$ 均为常数时，$U = f(I)$。

5）调整特性。即 U、$\cos\varphi$ 均为常数时，$I_f = f(I)$。

同步电机的物理量一般用标幺值表示，各主要量的基值一般是这样规定的：容量基值 $S_N = mU_{N\phi}I_{N\phi}$（$m$ 为电枢相数），相电压基值为

$U_{N\phi}$（相电压的额定值），相电流基值为 $I_{N\phi}$（相电流的额定值），阻抗基值$z_N = \dfrac{U_{N\phi}}{I_{N\phi}}$，励磁电流基值大多采用空载为额定电压的励磁电流 I_{f0}。

　　本章主要介绍同步发电机的电枢反应和上述五种基本特性。同时，还介绍有关发电机运行性能的两个重要技术指标：短路比和电压变化率，以及如何通过特性曲线求取同步电机参数等内容。

15.2　同步发电机的空载运行

15.2.1　空载特性

　　同步发电机被原动机拖动到同步转速，励磁绕组中通入直流励磁电流，定子绕组开路时的运行，称为空载运行。此时电机内部唯一存在的磁场就是由直流励磁电流产生的主磁场。因为同步发电机处于空载状态，即 $I = 0$，所以又把主磁场称为空载磁场。如图 15-1 所示，图中既交链转子又交链定子的磁通称为主磁通，即空载时的气隙磁通，其磁密波是沿气隙圆周空间分布的近似正弦波形。忽略高次谐波分量，主磁通基波每极磁通量用 Φ_0 表示。励磁电流建立的磁通还有一部分是仅交链励磁绕组本身，而不穿过气隙与定子绕组交链的主极漏磁通，用 $\Phi_{f\sigma}$ 表示，$\Phi_{f\sigma}$ 不参与电机的机电能量的转换。

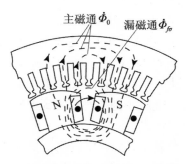

图 15-1　凸极同步电机的空载磁场

　　主磁通所经磁路称为主磁路。主磁通的路径为主极铁芯→气隙→电枢齿→电枢磁轭→电枢齿→气隙→另一主极铁芯→转子磁轭，从而形成闭合磁路。漏磁通的路径主要由空气和非磁性材料等组成。两者相比，主磁路的磁阻要小得多。所以在磁极磁势的作用下，主磁通远大于漏磁通。

　　在原动机驱动下，转子以同步速度 n_1 旋转，主磁通切割定子绕组，感应出频率为 f 的三相基波电势，其有效值为

$$E_0 = 4.44 f w_1 k_{w1} \Phi_0 (\text{V}) \tag{15-1}$$

式中：Φ_0——磁极的基波每极磁通，Wb；

　　　E_0——基波电势，V；

　　　k_{w1}——基波电势绕组系数。

频率 $f(\text{Hz})$、极对数 p 与转速 $n_1(\text{r/min})$ 的关系为

$$f = \frac{p n_1}{60} \tag{15-2}$$

　　由于 $I = 0$，同步发电机的电枢电压等于空载电势 E_0，由式(15-1)知，电势 E_0 决定于空载气隙磁通 Φ_0。Φ_0 取决于励磁绕组的励磁磁势或励磁电流 I_f。因此，空载时的端电压或电势是励磁电流的函数，即 $E_0 = f(I_f)$，称为同步发电机的空载特性，见图 15-2(a)。

　　又 $E_0 \propto \Phi_0$，$F_f \propto I_f$，改换适当的比例尺，空载特性曲线 $E_0 = f(I_f)$ 即可表示基波每极磁通 Φ_0 和励磁磁势 F_f 的关系，即 $\Phi_0 = f(F_f)$，这就是电机的磁化曲线。

　　空载特性曲线可以用试验方法测定。同步发电机以同步转速 n_1 旋转，$I = 0$，调节励磁电流 I_f，使 E_0 达 $1.3 U_N$ 后再逐步减小 I_f，每次读取 I_f、E_0 的数据，直到 $I_f = 0$。读取相应的剩磁电势，就可以绘制空载特性曲线。由于铁磁材料具有磁滞性质，I_f 由 0 增加到某一最大值，再反过来由此最大值减小到 0 时将得到上升和下降的两条不同曲线。空载特性是下降时的曲线。

　　为了分析方便，常将空载特性曲线移至原点开始，按上述方法测得的曲线与横坐标相交于一个小的负值 ΔI_f。将坐标轴向左移动，直到空载特性曲线通过坐标原点，在所有试验测得的励磁电流数据上加

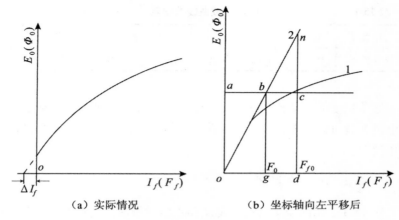

（a）实际情况　　　　　　　　（b）坐标轴向左平移后

图 15-2　同步发电机的空载特性

上 ΔI_f，便得到图 15-2（b）中的曲线 1。空载特性开始一段为一直线，将该直线延长得图 15-2（b）中的线段 2，称为气隙线。它表示气隙磁势 F_δ 与基波每极磁通 Φ_0 间的关系。图中 $\overline{oa}$ 代表额定电压。铁芯越饱和，铁芯所需磁势 $F_{Fe} = \overline{bc}$ 增长越快，此时的气隙磁势为 $F_\delta = \overline{ab}$。当 $E_0 = U_N$ 时，总磁势和 F_δ 之比为电机磁路的饱和系数 k_μ，其表达式为

$$k_\mu = \frac{\overline{ac}}{\overline{ab}} = \frac{\overline{od}}{\overline{og}} = \frac{\overline{dn}}{\overline{dc}}$$

空载额定电压时的 k_μ 值约为 $1.1 \sim 1.25$。由上式可得 $\overline{dc} = \dfrac{\overline{dn}}{k_\mu}$，表示在磁路饱和时，由励磁磁势所建立的磁通和它感应的电势都降低到未饱和时的 $\dfrac{1}{k_\mu}$。

空载特性曲线可以用标么值来表示，以额定电压 $U_{N\phi}$ 为电势的基值，I_{f0} 为励磁电流的基值（I_{f0} 为电机空载时 $E_0 = U_{N\phi}$ 的励磁电流）。不同电机用标么值绘出的空载特性曲线都相差不大，故可认为有一条标准的空载特性曲线存在。标准空载曲线的数据如表 15-1 所示。

表 15-1 标准空载曲线数据表

励磁电流 I_f^*	0.5	1.0	1.5	2.0	2.5	3.0	3.5
空载电势 E_0^*	0.58	1.0	1.21	1.33	1.40	1.46	1.51

这条标准的空载特性曲线很有实用价值。用它来比较已制造出来的电机，就可以看出该电机的磁路饱和情况、铁芯的质量以及材料的利用情况。

15.2.2 时-空矢量图

图 15-3 表示同步发电机空载时的时-空矢量图。主磁极轴线称为直轴，也称纵轴，用 d 表示。两极之间的中线称为交轴，也称横轴，用 q 表示。当磁极旋转时，d、q 轴线也随之旋转。时间相量图是表示电压、电流在时间上的相位关系。需要注意的是，时间相量图是针对一相而言，所有这些时间相量都围绕一个固定的时间轴线（纵轴）以角速度 ω 旋转，其幅值在该轴线上的投影是它们的瞬时值。由图 15-3 可知：励磁磁势的基波 F_{f1} 和由它产生的气隙磁密的基波 B_{f1} 都是空间分布波，两者同相位，其正波幅均处于转子直轴正方向上，且与转子一起以同步转速旋转。与 B_f 对应的磁场和某相绕组交链的磁通也可用时间相量 Φ_0 表示。如图 15-3(b) 所示，空间矢量 F_{f1} 和 $\overline{B}_{f1}$，都和转子直轴正方向重合并以同步电角速度 $\omega_1 = 2\pi f$ 旋转。可见空间矢量的指向是表示在任何瞬间基波磁势和磁密正幅值所在的位置。为了便于分析，选取一相的相绕组轴线与时间轴线重合，把整个电机的磁势矢量（空间矢量图）和一个相的电势、电流相量（时间相量图）画在一起，这种图叫做时-空矢量图。此时，$\dot{E}_0$ 滞后于 Φ_0 相角 90°，如图 15-3(b) 所示。

15.2.3 电势波形畸变率

同步发电机的电势应具有正弦波形，但实际线电势（即空载线电压）波形总有些畸变。我国国家标准 GB 755—65 规定：电压波形正弦性畸变率是指该电压波形不包括基波在内的所有各次谐波幅值平方

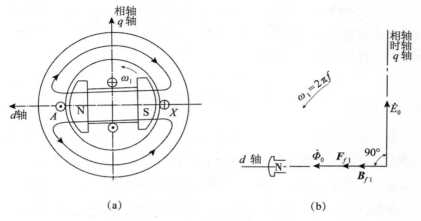

(a) (b)

图 15-3 同步发电机空载时的时-空矢量图

和的平方根值与该波形基波分量的幅值的百分比，用 k_v 表示

$$k_v = \frac{\sqrt{U_{m2}^2 + U_{m3}^2 + \cdots + U_{mk}^2 + \cdots}}{U_{m1}} \times 100\% = \frac{\sqrt{\sum_{n=2}^{\infty} U_{mn}^2}}{U_{m1}} \times 100\% \quad (15\text{-}3)$$

并且规定：交流发电机在空载及额定电压时，线电压波形正弦性的允许畸变率，对于额定视在功率在 1000kVA 以上的，不超过 5%；对于额定视在功率在 10 ~ 1000kVA 的，不超过 10%。畸变率的数值可用波形畸变率测量仪测定，也可用示波器拍摄电压波形，然后用数学分析法确定各次谐波电压的数值，再按式(15-3)计算。用示波器摄取的同步发电机电势波形曲线如图 15-4 所示。

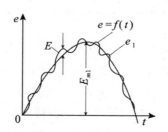

图 15-4 电势(空载电压)波形

若电势波形正弦性畸变率太大，将产生许多不良后果。例如使发电机本身和由它所供电的电动机的损耗增加和效率降低等。因此，对正弦性畸变应有足够重视。

15.3　对称负载时的电枢反应

同步发电机空载运行时，定子绕组中感生三相对称电势。当接上三相对称负载时，就有电流流过定子绕组，产生电枢磁势，设基波电枢磁势产生的电枢磁通为 $\dot{\Phi}_a$。如某相电流达最大值时，合成磁场在该相的轴线上，故 $\dot{I}$ 与 $\dot{\Phi}_a$ 同相。又 $\dot{\Phi}_a$ 和转子有相同的转速和转向，故 $\dot{\Phi}_a$ 与 $\dot{\Phi}_0$ 始终相对静止。同步电机的电枢反应是指对称负载时电枢磁势基波对主磁极磁场基波的影响。电枢反应的性质取决于电枢磁势基波和主磁极磁场基波之间的相对位置，即与励磁电势 E_0 和电枢电流 $\dot{I}$ 之间的夹角 ψ（ψ 称为内功率因数角）有关。现在就 ψ 角的几种不同情况，分别讨论如下。

15.3.1　$\dot{I}$ 和 $\dot{E}_0$ 同相（$\psi=0$）时的电枢反应

此时发电机输出的负载电流 $\dot{I}$ 与励磁电势 $\dot{E}_0$ 同相，如图 15-5(b)所示。图中电枢绕组的每一相均用一个等效整距集中线圈表示，励磁磁势和电枢磁势仅取基波。

在图 15-5(a)所示瞬间，主磁极轴线（d 轴）超前于 A 相轴线 90°。旋转的励磁磁场在电枢绕组中感应三相电势 $\dot{E}_{0A}$，$\dot{E}_{0B}$，$\dot{E}_{0C}$，各电势和电枢电流的相量关系如图 15-5(b)所示。此时，三相电流的瞬时值为 $\dot{I}_A=+I_m$，$\dot{I}_B=\dot{I}_C=-\dfrac{1}{2}I_m$，故三相电流联合产生的电枢磁势的基波波幅也在 A 相轴线上，即 $\boldsymbol{F}_a$ 与 $\dot{I}$ 均处于 q 轴上。按照空间矢量的概念，励磁磁势基波矢量 $\boldsymbol{F}_{f1}$ 与转子 d 轴重合，电枢磁势基波矢量 $\boldsymbol{F}_a$ 与转子 q 轴重合，它们和转子一起以同步转速旋转。我们把这种电枢反应称为交轴电枢反应，如图 15-5(a)所示。这时的电枢磁势 $\boldsymbol{F}_a$ 可称为交

338

轴电枢磁势 F_{aq}。由于 F_a 与 F_{f1} 正交，故交磁电枢反应呈交磁作用。

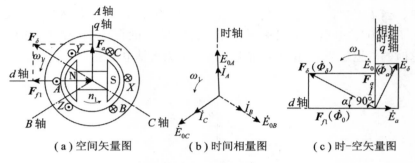

（a）空间矢量图　　（b）时间相量图　　（c）时-空矢量图

图 15-5　$\psi=0$ 的电枢反应

将图 15-5（a）中两个相差 90°的空间矢量 F_{f1} 和 F_a 相加可求得气隙合成磁势矢量 F_δ。三个空间矢量 F_{f1}、F_a、F_δ 均以同步电角速度 $\omega_1 = 2\pi f$ 旋转。

已知气隙合成磁势 F_δ 便可求得由它产生的气隙磁密 B_δ，并进一步求得 B_δ 与定子任一相交链的磁通 $\dot\Phi_\delta$，以及由后者感应于该相的电势 $\dot E_\delta$，显然 $\dot\Phi_\delta$ 和 $\dot E_\delta$ 是时间相量。同理，如忽略铁芯饱和的影响，可从 F_{f1} 和 F_a 分别求出电势 $\dot E_0$ 和 $\dot E_a$，即 $F_{f1} \rightarrow B_{f1} \rightarrow \dot\Phi_0 \rightarrow \dot E_0$、$F_a \rightarrow B_a \rightarrow \dot\Phi_a \rightarrow \dot E_a$。这时应有 $\dot\Phi_0 + \dot\Phi_a = \dot\Phi_\delta$，相应地，有 $\dot E_0 + \dot E_a = \dot E_\delta$。显然 E_0 对于 $\dot\Phi_0$、$\dot E_a$ 对于 $\dot\Phi_a$、$\dot E_\delta$ 对于 $\dot\Phi_\delta$ 都是滞后 90° 的关系，如图 15-5（c）所示。

图 15-5（c）表明交轴电枢反应使合成的气隙磁场轴线位置从空载时的直轴处逆转，向后移了一个锐角 α，其幅值也有所增加。

15.3.2　$\dot I$ 滞后 $\dot E_0$ 相位 90°（$\psi = +90°$）时的电枢反应

图 15-6（b）表示定子三相的励磁电势和电枢电流的相量图，各相电流都滞后各自励磁电势 90°。对应于图 15-6（b）所示的瞬间，图 15-6（a）示出三相瞬时电流的方向。电枢磁势的轴线滞后于励磁磁

势的轴线 180°电角，因此，F_a 与 F_{f1} 两个空间矢量始终保持相位相反且同步旋转的关系。相应的时-空矢量图如图 15-6（c）所示。由此可见，当 $\psi = 90°$ 时，F_a 与 $\dot{I}$ 同相，$\dot{I}$ 滞后 E_0 90°，$\dot{E}_0$ 滞后 F_{f1} 90°，F_a 滞后 F_{f1} 180°，电枢反应呈去磁作用，即气隙中的合成磁场被削弱了。这时的电枢磁势 F_a 位于直轴上，故可称为直轴电枢磁势 F_{ad}。

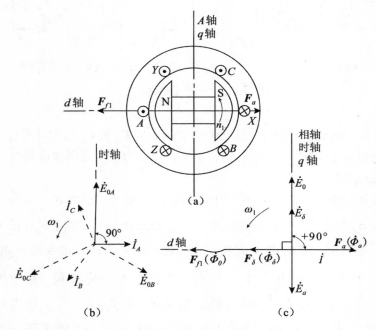

图 15-6　$\psi = +90°$ 的电枢反应

15.3.3　$\dot{I}$ 超前 $\dot{E}_0$ 相位 90°（$\psi = -90°$）时的电枢反应

由图 15-7（a）、（c）可知，当 $\dot{I}$ 超前 $\dot{E}_0$ 90°时，电枢磁势 F_a 的方向总是和励磁磁势 F_{f1} 的方向相同，呈加磁作用。F_a 与 F_{f1} 相加即得气隙合成磁势 F_δ，因此气隙磁场的 $\dot{\Phi}_\delta$ 增强了。此时，电枢磁势 F_a 也位于直轴上，也可称为直轴电枢磁势 F_{ad}。

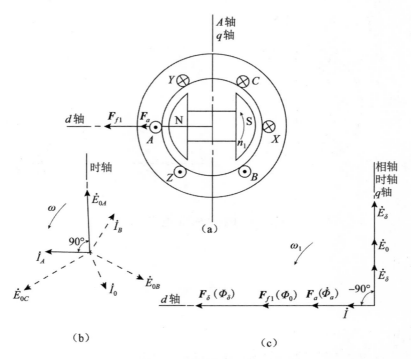

图 15-7 $\psi=-90°$ 的电枢反应

15.3.4 一般情况下的电枢反应（$0°<\psi<90°$）

通常负载电流 $\dot{I}$ 滞后于励磁磁势 $\dot{E}_0$ 的 ψ 角在 $0°$ 与 $90°$ 之间，如图 15-8 所示。此时电枢磁势可以分解成直轴和交轴两个分量，即

$$\boldsymbol{F}_a=\boldsymbol{F}_{ad}+\boldsymbol{F}_{aq} \tag{15-4}$$

式中

$$\begin{cases}\boldsymbol{F}_{ad}=\boldsymbol{F}_a\sin\psi \\ \boldsymbol{F}_{aq}=\boldsymbol{F}_a\cos\psi\end{cases} \tag{15-5}$$

每一相的电流 $\dot{I}$ 也可分解为 $\dot{I}_d$ 和 $\dot{I}_q$ 两个分量，即

$$\dot{I}=\dot{I}_d+\dot{I}_q \tag{15-6}$$

341

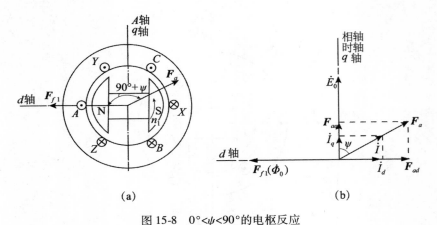

图 15-8 $0°<\psi<90°$的电枢反应

式中

$$\begin{cases} I_d = I\sin\psi \\ I_q = I\cos\psi \end{cases} \tag{15-7}$$

其中，$\dot{I}_q$ 与电势 $\dot{E}_0$ 同相位，称为 $\dot{I}$ 的交轴分量。

三相电流的交轴分量所产生的电枢磁势和图 15-5 所示情况一样，称为交轴电枢磁势 F_{aq}。$\dot{I}_d$ 滞后电势 $\dot{E}_0$ 相位 90°，称为 $\dot{I}$ 的直轴分量。三相电流的直轴分量所产生的电枢磁势和图 15-6 所示情况一样，称为直轴电枢磁势 F_{ad}。F_{aq} 的作用使气隙合成磁场逆转向位移一个角度；F_{ad} 的作用是对气隙磁场起去磁作用，故 F_a 同时起到 F_{aq} 与 F_{ad} 的双重作用［如图 15-8(b)所示］。

15.3.5 电枢反应与机电能量转换

如前所述，同步电机作为发电机运行时，转子磁场较电枢磁场超前，但如转子磁场超前的角度超过 π 电弧度时，则它反较电枢磁场滞后一个小于 π 的角，即变为电动机运行情况。因为 F_a 和 F_{f1} 间相差的角度为 $\dfrac{\pi}{2}+\psi$，如用数学式表示，发电机运行范围便相当于 $0<\dfrac{\pi}{2}$

$+\psi<\pi$，电动机运行范围便相当于 $0>\dfrac{\pi}{2}+\psi$ 或 $\dfrac{\pi}{2}+\psi>\pi$，即可得出：1）

发电机运行范围为 $-\dfrac{\pi}{2}<\psi<\dfrac{\pi}{2}$；2）电动机运行范围为 $-\dfrac{\pi}{2}>\psi$ 或 $\psi>\dfrac{\pi}{2}$。

可见，电枢反应与能量传递关系密切。

　　以同步发电机为例，空载运行时不存在电枢反应，也不存在由转子到定子的能量传递。带负载后，由于负载性质的不同，电枢磁场对转子电流产生的电磁力的情况也不同。图 15-9（a）为交轴电枢磁场对转子电流产生电磁转矩的示意图。电磁转矩是阻碍转子旋转的，因为 I_q 产生交轴电枢磁场，I_q 可认为是 $\dot{I}$ 的有功分量（对应有功电磁功率的有功电流分量），因此发电机要输出有功功率，原动机就必须克服由于 $\dot{I}_q$ 引起的交轴电枢反应产生的转子制动转矩。输出的有功功率越大，$\dot{I}_q$ 越大，交轴电枢磁场就越强，所产生的制动转矩也就越大。这就要求原动机输入更大的驱动转矩，才能保持发电机的转速不变。图 15-9（b）、（c）表明电枢电流的无功分量（对应无功电磁功率的无功电流分量）$I_d=I\sin\psi$ 所产生的直轴电枢磁场对转子电流相互作用所产生的电磁力不形成制动转矩，不妨碍转子的旋转。这表明发电机供给纯感性（$\psi=90°$）或纯容性（$\psi=-90°$）无功功率负载时，并不需要原动机输入功率，但直轴电枢磁场对转子磁场起去磁作用或加磁作用。维持恒定电压所需的励磁电流此时须相应地增加或减小。

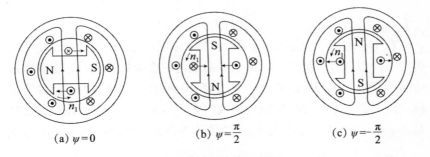

（a）$\psi=0$　　　　（b）$\psi=\dfrac{\pi}{2}$　　　　（c）$\psi=-\dfrac{\pi}{2}$

图 15-9　电枢反应与能量转换示意图

综上所述，为了保持发电机的转速与频率不变，必须随着有功负载的变化调节原动机的输入功率；为了保持发电机端电压恒定，必须随着无功负载的变化，调节励磁电流。

15.4 电枢反应电抗和同步电抗

要分析同步电抗这个参数，就必须联系到磁势、磁通及磁路磁阻、磁路饱和等问题。在这方面，隐极发电机和凸极发电机差别较大，需要分别进行研究。

15.4.1 隐极式同步发电机的电枢磁势和同步电抗

（1）不考虑饱和的情况 负载运行时，同步发电机内有两个磁势：励磁磁势和电枢磁势。不考虑饱和时，则磁势和磁通之间为线性关系，可应用叠加原理。先分别求出励磁磁势的基波 F_{f1} 和电枢磁势的基波 F_a 单独作用时产生的磁通 $\dot{\Phi}_0$ 与 $\dot{\Phi}_a$，然后求出对应的电势 $\dot{E}_0$ 与 $\dot{E}_a$，$\dot{E}_0$ 与 $\dot{E}_a$ 叠加可得气隙电势 $\dot{E}_\delta$，即 $\dot{E}_0 + \dot{E}_a = \dot{E}_\delta$。此外，电枢漏磁通 $\dot{\Phi}_\sigma$ 还产生漏电势 $\dot{E}_\sigma$。其关系如下：

I_f（励磁电流）$\rightarrow F_{f1}$（励磁磁势基波）$\rightarrow \dot{\Phi}_0$（励磁磁通）$\rightarrow \dot{E}_0$（励磁电势）

$\dot{I}_{系统}$（定子三相电流）$\rightarrow F_a$（电枢磁势基波）$\rightarrow \dot{\Phi}_a$（电枢反应磁通）$\rightarrow \dot{E}_a$（电枢反应电势）

$ \rightarrow \dot{\Phi}_\sigma$（定子漏磁通）$\rightarrow \dot{E}_\sigma$（定子漏电势）

在不考虑齿、槽影响时，认为隐极电机的气隙是均匀的，励磁绕组为一同心式分布绕组，励磁磁势曲线为一个阶梯形波，它由各槽内线圈所产生的磁势叠加而成，如图 15-10 所示。中间大齿部分没有励磁绕组，磁势不变，阶梯波的最大值为 $F_f = w_f I_f$。若 F_{f1} 是该阶梯波的基波分量的幅值，则 F_{f1} 与 F_f 的比值称为励磁磁势波形系数，用 k_f 表示，即 $k_f = \dfrac{F_{f1}}{F_f}$。基波磁势产生基波磁密，其幅值为 B_{f1}，据此即可确定出每极的基波磁通 Φ_0 和其感应电势 E_0。

电枢反应电势 E_a 正比于电枢反应磁通 Φ_a，在忽略磁路饱和时，电枢反应磁通 Φ_a 正比于电枢磁势 F_a 和电枢电流 I，即 $E_a \propto \Phi_a$，$\Phi_a \propto F_a \propto I$，于是 $E_a \propto I$。

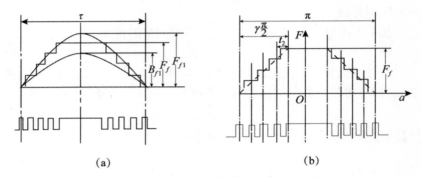

(a)　　　　　　　　　　(b)

图 15-10　隐极电机的励磁磁势

因为在时间相位上，$\dot{E}_a$ 滞后 $\dot{\Phi}_a$（或 $\dot{I}$）90°相角，因此 $\dot{E}_a$ 可以写成负电抗压降的形式，即

$$\dot{E}_a = -j\dot{I}x_a \tag{15-8}$$

式中：x_a——电枢反应电抗。

就大小而言，x_a 是电势 E_a 与电流 I 的比例常数，即 $x_a = \dfrac{E_a}{I}$。因此 x_a 在数值上等于对称负载下每相电流为 1A 时所感应的电枢反应电势值。必须指出，$\dot{E}_a$，$\dot{I}$ 和 x_a 都是某一相的物理量。但是，x_a 应理解为三相对称电流系统联合产生的电枢反应磁场所感应于一相中的电势与其相电流的比值。因此，x_a 实际上综合反映了三相对称电枢电流所产生的电枢反应磁场 B_a 对一相的影响。从物理本质上看，x_a 相当于异步电机中的激磁电抗 x_m。

同理，漏电势 $\dot{E}_\sigma$ 亦可写为负漏抗压降的形式，即

$$\dot{E}_\sigma = -j\dot{I}x_\sigma \tag{15-9}$$

其中，x_σ 为每相电枢绕组的漏抗。

电枢反应电抗 x_a 加上漏抗 x_σ，称为同步电机的同步电抗 x_t，即

$$x_t = x_\sigma + x_a \tag{15-10}$$

同步电抗是隐极同步电机的基本参数之一，是表征对称稳态运行时电枢反应磁场和电枢漏磁场的一个综合参数，它是三相对称电枢电流所产生的全部磁通在某一相中所感应的总电势($E_a + E_\sigma$)与相电流之间的比例常数。

如果考虑电枢绕组的电阻 r_a，就得到同步阻抗 Z_t，即

$$Z_t = r_a + jx_t \tag{15-11}$$

不考虑饱和时，把励磁磁通 $\boldsymbol{\Phi}_0$ 和电枢反应磁通 $\boldsymbol{\Phi}_a$ 叠加(相量相加)，即可得到负载时气隙中的基波磁通，简称气隙磁通 $\boldsymbol{\Phi}_\delta$，即

$$\dot{\boldsymbol{\Phi}}_\delta = \dot{\boldsymbol{\Phi}}_0 + \dot{\boldsymbol{\Phi}}_a \tag{15-12}$$

气隙磁通 $\boldsymbol{\Phi}_\delta$ 在电枢绕组内感应的电势称为气隙电势 E_δ，即

$$\dot{E}_\delta = \dot{E}_0 + \dot{E}_a \tag{15-13}$$

(2)考虑饱和时　在大多数情况下，同步电机都接近于饱和区(磁化曲线的膝部)运行。由于磁路的非线性，叠加原理就不再适用。此时，可首先求出作用在主磁路上的合成磁势。然后，利用电机的磁化曲线(即空载特性曲线)找出负载时的气隙合成磁通 $\boldsymbol{\Phi}_\delta$ 和相应气隙电势 E_δ。考虑到电枢漏磁的影响，其关系如下：

$$I_f(励磁电流) \rightarrow \boldsymbol{F}_{f1} \rightarrow$$
$$\boldsymbol{F}_\delta(气隙磁势) \rightarrow \dot{\boldsymbol{\Phi}}_\delta(气隙磁通) \rightarrow \dot{E}_\delta(气隙电势)$$
$$\boldsymbol{F}_a \rightarrow$$
$$\dot{I}_{系统}(定子三相电流) \Big\langle$$
$$\dot{\boldsymbol{\Phi}}_\sigma(定子漏磁通) \rightarrow \dot{E}_\sigma(漏电势)$$

故气隙中的合成磁势基波 $\boldsymbol{F}_\delta$(亦即气隙磁势)为

$$\boldsymbol{F}_\delta = \boldsymbol{F}_{f1} + \boldsymbol{F}_a \tag{15-14}$$

上述磁势均为基波磁势。

如果是空载运行，已知磁势 F_f 或电流 I_f 求电势，只要利用空载特性即可。但是，在负载运行时考虑饱和影响后，当已知 F_a 和 F_{f1} 的大小和相位求 F_δ 时，需要经过下列步骤：

$$F_f \rightarrow F_{f1}$$
$$F_a + F_{f1} = F_\delta$$
$$F_\delta \rightarrow B_\delta \rightarrow \boldsymbol{\Phi}_\delta \rightarrow E_\delta$$

这样就相当复杂。此时，如果能利用电机的空载特性曲线，就可以从 F_δ 直接找出 E_δ，便能省略由 $F_\delta \rightarrow B_\delta \rightarrow \Phi_\delta \rightarrow E_\delta$ 这段计算过程。但是，由于一般电机的空载特性曲线是用励磁磁势 $F_f = w_f I_f$（其中 w_f 为转子每极励磁磁势绕组的匝数）或励磁电流 I_f 作为横坐标，故 F_a 不能直接在横坐标轴上找到对应值。由前已知隐极机励磁磁势曲线为一阶梯波，近似看作一梯形波如图 15-10（b）中的虚线所示。电枢反应磁势 F_a 是基波幅值，其波形为正弦波，从而导致电枢磁势和励磁磁势在波形上存在差异。如果在负载时要利用空载特性以求得 E_δ，就存在着把电枢磁势折算为等效的励磁磁势的问题。即要求出与励磁磁势等效的电枢磁势的大小。这实质上是把幅值为 F_a、同时作正弦分布的电枢磁势波折算为等效的幅值为 F_a'，作阶梯形分布的励磁磁势波。折算的原则是：折算前后电枢磁场的基波幅值不变。由此可以导出

$$F_a' = k_a F_a ①$$

式中：k_a——电枢磁势的折算系数；

　　　　F_a'——F_a 的折算值。

经过进一步的分析可得励磁磁势波形系数为

$$k_f = \frac{F_{f1}}{F_f} = \frac{8\sin\left(\dfrac{\gamma\pi}{2}\right)}{\pi^2\gamma}$$

可以证明电枢磁势折算系数 $k_a = \dfrac{1}{k_f}$，由上式可得

$$k_a = \frac{1}{k_f} = \frac{\pi^2\gamma}{8\sin\left(\dfrac{\gamma\pi}{2}\right)} \tag{15-15}$$

---

①根据折算原则，折算前后磁场的基波幅值不变，便有
$$B_{a1}' = B_{a1}$$
励磁磁势的波形系数为 $k_f = \frac{F_{f1}}{F_f} = \frac{B_{f1}}{B_f}$（不考虑饱和时），则得到励磁绕组边的磁密 $B_{a1}' = k_f B_a' = k_f(K F_a')$，而 $B_{a1} = K F_a$，此处 K 为与电机结构有关的一个系数。代入 $B_{a1}' = B_{a1}$，可得 $K k_f F_a' = k F_a$，由此得出电枢磁势折算值为
$$F_a' = \frac{1}{k_f} F_a = k_a F_a$$

其中 γ 为隐极机每极励磁绕组的嵌放宽度与极距 τ 的比值。当 $\gamma =$ 0.7~0.8 时，$k_a = 0.97 \sim 1.035$，此时 $F_a' \approx F_a$。

于是，可以求得气隙磁势的折算值为

$$F_\delta' = k_a F_\delta = k_a(F_{f1} + F_a) = k_a F_{f1} + k_a F_a = F_f + F_a' \qquad (15\text{-}16)$$

在求得 F'_δ 后，便可直接从空载特性曲线查出气隙电势 E_δ。

15.4.2 凸极式同步电机的磁势和电抗

凸极式结构使得电机定子、转子间气隙不均匀，当同一电枢磁势作用在直轴时将较它作用在交轴时得到较大的电枢磁通。如果电枢磁势作用在直轴与交轴之间的任意位置时，就必须把它分解为直轴分量和交轴分量。实际上，这个方法已经在电枢反应这一节中应用过，现在再进行较为系统地说明。

（1）双反应理论 图 15-11 所示为凸极式电机中的磁场分布情况。

图 15-11(a)中，励磁电流产生励磁磁势从而产生励磁磁场。与隐极式电机的励磁绕组有区别，凸极式电机的励磁绕组为集中绕组，产生的磁势波为矩形波，实际磁密波为一平顶波。图 15-11(b)所示为按正弦规律分布的电枢磁势的基波分量，它作用于转子磁极的直轴。此时，主磁极轴线处电枢磁场最强，偏离主磁极轴线则电枢磁场将逐渐减弱。在极间区域，由于电枢磁势较小且气隙较大，电枢磁场就很弱。图 15-11(c)为同样大小的电枢磁势作用于转子磁极的交轴，但由于极间区域气隙较大，磁阻较大，故交轴电枢磁场较弱，整个磁场呈马鞍形分布。

图 15-11 绘制出了相应磁势的基波磁场，如励磁磁场及其基波磁场的幅值分别为 B_f 和 B_{f1}，直轴和交轴电枢磁场的基波幅值分别为 B_{ad1} 和 B_{aq1}。显然，如果直轴和交轴电枢磁势同样大小，则直轴电枢磁场基波的幅值 B_{ad1} 将比交轴电枢磁场基波幅值 B_{aq1} 大，即 $B_{ad1} > B_{aq1}$。

由以上分析可知，当电枢磁势恰好作用在直轴（$\psi = 90°$）或交轴（$\psi = 0°$）位置时，电枢磁场的波形是对称的。此时，电枢反应不难确

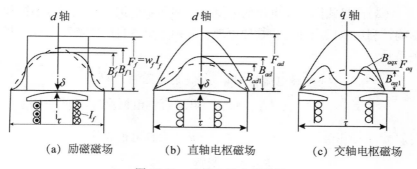

（a）励磁磁场　　　　（b）直轴电枢磁场　　　　（c）交轴电枢磁场

图 15-11　凸极电机中的磁场

定。但在一般情况下，ψ 是一个任意角度，电枢磁场的分布不对称，其形状和大小取决于 F_a 和 ψ 两个因素，而且无法用解析的式子来表达。因此，此时就难以直接确定电枢反应的大小。

　　勃朗台尔(Blondel)提出：当电枢磁势 F_a 的轴线既不和主磁极的直轴又不和主磁极的交轴重合时，可以把电枢磁势 F_a 分解成直轴分量 F_{ad} 和交轴分量 F_{aq}，如图 15-12 所示，分别求出直轴和交轴磁势的电枢反应，然后再把它们的效果叠加起来。这就叫做双反应理论。

　　实践证明，不计饱和时，采用这种办法来分析凸极电机，结果是令人满意的。因此，双反应法已成为分析各类凸极电机(凸极同步电机等)的基本方法之一。

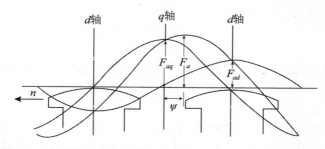

图 15-12　把凸极同步电机的电枢磁势分解为直轴分量与交轴分量

（2）凸极式同步发电机的电枢磁势和同步电抗　如果不考虑饱和影响，利用双反应理论和叠加原理，分别求出各自的磁通和电势，其关系是：

$$I_f(\text{励磁电流}) \rightarrow F_{f1} \rightarrow \dot{\Phi}_0(\text{励磁磁通}) \rightarrow \dot{E}_0$$

$$\dot{I}_{\text{系统}}(\text{定子三相电流}) \left\{ \begin{array}{l} \rightarrow \dot{I}_{d\text{系统}} \rightarrow F_{ad} \rightarrow \dot{\Phi}_{ad}(\text{直轴电枢反应磁通}) \rightarrow \dot{E}_{ad} \\ \rightarrow \dot{I}_{q\text{系统}} \rightarrow F_{aq} \rightarrow \dot{\Phi}_{aq}(\text{交轴电枢反应磁通}) \rightarrow \dot{E}_{aq} \\ \rightarrow \dot{\Phi}_{\sigma}(\text{定子漏磁通}) \rightarrow \dot{E}_{\sigma} \end{array} \right.$$

和隐极发电机相似，不计饱和时，凸极发电机有如下关系：

$$E_{ad} \propto \Phi_{ad} \propto F_{ad} \propto I_d$$
$$E_{aq} \propto \Phi_{aq} \propto F_{aq} \propto I_q$$

即直轴电枢反应电势 E_{ad} 正比于直轴电流 I_d，交轴电枢反应电势 E_{aq} 正比于交轴电流 I_q。从相位上来看，$\dot{E}_{ad}$ 和 $\dot{E}_{aq}$ 分别滞后 $\dot{I}_d$ 和 $\dot{I}_q$ 90°相角。因此，直轴和交轴电枢反应电势可用相应的负电抗压降来表示

$$\begin{cases} \dot{E}_{ad} = -j\,\dot{I}_d x_{ad} \\ \dot{E}_{aq} = -j\,\dot{I}_q x_{aq} \end{cases} \tag{15-17}$$

其中，x_{ad} 和 x_{aq} 分别为直轴电枢反应电抗和交轴电枢反应电抗。它表征当对称的三相直轴或交轴电流每相为 1A 时，三相联合产生的基波电枢磁场在电枢每一相绕组中感应的电势。

可见，凸极同步电机有两个同步电抗，即直轴同步电抗 x_d 与交轴同步电抗 x_q，分别为

$$\begin{cases} x_d = x_{\sigma} + x_{ad} \\ x_q = x_{\sigma} + x_{aq} \end{cases} \tag{15-18}$$

它们是表征对称稳态运行时直轴或交轴电枢反应磁场和电枢漏磁场的综合参数。当不考虑饱和时，x_d 与 x_q 都是常数，并且可以认为 $x_q = 0.6x_d$。

考虑饱和时，也和隐极发电机相似，要利用合成磁势法进行分析。为了简化，分析时均不计及交、直轴磁场之间的相互影响。这样就可以采用双反应理论求出交、直轴电枢磁势，然后利用空载特性曲

线分别求出交、直轴的感应电势。其关系如下：

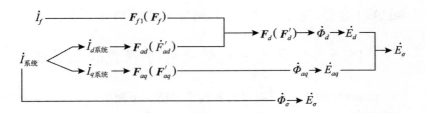

以上 F_{f1}、F_{ad}、F_{aq}、F_d 均为实际的基波磁势，括弧中的 F'_{ad}、F'_{aq} 等表示折算值，其意义和隐极式电机中电枢磁势的折算相似，即

$$\begin{cases} F'_{ad} = k_{ad} F_{ad} \\ F'_{aq} = k_{aq} F_{aq} \end{cases} \tag{15-19}$$

其中，k_{ad} 和 k_{aq} 分别为直轴和交轴电枢磁势的折算系数。

图 15-13 表示极弧下最大与最小的气隙之比 $\dfrac{\delta_{\max}}{\delta_{\min}} = 1.5$、最小气隙

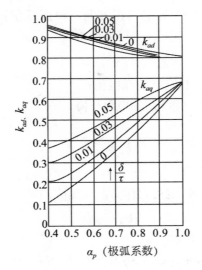

图 15-13　$\dfrac{\delta_{\max}}{\delta_{\min}} = 1.5$ 时的 k_{ad} 和 k_{aq} 值

351

与极距之比 $\dfrac{\delta_{min}}{\tau} = 0 \sim 0.05$ 时的 k_{ad}、k_{aq} 与极弧系数 $\alpha_p = \dfrac{b_p}{\tau}$ 的关系曲线。

如已知上述有关数据，则 k_{ad}、k_{aq} 可以从图 15-13 中查出。

15.5 同步发电机的电势方程式和相量图

前面介绍了电枢反应电抗和同步电抗，下面进一步导出对称负载下同步发电机的电势方程式和相量图，用以说明同步发电机中各物理量之间的关系。

15.5.1 隐极发电机的电势方程式和相量图

1. 不考虑饱和时

不考虑饱和时，可以利用叠加原理。如前所述，可以分别求出各个磁通在一相电枢绕组中所产生的感应电势：励磁磁通 $\dot{\Phi}_0$ 感生励磁电势 $\dot{E}_0$、电枢反应磁通 $\dot{\Phi}_a$ 感生电枢电势 $\dot{E}_a$、定子漏磁通 $\dot{\Phi}_\sigma$ 感生漏电势 $\dot{E}_\sigma$，参照图 15-14 规定的正方向，根据基尔霍夫第二定律，对电枢绕组的一相回路而言，可得电势方程为

$$\sum \dot{E} = \dot{E}_0 + \dot{E}_a + \dot{E}_\sigma = \dot{U} + \dot{I} r_a \qquad (15\text{-}20)$$

式中：$\dot{U}$——电枢一相绕组的端电压；

$\dot{I} r_a$——电枢一相绕组的电阻压降。

由前述可知

$$\dot{E}_a = -j \, \dot{I} x_a$$

式中：x_a——电枢反应电抗。

同样，漏电势 $\dot{E}_\sigma$ 也可写作负漏抗压降的形式，即

$$\dot{E}_\sigma = -j \, \dot{I} x_\sigma$$

于是式（15-20）可改写成

$$\dot{E}_0 = \dot{U} + \dot{I} r_a + j \, \dot{I} x_\sigma + j \, \dot{I} x_a = \dot{U} + \dot{I} r_a + j \, \dot{I} x_t = \dot{U} + \dot{I} Z_t \qquad (15\text{-}21)$$

式中：x_t——同步电抗；

Z_t——同步阻抗。

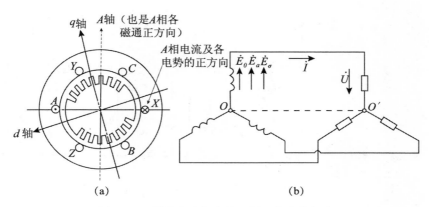

图 15-14 同步发电机各物理量正方向的规定

图 15-15 示出隐极发电机的相量图和等效电路。图 15-15（a）还示出了把 $\dot{E}_a$ 和 $\dot{E}_\sigma$ 作负电抗压降处理的情况。式（15-21）表明，从电路观点来看，隐极发电机就相当于励磁电势 $\dot{E}_0$ 和同步阻抗 $Z_t = r_a + jx_t$ 的串联电路，如图 15-15（d）所示，图 15-15（c）为其对应的相量图。图 15-15（a）通常也称电势相量图。

不考虑饱和时，把励磁磁通 $\dot{\Phi}_0$ 与电枢反应磁通 $\dot{\Phi}_a$ 相加，即可得到负载时的气隙基波磁通，简称气隙磁通 $\dot{\Phi}_\delta$，即

$$\dot{\Phi}_\delta = \dot{\Phi}_0 + \dot{\Phi}_a$$

气隙磁通在电枢一相绕组内感生的电势称为气隙电势，用 E_δ 表示，见图 15-15（a）、（b），从中可得

$$\dot{E}_\delta = \dot{E}_0 + \dot{E}_a = \dot{U} + \dot{I} r_a + j \dot{I} x_\sigma \tag{15-22}$$

2. 考虑饱和时

此时叠加原理已不适用。如前所述，首先必须求出作用于主磁路的合成磁势，然后利用电机的磁化曲线（空载特性），才能求出气隙合成磁通 Φ_δ 及其电势 E_δ。根据基尔霍夫第二定律，可得电枢一相的电势方程式为

$$\dot{E}_\delta = \dot{U} + \dot{I} r_a + j \dot{I} x_\sigma \tag{15-23}$$

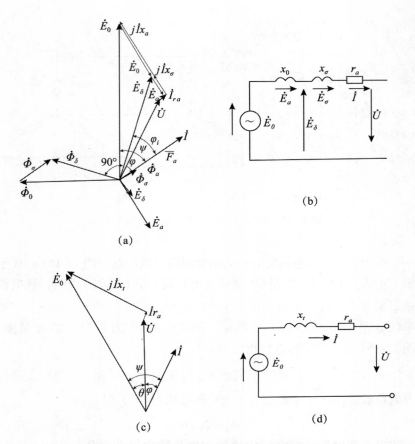

图 15-15　不考虑饱和时隐极发电机的相量图和等效电路

此时气隙合成磁势基波(简称气隙磁势)为

$$F_\delta = F_{f1} + F_\sigma \tag{15-24}$$

将上式左右同乘以电枢磁势折算系数 k_a 将磁势进行折算，可得

$$F_\delta' = F_f + F_a' \tag{15-25}$$

其中，$F_\delta' = k_a F_\delta$，$F_a' = k_a F_a$，$F_f = k_a F_{f1} = \dfrac{1}{k_f} F_{f1}$。

由式(15-23)、(15-24)、(15-25)可绘出考虑饱和时的隐极发电机的相量图，如图 15-16（a）所示，图 15-16（b）为其所配用的空载特性曲线。于是，在已知 U、I、φ 与有关数据的情况下，可以求出 $\dot{E}_0$。显然，在同样的励磁电流 I_f 下，考虑饱和时求得的 E_0 较不考虑饱和时求得的 E_0 小。图 15-16（a）通常也称磁势-电势矢量图。

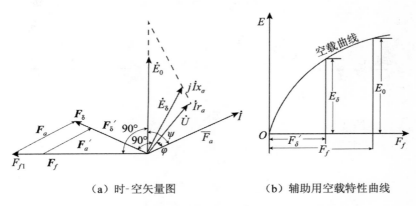

（a）时-空矢量图　　　　　　　（b）辅助用空载特性曲线

图 15-16　考虑饱和时隐极发电机的时-空矢量图

15.5.2　凸极发电机的电势方程式和相量图

在不考虑饱和时，利用双反应理论和叠加原理，可分别求出励磁磁势、直轴和交轴电枢磁势所产生的基波磁通及其感应电势。如前所述，励磁磁通 $\dot{\Phi}_0$ 感生励磁电势 $\dot{E}_0$、直轴电枢反应磁通 $\dot{\Phi}_{ad}$ 感生直轴电枢反应电势 $\dot{E}_{ad}$、交轴电枢反应磁通 $\dot{\Phi}_{aq}$ 感生交轴电枢反应电势 $\dot{E}_{aq}$、定子漏磁通 $\dot{\Phi}_\sigma$ 感生漏电势 $\dot{E}_\sigma$，如图 15-17 所示。图中各物理量正方向的规定仍与图 15-14 相同，只是 $\dot{E}_a$ 分解为两个电势 $\dot{E}_{ad}$ 和 $\dot{E}_{aq}$。根据基尔霍夫第二定律，可得电枢一相的电势方程式为

$$\sum \dot{E} = \dot{E}_0 + \dot{E}_{ad} + \dot{E}_{aq} + \dot{E}_\sigma = \dot{U} + \dot{I}\, r_a \qquad (15-26)$$

与上式对应的相量图如图 15-17（a）所示。

由前述可知

$$\dot{E}_{ad} = -j\, \dot{I}_d x_{ad}$$

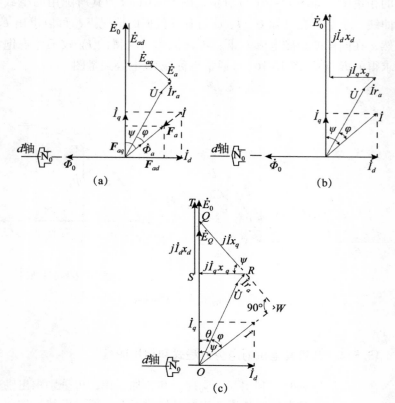

图 15-17　不考虑饱和时凸极发电机的相量图

$$\dot{E}_{aq} = -j\,\dot{I}_q x_{aq}$$

$$\dot{E} = -j\,\dot{I}x_{\sigma}$$

式中：x_{ad}，x_{aq}——直轴电枢反应电抗和交轴电枢反应电抗；

x_{σ}——电枢漏抗。

这样，式(15-26)可改写为

$$\dot{E}_0 = \dot{U} + \dot{I}\,r_a + j\,\dot{I}x_{\sigma} + j\,\dot{I}_d x_{ad} + j\,\dot{I}_q x_{aq}$$

考虑到 $\dot{I} = \dot{I}_d + \dot{I}_q$ 后，上式可以写成

$$\dot{E}_0 = \dot{U} + \dot{I}r_a + j(\dot{I}_d + \dot{I}_q)x_\sigma + j\dot{I}_d x_{ad} + j\dot{I}_q x_{aq}$$
$$= \dot{U} + \dot{I}r_a + j\dot{I}_d(x_\sigma + x_{ad}) + j\dot{I}_q(x_\sigma + x_{aq})$$

于是得

$$\dot{E}_0 = \dot{U} + \dot{I}r_a + j\dot{I}_d x_d + j\dot{I}_q x_q \qquad\qquad (15\text{-}27)$$

式中：x_d——直轴同步电抗；

　　　x_q——交轴同步电抗。

与式(15-27)对应的相量图，如图 15-17(b)所示。

图 15-17(b)实际上很难直接画出，这是因为 U、I、φ 和有关数据(r_a、x_d、x_q 等)虽然已知，但 $\dot{E}_0$、$\dot{I}$ 之间的夹角 ψ 无法测出。这样，我们就无法把 $\dot{I}$ 分成 $\dot{I}_d$ 和 $\dot{I}_q$，整个相量图就无法绘出。为了解决这个问题(找 ψ 角)，可先对图 15-17(b)的相量图进行分析，找出确定 ψ 角的图，如图 15-17(c)所示。由此图可见，如从 R 点作垂直于 $\dot{I}$ 的线交 $\dot{E}_0$ 于 Q 点，得到线段 $\overline{RQ}$，则不难看出 $\overline{RQ}$ 与相量 $j\dot{I}_q x_q$ 间的夹角为 ψ。于是，线段 $\overline{RQ}$ 的长度应等于

$$\overline{RQ} = \frac{I_q x_q}{\cos\psi} = I x_q$$

由此得出相量图的实际作法如下：

(1)根据已知条件绘出 $\dot{U}$ 和 $\dot{I}$；

(2)画出相量 $\dot{E}_Q = \dot{U} + \dot{I}r_a + j\dot{I}x_q$，$\dot{E}_Q$ 必然与未知的 $\dot{E}_0$ 同相位，故 $\dot{E}_Q$ 与 $\dot{I}$ 的夹角为 ψ，此处电势 $\dot{E}_Q$ 为找 ψ 角的辅助量；

(3)根据求出的 ψ 将 $\dot{I}$ 分解为 $\dot{I}_d$ 和 $\dot{I}_q$；

(4)从 R 点起依次绘出 $j\dot{I}_q x_q$ 和 $j\dot{I}_d x_d$，得到末端 T，连接 $\overline{OT}$ 线段即得 $\dot{E}_0$(因 $\dot{E}_0 = \dot{U} + \dot{I}r_a + j\dot{I}_d x_d + j\dot{I}_q x_q$)。

[**例 15-1**]　有一台凸极发电机，$x_d^* = 1.0$，$x_q^* = 0.6$，电枢电阻可略去不计。试计算发电机发出额定电压、额定视在功率与 $\cos\varphi = 0.8$(滞后)时的励磁电势 $\dot{E}_0$，并绘出相量图。

[**解**]　以 $\dot{U}$ 为参考相量，即设 $\dot{U}^* = 1.0\ \underline{/0°}$，则

$$\dot{I}^* = 1.0\ \underline{/-36.8°}(因 \varphi = \cos^{-1}0.8 = 36.8°)$$

$$\dot{E}_Q^* = \dot{U}^* + j\,\dot{I}^* x_q^* = 1.0\ \underline{/0°} + j1.0 \times 0.6\ \underline{/-36.8°} = 1.44\ \underline{/19.4°}$$

由于 $\dot{E}_0$ 与 $\dot{E}_Q$ 同相，故

$$\psi = 19.4° + 36.8° = 56.2°$$

据此可以求出 $\dot{I}_d^*$ 与 $\dot{I}_q^*$（见图 15-18），方法如下。

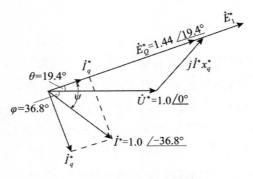

图 15-18　例 15-1 的相量图

$$I_d^* = I^* \sin\psi = 1 \times \sin 56.2° = 0.832$$

故

$$\dot{I}_d^* = 0.832\ \underline{/-(90° - 19.4°)} = 0.832\ \underline{/-70.6°}$$

$$I_q^* = I^* \cos\psi = 1 \times \cos 56.2° = 0.555$$

故

$$\dot{I}_q^* = 0.555\ \underline{/19.4°}$$

所以

$$\dot{E}_0^* = \dot{U}^* + j\,\dot{I}_d^* x_d^* + j\,\dot{I}_q^* x_q^*$$

$$= 1.0\ \underline{/0°} + j\,0.832 \times 1\ \underline{/-70.6°} + j\,0.555 \times 0.6\ \underline{/19.4°}$$

$$= 1.77\ \underline{/19.4°}$$

凸极发电机考虑饱和时相量图的分析原则与隐极发电机的相似。由于考虑饱和时凸极发电机各物理量之间的关系比较复杂，同时在很多场合，考虑饱和时的凸极发电机可以用考虑饱和时的隐极发电机相量图近似分析计算。因此，考虑饱和时的凸极发电机的电势方程式和

相量图本书略去不讲。

15.6　同步发电机的短路特性、零功率因数特性、电机参数及短路比的确定

同步发电机的短路特性、零功率因数负载特性和空载特性一样，具有重要的实用意义。

15.6.1　短路特性

同步发电机在额定转速下运行，当电枢端三相稳态短路时，短路电流 I_k 与励磁电流 I_f 间的关系称为短路特性，即 $U=0$，$n=n_N$ 时，$I_k=f(I_f)$。短路特性试验线路如图 15-19（a）所示。在短路时，如将相

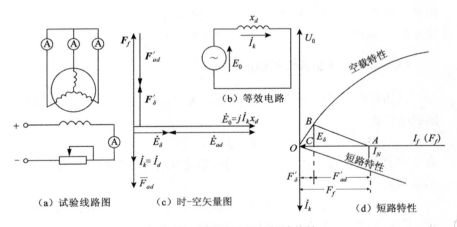

图 15-19　同步发电机的短路特性

对较小的电枢电阻忽略不计，则不论是隐极机还是凸极机都具有相同的等效电路和时-空矢量图，如图 15-19（c）所示。短路电流为一纯感性电流。这时，电枢电流只有直轴分量，它所产生的电枢反应仅有去磁作用，即 $F_a=F_{ad}$，且 $F_{aq}=0$。由图 15-19（c）可知，此时各磁势矢量都在一条直线上，合成磁势为 $F'_\delta=F_f-F'_{ad}$。利用空载特性即可求出

气隙合成电势 E_δ，如图 15-19(d)所示。

由于 $U=0$，在忽略电枢电阻的情况下，则

$$\dot{E}_\delta = \dot{U} + j\,\dot{I}x_\sigma = j\,\dot{I}x_\sigma \qquad (15\text{-}28)$$

由此可见，短路时合成气隙电势只等于漏抗压降。一般电机漏抗的标么值 $x_\sigma^* = 0.1 \sim 0.2$，若取平均值为 0.15，则在短路电流等于额定电流时，$E_\delta^* = 0.15$，即气隙电势 E_δ 仅为额定电压的 15%，所以短路时电机磁路处于不饱和状态，相当于图 15-19(d)中的 B 点。因为合成气隙磁势 $F_\delta' \propto E_\delta \propto I$，并且 $F_{ad}' = k_{ad} - F_{ad}$ 与 I 成正比，所以励磁磁势 $F_f = F_\delta' + F_{ad}'$ 也与 I 成正比，即励磁磁势增加，定子电流成线性关系增加。故短路特性是一条直线。

图 15-19(d)中，三角形 ABC 称为同步发电机的特性三角形，它对测定同步电机的参数很有用。这个直角三角形的底边 $\overline{AC}$ 正好是电枢反应磁势 F_{ad}'，直角边 $\overline{BC}$ 就是漏抗压降 $I_k x_\sigma$，它的各边均与定子短路电流 I_k 成正比。图中的 $\triangle ABC$ 是在 $I_k = I_N$ 时绘出的。

15.6.2　x_d 不饱和值的确定

三相对称稳定短路时，由短路电流所引起的同步电抗压降恰好和励磁电势相等，即

$$\dot{E}_0 = j\,\dot{I}_k x_d$$

在给定的 I_f 情况下，由空载特性和短路特性就能求取同步电抗 x_d 的不饱和值。

如图 15-20 所示，曲线 1 为空载特性，曲线 2 为短路特性，曲线 3 为气隙线(由空载特性曲线 1 起始线部分延长而得)。

在实际运行中，电机磁路的饱和情况取决于气隙中的合成磁场。由于三相对称短路时电枢反应的去磁作用，气隙合成磁场较小，磁路不饱和，此时可以利用气隙线 3 和短路特性 2 来求同步电抗。但由于这两条特性曲线均处于不饱和状态，故所得到的同步电抗为不饱和值。同步电抗的不饱和值等于在 I_f 的某一确定值下，曲线 3、2 的纵坐标值之比，即

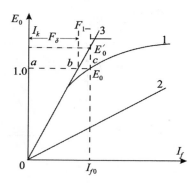

图 15-20　利用同步发电机的空载特性与短路特性求 x_d(不饱和值)

$$x_d = \frac{E_0'}{I_k} \qquad (15\text{-}29)$$

不论励磁电流的大小，x_d 的不饱和值(x_d 不加附注时，一般是指不饱和值)均为恒值。如用标幺值表示，则

$$x_d^* = \frac{x_d}{z_N} = \frac{I_N x_d}{U_N} = \frac{I_N (E_0'/I_k)}{U_N} = \frac{E_0'/U_N}{I_k/I_N} = \frac{E_0'^*}{I_k^*} \qquad (15\text{-}30)$$

这说明，如果空载特性和短路特性均用标幺值表示时，所求得的直轴同步电抗也是标幺值。

15.6.3　零功率因数特性和 x_σ、x_d(饱和值)的确定

零功率因数特性是表示当同步发电机带上接近于纯感性的负载，负载电流为额定值时，端电压 U 和励磁电流 I_f 关系的曲线，即 $n = n_N$，$I = I_N$，$\cos\varphi = 0$ 时，$U = f(I_f)$。

当然，要使负载的 $\cos\varphi = 0$ 是困难的。实际上，如果带上感性负载，能使 $\cos\varphi < 0.2$ 时，已能获得足够准确的曲线。

图 15-21 为同步发电机供给纯感性负载时的时-空矢量图。负载是纯感性的，电枢本身的电阻也很小，如略去不计，则 $\psi = 90°$，此时电枢反应为纯粹去磁作用。由图 15-21 可见，磁势之间的关系和电势之间的关系都是代数关系，即

$$\begin{cases} E_\delta = U + Ix_\sigma \\ F_f = F'_\delta + F'_a \end{cases} \tag{15-31}$$

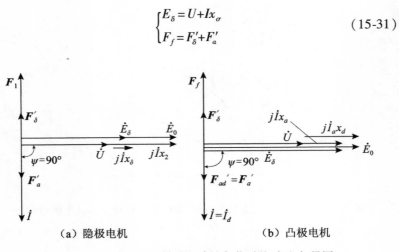

（a）隐极电机　　　　　　　（b）凸极电机

图 15-21　同步发电机供给纯感性负载时的时-空矢量图

零功率因数负载特性试验接线图如图 15-22（a）所示。将同步发电机拖动到同步转速，电机带三相纯感性负载（例如三相可调电抗器），使 $\cos\psi \approx 0$，然后同时调节励磁电流和负载电抗的大小，保持 $I = I_N$ 不变，测量不同励磁电流下发电机端电压，即可得到零功率因数负载特性，其时-空矢量图如图 15-22（b）所示，零功率因数特性曲线如图 15-22（c）所示。在图 15-22（c）中，$\overline{OB}$ 为额定电压，$\overline{BC}$ 为空载时产生额定电压所需的励磁电流。同步发电机带零功率因数负载时如要保持端电压为额定值，则还需克服电枢漏抗压降和去磁的电枢反应，此时励磁电流应该比 $\overline{BC}$ 大，应为 $\overline{BF}$。$\overline{BF}$ 为与 F_f 对应的励磁电流 I_f，其中 $\overline{CA}$ 为克服定子漏抗压降所需要增加的励磁电流，$\overline{AF}$ 为克服去磁的电枢磁势所需增加的励磁电流 I_{fad}（对应 F'_{ad}），$\overline{BA}$ 段为与 F'_δ 对应的励磁电流。F 点为零功率因数曲线上对应于 $U = U_N$ 的一个点，如图 15-22（c）所示。这里 I_{fad} 为对应于 F'_{ad} 的等效励磁电流，$I_{fad} = \dfrac{F'_{ad}}{w_f}$。

由以上分析可知，零功率因数曲线和空载特性曲线之间相差一个

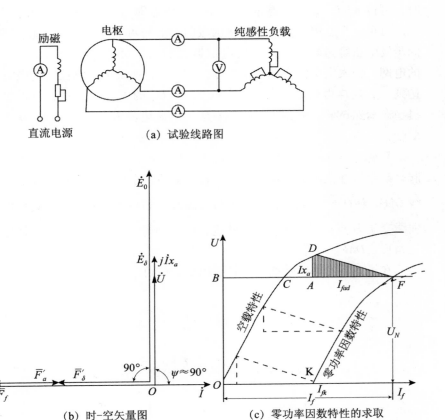

（a）试验线路图

（b）时-空矢量图　　　（c）零功率因数特性的求取

图 15-22　同步发电机的零功率因数特性

特性三角形，其各边大小均正比于电枢电流。当负载电流为额定值且不变时（这正是测零功率因数曲线的一个条件），则三角形的大小亦保持不变。这样，把特性三角形的上顶点 D 放在空载特性曲线上，将特性三角形上、下平行移动，则顶点 F 的轨迹即为零功率因数曲线。实际上由于极间漏磁通的增加，引起主磁路转子磁极和磁轭的饱和程度增加，使得零功率因数曲线的后面部分略为向下偏一点，如图 15-22（b）中虚线所示。当特性三角形移到其水平边与横坐标重合时，可得 K 点，该点的端电压 $U=0$。故该点即为 $I_k=I_N$ 时的短路点。由此可见，F 点和 K 点为零功率因数曲线上的两个特殊点。因此，当同步发电机容量较大，无法用电抗器试验时，可将电机并入 $U=U_N$ 的电网，使发电机的有功功率为零，调节 I_f，使发出的感性无功电流达到 I_N，这样得到零功率因数曲线上 $U=U_N$ 的 F 点。然后，再做电机稳态短路试验，测出 $I_k=I_N$ 所对应的励磁电流 I_{fk}，即得到 $U=0$ 的 K 点。

只要知道零功率因数曲线上的 F、K 两点，就可以和空载特性一起来确定特性三角形。在图 15-23 上，通过 F 点作平行于横坐标的直线 $O'F$，使 $\overline{O'F}=\overline{OK}$，过 O' 点作与气隙线平行的线 $\overline{O'P}$ 并和空载特性曲线交于 D 点。过 D 点作 $\overline{O'F}$ 的垂直线，即得 $\overline{DA}$。连接 DF，得特性三角形 $\triangle DAF$。

在了解零功率因数曲线的特点以后，就可求得

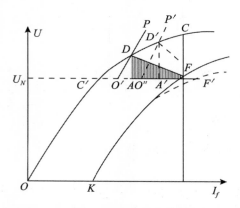

图 15-23　由空载特性和零功率因数特性求特性三角形

$$x_\sigma = \frac{\overline{DA}}{I_N} \tag{15-32}$$

因为 $\overline{DA}$ 表示漏抗电压降 $I_N x_\sigma$，F 点为额定电压下零功率因数曲线上的一点，而 D 点便为在空载特性上的相应点。需要指出的是：

由实际零功率因数特性所确定的漏抗比空载特性所确定的漏抗略大。这是由于实际的零功率因数特性略向下偏，由此所得的 $\triangle D'A'F'$ 较上述的 $\triangle DAF$ 略大。$\triangle D'A'F'$ 称为保梯（Potier）三角形，由此所得的电抗称为保梯电抗，用 x_P 表示，$x_P = \dfrac{\overline{D'A'}}{I_N}$。$x_P$ 比实际的定子漏抗略大。对于凸极机，$x_P = (1.1 \sim 1.3)x_\sigma$，对于隐极机，由于极间漏磁较小，$x_P \approx x_\sigma$。

　　还有一简单方法可测定 x_σ，将电机转子抽出，外施额定频率的三相对称电压，使电枢绕组中流过的电流为额定值（其电压值约为额定电压的 15% ~ 25%）。如电枢电阻略去不计，相电压与相电流之比即为所求的漏抗。这种方法称为转子抽出法。应用这种方法求出的漏抗比实际漏抗略大，这是由于转子取出后，定子内除了前述漏磁通外，还有一小部分磁通存在于原来转子所占的空间中。

　　下面说明利用空载特性和零功率因数特性求 $x_{d(饱和值)}$ 的问题。当电机在额定电压下运行时，磁路已处于饱和状态，这时一般不用电势相量图，而用磁势-电势矢量图由气隙磁势 F'_δ 在空载特性上求出气隙电势 E_δ，再根据 $\dot{E}_\delta$、$\dot{I}$ 和 $\dot{U}$ 等相量绘出其相量图。

　　此时，如果我们仍想用叠加原理绘制电势相量图，则必须先了解合成磁势产生的气隙磁场所感应的气隙电势 E_δ 的确切值。连接空载特性上该点和原点并延长，作为在此情况下的线性磁化曲线。根据该直线，分别对 I_f 和 I_{fad} 求出相应的 E_0 和 E_{ad}，再进一步算出 x_{ad} 和 x_d 的饱和值。这样得出的 $x_{d(饱和值)}$ 是气隙磁势的函数，对于不同的饱和情况具有不同的数值。为了简化分析，可近似取零功率因数特性上对应于 $I = I_N$ 和 $U = U_{N\phi}$ 的运行情况（见图 15-24 中 A 点）的气隙电势值 $E_\delta = \overline{BL}$ 作为考虑发电机额定运行时饱和程度的依据。由图 15-24 知，只要过 O、B 两点画一直线作为此时的线性化空载特性，然后将 $\overline{KA}$ 延长得出交点 T，则 $\overline{KT}$ 为励磁电势，$\overline{AT} = I_N x_{d(饱和值)}$，即可求出 x_d 的饱和值为

$$x^*_{d(饱和值)} = \frac{\overline{AT}}{\overline{KA}} \qquad (15\text{-}33)$$

显然，$x^*_{d(饱和值)}$ 较 $x^*_{d(不饱和值)}$ 为小。

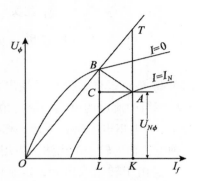

图 15-24　由空载特性和零功率因数特性求 $x_{d(饱和值)}$

15.6.4　短路比及其确定

图 15-25 中曲线 1 为空载特性，曲线 2 为短路特性，曲线 3 为气隙线。

由图 15-25 可以计算同步电机的短路比。

空载电势等于额定电压时的励磁电流 I_{f0} 称为空载励磁电流。在励磁电流为 I_{f0} 时，做三相稳定短路试验测得的短路电流 I_{k0} 与额定电流 I_N 之比叫做短路比。由图可知短路比为

$$k_c = \frac{I_{k0}}{I_N} = \frac{I_{f0}}{I_{fk}} \qquad (15\text{-}34)$$

式中：I_{fk}——短路特性上 $I_k = I_N$ 时的励磁电流。

因此，短路比也可以定义为：空载时使空载电压为额定值时的励磁电流 I_{f0} 与在短路时使短路电流为额定值时的励磁电流 I_{fk} 之比。

由图 15-25 可知短路比与不饱和值同步电抗的关系为

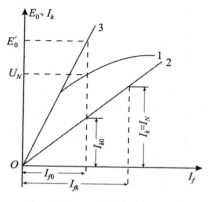

图 15-25　短路比的确定

$$x_{d(\text{不饱和值})}^* = \frac{x_{d(\text{不饱和值})}}{z_N} = \frac{\dfrac{E_0'}{I_{k0}}}{\dfrac{U_N}{I_N}}$$

$$= \frac{E_0'}{U_N} \cdot \frac{I_N}{I_{k0}} = k_\mu \cdot \frac{1}{k_c}$$

故短路比

$$k_c = \frac{k_\mu}{x_{d(\text{不饱和值})}^*} \tag{15-35}$$

其中，k_μ 为空载电压等于额定值时电机的饱和系数。

短路比的数值对电机的影响是很大的。短路比小，则 x_d 大，短路电流较小。当负载变化时，由于阻抗压降较大，发电机电压变化率较大。此外，短路比小的同步发电机在并联运行时，稳定性就较差，但电机造价较便宜。短路比大，x_d 小，气隙大。这致使电机尺寸增大，励磁磁势也要增大，转子用铜增多、成本较高。但是，电机稳定性能较好，且电压变化率较小。

随着同步电机单机容量不断增长，为了提高材料的利用率，近年来对短路比要求有所降低。水电站由于输电距离较长，稳定性问题比较严重，所以对水轮发电机要求选择较大的短路比，一般取 $k_c =$

367

$0.8 \sim 1.3$。汽轮发电机 $k_c = 0.5 \sim 0.7$ 以上，对双水内冷电机可取下限。现在，一般同步发电机都采用快速的自动调节励磁装置，大大提高了运行的稳定性，故短路比的要求值可进一步降低以提高电机的经济指标。

15.6.5　用转差法测量 x_d 与 x_q 的不饱和值

转差法的试验线路如图 15-26（a）所示。试验时，同步发电机转子的励磁绕组开路，并被直流电动机 D 拖动至接近同步转速。将频率为额定值的三相对称低电压[其值为$(0.02 \sim 0.15)U_N$]加在定子绕组上，当转子转速保持一个稳定的小于 1% 的转差率时，摄取定子电压、电流以及励磁绕组端电压 U_{f0} 的波形，如图 15-27 所示。

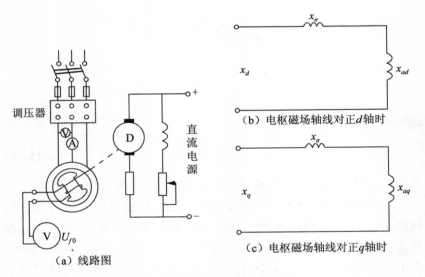

图 15-26　转差法试验线路与其等效电路

由于电枢旋转磁场以转差速度掠过转子，当旋转磁场的轴线与转子直轴重合时[其等效电路如图 15-26（b）所示]，电抗达最大值。此时，电枢电流最小，线路压降就小，故电枢端电压为最大值。于是有

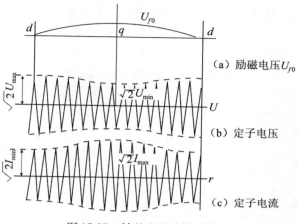

图 15-27　转差法试验的波形图

$$x_d = \frac{U_{\max}}{I_{\min}} \qquad (15\text{-}36)$$

当旋转磁场的轴线与交轴重合时［其等效电路如图 15-26（c）所示］，电抗达最小值。此时，电枢电流最大，电枢端电压最小。于是有

$$x_q = \frac{U_{\min}}{I_{\max}} \qquad (15\text{-}37)$$

由于外加电压低，磁路未饱和，故上面所测得的 x_d 是不饱和值。自然，x_q 也是不饱和值。

x_d
　不饱和值：可利用空载特性的气隙线与短路特性求取，或用转差法测量有关数据后算出。
　饱和值：可利用零功率因数特性与空载特性求取。

x_q（均为不饱和值）
　计算法。可用 $0.6x_d$（不饱和值）近似算出。
　或用转差法测量有关数据后算出。

x_σ
　利用保梯三角形求取。求出的为保梯电抗 x_P。
　凸极机的 x_P 略大于 x_σ。
　取出转子法。所测出的漏抗也略大于 x_σ。

短路比 k_c：利用空载特性与短路特性求取。

369

我国制造的大中型三相同步电机对称稳态参数标么值范围如表 15-2 所示。

表 15-2 三相同步电机对称稳态参数标么值

电机类型	x_d^*（不饱和值）	x_q^*	x_P^*	r_a^*
汽轮发电机	1.4 ~ 3.2	$\approx x_d^*$（不饱和值）	0.07 ~ 0.36	0.002 ~ 0.016
凸极同步发电机	0.6 ~ 1.6	0.1 ~ 1.0	0.1 ~ 0.4	0.0025 ~ 0.032
同步电动机	0.48 ~ 2.2	0.38 ~ 1.4	0.09 ~ 0.45	0.002 ~ 0.02

15.7 同步发电机的外特性和调节特性

15.7.1 外特性

发电机转速保持同步转速，励磁电流和负载的功率因数保持不变时，端电压和负载电流的关系称为外特性，即 $n = n_N$、I_f、$\cos\varphi$ 为常数时，$U = f(I)$。外特性可用直接负载法测定。

由图 15-28 可知，感性负载和纯电阻负载时，外特性都是下降的，原因是电枢反应的去磁作用和电枢漏阻抗产生了电压降。容性负载时，外特性可能是上升的。为了在不同功率因数下 $I = I_N$ 时均能得到 $U = U_N$，感性负载时就要增大励磁电流，容性负载时应减小励磁电流。

发电机的额定功率因数一般为 0.8（滞后），发电机在额定电流下运行时，功率因数不宜低于此值。否则，转子电流会变得很大，电机的温升会增加。

图 15-29 为计算同步发电机电压变化率 Δu 的图形。当保持额定负载（$I = I_N$，$\cos\varphi = \cos\varphi_N$）及 $U = U_N$、$n = n_N$ 情况下的励磁电流不变，

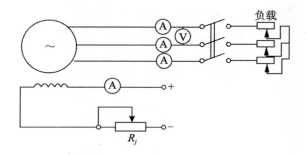

（a）试验线路

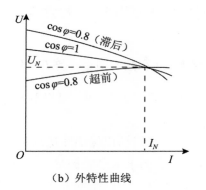

（b）外特性曲线

图 15-28　同步发电机的外特性

卸去负载后，端电压升高的标幺值，称为同步发电机的电压变化率，以 Δu 表示，于是

$$\Delta u = \frac{E_0 - U_N}{U_N} \times 100\% \qquad (15\text{-}38)$$

电压变化率是同步发电机运行性能的重要数据之一。显然，电压变化率 Δu 过大，会造成电压的显著波动。现代同步发电机一般配有快速自动调压装置，规定 Δu 的最大极限为 50%。当 $\cos\varphi_N = 0.8$（滞后）时，水轮发电机的 Δu 为 18% ~ 30%。汽轮发电机由于电枢反应较大，Δu 为 30% ~ 48%。

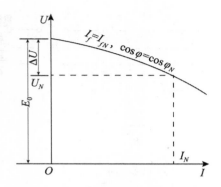

图 15-29　从外特性求电压变化率 Δu

15.7.2　电压变化率 Δu 和额定励磁磁势 F_{fN} 的求法

对于同步发电机，如果不考虑饱和，可以利用电势相量图计算 E_0，再由式（15-38）算出 Δu。

如果考虑饱和，隐极机可以利用保梯图法求取 Δu，实际上就是利用隐极机的磁势-电势矢量图求取励磁磁势 F_{fN}（或励磁电流 I_{fN}）与 E_0，再算出 Δu。具体的做法是：用保梯电抗 x_P 代替漏抗 x_σ，求得气隙电势

$$\dot{E}_\delta = \dot{U} + \dot{I}r_a + j\,\dot{I}x_P$$

再由 E_δ 与已知条件找到 I_{fN} 与 E_0，算出 Δu 来。

图 15-30（b）是将隐极机的时-空矢量图与其空载特性曲线结合在一起的图形。在这个图上，使 $CC' = E_\delta$，由于 F'_δ 与 F'_a 之间的夹角为 $90° + (\varphi + \delta)$，使 $\overline{OC}$ 等于 $I_{f\delta}$（等于 $\dfrac{F'_\delta}{w_f}$，对应于磁势 F'_δ），令 $\angle OCB$ 等于 $90° + (\varphi + \delta)$，取 $\overline{CB}$ 等于 I_{fa}（等于 $\dfrac{F'_a}{w_f}$，对应于磁势 F'_a），则 $\overline{OB}$ 等于 I_{fN}（对应的励磁磁势为 F_{fN}）。以 O 为圆心，$\overline{OB}$ 为半径画圆弧交横坐标于 D 点。由 D 点作平行于坐标纵轴的直线，交空载特性于 F 点，则

$\overline{DF}$就是 E_0 值。找出 E_0 后，根据式（15-38），可以算出电压变化率 Δu 来。这种方法称为保梯图法。

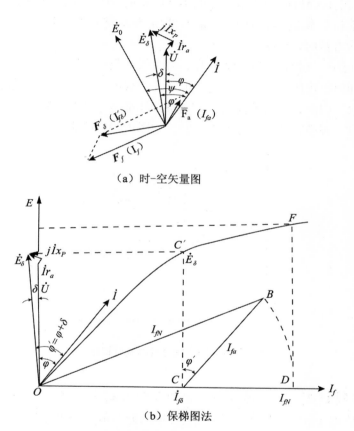

（a）时-空矢量图

（b）保梯图法

图 15-30　用保梯图法求隐极发电机的 Δu

经验证明，在 $\cos\varphi_N = 0.7 \sim 1$（滞后）的范围内，考虑饱和时凸极机的 I_{fN} 和 Δu 用保梯图法求（以 $k_{ad}F_a$ 代替上面的 $k_a F_a$），也能得到满意的结果。因此，工程上求 I_{fN} 与 Δu 时，无论是凸极机还是隐极机，都用保梯图法。

15.7.3 调整特性

发电机保持同步转速，电枢端电压和负载的功率因数均不变，励磁电流和负载电流之间的关系曲线称为调整特性，即 $n = n_N$，U、$\cos\varphi$ 为常数时，$I_f = f(I)$。

在感性负载和纯电阻负载时，为克服负载电流所产生的去磁电枢反应和漏阻抗压降，保持端电压恒定，负载增加时，励磁电流必须相应增大。因此，这两种情况下的调整特性都是上升的。反之，在容性负载时，调整特性有可能是下降的，如图 15-31 所示。

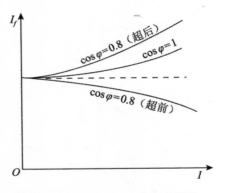

图 15-31　同步发电机的调整特性

[**例 15-2**]　一台水轮发电机的参数为 $x_d^* = 0.845$，$x_q^* = 0.554$。试求该机在额定电压下供给额定负载电流、$\cos\varphi = 0.8$（滞后）时的电压变化率 Δu_0，计算时电枢电阻可略去不计，且不考虑饱和影响。

[**解**]　水轮发电机为凸极同步发电机，由于不考虑饱和影响，可参看凸极同步发电机的电势相量图（如前面图 15-17 所示）进行计算。

令

$$\dot{U}_N^* = 1 \underline{/0°} = 1.0 + j\,0 \text{ 为参考相量}$$

则

$$\dot{I}_N^* = 1 \underline{/-36.8°} = 0.8 - j0.6$$

由

$$\dot{E}_Q^* = \dot{U}_N^* + j\dot{I}_N^* x_q^* = 1.0 + j0 + j1 \underline{/-36.8°} \times 0.554 = 1.332 + j0.443$$

$$= 1.4 \underline{/18.5°}$$

故图 15-17(c)中

$$\theta = 18.5°$$

由该图可知

$$\psi = \varphi_N + \theta = 36.8° + 18.5° = 55.3°$$

从而

$$I_d^* = I_N^* \sin\psi = 1 \times \sin55.3° = 0.822$$

由图可知

$$E_0^* = U_N^* \cos\theta + I_d^* x_d^* = 1 \times \cos18.5° + 0.822 \times 0.845$$

$$= 1.643$$

按电压变化率定的计算公式式(15-38)可知

$$\Delta u = \frac{E_0^* - U_N^*}{U_N^*} = \frac{1.643 - 1}{1} = 0.643 = 64.3\%$$

由于电机磁路存在着饱和现象，所以实际的电压变化率将比此值小得多。此时，用保梯图法可得到较准确的结果。

小　结

本章研究了同步电机对称运行的许多重要内容，归纳起来主要是分析同步发电机在对称运行下的电磁过程，找出电势、端电压、电枢电流和各磁通之间的关系与其基本运行特性，并用以求取同步电机对称稳态参数。在研究上述内容的过程中，要区别不同情况，如隐极式电机和凸极式电机、考虑磁路饱和以及不考虑饱和等。这些问题的核心是电枢磁势对气隙磁场的影响，即电枢反应问题，亦即气隙磁势 F_δ 在负载下如何变化的问题。

电枢反应与负载性质有关，即取决于 $\dot{E}_0$ 与 $\dot{I}$ 之间的夹角 ψ 的数值。本章具体分析了 $\psi = 0°$，$\psi = \pm90°$ 和 $0° < \psi < 90°$ 几种情况。

基本方程式与相量图对分析同步电机各物理量之间的关系很重要。在不考虑饱和时，可以用一般的相量图，在考虑饱和时，就得用空载特性才能绘制出同步电机的时-空矢量图。

同步发电机的电压变化率 Δu 是一个重要的技术数据，可以通过考虑饱和时的时-空矢量图求得。短路比 k_c 也是同步发电机的一个重要技术数据。

习　题

15-1　对称负载时，同步电机的电枢磁势与主极磁势之间有无相对运动，为什么？

15-2　同步发电机电枢反应的性质和大小主要取决于什么？在下列情况下，电枢反应是助磁还是去磁？

（1）三相对称电阻负载；

（2）纯电容性负载 $x_0^\square = 0.8$，发电机同步电抗 $x_t^\square = 1.0$；

（3）纯电感性负载 $x_L^\square = 0.7$。

15-3　为什么分析凸极同步电机时需用双反应理论？说明交轴和直轴同步电抗的意义。

15-4　有一台水轮发电机 $P_N = 72500\text{kW}$，$U_N = 10.5\text{kV}$，Y接法，$\cos\varphi_N = 0.8$（滞后），$x_d^* = 1$，$x_q^* = 0.544$。求额定负载下发电机的励磁电势 E_0 和功率角 θ。

15-5　一台三相 1500kW 水轮发电机，额定电压为 6300V，Y接法，$\cos\varphi_N = 0.8$（滞后），$x_d = 21.2\Omega$，$x_q = 13.7\Omega$，电枢电阻略去不计，试绘相量图并计算发电机在额定运行状态时的励磁电势 $\dot{E}_0$。

15-6　为什么 x_d 在正常运行时应采用饱和值，而在短路时却采用不饱和值？为什么 x_q 一般总是只采用不饱和值？

15-7　同步发电机在单机对称稳定运行时，其性能可以用哪些特性曲线表示？它们的变化规律如何？短路比的含义是什么？它与电机性能有什么关系？

15-8　有一台三相凸极同步发电机，$\cos\varphi_N = 0.8$（滞后），$x_q^* = 0.5$，$x_P^* = 0.15$，r_a 略去不计，由试验测得空载特性如表 15-3 所示。

表 15-3

U_0^*	0.275	0.55	0.93	0.97	1.0	1.10	1.15	1.20	1.26
I_f^*	0.25	0.50	0.90	0.95	1.0	1.20	1.32	1.50	2.0

短路特性为通过坐标原点的一条直线，当 $I_k^* = 1$ 时，$I_f^* = 1$。试求 x_d^* 的不饱和值及短路比。

15-9　有一台三相水轮发电机，$S_N = 8750\text{kV}\cdot\text{A}$，$U_N = 11\text{kV}$，Y 接法，$\cos\varphi_N = 0.8$（滞后），测得它的定子漏抗 $x_P^* = 0.21$，$x_q^* = 0.455$，$r_a^* = 0.011$，用励磁电流（按直轴折算）表示的额定电流电枢磁势为 112A（相当于图 15-30 中的 I_{fa}），电机的空载特性如表 15-4 所示。

表 15-4

U_0^*	0.37	0.50	0.74	0.965	1.115	1.21	1.275	1.315
I_f/A	50	100	150	200	250	300	350	400

试用保梯图法求额定励磁电流 I_{fN} 与电压变化率 Δu。

（提示：先按上列数据用坐标纸绘出空载特性曲线。参看图 15-30，以 $\dot{U}$ 为参考相量，按上面数据进行复量运算，求出 $\dot{E}_\delta^*$。由此可知 δ 角，那么 $\varphi' = \varphi + \delta$ 就已知，同时对应 E_δ^* 值在空载特性曲线上找出 $I_{f\delta}$，再由图 15-30 $\triangle OBC$ 知，$\dot{I}_{fN} = \dot{I}_{f\delta} + \dot{I}_{fa}\underline{/90°-\varphi'}$ 算出 $\dot{I}_{fN}$ 值，从空载特性曲线上查出 U_0^*，从而可求出 Δu）。

第16章 同步发电机与大电网并联运行

16.1 概　　述

　　随着现代科学技术的进步与四化建设的发展，对电能质量的要求与对供电可靠性的要求也随之提高。这种情况下，以单台同步发电机供电的运行方式，显然满足不了需要。从电能质量看，单机供电，频率与端电压不能稳定，如启动一台大容量的电动机时，启动的冲击电流会导致电机去磁电枢反应增强，使端电压下降；负载增加时，原动机转速的下降将引起发电机频率下降，同时端电压也要下降。从供电可靠性看，单机运行时，遇到故障或检修都要停电，为了不停电，就必须备用一台同容量的同步发电机，这很不经济；供电时，由于负载经常变化，也不可能保持发电机在较高的效率下运行。

　　现代的同步发电机都是采用与大电网并联运行的方式供电，即在大电网中多台同步发电机并联运行，形成一个很大的电力网。其优越性如下：

　　(1)可以经济运行　如果水电站与火电站并联运行，电能的发供均可以统一调度，以达到经济运行的目的。例如在丰水期间，水电站可以发出大量廉价的电力，火电站可以少发电以节省燃料；在枯水期间，火电站可以多发电以满足需要，水轮发电机可以带少量变动负载，或作调相机运行，供给电网无功功率，以改善电网的功率因数。并联运行可以根据负载的大小，决定机组运行台数，使发电机接近满载或满载运行，从而提高了运行效率。

　　(2)可以提高供电可靠性　多台发电机并联运行时，任何一台机组的故障或检修都不会造成停电，备用发电机的容量也可以减少，还可以统一安排机组的定期检修。

（3）可以提高供电质量　系统愈大，供电质量也愈高，电网的电压和频率也愈稳定，可以使之保持在规定的范围内。

本章研究同步发电机并联运行的条件和方法及并网以后如何调节有功功率和无功功率等问题。本章内容主要讨论与大电网并联的情况，即待并发电机容量与大电网容量相比较是很小的。此时，可以认为电网电压和频率都是常数。对于两台容量相近的同步发电机的并联运行，本章仅作简略介绍。

16.2　投入并联运行的条件和方法

16.2.1　并联投入的条件

下面将要列出的条件有的是在并联合闸前必须满足的，有的是要在并联合闸瞬间寻求解决的，其目的都是为了不产生大的冲击电流，防止发电机组的转轴受到突然的冲击扭矩而遭损坏。同步发电机并联运行的条件如下：

（1）发电机的端电压等于电网的电压，$U_{\mathrm{II}} = U_{\mathrm{I}}$；

（2）发电机的频率和电网的频率相等，$f_{\mathrm{II}} = f_{\mathrm{I}}$；

（3）并联合闸的瞬间，发电机与电网的相应相的电压应同相位，亦即发电机与电网的回路电势为零；

（4）发电机和电网的相序要相同；

（5）发电机的电压波形与电网电压波形相同。

事实上，当同步发电机安装完毕后，有的并联条件就已经具备。

16.2.2　关于寻求并联合闸瞬间的问题

如图 16-1 所示，将电网形象地比做一台大容量的发电机，设其代号为 I，待并发电机的代号为 II。它们的端电压和电流的假定正向都标在图上。如果已将发电机 II 调节到使其频率和电压大小分别与电网的频率和电压相等，即条件(1)、(2)已经满足，但两者的对应电压不同相，如图 16-1(b)所示，即条件(3)尚未满足，如果此时合闸，仍会产生很大的冲击电流。

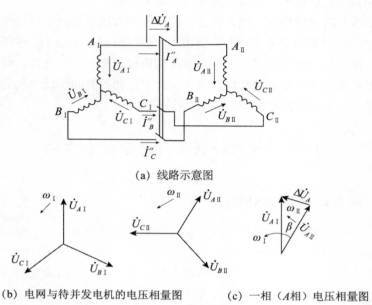

(a) 线路示意图

(b) 电网与待并发电机的电压相量图　　　(c) 一相（A相）电压相量图

图 16-1　同步发电机并联到电网前的电压情况

由于三相对称，现以 A 相进行分析，如图 16-1(c)所示，如果在图示的瞬间合闸，由于开关两端的电位差为

$$\Delta \dot{U}_A = \dot{U}_{A\,\mathrm{I}} - \dot{U}_{A\,\mathrm{II}}$$

合闸初瞬时刻，在发电机和电网构成的回路中，其阻抗是属于暂态过程的阻抗，数值很小（参看后面第 19 章）。因此，即使 ΔU_A 很小，回路中也会产生较大的冲击电流。

电位差 $\Delta \dot{U}_A$ 的大小与相位差 β 角有密切关系，β 值愈大，ΔU_A 也愈大。当 $\beta = 180°$ 时，ΔU_A 达到最大，为相电压的两倍。如果此时合闸并网，其冲击电流极大，有可能使发电机组受到严重损坏。当

$\beta=0$时，ΔU_A便为零，这是合闸并网的最佳时刻。

16.2.3 投入并联的方法(也称整步方法)和步骤

1. 准确同步法

将待并的同步发电机，由原动机拖动到接近同步转速，将励磁电流调节到使发电机的电势(即空载电压)与电网电压相等。在确认相序一致的情况下，调节原动机的转速，使f_{II}和f_{I}接近相等，待到相应相电压同相的瞬间，将待并的同步发电机合闸并网，完成并车操作。

为了寻找合闸并网瞬间，常采用同步指示装置。最简单的同步指示装置是灯光装置。将三组灯泡按下列方法接线就可用来检验合闸的条件。

(1)灯光熄灭法 三组灯在发电机和电网的同一相之间对应相接，例如，电网A相和发电机A相通过一组灯相接，如图16-2(a)所示。如果已经将发电机的电压调节到和电网电压相等，但它们的频率还有差别时，则加在各组相灯上的电压(也就是发电机与电网回路电压差ΔU)忽大忽小，三组相灯同时忽亮忽暗。其相量图如图16-3(a)所示。与灯亮、暗变化的频率和发电机与电网的频差有关，当$\omega_{\mathrm{II}}<\omega_{\mathrm{I}}$时，指示灯上电压的变化情况如图16-4所示。此时可增加发电机的转速，当灯光亮、暗的频率很低时，就可以准备合闸。当闸刀两侧电位差为零、三组相灯全暗时，说明发电机与电网相应电压相等且同相位，并车条件已经满足，应抓住这个时机迅速合闸，同步发电机就并入了电网。

(2)灯光旋转法 和上述接线不同之点在于其中有两组相灯(现为相灯II、III两组)是交叉接线，如图16-2(b)所示。如果电压大小已相等但频率还有差异，三组相灯不会同时亮或暗而是交替亮暗，其相量图如图16-3(b)所示。

当三组灯排成圆形时就出现灯光(最亮灯)旋转现象。如果发电机频率高于电网频率，$\omega_{\mathrm{II}}>\omega_{\mathrm{I}}$，则按图16-2(b)放置的三组相灯的灯光沿逆时针方向旋转；如果发电机的频率低于电网频率，$\omega_{\mathrm{II}}<\omega_{\mathrm{I}}$，

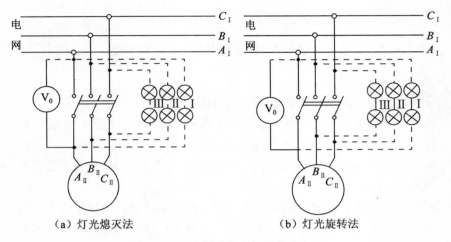

（a）灯光熄灭法　　　　　　　　　（b）灯光旋转法

图 16-2　三相同步发电机的整步方法

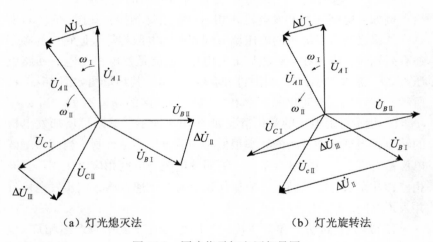

（a）灯光熄灭法　　　　　　　　　（b）灯光旋转法

图 16-3　同步指示灯电压相量图

则灯光沿顺时针方向旋转，此时指示灯上电压的变化情况如图 16-4
所示。当调节发电机的转速，使灯光旋转的速度很低时，就可准备合
闸。当直接跨开关的灯组（图中灯 I）熄灭而另外两灯组（图中灯 II 与
III）亮度相同时，迅速合上闸刀，发电机就并入了电网。

灯光熄灭法	$U_{A_IA_{II}}$	0	U_ϕ	$\sqrt{3}\,U_\phi$	$2U_\phi$	$\sqrt{3}\,U_\phi$	U_ϕ	0
	$U_{B_IB_{II}}$	0	U_ϕ	$\sqrt{3}\,U_\phi$	$2U_\phi$	$\sqrt{3}\,U_\phi$	U_ϕ	0
	$U_{C_IC_{II}}$	0	U_ϕ	$\sqrt{3}\,U_\phi$	$2U_\phi$	$\sqrt{3}\,U_\phi$	U_ϕ	0
	三组灯	灭	半亮	亮	最亮	亮	半亮	灭
灯光旋转法	$U_{A_IA_{II}}$	0	U_ϕ	$\sqrt{3}\,U_\phi$	$2U_\phi$	$\sqrt{3}\,U_\phi$	U_ϕ	0
	$U_{B_IB_{II}}$	$\sqrt{3}\,U_\phi$	$2U_\phi$	$\sqrt{3}\,U_\phi$	U_ϕ	0	U_ϕ	$\sqrt{3}\,U_\phi$
	$U_{C_IC_{II}}$	$\sqrt{3}\,U_\phi$	U_ϕ	0	U_ϕ	$\sqrt{3}\,U_\phi$	$2U_\phi$	$\sqrt{3}\,U_\phi$
	组灯 I	灭	半亮	亮	最亮	亮	半亮	灭
	组灯 II	亮	最亮	亮	半亮	灭	半亮	亮
	组灯 III	亮	半亮	灭	半亮	亮	最亮	亮
并车时机判断		最佳时刻			最坏时刻			最佳时刻

图 16-4　相序正确时各指示灯上电压变压图（设 $\omega_{II}<\omega_I$）

灯光熄灭法和灯光旋转法实际上都有采用，但由于灯光旋转法能判断发电机频率比电网频率高或低，故更有实用价值。利用这两种接线法还可判断相序。如果按灯光熄灭法接线，但灯光不是同时亮、暗，而是灯光旋转，则说明发电机与电网的相序不符。这时需要把发电机的三相引出线中任意两相调换一下。或者如果按灯光旋转法接线，但灯光不旋转，而是同时亮或暗时，也说明相序不符，也要调换两相引出线才行。采用上述灯光法并网时，有一个问题需要解决，就是灯泡一般在约 $\frac{1}{6}$ 额定电压时就不亮了。为了使合闸的瞬间更准确，在刀闸对应相的两端接个示零电压表作为并车用的辅助仪表，也可以用"同步指示器（一种专门用来并车的仪器）"来准确找出合闸瞬间。此外，在整步过程中各个灯的电压可能出现二倍相压，故当相压为 220V 时，每组灯应当用两个 220V 灯泡串联使用。如果发电机和电网电压较高时，就要用电压互感器降压后再接到同步指示灯或仪表。这时，发电机和电网的两个三相电压互感器必须具有相同的连接组。

实际上，并联前发电机与电网的频率只能是接近相等。但合闸后，由于"自整步作用"，大电网能使发电机迅速进入同步运行。

当发电机的转速高于同步转速，则 $f_{\mathrm{II}}>f_{\mathrm{I}}$，即 $\omega_{\mathrm{II}}>\omega_{\mathrm{I}}$，合闸后，发电机的电压相量 $\dot{U}_{\mathrm{II}}$ 逐渐领先 $\dot{U}_{\mathrm{I}}$，虽然电压大小相等，但因有相位差故有 $\Delta\dot{U}$，如图 16-5(a) 所示。此时，在电机和电网回路内产生环流，由于同步电机的同步电抗远大于其电阻，故环流 $\dot{I}_h$ 滞后 $\Delta\dot{U}$ 约为 $90°$。而 $\dot{I}_h$ 与 $\dot{E}_{0\mathrm{II}}=\dot{U}_{\mathrm{II}}$ 间的夹角 ψ 小于 $90°$，故发电机发出有功功率，对转子产生制动性质的电磁转矩［如图 16-6(a) 所示］，使发电机的转速降低，频率减小。最后，结果是发电机的频率很快就和电网频率相等，实现同步运行。同理，如果 $f_{\mathrm{II}}<f_{\mathrm{I}}$，即 $\omega_{\mathrm{II}}<\omega_{\mathrm{I}}$，则合闸后，$\dot{E}_{0\mathrm{II}}$ 滞后 $\dot{U}_{\mathrm{I}}$，也要产生 $\Delta\dot{U}$，如图 16-5(b) 所示，所产生的环流（$\psi>90°$）对电机来说是电动机作用，产生驱动性质电磁转矩［如图 16-6(b) 所示］，使其加速而频率升高。其结果也会是两者频率相等，实现同步运行。电机自身具有的这种整步作用称为自整步作用。

2. 自同步法

利用上述准确同步法并车，就要对每一并联条件进行检查，比较花费时间，而且对技术要求较高。在事故状态下，如大容量机组因故障突然退出运行而要求启动一台机组投入电网代替它时，由于这时电网极不稳定，频率和电压都在不断变化，要用准确同步法是相当困难的。因此，在生产实践中，技术人员又提出"自同步"的并车方法。

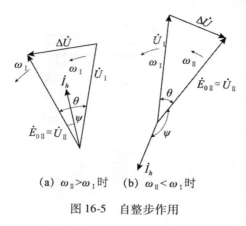

(a)　$\omega_{\mathrm{II}} > \omega_{\mathrm{I}}$ 时　　(b)　$\omega_{\mathrm{II}} < \omega_{\mathrm{I}}$ 时

图 16-5　自整步作用

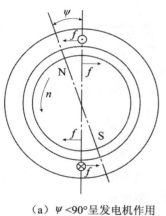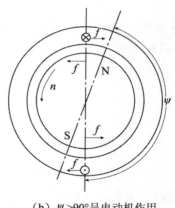

（a）$\psi < 90°$ 呈发电机作用　　　　（b）$\psi > 90°$ 呈电动机作用

图 16-6　说明自整步作用的辅助图

以低压发电机为例，其线路图如图 16-7 所示，自同步并车的步骤如下：先将发电机的励磁绕组经过约等于 10 倍的励磁绕组电阻 R_M 接成闭合回路，即将开关 K_2 倒向右方，以防合闸时定子冲击电流在励磁绕组中感生有害的高电压。当发电机转速上升到接近同步转速时（$0.95n_1$ 左右），先合上并车开关 K_1，随即加励磁，即将开关 K_2 倒向左方。这样通过自整步作用可以迅速地将发电机拉入同步。

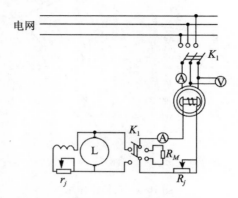

图 16-7　低压同步发电机自同步法并车的线路图

这种方法操作简便迅速，不需增添复杂设备，但冲击电流较大（并不太危险），已普遍用于事故状态下的并车。

16.3　同步发电机的功角特性

16.3.1　功率和转矩

一台同步发电机并入大电网后，由于电能的发送、使用都是同时进行的，功率必须时时保持平衡。因此，发电机输出的功率要根据电力系统的需要随时进行调节。要弄清楚功率的调节，必须先研究功率平衡关系和功角特性。

参看图 16-8，P_1 为原动机输入到发电机的机械功率，p_{mec} 为机械损耗，p_{Fe} 为铁耗，p_{ad} 为附加损耗①。$p_{mec}+p_{Fe}+p_{ad}=p_0$，$p_0$ 为空载损耗。由图看出，发电机输入功率减去空载损耗以后，其余部分转化为电磁功率 P_{em}，即

---

①　同步发电机有附加铜耗与附加铁耗，详见第 20 章。

$$P_1 - (p_{mec} + p_{Fe} + p_{ad}) = P_1 - p_0 = P_{em} \qquad (16\text{-}1)$$

如果是同轴励磁机，P_1 中还需扣除输入励磁机的全部功率后才是电磁功率。

电磁功率是通过气隙磁场所传递的功率，即由机械功率转变来的电功率。发电机带负载时，电枢绕组中有电流流过，要产生铜耗 $p_{Cu} = mI^2 r_a$，电磁功率 P_{em} 减去电枢铜耗 p_{Cu} 才为输出功率 P_2，即

$$P_2 = P_{em} - p_{Cu} \qquad (16\text{-}2)$$

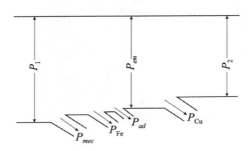

图 16-8　同步发电机的功率平衡图

参看图 16-9 所示的凸极机的电势相量图，电磁功率

$$P_{em} = mE_\delta I \cos\varphi_i = mUI\cos\varphi + mI^2 r_a \qquad (16\text{-}3)$$

式中：m——定子相数；

　　　φ——端电压 $\dot{U}$ 与 $\dot{I}$ 之间的夹角（即功率因数角）；

　　　φ_i——气隙电势 $\dot{E}_\delta$ 与电枢电流 $\dot{I}$ 之间的相位角。

功率和转矩的关系为 $P = M\Omega$。这里的 Ω 是指电机转子的机械角速度 $\Omega = 2\pi \dfrac{n}{60}$（rad/s）。将式（16-1）除以 Ω 就可得到转矩平衡关系式为

$$M_1 = M_0 + M \qquad (16\text{-}4)$$

式中：$M_1 = \dfrac{P_1}{\Omega}$——同步发电机轴上输入的机械转矩；

　　　$M_0 = \dfrac{p_0}{\Omega}$——空载转矩，它是对应空载损耗的转矩；

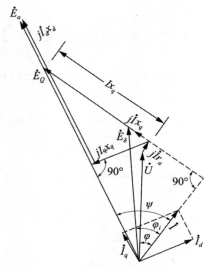

图 16-9　用相量图分析凸极机电磁功率

$$M = \frac{P_{em}}{\Omega} \quad \text{——电磁转矩。}$$

16.3.2　功角特性

功角特性是指同步发电机投入电网后对称稳态运行时，发电机发出的电磁功率与功率角之间的关系。所谓功率角是指励磁电势 E_0 和发电机端电压 U（即电网电压）这两个相量之间的夹角 θ。

由于同步发电机电枢电阻和同步电抗相比较可以略去不计，凸极式同步发电机简化相量图如图 16-10 所示。由图可知

$$I_q x_q = U\sin\theta$$
$$I_d x_d = E_0 - U\cos\theta$$

于是得到

$$\begin{cases} I_q = \dfrac{U\sin\theta}{x_q} \\[3mm] I_d = \dfrac{E_0 - U\cos\theta}{x_d} \end{cases} \tag{16-5}$$

388

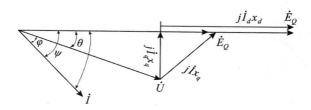

图 16-10　凸极同步发电机的简化相量图

式（16-2）中，由于电枢电阻忽略不计，故 $p_{Cu}=0$，于是 $P_{em}=P_2$。由图 16-10 知 $\varphi=\psi-\theta$，则

$$P_{em}=P_2=mUI\cos\varphi=mUI\cos(\psi-\theta)$$
$$=mUI\cos\psi\cos\theta+mUI\sin\psi\sin\theta \qquad (16\text{-}6)$$
$$=mUI_q\cos\theta+mUI_d\sin\theta$$

将式（16-5）代入式（16-6），经整理可得

$$P_{em}=m\frac{E_0U}{x_d}\sin\theta+m\frac{U^2}{2}\left(\frac{1}{x_q}-\frac{1}{x_d}\right)\sin2\theta=P_{em\,\mathrm{I}}+P_{em\,\mathrm{II}} \qquad (16\text{-}7)$$

这就是凸极同步发电机的功角关系。当 E_0、U 为常数时，电磁功率的大小只取决于功率角 θ。

式（16-7）中，第一项 $P_{em\,\mathrm{I}}=m\dfrac{E_0U}{x_d}\sin\theta$ 称为基本电磁功率，据此导出的转矩 $M_{\mathrm{I}}=\dfrac{P_{em\,\mathrm{I}}}{\Omega}$ 称为基本电磁转矩；第二项 $P_{em\,\mathrm{II}}=\dfrac{U^2}{2}\left(\dfrac{1}{x_q}-\dfrac{1}{x_d}\right)\sin2\theta$ 称为附加电磁功率，据此导出的转矩 $M_{\mathrm{II}}=\dfrac{P_{em\,\mathrm{II}}}{\Omega_1}$ 称为附加电磁转矩或磁阻转矩，也可称为反应转矩。

对于隐极同步发电机，$x_d=x_q=x_t$，则式（16-7）中的第二项为零，即没有附加电磁功率。显然，隐极同步发电机的 P_{em} 和 θ 之间为一正弦关系，如图 16-11（a）所示，其关系式为

$$P_{em}=m\frac{E_0U}{x_t}\sin\theta \qquad (16\text{-}8)$$

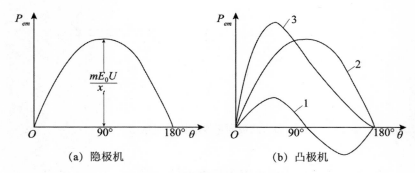

（a）隐极机   （b）凸极机

图 16-11　同步发电机的功角特性

上式表明：当 I_f 一定、E_0 一定时，电磁功率 P_{em} 与功率角的正弦（$\sin\theta$）成正比。当 $\theta = 90°$ 时，功率达到极限值 $P_{emmax} = m\dfrac{E_0 U}{x_t}$；当 $\theta > 180°$，电磁功率由正变负，此时，电机转入电动机运行状态。

凸极同步发电机由于 $x_d \neq x_q$，附加电磁功率不为零，且在 $\theta = 45°$ 时，附加电磁功率 $P_{em\mathrm{II}}$ 达到最大值。如图 16-11（b）中的曲线 1 所示。曲线 2 为基本电磁功率 $P_{em\mathrm{I}}$。这两条曲线相加，即得电磁功率 P_{em}，如曲线 3 所示。由于附加电磁功率的存在，凸极电机的最大电磁功率将比具有同样 E_0、U 和 x_d（即 x_t）的隐极电机稍大一些，并且在 $\theta < 90°$ 时出现。

从式（16-7）中的第二项可知，附加电磁功率 $P_{em\mathrm{II}}$ 与 E_0 大小无关，只和电网电压有关。这也就是说只要定子绕组上加有电压，即使是转子绕组不加励磁电流（E_0 为零），只要一出现功率角 θ，就会有附加电磁功率。这里要注意两个问题：其一，附加电磁功率与励磁无关；其二，无论是基本电磁功率还是附加电磁功率都要求 θ 不为零。

θ 角的时间和空间含义，现以隐极机为例说明如下。

功率角 θ 有着双重的物理意义：一个是电势 E_0 和电压 $\dot{U}$ 间的时间相角差，另一个是产生电势 $\dot{E}_0$ 的转子主磁通 Φ_0 与产生电压 $\dot{U}$（严格说应是 $\dot{E}_\delta$，如忽略漏阻抗压降，就是 $\dot{U}$）的合成磁通 $\dot{\Phi}_u$（严格

说应是 $\dot{\Phi}_\delta$，$\dot{\Phi}_u$ 是由转子磁通 $\dot{\Phi}_0$ 与综合电枢反应磁通 $\dot{\Phi}'_a$ 合成的，$\dot{\Phi}'_a$ 由电枢反应磁通 $\dot{\Phi}_a$ 与漏磁通 $\dot{\Phi}_\sigma$ 组成）之间的空间相角差。$\dot{\Phi}_\delta$ 与 $\dot{\Phi}_0$ 之间的夹角为 θ_i，与功率角 θ 还不尽同，如图 16-12（a）所示。如忽略漏阻抗压降则 $\dot{E}_\delta = \dot{U}$、$\theta = \theta_i$，再用 $\dot{\Phi}'_a$ 代替 $\dot{\Phi}_a$，则如图 16-12（b）所示。在图 16-12（a）、（b）中，E_0 对于 $\dot{\Phi}_0$、$\dot{E}_\delta$ 对于 Φ_δ、$\dot{U}$ 对于 $\dot{\Phi}_u$ 均有滞后 90°的关系。图 16-12（c）示出功率角 θ 的空间概念的示意图。

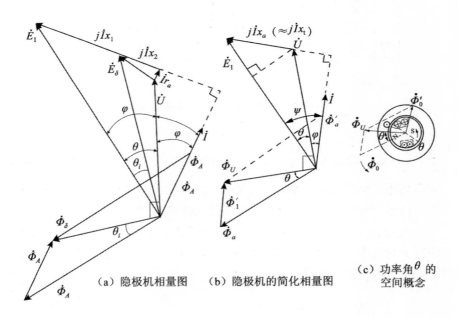

（a）隐极机相量图　　（b）隐极机的简化相量图　　（c）功率角 θ 的空间概念

图 16-12　说明同步发电机功率角 θ 空间概念的辅助图

图 16-13 是说明磁阻转矩的物理模型图。转子上没有绕组，但它是凸极结构的，当电枢绕组外加有电压，就有图示的电枢基波旋转磁场。当 $\theta \neq 0°$时，由于磁力线被"拉长"，"拉长"后的磁力线又力图"缩短"，故有转矩产生。当 $\theta = 45°$时，转矩达最大值，如

图 16-13（c）所示。如果 $\theta=0°$ 或 $\theta=90°$，如图 16-13（b）、（d）所示，这两种情况都不可能有磁阻转矩产生。隐极电机也不可能产生磁阻转矩，如图 16-13（a）所示。根据式（16-7）第二项可知，只要是凸极转

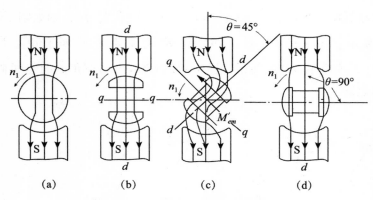

图 16-13　磁阻同步电动机的原理模型图

子，$x_d \neq x_q$，就会出现 $\dfrac{mU_1^2}{2}\left(\dfrac{1}{x_q}-\dfrac{1}{x_d}\right)\sin2\theta$ 这部分功率，并产生相应的磁阻转矩。利用磁阻转矩进行工作的同步电动机称为反应式同步电动机，这是一种小型同步电动机，可用在电钟等装置中。

实际运行时，同步发电机不仅向电网输送有功功率，而且向电网输送无功功率。类似于推导有功功率的功角特性的方法，可以得出凸极同步发电机的无功功角特性表达式

$$Q=\frac{mE_0U}{x_d}\cos\theta-\frac{mU^2}{2}\times\frac{x_d+x_q}{x_dx_q}+\frac{mU^2}{2}\times\frac{x_d-x_q}{x_dx_q}\times\cos2\theta \qquad (16\text{-}9)$$

对于隐极电机，由于 $x_d=x_q=x_t$，则上式写为

$$Q=\frac{mE_0U}{x_d}\cos\theta-\frac{mU^2}{x_d} \qquad (16\text{-}10)$$

由此可见，当 E_0、U 和 x_d 都为常数时，无功功率 Q 也是功率角 θ 的函数，如图 16-14 所示。

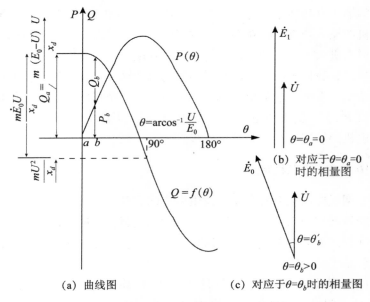

(a) 曲线图 (c) 对应于 $\theta=\theta_b$ 时的相量图

图 16-14 有功功率与无功功率的功角特性

16.4 并网运行时同步发电机有功功率的调节

16.4.1 有功功率的调节

要使同步发电机发出有功功率，必须使 $\dot{E}_0$ 和 $\dot{U}$ 形成一定的功率角 θ。因此，当 $\theta=\theta_a=0$ 时，必须增加原动机的功率，使发电机转子加速。这造成主磁极轴线和电机气隙合成磁场轴线间产生一个 θ 角，这个角度就是 $\dot{E}_0$ 和 $\dot{U}$ 的相位差角亦即功率角 θ，如图 16-14 所示。这样，就有电磁功率 P_{em} 和与之相应的制动性质的电磁转矩 M 产生。达到新的转矩平衡时，发电机的转子不再加速，最后平衡在对应的功率角 θ_b 值处。此时，发电机仍有一定的感性无功功率输出，同时还向

393

电网输送了一定的有功功率($P=P_b$，$Q=Q_b$)。可见，要增加同步发电机的输出有功功率，就得增大发电机的功率角 θ，即必须增加来自原动机的输入功率。在功率增减过程中，转子的瞬时转速虽然稍有变化，但当进入一个新的稳定运行以后，发电机仍保持同步运行。

当然，我们不能无限制地增加原动机的输入功率以增大发电机的输出功率。发电机的输出功率有一个极限，这个极限就是上述的功率极限值 P_{emmax}。输出功率如果超过它，转矩就无法建立新的平衡，这使得电机的转速连续上升直至失步。

16.4.2　静态稳定

电网或原动机有时会偶然发生微小的扰动。当扰动消失以后，发电机能否回到原来状态继续同步运行的问题就称为同步发电机的静态稳定问题。如果能恢复到原来的状态，发电机就是静态稳定的；反之，就是不稳定的。

同步发电机在一定的条件下是具有静态稳定能力的，参看图16-15。假设原动机输入功率为 P_1，$P_T=P_1-p_0$ 为净输入功率。与此对应，在功角特性上有两个功率平衡点，a 点和 b 点，它们都能满足$P_T=P_{em}$。

先分析在 a 点的运行。原动机由于某种因素发生瞬息即逝的变化，导致同步发电机净输入功率 P_T 的一些微小扰动。如 P_T 瞬时增大 ΔP_T，转子向前冲了一个角度 $\Delta\theta$，则发电机的电磁功率增大了(ΔP_{em})，对应的电磁转矩增加了(ΔM)。当扰动消失后，净输入功率仍保持 P_T，这时具有制动性质的电磁转矩将大于对应于 P_T 的转矩 M_T，因此转子立即减速回到 a 点稳定运行。同理，瞬时的小扰动使 P_T 减小 ΔP_T，对应的电磁转矩减小 ΔM，θ 角减小 $\Delta\theta$，电磁功率也相应减小。当扰动消失后，转子加速回到 a 点稳定运行。所以在 a 点运行，发电机具有自动抗微小扰动的能力，即能保持静态稳定。

再分析在 b 点的运行。P_T 瞬时增大，则功率角增大 $\Delta\theta$，此时电磁功率反而减小 ΔP_{em}，对应的制动转矩也减小 ΔM。这时，转子继续加速。当扰动消除后，尽管功率 P_T 回到原值，但电磁功率与对应的

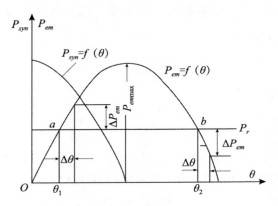

图 16-15　同步发电机的比整步功率和静态稳定

制动转矩却继续减小，θ 角继续增大。当 $\theta>180°$ 时，电磁功率变为负值，电机处于电动机状态，此时电磁转矩和原动机转矩都是驱动转矩，将使电机产生更大的加速度，于是 θ 角很快增大到 $360°$，电机又将重新进入发电机状态。当 θ 角第二次来到 a 点位置时，虽然再次出现了"功率平衡"，但是由于前面累积的加速度所获得的惯性能量使转子的瞬时转速已显著高于同步转速，所以 θ 角还要增大。这样，同步电机已处于失步状态，故在 b 点，发电机无法稳定运行。

可见，如 θ 角在 $0°$ 和 $90°$ 之间，同步发电机可以稳定运行；如 θ 角在 $90°$ 和 $180°$ 之间，则不能稳定运行。

分析表明，为了使发电机能够稳定运行，应有

$$\lim_{\Delta\theta\to 0}\frac{\Delta P_{em}}{\Delta\theta}>0 \text{ 或 } \frac{\mathrm{d}P_{em}}{\mathrm{d}\theta}>0 \tag{16-11}$$

当发电机不能稳定运行时，必然是

$$\frac{\mathrm{d}P_{em}}{\mathrm{d}\theta}<0 \tag{16-12}$$

发电机静态稳定极限是在 $\frac{\mathrm{d}P_{em}}{\mathrm{d}\theta}=0$ 处。超过此点，电机便失去了保持同步运行的能力。

由此可见，$\dfrac{\mathrm{d}P_{em}}{\mathrm{d}\theta}$ 是判断稳定的依据，通常把它称为比整步功率 P_{syn}。对于隐极电机

$$P_{syn} = \frac{\mathrm{d}P_{em}}{\mathrm{d}\theta} = m\frac{E_0 U}{x_t}\cos\theta \qquad (16\text{-}13)$$

对于凸极电机为

$$F_{syn} = m\frac{E_0 U}{x_d}\cos\theta + mU^2\left(\frac{1}{x_q} - \frac{1}{x_d}\right)\cos 2\theta \qquad (16\text{-}14)$$

隐极电机的 $P_{syn} = f(\theta)$ 曲线，如图 16-15 所示。在稳定运行区内，θ 值愈小，则 P_{syn} 的数值愈大，电机的稳定性就愈好。

设计电机时，一般使同步电抗 x_d 值小一些，这样可使电磁功率的最大值 P_{emmax} 大一些。极限功率和额定功率之比，称为过载能力 k_M，对于隐极电机

$$k_M = \frac{P_{emmax}}{P_{emN}} = \frac{m\dfrac{E_0 U}{x_t}}{m\dfrac{E_0 U}{x_t}\sin\theta_N} = \frac{1}{\sin\theta_N} \qquad (16\text{-}15)$$

一般要求 $k_M > 1.7$，因此最大允许功率角约为 35°。实际上，同步电机一般运行在 $\theta_N = 25° \sim 35°$。

本节重点说明了改变原动机的输出功率，就能改变功率角和有功功率。但应该指出，该过程也引起无功功率的变化。从图 16-14 上就能清楚地看到：当功率角 θ 增大时，伴随着有功功率的增大，发电机发出的感性无功功率却是减少了，有时甚至发出容性无功功率。

[**例 16-1**] 一台水轮发电机容量 8750kV·A，丫接，11kV。已经 $\cos\varphi_N = 0.8$（滞后），$x_a^* = 1.232$，$x_q^* = 0.645$，电阻略去不计。试求：（1）在额定运行时的功率角 θ_N 和空载电势 E_0^*；（2）该机的过载能力及产生最大功率时的功率角。

[**解**] （1）每相额定电流

$$I_{N\phi} = \frac{8750}{\sqrt{3} \times 11} = 460\mathrm{A}$$

每相额定电压

$$U_{N\phi} = \frac{1100}{\sqrt{3}} = 6350\,\text{V}$$

作出相量图，如图 16-16 所示

则

$$\overline{OA} = E_Q = \sqrt{\overline{AB}^2 + \overline{OB}^2} = \sqrt{(I_{N\phi}x_q + U_{N\phi}\sin\Phi_N)^2 + (U_{N\phi}\cos\Phi_N)^2}$$

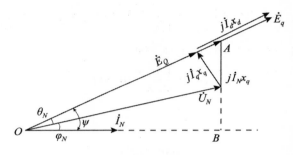

图 16-16　例 16-1 的相量图

以数值代入得

$$E_Q^* = \sqrt{(x_q^* + \sin\varphi_N)^2 + \cos^2\varphi_N}$$

$$= \sqrt{(0.645 + 0.6)^2 + (0.8)^2} = 1.48$$

$$\psi = \arctan\frac{x_q^* + \sin\varphi_N}{\cos\varphi_N} = 57.2°$$

$$I_d^* = I_{N\phi}^*\sin\psi = 1\times\sin 57.2° = 0.842$$

$$I_q^* = I_{N\phi}^*\cos\psi = 0.54$$

$$\theta_N = \psi - \varphi_N = 57.2° - 36.8° = 20.4°$$

$$E_0^* = E_Q^* + I_d^*(x_d^* - x_q^*)$$

$$= 1.48 + 0.845(1.232 - 0.645) = 1.976$$

（2）功率的基值取为 $S_N = mU_{N\phi}I_{N\phi}$，则电磁功率为

$$P_{em}^* = \frac{E_0^* U^*}{x_d^*}\sin\theta + \frac{U^{*2}}{2x_d^* x_q^*}(x_d^* - x_q^*)\sin 2\theta$$

$$= 1.605\sin\theta + 0.369\sin 2\theta$$

为求得 P_{emmax} 令 $\dfrac{\mathrm{d}P_{em}}{\mathrm{d}\theta}=0$，以求得 $P_{em}=P_{emmax}$ 时的 θ 角

$$\frac{\mathrm{d}P_{em}}{\mathrm{d}\theta}=\frac{E_0^* U^*}{x_d^*}\cos\theta+\frac{U^{*2}}{x_d^* x_q^*}(x_d^*-x_q^*)\cos2\theta=0$$

以数值代入，得

$$1.605\cos\theta+0.738(2\cos^2\theta-1)=1.476\cos^2\theta+1.605\cos\theta-0.738=0$$

$$\cos\theta=\frac{-1.605\pm\sqrt{(1.605)^2+4\times1.476\times0.738}}{2\times1.476}=\frac{-1.605\pm2.63}{2.95}$$

由于 $\cos\theta<1$，故分子上应取正号，即

$$\cos\theta=\frac{1.025}{2.95}=0.347$$

故

$$\theta=69.7°$$
$$\sin\theta=0.94$$
$$\sin2\theta=0.65$$

最大电磁功率

$$P_{emmax}^*=1.605\times0.94+0.369\times0.65=1.74$$
$$P_{emN}^*=1.605\sin20.4°+0.359\times\sin(2\times20.4°)$$
$$=1.605\times0.349+0.369\times0.653=0.8$$

过载能力

$$k_M=\frac{P_{emmax}^*}{P_{emN}^*}=\frac{1.74}{0.8}=2.18$$

16.5 并网运行时同步发电机无功功率的调节

仍以隐极电机为例，忽略电枢电阻和不考虑磁路饱和影响，并设电网为大电网，因此，U、f 均为常数。

16.5.1 无功功率的调节

调节励磁电流对并入大电网的同步发电机运行的影响，可用

图 16-17加以说明。为了简化分析，假设该发电机未带有负载。图 16-17（a）为发电机并入大电网后 $\dot{E}_0 = \dot{U}$，负载电流 $I = 0$ 时的相量图；图 16-17（b）为增加励磁电流后，E_0 增加、$\Delta \dot{U} = \dot{E}_0 - \dot{U}$ 产生无功电流的情况，这时 $\dot{I}$ 滞后于 $\dot{E}_0$ 相角 $90°$，同步发电机处于过励状态，此时发出纯感性无功功率；图 16-17（c）为减少励磁电流时的情况，此时，同步发电机处于欠励状态，$\dot{I}$ 超前于 $\dot{E}_0$ 相角 $90°$，电机吸收电网的纯感性无功功率（或称发出纯容性无功功率）。由此可见，励磁电流的变化将引起无功功率的变化。

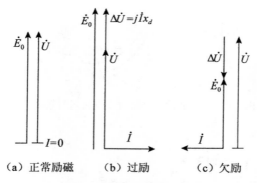

图 16-17　在不同励磁下与大电网并联时发电机的空载运行的相量图

调节励磁电流对同步发电机功角特性的影响，可由图 16-18 说明。在图 16-18 上，同步发电机原运行于 a 点，现维持电机的输入功率不变，增大励磁电流，E_0 增大，功角特性的幅值也增大。功角特性由 $P_{(1)}$ 变为 $P_{(2)}$，运行点由 a 变到 b。相应地，无功功角特性由 $Q_{(1)}$ 变为 $Q_{(2)}$，这时功率角由 θ_a 减小到 θ_b，无功功率由 Q_a 增至 Q_b。可见，增大励磁电流会增加无功功率的输出，减少励磁电流就会降低无功功率的输出。同时，从功角特性上可以看出，增加励磁电流，功率极限也随之增大，故静态稳定程度相应提高。所以，发电机一般在过励状态下运行。

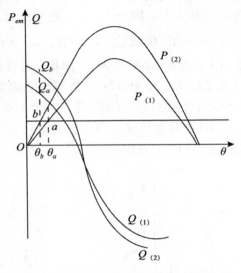

图 16-18　调节励磁电流对发电机运行情况的影响

16.5.2　V 形曲线

如果同步发电机从原动机输入的功率不变，则输出的有功功率也不变，即 P_2 为常数。如 U 为恒值，在忽略铜耗时，可以认为 $P_{em} = P_2$，也为常数。即 $P = P_2 = mUI\cos\varphi$，$I\cos\varphi$，$P_{em} = m\dfrac{E_0 U}{x_t}\sin\theta$，$E_0\sin\theta$ 均为常数。

可见，调节励磁电流使 E_0 改变时，发电机定子电流和功率因数也随之改变。

图 16-19 为输出功率保持不变、改变励磁电流时同步发电机的相量图。由 $I\cos\varphi$ 为常数可知，相量 $\dot{I}$ 端点的轨迹一定在 AB 线上。由 $E_0\sin\theta =$ 常数可知，相量 $\dot{E}_0$ 端点的轨迹一定在 CD 线上，如图 16-19 所示。

（1）$\cos\varphi = 1$，则 $\dot{I} = \dot{I}_2$，即电枢电流为最小值，励磁电热为 $\dot{E}_{02}$。

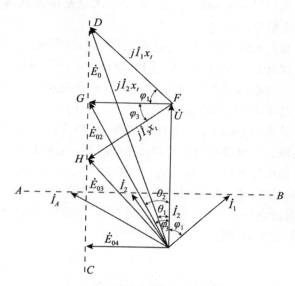

图 16-19　恒功率、变励磁时的同步发电机相量图

此时励磁称为"正常励磁"，发电机只输出有功功率。

（2）增加发电机的励磁电流，使它过励（超过"正常励磁"时的励磁电流）。此时，励磁电势由 $\dot{E}_{02}$ 增至 $\dot{E}_{01}$，相应地电枢电流由 $\dot{I}_2$ 变为 $\dot{I}_1$。此时，电枢电流滞后于电网电压，发电机除输出有功功率外，还输送一定的感生无功功率。

（3）减少发电机励磁电流，使它欠励（小于"正常励磁"时的励磁电流）。此时，励磁电势减为 $\dot{E}_{03}$，电枢电流也变为 $\dot{I}_3$，于是，电枢电流超前于电网电压，发电机除输出有功功率外，还输出一定的容性无功功率。

（4）再减少发电机励磁电流，当励磁电势为 $\dot{E}_{04}$ 时，$\theta = 90°$，发电机到了稳定运行的极限。此时，如果再继续减小励磁电流，就不能稳定运行了。

由上述可知，保持有功功率不变时，调节励磁电流将引起无功电流的变化。当电枢电流为最小值时，$\cos\varphi = 1$，此时的励磁电流称为

401

正常励磁电流。以正常励磁电流为基准，无论是增大或减小励磁电流，都将使电枢电流增大。

将空载和负载时调节励磁电流 I_f 后所引起的电流 I 变化的关系，绘成曲线，这就是 V 形曲线，如图 16-20 所示。由图可见：在不同的有功功率时，有不同的 V 形曲线。输出的有功功率变大时，V 形曲线往上移。各条 V 形曲线的最低点都是 $\cos\varphi = 1$ 的点。把这些最低点连接起来，就得到 $\cos\varphi = 1$ 的曲线，如图 16-20 中所示的虚线。该曲线略微向右倾斜，这说明增加有功功率的时候，必须相应增加一定的励磁电流才能由原有的"正常励磁"达到新的"正常励磁"。以这条曲线作为基准，其右边，发电机处于过励运行状态，功率因数是滞后的（即电流 $\dot{I}$ 滞后电压 $\dot{U}$），其左边，发电机处于欠励运行状态，功率因数是超前的（即电流 $\dot{I}$ 超前于电压 $\dot{U}$）。

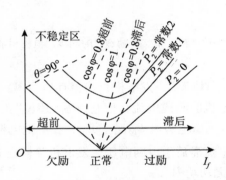

图 16-20 同步发电机的 V 形曲线

V 形曲线左侧有一个不稳定区（相当于 $\theta > 90°$ 的情况）。由于欠励区域更靠近不稳定区，因此，发电机一般不宜在欠励状态下运行。

16.6 容量相近的两台同步发电机并联运行

前面讨论的都是同步发电机并到一个无穷大电网。本节所讨论的是发电机并入一个小电网，电网容量和并上去的同步发电机容量相近的情况。发电机在这样的电网上运行时，调节发电机功率就会引起电网电压和频率的变化。如增加并上去的发电机的有功功率，而且不减少在这个电网上运行的其他发电机输出的有功功率时，由于总负载一定，增加的这部分功率将使电网上的电机都加速，电网的频率和电压随之提高，使总的输入和输出功率在新的较高的频率和电压下重新达到平衡；如只改变并上去的发电机的励磁电流，就会改变它的无功功率的输出，为了保持发出的总无功功率与负载吸收的总无功功率相平衡，电网电压也将变化到一个新的相应的数值。因此，在总负载不变的情况下，要保持电网的频率和电压不变，增加（或减少）某一台发电机的有功或无功输出时，必须相应地减少（或增加）其他发电机的有功或无功输出。

下面以两台相同的发电机并联运行，第二台发电机准备退出电网检修为例，分析小电网在保持电压、频率不变情况下的功率调节问题。图 16-21 为其相量图。图中带脚注 1 的表示第一台发电机的量，

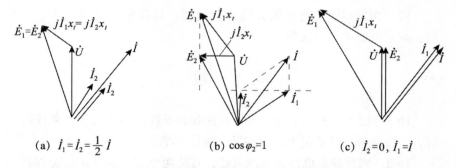

图 16-21　两台发电机并联运行时合理的功率调节方法

带脚注 2 的表示第 2 台发电机的量。图 16-21（a）表示两台发电机发出相同的有功功率和无功功率。图 16-21（b）表示第二台发电机降低励磁电流使其不发无功功率；同时，增加第一台发电机的励磁电流使其担负全部无功功率，此时，两台发电机所承担的有功功率未变。图 16-21（c）表示减小第二台发电机的有功输入和励磁电流使其不担

负任何负载；同时，增加第一台发电机的有功输入和励磁电流，使其承担全部的有功功率与无功功率，此时，第二台机组即可退出电网检修。

小　结

并联运行是现代同步发电机的主要运行方式，本章在介绍了并联运行的优越性、投入并联的条件和方法之后，着重阐述了并网发电机的有功功率与无功功率调节、静态稳定等问题。要增加并网发电机的有功输出，必须增加原动机供给发电机的输入功率，使功率角 θ 增大。但 θ 角不能无限增大，它有一个极限值（隐极式发电机为 90°），在此极限内是静态稳定的。考虑过载能力以后，发电机实际运行的功率角远小于此极限值。改变并网发电机的励磁电流可以改变发电机的无功输出。发电机一般均在过励下运行，因为此时可以输出感性无功功率，同时也具有较好的运行稳定性。

两台相近容量发电机的并联运行问题，只有在小电网中才遇得到，本章只做了简单说明。

习　题

16-1　试述三相同步发电机投入并联的条件。不满足这些条件时投入并联会带来什么后果？简述并车操作方法。

16-2　同步发电机并入电网以后，有功功率和无功功率是怎样调节的？同步发电机的极限功率决定于什么？功率角 θ_N 与过载能力有什么关系？

16-3　三相同步发电机 $U_N = 400\text{V}$，丫接法，每相电势 $E_0 = 370\text{V}$，$x_d = 3.5\Omega$，$x_q = 2.4\Omega$。该机与电网并联运行，不计电阻 r_a，当 $\theta = 24°$ 时，试求：发电机向电网输出的功率、功率极限值与过载能力。

16-4　三相凸极同步发电机 $U_N = 400\text{V}$，丫接法，$I_N = 6.45\text{A}$，$\cos\varphi_N = 0.8$（滞后），$x_d = 18.6\Omega$，$x_q = 12.8\Omega$，忽略电阻 r_a，试求：1）

额定运行时的功率角和空载电势；2）过载能力与产生极限功率时的功率角。

16-5　一台汽轮发电机并入大电网，额定负载时的功率角 $\theta = 20°$，现因外线发生故障，电网电压降为 $0.6U_N$，问欲使 θ 角保持在 25°范围内，应使 E_0 上升为原来的多少倍？

16-6　比较在下列情况下同步电机的稳定性：1）当有较大的短路比或较小的短路比时；2）在过励状态下运行或欠励状态下运行时；3）在轻载下运行或满载下运行。

16-7　有一台 $P_N = 25000\text{kW}$，$U_N = 10.5\text{kV}$，Y接法，$\cos\varphi_N = 0.8$（滞后），$x_t^* = 2.13$，忽略电阻 r_a 的汽轮发电机，试求额定负载下的励磁电势 E_0、功率角 θ_N 和 $\dot{E}_0$ 与 $\dot{I}$ 之间的夹角 ψ。

16-8　有一台汽轮发电机数据如下：

$P_N = 31250\text{kV}\cdot\text{A}$，$U_N = 10.5\text{kV}$，Y接法，$\cos\varphi_N = 0.8$（滞后），定子每相同步电抗 $x_t = = 7.0\Omega$，而定子电阻忽略不计，此发电机并于大电网。1）求发电机在额定状态下运行的功率角 θ_N、电磁功率 P_{em}、比整步功率 P_{syn} 与过载能力 k_M；2）发电机原为额定运行，现将其励磁电流加大 10%（设励磁电流与励磁电势之间有线性关系），问 θ、P_{em}、$\cos\varphi$ 与 I 将变为何值？

第17章　同步电动机和同步调相机

17.1　概　　述

同步电动机最突出的优点是功率因数高，可以达到 $\cos\varphi = 1$，在过励状态时，还可以从电网吸收容性无功功率，即向电网送出感性无功功率。因此，同步电动机能改善电网的功率因数，使输电线路和变压器的容量得到充分利用，并提高运行效率，其次，大功率低转速同步电动机的体积和重量要比同功率同转速的异步电动机小。因为，电机的主要尺寸决定于额定视在功率，低速异步电动机的功率因数 $\cos\varphi_N$ 很低，和输出同样功率的同步电动机相比，额定视在功率 S_N 要大得多 $S_N = mE_{N_\phi} I_{N_\phi} = \dfrac{P_N}{\eta_N \cos\varphi_N}$，在其他各量相同的情况下，$\cos\varphi_N$ 小，则 S_N 大）。此外，同步电动机的气隙较大，这不仅给制造、安装、维护带来方便，而且由于气隙较大，同步电抗 x_d 较小，同步电机的过载能力强（$k_M = 2 \sim 3$），静态稳定性较好。因此，对于不需要调速的大功率低速机械，如大型水泵、球磨机、空气压缩机、鼓风机以及电动发电机组等，广泛采用同步电动机来拖动。

同步调相机亦称为同步补偿机，它是过励或欠励运行的空载同步电动机。此时，电动机不拖动机械负载，专向电网提供无功功率，以改善电网的功率因数，并起到调压和提高电力系统稳定性的作用。

17.2　同步电动机

同步电机是可逆的。并入电网后，同步电机既可作发电机运行，也可作电动机运行，这取决于作用在转轴上的外加机械转矩是驱动性质的还是制动性质的。从电磁关系看，当功率角 θ 为正或零时，同步电机为发电机运行，θ 为负时，同步电机则为电动机运行。

　　设一台同步发电机已向电网输送一定的有功功率，从图 16-12 可知，此时转子磁极超前于气隙合成磁场(气隙磁场可绘成气隙等效磁极)一个角度 θ_i。又 $\theta_i \approx \theta$，故可以理解为转子磁极拖着气隙磁极以同步转速旋转，如图 17-1(a)所示。作用于转子上的电磁转矩与转向相反，为制动转矩，原动机的驱动转矩在克服电磁制动转矩的同时，电机将机械功率变为电功率送入电网。

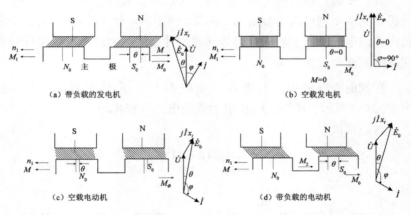

图 17-1   由同步发电机过渡到同步电动机的过程

　　如果减小原动机的驱动功率，转子将减速，使 θ 角减小，发电机送入电网的功率也随着减小了。稳定后，电机将运行在较小的 θ 角和输出较小功率的情况下，当原动机供给发电机的输入功率仅能抵偿空载损耗时，θ 角便等于零，见图 17-1(b)，这时发电机处于空载运行状态，不向电网输送有功功率。

　　如果去掉原动机，功率角 θ 将变为负值，即转子磁极将落后于气隙磁极，后者拖着前者转，电磁转矩变为驱动转矩。此时，电机运行于空载电动机状态，空载损耗由电网供给，见图 17-1(c)。如在电机转轴上再加上机械负载，转子磁极则更加落后，使负值的功率角 θ 加大。这时，驱动的电磁转矩也将增大。电机便运行于带负载的电动机状态，见图 17-1(d)。

17.3　同步电动机的基本方程式、相量图和功角特性

17.3.1　同步电动机的电势方程式和相量图

我们知道，在分析电机问题时，可以用发电机惯例，也可以用电动机惯例。惯例是人为规定的，但无论采用哪一种惯例都不会改变电机内在的电磁本质。对一个具体问题用什么惯例较好？主要应从分析问题的方便和习惯来考虑。

在发电机惯例中，电势 $\dot{E}_0$、电流 $\dot{I}$ 与电压 $\dot{U}$ 的假定正方向如图 17-2(a)所示。所以，同步电动机的电势方程式为

对隐极机

$$\dot{E}_0 = \dot{U} + j\dot{I}\,x_t + \dot{I}\,r_a$$

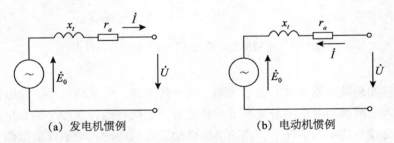

(a) 发电机惯例　　　　　　　(b) 电动机惯例

图 17-2　分析同步电动机所应用的惯例

或

$$\dot{U} = \dot{E}_0 - j\dot{I}\,x_t - \dot{I}\,r_a \tag{17-1}$$

对凸极机

$$\dot{E}_0 = \dot{U} + j\dot{I}_d x_d + j\dot{I}_q x_q + \dot{I} r_a$$

或

$$\dot{U} = \dot{E}_0 - j\dot{I}_d x_d + j\dot{I}_q x_q - \dot{I} r_a \qquad (17\text{-}2)$$

　　这和同步发电机的电势方程式完全相同。不过当同步电机运行于电动机状态时，电流的有功分量和电压反相，电机向电网发出负的有功功率，即从电网吸收正的有功功率。电机吸收的有功功率的一大部分被转换为拖动机械负载的机械功率，其余部分用于补偿电机本身的损耗。无功电流分量的情况则和发电机状态时的相同。因此，同步电动机的功率因角数 φ 大于 $90°$。由此可画出同步电动机的相量图如图 17-3 所示。

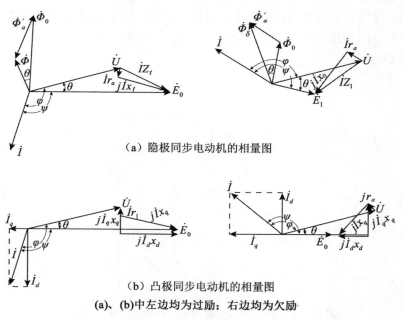

（a）隐极同步电动机的相量图

（b）凸极同步电动机的相量图

(a)、(b)中左边均为过励；右边均为欠励

图 17-3　用发电机惯例绘同步电动机相量图

　　由相量图可见，同步电动机的 $\dot{U}$ 超前于 $\dot{E}_0$。我们曾说过，$\dot{E}_0$ 和转子励磁磁场相对应；当略去定子绕组漏阻抗压降时，$\dot{U}(\approx \dot{E}_\delta)$ 和气隙合成磁场相对应。$\dot{U}$ 超前于 $\dot{E}_0$，意味着气隙磁极超前于转子磁极一个 θ 角，这正和上节所述同步电动机的工作情况相一致。

17.3.2　功角特性

和电势方程式一样，同步发电机的功角特性表达式同样适用于同步电动机。即

$$P_{em} = \frac{mE_0U}{x_d}\sin\theta + \frac{mU^2}{2}\left(\frac{1}{x_q} - \frac{1}{x_d}\right)\sin2\theta \qquad (17\text{-}3)$$

若仍规定 $\dot{E}_0$ 超前 $\dot{U}$ 时的 θ 角为正值，则同步电动机的 $\dot{U}$ 超前 $\dot{E}_0$，θ 角变为负值，随之电磁功率 P_{em} 也为负值。这表示电动机吸取电功率，将电功率转换为机械功率。这样，我们可以把同步电动机和同步发电机的功角特性综合在一起画出，称为同步电机的功角特性，如图 17-4 所示。

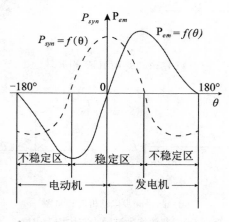

图 17-4　凸极同步电机的功角特性和 $P_{syn}=f(\theta)$ 曲线

同样，同步电动机的比整步功率为

$$P_{syn} = \frac{\mathrm{d}P_{em}}{\mathrm{d}\theta} = m\frac{E_0 U}{x_d}\cos\theta + mU^2\left(\frac{1}{x_q}-\frac{1}{x_d}\right)\cos2\theta \qquad (17\text{-}4)$$

比整步功率曲线 $P_{syn}=f(\theta)$ 用虚线绘于图 17-4 中，当 $P_{syn}>0$ 时，电机运行是稳定的；当 $P_{syn}<0$ 时，电机运行是不稳定的。为了保证运行的可靠性，额定情况下，同步电动机的 θ 角工作在−30°左右。

式(17-3)除以转子速角度 Ω_1，得同步电动机的电磁转矩

$$M = \frac{mE_0 U}{\Omega_1 x_d}\sin\theta + \frac{mU^2}{2\Omega_1}\left(\frac{1}{x_q}-\frac{1}{x_d}\right)\sin2\theta \qquad (17\text{-}5)$$

按照上面的规定，这是负的制动性质的转矩。

最大转矩 M_{max} 与额定转矩 M_N 之比，称为同步电动机的过载能力，用 k_M 表示

$$k_M = \frac{M_{max}}{M_N}$$

不同性质的机械负载，对电动机过载能力的要求也不一样，同步电动机的过载能力一般为 2 ~ 3。

式(17-3)至(17-5)均按凸极电动机的条件给出，当 $x_q=x_d$ 时，则变为隐极电动机了。此时

$$\begin{cases} P_{em} = \dfrac{mE_0 U}{x_d}\sin\theta \\[2mm] M = \dfrac{mE_0 U}{\Omega_1 x_d}\sin\theta \end{cases} \qquad (17\text{-}6)$$

这也与隐极发电机的表达式一样，不过电动机的功率角 θ 为负值。

需要指出，按发电机惯例来分析同步电动机的好处不过是便于对两种运行方式进行比较，叙述方式的统一性和连惯性较好，因而较易理解。但是这样做却与人们通常的习惯不甚相符。所以，我们也常常采用电动机惯例来进行分析。现将电动机惯例简述一下。图 17-3(a)是用发电机惯例绘出的隐极电动机相量图，其特点是 $\varphi>90°$，电机向电网发出负有功功率，即从电网吸取正的有功功率。如将图 17-2(a)所示发电机惯例的电流 $\dot{I}$ 倒过来画，就得到图 17-2(b)所示的电动机惯例。此时，对应地将图 17-3(a)所示相量图中电流 $\dot{I}$ 倒过 180°，就成为以电动

机惯例绘出的隐极电动机相量图了，见图 17-5（a）。由于电流 $\dot{I}$ 倒转 180°，此时的电势方程也应改为 $\dot{U} = \dot{E}_0 + \dot{I}r_a + j\dot{I}x_t$。由图 17-5（a）可见，$\varphi$ <90°，电机从电网吸取正有功功率，将电能转变为机械能。一般多使用电动机惯例来分析同步电动机的问题。

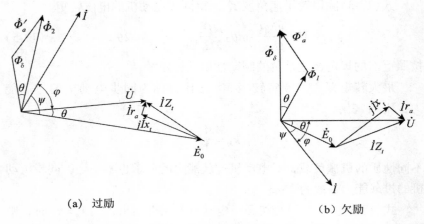

（a）过励　　　　　　　　　　　　　（b）欠励

图 17-5　用电动机惯例绘隐极电动机相量图

17.3.3　功率平衡关系和功率平衡图

由电网输送给同步电动机的电功率 P_1，减去定子绕组的铜耗 p_{Cu}，其余部分则通过定子、转子磁场的相互作用而传递给转子，这就是前面讲的电磁功率 P_{em}。

$$P_{em} = P_1 - p_{Cu}$$

从电磁功率 P_{em} 里再减去机械损耗 p_{mec}、附加损耗 p_{ad}、电子铁芯的铁耗 p_{Fe} 后，即是电动机输出的机械功率

$$P_2 = P_{em} - p_{mec} - p_{ad} - p_{Fe} \tag{17-7}$$

需要指出的是：同步电动机定子铁耗 p_{Fe} 和机械损耗 p_{mec}、附加损耗 p_{ad} 一样，由转换到转子上的机械功率来提供。这是因为在同步电机的气隙合成磁势中，转子励磁磁势所占的比例较大，定子铁耗主要

表现为对转子产生一制动转矩。

如果励磁机也由同步电动机拖动，输出机械功率还应减去输给励磁机的功率。

同步电动机的功率平衡图如图 17-6 所示。

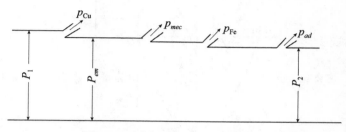

图 17-6　同步电动机的功率平衡图

17.4　无功功率的调节

在正常运行时，同步电动机的电磁功率 P_{em} 基本上由机械负载功率 P_2 所决定。当同步电动机的端电压、励磁电流、电网频率均保持不变时，P_2 的改变会引起电机无功功率的改变。现以隐极机为例说明如下。

根据上节的分析，隐极同步发电机的有功和无功特性表达式也适用于电动机（只是功率角为负值），分别为

$$
\begin{cases}
P_{em} = \dfrac{mE_0 U}{x_t}\sin\theta \\[3mm]
Q = \dfrac{mE_0 U}{x_t}\cos\theta - \dfrac{mU^2}{x_t}
\end{cases}
\tag{17-8}
$$

在上述条件下，当 P_2 减少时，相应地，P_{em} 由 P'_{em} 随着变为 P''_{em}，参见图 17-7，θ 即由 θ' 变为 θ''，Q 则对应地由 Q' 变为 Q''。

同样，当负载功率不变时，调节同步电动机的励磁电流也会改变无功功率的大小和性质。在工程上常用此法来调节电动机的功率因

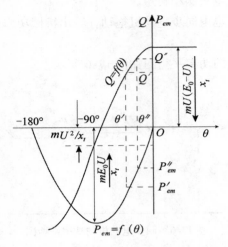

图 17-7　改变 P_2 时同步电动机 P_{em} 与 Q 的变化

数。仍以隐极机为例说明，为了分析简便起见，我们忽略了电机的铜耗 p_{Cu}，于是当负载功率 P_2 保持不变时，同步电动机的电磁功率 P_{em} 和由电网输入的有功功率 P_1 均将保持不变，即有

$$\begin{cases} P_{em} = \dfrac{mE_0 U}{x_t}\sin\theta = C_1 \\ P_1 = mUI\cos\varphi = C_2 \end{cases} \tag{17-9}$$

其中，C_1、C_2 均为常数。

同步电动机接入的电网通常被认为是大电网，此时 U、f 均为常数，结合以上两式可得

$$E_0\sin\theta = C$$
$$I\cos\varphi = C \tag{17-10}$$

其中，C 为常数。

因此改变励磁电流时，相量图中 $\dot{E}_0$ 的端点将在平行于 $\dot{U}$ 的 AB 线上移动，$\dot{I}$ 的端点将在垂直于 $\dot{U}$ 的 CD 线上移动，如图 17-8 所示。

图 17-8 示出恒功率、变励磁的隐极同步电动机相量图，由于这

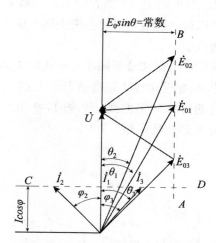

图 17-8　恒功率、变励磁的隐极同步电动机相量图（按电动机惯例）

是按电动机惯例画的，$\dot{E}_0$ 为 $\dot{E}_{01}$ 时，电流 $\dot{I}_1$ 与 $\dot{U}$ 同相，$\cos\varphi_1 = 1$，此时，I_1 是定子电流的最小值，与此对应的励磁称为"正常励磁"。

调节励磁电流使之增大，当电机励磁电流大于正常励磁时的励磁电流时，称为"过励"。设过励时 $\dot{E}_0$ 和 $\dot{I}$ 分别为 $\dot{E}_{02}$ 和 $\dot{I}_2$。由于 $E_{02} > E_{01}$，$\dot{E}_{02}$ 的端点必然在 $\dot{E}_{01}$ 端点的上方，$\dot{I}_2$ 的端点在 $\dot{I}_1$ 端点的左边，由图可见 $I_2 > I_1$，$\cos\varphi_2 < 1$，电流出现了超前的无功分量，此时电动机从电网吸取容性的无功功率。

调节励磁电流使之减小，当励磁电流小于正常励磁时的励磁电流时，称为"欠励"。设欠励时的 $\dot{E}_0$ 和 $\dot{I}$ 分别为 $\dot{E}_{03}$ 和 $\dot{I}_3$。由图可见，此时，$I_3 > I_1$，电流 $\dot{I}_3$ 的端点在 $\dot{I}_1$ 的端点右边，电流出现了滞后的无功分量，电动机从电网吸取感性无功功率。

和同步发电机一样，同步电动机一般也希望运行在过励状态。因为，过励时电动机能从电网吸取容性无功功率，相当于发出感性无功功率，这是电网所需要的。同时，过励时电动机运行的稳定性也会提高。由于隐极同步电动机的最大电磁转矩 M_{max} 与 E_0 成正比，在一定

的电磁功率 P_{em} 时，减小励磁，θ 随着变大，过载能力随着降低。当励磁减小到 $\theta=90°$ 以后，隐极电机将会失去同步而不能稳定运行。因此，对欠励应有所限制。

综上所述，我们还可以像分析同步发电机时那样，作出一簇对应同步电动机不同 P_2 时定子电流 I 和励磁电流 I_f 的关系曲线 $I=f(I_f)$，此曲线称为同步电动机的 V 形曲线，如图 17-9 所示。图中所示的 V 形曲线和发电机的 V 形曲线相似。

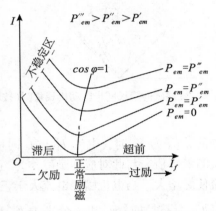

图 17-9　同步电动机的 V 形曲线

调节励磁电流可以改变功率因数，是同步电动机最突出的优点。因为，电网的主要负载是异步电动机和变压器，它们都要从电网中吸收感性无功功率。如果将同步电动机工作于过励状态，向电网发出感性无功功率，就可以提高电网的功率因数。同步电动机的额定功率因数一般设计为 $\cos\varphi=1 \sim 0.8$（超前）。

17.5　同步电动机的启动

在第 12 章中，我们研究了异步电动机的启动问题，由于异步电动机在启动过程中和正常运行时一样均处于异步状态，工作原理没有发生质的变化，因此可以利用异步转矩来启动电机。研究异步电动机启动所要解决的主要问题是减小启动电流、提高启动转矩。

　　同步电动机的情况就有所不同。在正常运行时，电机处于同步工作状态；而在将它投入电网启动的过程中，电机处于异步工作状态。因此，同步电动机的启动就会出现一些新的矛盾需要解决。

　　要把一台电机启动起来，必须使作用在转子部分上的启动转矩平均值大于零。同步电动机正常运行时的电磁转矩主要由转子励磁磁场和气隙磁场的相互作用来产生（即同步转矩和磁阻转矩）；从式(17-5)可以看出，这两种转矩的大小和符号均和功率角 θ 有关。如果电机转子和气隙磁场的旋转速度不同，即 θ 角在不断增大，同步转矩和磁阻转矩的平均值都将为零。图 17-10 为投励后的同步电动机接入电网的情况，其平均电磁转矩为零，如再仔细分析可知，其平均磁阻转矩也为零。因此，不能利用这两种转矩来启动同步电动机，需要采取其他措施启动。

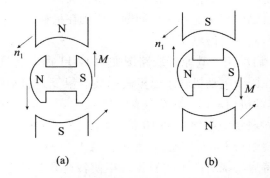

图 17-10　同步电动机启动时平均电磁转矩为零的说明图

17.5.1　启动方法

常用的启动方法有以下三种。

　　(1)辅助电动机启动法　辅助电动机通常采用和主机相同极对数的异步电动机(容量为主机容量的 5% ~ 15%)。启动时，先由辅助电动机将主机拖到接近同步转速，再用自同步法将其投入电网，然后切断辅助电动机电源。辅助电动机也可以采用比主机少一对极的异步电动机。此时，异步电动机的同步转速高于主机的同步转速。待将主机拖到高于主机同步转速后，再切断辅助电动机电源，使转速下降。当转速降到等于主机同步转速时，立即将主机投入电网。这样可得到较大的整步转矩。另外，还可以用和主机同轴的直流励磁机兼作辅助电动机，即把直流励磁机先当直流电动机使用，将同步电动机拖动到接近同步转速，用自同步法将其投入电网后再断开直流电源。当然，启动过程中，主机励磁电流要由直流电网供给。

辅助电动机启动方法的缺点是不能带负载启动，否则，辅助电动机的容量将很大，启动设备和操作也较复杂。

（2）变频启动法 用此法启动时，同步电机转子通入励磁电流，定子须由变频电源供电。变频电源的频率在启动开始时调得很低，然后逐渐升高至额定值，利用同步转矩的作用使电机的转速随变频电源的频率同步地升至额定值。此法可以获得较大的启动转矩，但需要变频电源，并且励磁机不能和主机同轴，否则在最初转速很低时，励磁机无法提供所需的励磁电压。

（3）异步启动法 其原理线路图如图 17-11 所示，这是目前最常用的方法。在同步电动机转子磁极表面装有鼠笼式启动绕组（阻尼绕组），同步电动机启动时，励磁绕组先不接电源，但需接一附加电阻 R_M（R_M 约为励磁绕组阻值 r_f 的 10 倍，即图 17-11 中的开关 K_2 倒向左方，使励磁绕组经 R_M 而接通）。然后，合上开关 K_1，将电动机定子投入电网。待启动绕组产生的异步转矩使转速升至接近同步转速时，切除附加电阻，同时加入励磁（即将开关 K_2 从左方倒向右方）。此时，在同步转矩和磁阻转矩的作用下，电动机被牵入同步。

同步电动机异步启动法和同步发电机的自同步法有些类似。不过，后者是先由原动机将转速升到接近同步转速，然后再合定子开关并加入励磁；前者却是先合定子开关，再利用异步转矩升速的。

下面，我们比较详细地分析异步启动的原理。

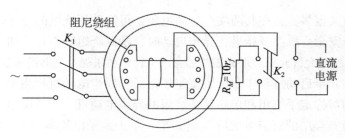

图 17-11　异步启动法原理线路图

17.5.2　异步启动原理

附有启动绕组的同步电动机转子如图 17-12 所示。启动绕组形似鼠笼式异步电动机的转子绕组，在启动时产生异步转矩。

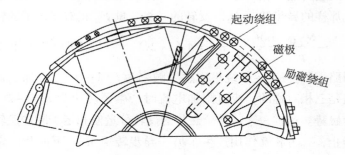

图 17-12　装有启动绕组的同步电动机转子

同步电动机在异步启动过程中，作用在转子上的转矩有四种：(1)励磁绕组产生的单轴转矩；(2)启动绕组产生的异步转矩；(3)磁组转矩；(4)励磁后产生的同步转矩。

单轴转矩是在异步状态下由励磁绕组中流过的感应电流与气隙磁场相互作用产生的。由于励磁绕组相当于一个单相绕组，故由此而产生的转矩称为单轴转矩。

必须指出，同步电动机作异步启动时，不允许将励磁绕组开路。否则，在刚启动时，气隙磁场与转子之间的相对转速很大，励磁绕组的匝数又很多，会在其两端产生高电压，可能破坏绕组的绝缘，并危及人身安全。故在开始进行异步启动时，励磁绕组既不允许加入励磁电流，也不允许开路。那么短路后会产生什么后果呢? 下面进一步分析。

在异步启动过程中，励磁绕组短路后，同步电动机相当于一台具有三相对称定子绕组和单相转子绕组的异步电动机。转子绕组中流过频率为 $f_2 = sf_1$ 的感应电流(s 为转差率，f_1 为定子电流频率)，产生了随转子旋转、频率亦为 sf_1 的脉振磁势。该磁势可以分解为相对于转子各以 $\dfrac{60f_1 s}{p}$，即 sn_1 转速向正、反方向旋转的两个磁势分量 F_{2+} 与 F_{2-}，如图 17-13 (a) 所示。由转速叠加可知，转子磁势的正转分量 F_{2+} 对定子的转速为 $\dfrac{60f_1(1-s)}{p} + \dfrac{60f_1 s}{p} = \dfrac{60f_1}{p} = n_1$。故 F_{2+} 和定子电流产生的基波旋转磁势相对静止。这一对磁势相互作用，产生像普通异步电动机那样的异步转矩 M_z。反转的磁势分量 F_{2-} 相对于定子的转速为 $\dfrac{60f_1(1-s)}{p} - \dfrac{60f_1 s}{p} = \dfrac{60f_1(1-2s)}{p} = n_1(1-2s)$。由于定子绕组经电网构成闭合回路，$F_{2-}$ 将在定子绕组中感生频率为 $f_1(1-2s)$ 的附加电流。定子绕组是三相对称的，流过附加电流时产生了转速为 $n_1(1-2s)$ 的附加旋转磁势。这样一来，转子磁势的反转分量便和定子附加旋转磁势相对静止，二者相互作用产生了另一异步转矩 M_F。下面我们定性地分析一下 M_F 的性质。

由上所述，M_F 的产生是与转子磁势的反转分量 F_{2-} 密切有关的。这里说明一下：在图 17-13 (a) 中，矢量 F_{2+}、F_{2-} 画在定子内的为相对于定子的转速，画在转子内的为相对于转子的转速。下面分别对几种情况进行分析。当 $s = 0.5$ 时，转子反转磁势 F_{2-} 相对于定子的转速 $n_1(1-2s) = 0$，即相对于定子是静止的，定子绕组无感应电流。因此 M_F 为零。当 $s > 0.5$ 时，这一旋转磁势 F_{2-} 相对于定子的转速 $n_1(1-2s) < 0$，如图 17-13 (b) 所示。F_{2-} 及其磁场转向转子的转向相反。由图可见，此时转子对定子的作用转矩为负，根据作用力与反作用力同时存在的原理，定子对转子的反作用转矩 M_F 为正 (这里的正、负

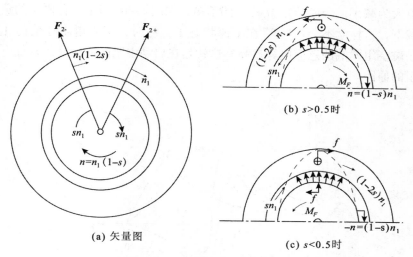

(a) 矢量图

(b) $s>0.5$时

(c) $s<0.5$时

图 17-13　转子上双旋转磁势矢量图及其分析

是以转子的旋转方向为参考的）。也就是说，当 $s>0.5$ 时，M_F 和 M_z 的方向相同。同理可知，当 $s<0.5$ 时，$n_1(1-2s)>0$，如图 17-13（c）所示，F_{2-} 及其磁场转向与转子的转向相同。由图可见，此时定子对转子的反作用转矩 M_F 为负，即 M_F 与 M_z 方向相反。可见，M_F 在 $s=0.5$ 的左、右将改变符号。M_z 和 M_F 的合成转矩 M_D 即称为单轴转矩，它们均示于图 17-14 中。由图可见，M_D 在 s 稍小于 0.5 处，即转子转速稍大于半同步转速处变为负值。这将会使电动机启动时的合成转矩在该处产生明显的下凹，形成一个最小转矩 M_{min}（图 17-15）。当最小转矩小于机械制动转矩时，如图 17-15 所示，制动转矩 $M_z+M_0>M_{min}$，在启动过程中，电机将被"卡"在约半同步转速处不能继续升速。单轴转矩的这种特性对启动很不利。在启动过程中为了减小单轴转矩的影响，励磁绕组回路可接入一附加电阻。因为对于 M_z 来说，这相当于在该"异步机"转子串电阻，其转矩最大值不变而与之对应的转差率增大，有利于异步启动。对于 M_F 来说，则这相当于在该"异步机"定子串入电阻可使定子电流降低，于是 M_F 的最大值减小。当附加电阻的阻值约等于励磁绕组阻值的十倍左右时，单轴转矩的数

421

值大为减小，合成转矩 $M_{合成}$ 下凹不多，如图 17-16 所示。在同样的负载下，这样就不会被"卡"在半速状态了。同时，接入电阻还能防止励磁绕组两端的感应电势过高。这就是在启动中励磁回路接入附加电阻的原因。

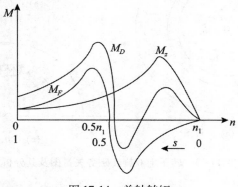

图 17-14　单轴转矩

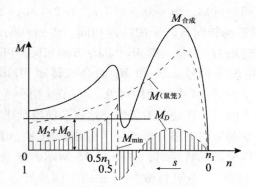

图 17-15　单轴转矩对同步电动机启动的影响

同步电动机的启动性能可用启动转矩 M_{st} 和名义牵入转矩 M_{pi} 的大小来表征，所谓名义牵入转矩是指转速达到 $95\% n_1$（即 $s = 0.05$）时的电动机异步转矩。异步转矩是不能把电机牵入同步的，但 M_{pi} 的大小对是否能顺利牵入同步有很大影响，故称为名义牵入转矩。在使电

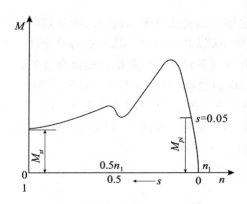

图 17-16　同步电动机启动过程中的异步转矩

动机由异步状态进入同步状态运行时起决定作用的，还是磁阻转矩与励磁后的同步转矩(尤其是后者)。

　　不同特性的机械负载，对 M_{st} 和 M_{pi} 的要求不一样，例如离心式水泵、鼓风机等机械，在较小的 M_{st} 下就可以启动，但当转速达到 95% n_1 时，其机械负载转矩已接近于额定，因此需要较大的 M_{pi}。这了能顺利地牵入同步，有时还在机械负载方面采取相应措施，例如在启动水泵电机的过程中，将水泵出口闸门关闭，待电机牵入同步后再慢慢打开。而发电机这样的负载，由于多在空载情况下启动和牵入同步，对 M_{st} 和 M_{pi} 的要求都不高。表 17-1 列出了对各种同步电动机的性能要求。

表 17-1　　　　　不同用途同步电动机的性能要求

序号	电动机用途	最大转矩(额定转矩倍数，即过载能力)	全压启动时		
			启动转矩(额定转矩倍数)	牵入转矩(额定转矩倍数)	启动电流(额定电流倍数)
1	拖动大型立式水泵	1.8	0.4	1.0	6
2	拖动大型球磨机	不小于2.0	1.7~1.9	不小于0.9	不大于7
3	拖动大型压缩机	不小于1.8	不小于0.6	不小于0.5	不大于6.5

磁阻转矩是定子旋转磁场吸引转子凸极铁芯产生的。当定子磁场等效磁极在转子凸极铁芯之前时，其吸引力将使转子加速；反之则使转子减速。因此，在异步状态下磁阻转矩是交变的，变化的频率与转差率 s 成正比。电机启动初期，s 较大，磁阻转矩对大转动惯量电机的转速影响很小。但当转速接近同步转速时，由于 s 很小，磁阻转矩对电机转速的影响很显著。如图 17-17 所示为投入励磁前的一段时间内转速随时间的变化情况。

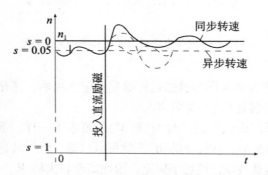

图 17-17　由同步转矩所引起的转速振荡及拉入同步时的情况

当转速达到约同步转速的 95% 时，如果投入励磁电流，则转子磁极就有了确定的极性。这时，当转子磁极落后于气隙等效磁极时，则二者极性相同时产生减速转矩，极性相反时产生加速转矩；当转子磁极超前于气隙等效磁极时则相反。故每当气隙等效磁极相对于转子滑过一对极时，转矩变化一个周期，该转矩引起的转速振荡周期比磁阻转矩引起的要大一倍。由于其周期较长，转矩值又比磁阻转矩大得多，所以转速变化也大得多，转速的瞬时值可能超过同步转速，经过减速过程又回到同步转速附近，再在整步转矩的作用下，经过很短一段衰减振荡后，转子即可牵入同步，如图 17-17 所示。一般而言，轴上的负载愈轻，电动机就愈容易牵入同步。凸极电动机由于有磁阻转矩，比隐极电动机容易牵入同步。当电动机的容量小惯性较小时，单靠磁阻转矩也常可牵入同步。如表 17-2 所示。

表 17-2 几种国产同步电动机的参数

型 号	额定功率/kW	额定转速/(r/min)	启动电流/额定电流	启动转矩/额定转矩	牵入转矩/额定转矩	最大转矩/额定转矩
TD143/34-6	1000	1000	7	1	0.9	2.5
TD143/39-6	1250	1000	7	1.5	1.2	2.5
TDL315/31-24	800	250	5.5	0.4	1.1	1.8
TDL325/46-40	1600	150	6	0.45	1	1.8

17.6 同步电动机的工作特性

当同步电动机运行于 U、f、I_f 均为常数时，可得出一系列工作特性 $I=f(P_2)$、$M=f(P_2)$、$n=f(P_2)$ 与 $\cos\varphi=f(P_2)$，一般常以标么值来绘制这些特性，如图 17-18 所示。现将各曲线分别说明如下。

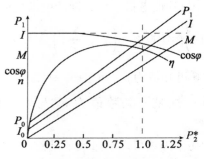

图 17-18 同步电动机的工作特性

（1）$M=f(P_2)$ 当空载时，$P_2=0$，同步电动机的转矩很小，这时在电动机中只有很小的空载损耗 p_0，$M=M_0=\dfrac{p_0}{\Omega_1}$ 也很小，此处 $\Omega_1=\dfrac{2\pi n_1}{60}$（rad/s）。当有载时，$P_2>0$，电磁转矩

$$M = M_0 + M_2 = M_0 + \frac{P_2}{\Omega_1} \qquad (17\text{-}11)$$

故知 $M = f(P_2)$ 为一不经座标原点的直线(但 $P_2 = 0$ 时,其值 M_0 很小,与原点很接近)。

(2) $\cos\varphi = f(P_2)$ 图 17-18 中的 $\cos\varphi = f(P_2)$ 曲线是在调节 I_f,使电动机空载功率因数为 1 的情况下绘制出来的,由图 17-8 同步电动机的相量图或图 17-9 的 V 形曲线可知,如果保持这一 I_f 值而增加负载,则电动机的功率因数将减小,电流愈来愈滞后于电网电压,故图 17-18 中的 $\cos\varphi = f(P_2)$ 为一略向下倾斜的曲线。

(3) $I = f(P_2)$ 因为 $M\Omega_1 = P_{em} = P_1 = mUI\cos\varphi$,由图 17-18 中 $\cos\varphi = f(P_2)$ 曲线可见,在正常运行范围内,$\cos\varphi$ 变动不大,电压 U 是恒值,$\Omega_1 = \dfrac{2\pi n_1}{60}$ 也是恒值,故 $I = f(P_2)$ 可认为是一不经原点的直线。从而 $P_1 = f(P_2)$ 也是一条相似的直线(空载时,$P_1 = P_0$、$I = I_0$,数值均很小)。

(4) $\eta = f(P_2)$ 与其他电机一样,同步电动机的效率为

$$\eta = \frac{P_2}{P_1} \times 100\% = \left(1 - \frac{\sum p}{P_1}\right) \times 100\% \qquad (17\text{-}12)$$

其中 $\sum p$ 由图 17-6 可知值为 $p_{Cu} + p_{mec} + p_{Fe} + p_{ad}$。

(5) $n = f(P_2)$ 这是一条数值为 n_1 与坐标横轴平行的直线(图 17-18 中未画出)。

同步电动机的功率因数可以通过调节励磁电流的数值来改变,即我们可以使它在任意负载下功率因数为 1。图 17-19 三根曲线是在不同励磁电流情况下得出的,曲线 1 对应于空载($P_2 = 0$)时 $\cos\varphi = 1$,曲线 2 对应于半载$\left(\dfrac{P_2}{P_N} = 0.5\right)$时,$\cos\varphi = 1$,而曲线 3 对应于满载$\left(\dfrac{P_2}{P_N} = 1\right)$时,$\cos\varphi = 1$。这些曲线的形状可用相应的相量图与 V 形曲线来说明。

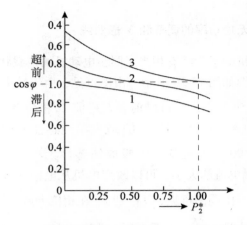

图 17-19　在不同励磁电流下的 $\cos\varphi = f(P_2^*)$ 曲线

17.7　同步调相机

同步电动机可以提高电网的功率因数，但还不能完全满足电力系统对无功的需要。因此，现代电力网在负荷中心的变电所里常配备一些同步调相机，专门发出无功功率。下面谈谈这个问题。

17.7.1　同步调相机的用途

同步调相机的作用主要有以下两点：（1）提高电网的功率因数；（2）调节电网的电压。

前面我们说过，电网的主要负载是异步电动机和变压器。这些负载所需的激磁电流都要从电网取得，即要从电网吸取感性无功功率。这将使输电线的总电流增大、功率因数降低，以致线路损耗增大，设备的利用率和效率都将降低。如果能设法就近供应无功功率，就能既满足电力系统对无功功率的需要，又减轻了无功功率远距离输送的负担，具有显著的经济效果。这个设想利用在负荷中心安装同步调相机的方法很容易实现。

427

17.7.2　无功功率的调节和 V 形曲线

同步调相机的运行状态相当于同步电动机的空载状态，若忽略损耗，它的相量图如图 17-20 所示。由图可见，由于功率角 $\theta = 0$，定子电流全部为无功电流，当过励时，$\dot{I}$ 超前 $\dot{U}$ 相位 90°（按电动机惯例），电机从电网吸取纯容性无功（或发出纯感性无功）；当欠励时，$\dot{I}$ 滞后 $\dot{U}$ 相位 90°，电机从电网吸取纯感性无功（或发出纯容性无功）。调节励磁电流的大小，可以改变电机从电网所吸取的无功功率的大小和性质。由同图可见，$j\dot{I}x_d$ 和 $\dot{E}_0$ 在相位上或者反相（过励时）、或者同相（欠励时）。当 U 不变时，I 和 E_0 成正比关系，$I = \dfrac{\Delta U}{x_d} = \dfrac{E_0 - U}{x_d}$。$U$ 不变，如忽略饱和，I_f 增加时，E_0 成线性增加，I 也增加；I_f 减小，E_0 减小，I 也减小。据此作出调相机的 V 形曲线 $I = f(I_f)$ 将是交于横轴的两条直线（图 17-21），交点左边为欠励状态，右边为过励状态。电压改变时 V 形曲线将左右平移，即电压上升，曲线右移；电压下降，曲线左移。

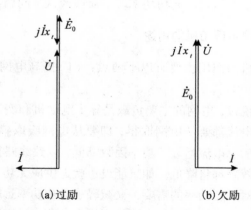

(a) 过励　　　　　　　　(b) 欠励

图 17-20　同步调相机的相量图（按电动机惯例）

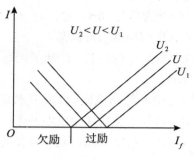

图 17-21　同步调相机的 V 形曲线

17.7.3　同步调相机的特点

（1）它的额定容量是指过励状态下的额定视在功率。考虑到稳定等因素，欠励时的容量约为过励时的额定容量的 50% ~ 60% 。

（2）一般采用凸极式结构。由于不带机械负载，轴的强度比同容量的同步电动机低。又因为没有过载能力的要求，为了减小体积、降低励磁绕组的耗铜量，它的气隙较一般同步电机为小，故直轴同步电抗 x_d^* 较大（为 1.6 ~ 2.4）。它的转速一般较高。

（3）大容量同步调相机更适宜于采用氢冷却或双水内冷的方式进行冷却。

17.7.4　同步调相机的启动问题

同步调相机和同步电动机一样，可以采用辅助电动机或异步启动方法启动。由于不带机械负载，同步调相机相对地说较易启动。但一般因其容量较大（几千至几万千伏安），异步启动时要考虑对电网电压的影响并需限制启动电流。通常在定子边中串入电抗器来启动。

小　　结

同步电动机与同步发电机的区别在于有功功率的传递方向不同。

429

同步发电机向电网输送有功功率（功率角 θ 为正）；同步电动机从电网吸取有功功率（功率角 θ 为负）。$\theta=0$ 时，对应为同步电动机理想空载状态或近似认为是同步调相机运行状态。

同步电动机启动是这种电动机的一个重要问题，现在广泛应用的是异步启动法进行启动。

对于不需调速的大功率低速机械（如大型水泵等）广泛采用同步电动机拖动，同步调相机作为无功功率电源装于用电中心，对改善电网功率因数，保证电网电压稳定方面，起着重要的作用。

习　题

17-1　试用电动机惯例列出凸极同步电动机的电势方程式，并分别绘制出过励和欠励时的相量图（忽略定子电阻）。将自己所绘制的相量图与图 17-3(b) 进行比较，它们的功率角 θ 是否改变符号？为什么？

17-2　从同步发电机过渡到同步电动机时，功率角 θ、电流 I、电磁转矩 M、电磁功率 P_{em} 的大小和方向有何变化？

17-3　若保持同步发电机在额定负载下，额定功率因数为 0.8（滞后）时的励磁电流不变，在电机过渡到同步电动机运行的过程中，其功率因数 $\cos\varphi$、定子电流 I、无功功率 Q 是怎样变化的？

17-4　试说明同步电动机在异步启动的过程中，转子受到哪些电磁转矩的作用。它们对电动机的启动各有何贡献？

17-5　水轮发电机作调相运行时和装在远离水电站的用电中心的同步调相机一样，都从电网吸取不大的损耗功率，向电网输送无功功率，它们对电网的作用完全相同吗？为什么？为了改善功率因数欲添置一台调相机，这台机应装在水电站内、还是装在用电中心？为什么？

17-6　一台隐极同步电动机在电压、频率、负载均为额定时，在功率角 $\theta=30°$ 下运行，若在励磁电流保持不变的情况下，运行情况发生了下述变化，问功率角变为何值（定子电阻忽略不计）：（1）电网频率下降 5%，负载转矩不变；（2）电网频率下降 5%，负载功率不变；（3）电网频率和电压各下降 5%，负载转矩不变。

17-7　有一水泵站原有四台 $P_N = 200\text{kW}$、$\cos\varphi_N = 0.75$（滞后）的异步电动机，若将其中两台换为 $P_N = 200\text{kW}$、$\cos\varphi = 0.8$（超前—按电动机惯例）的同步电动机，假设电动机均处于额定运行情况。试问：（1）换机前，水泵站需从电网吸取的视在功率和功率因数为多少？（2）换机后，水泵站需从电网吸取的视在功率和功率因数又是多少？（3）如不更换电动机，而装设一台同步调相机，欲使水泵站的功率因数提高到 0.9（滞后），则调相机的容量应为多大？（设两种电动机的额定效率均为 0.9）

第18章 同步发电机的不对称运行

18.1 概　　述

研究同步发电机的不对称运行问题，也可以用对称分量法。具体地讲就是将三相不对称的电压、电流，分解为三组对称分量：正序分量、负序分量、零序分量，然后分别研究各组对称的电压和电流，再将它们叠加，就得到实际的不对称电压和电流。这是解决三相电机不对称运行问题的一种有效方法。

本章将首先介绍不对称运行的概念、参数与其测定方法，并以不对称稳定短路为例分析同步发电机不对称运行问题，最后说明不对称运行对电机的影响。

18.2 不对称运行的概念

同步发电机一般带三相对称负载，但很难保证不出现三相不对称运行的情况。不对称运行时，负序电流将对电机产生不良影响。因为当发电机的电枢绕组流过负序电流时，这一过程中产生反转的负序磁场，该磁场在转子中感生电势与电流，引起转子温升提高，该磁场还会引起振动。不对称运行也可能使定子绕组电流超过额定值，引起绕组发热。同时，由于不对称运行会引起所供电网电压的不对称，使接到电网上的变压器和电动机运行情况变坏，效率降低。因此，对同步发电机不对称负载的程度应加以限制。我国国家标准 GB 755—65（电机基本要求）中规定：对 10 万 kV·A 以下的三相同步发电机和调相机(不包括导体内部冷却的电机),如每相电流均不超过额定值,且负序电流分量不超过额定电流的 8%(汽轮发电机)或 12%(凸极同步发电机及调相机),应能长期工作。10 万 kV·A 以上的发电机和导体内部冷超的电机,由该类型电机的技术条件规定。

18.3　不对称稳定运行时的各相序电抗

当电枢绕组电流不对称时,各相序电流所产生的磁场与旋转的转子回路交链的情况是不相同的。所以,同步发电机对应不同相序的阻抗是不一样的,它们分别称为正序阻抗 Z_+、负序阻抗 Z_- 和零序阻抗 Z_0。

同步发电机不对称运行时,由励磁电流激励的主磁场,只能在定子绕组中感应正序电势,不会感应负序电势和零序电势。而不对称电压、电流可以分解为正序分量、负序分量与零序分量,如以 A 相为例,各相序的等效电路如图 18-1 所示。

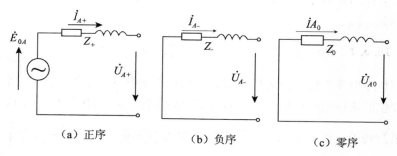

（a）正序　　　　（b）负序　　　　（c）零序

图 18-1　各相序等效电路(A 相)

同步发电机各相序的基本方程式为

$$\begin{cases} \dot{E}_{0A} = \dot{U}_{A+} + \dot{I}_{A+} Z_+ \\ 0 = \dot{U}_{A-} + \dot{I}_{A-} Z_- \\ 0 = \dot{U}_{A0} + \dot{I}_{A0} Z_0 \end{cases} \tag{18-1}$$

如果不计各相序阻抗中相对很小的电阻，则式（18-1）可以改写为

$$\begin{cases} \dot{E}_{0A} = \dot{U}_{A+} + j\dot{I}_{A+}x_+ \\ 0 = \dot{U}_{A-} + j\dot{I}_{A-}x_- \\ 0 = \dot{U}_{A0} + j_{A0}x_0 \end{cases} \qquad (18\text{-}2)$$

分析不对称运行，首先应该知道各相序电抗，现介绍 x_+、x_-、x_0 及其测定方法。

18.3.1 正序电抗 x_+

正序电流流经电枢绕组时，产生以同步转速旋转，且与转子同转向的旋转磁场，故在转子中不感应电势。显然，正序电抗与三相同步发电机对称运行时的同步电抗完全一样。

对于隐极电极而言，正序电抗就是同步电抗，即 $x_+ = x_t$。对于凸极电极，x_+ 应在 x_d 和 x_q 所限定的范围内，其值到底是多少决定于正序旋转磁势与励磁磁势的空间相对关系，在三相对称稳定短路时，电枢反应作用在直轴，故正序电抗就是直轴同步电机的不饱和值，即 $x_+ = x_{d(\text{不饱和值})}$。

18.3.2 负序电抗 x_-

负序电流也是三相对称电流，只是和正序电流相序相反而已。它所产生的负序磁场以同步转速对转子反向旋转，故在励磁绕组、阻尼绕组及转子本体中感应出二倍频率的电流 $\left[f_2 = sf_1 = \dfrac{n_1 - (-n)}{n_1} f_1 = 2f_1 \right]$。该电流产生的磁通会削弱定子的负序磁场，这和副边短路的变压器类似。负序电抗的等效电路如图 18-2 所示。

由此可见，一方面，可将定子、转子磁势的关系比作变压器原、副边磁势的关系，引用与变压器形式上相同的等效电路图；另一方面，同步电机转子结构的不对称而带来直、交轴电磁量的差异，其等效电路也有不同之处。当负序磁场轴线与转子直轴重合时，就要同时考虑直轴阻尼绕组和励磁绕组的影响，其等效电路如图 18-2（a）所

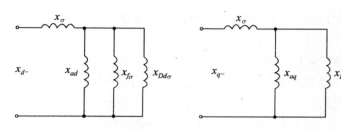

（a）负序磁场轴线对正d轴时　　　（b）负序磁场轴线对正q轴时

图 18-2　负序电抗的等效电路

示，由此图可得

$$x_{d-} = x_\sigma + \cfrac{1}{\cfrac{1}{x_{ad}} + \cfrac{1}{x_{f\delta}} + \cfrac{1}{x_{Dq\delta}}} = x''_d \qquad (18\text{-}3)$$

如果直轴上没有阻尼绕组则

$$x_{d-} = x_\sigma + \cfrac{1}{\cfrac{1}{x_{ad}} + \cfrac{1}{x_{f\sigma}}} = x'_d \qquad (18\text{-}4)$$

当负序磁场轴线与转子交轴重合时，只需考虑交轴的阻尼绕组，其等效电路如图 18-2（b），由此图可得

$$x_{q-} = x_\sigma + \cfrac{1}{\cfrac{1}{x_{aq}} + \cfrac{1}{x_{Dq\sigma}}} = x''_q \qquad (18\text{-}5)$$

如果交轴上没有阻尼绕组，则

$$x_{q-} = x_\sigma + x_{aq} = x_q \qquad (18\text{-}6)$$

式中：x''_d、x''_q——直轴、交轴超瞬变电抗；

　　　　x'_d——直轴瞬变电抗；

　　　　$x_{f\sigma}$——折算到定子边的励磁绕组的漏抗；

　　　　$x_{Dd\sigma}$、$x_{Dq\sigma}$——折算到定子边的直轴、交轴阻尼绕组的漏抗；

　　　　x_σ——电枢绕组的漏抗。

　　由上面这些公式中看出，不论直轴或交轴的负序电抗，即 x_{d-} 或 x_{q-} 都等于定子漏抗 x_σ 加上一个等效电抗。等效电抗是由电枢反应电抗和反映转子回路作用的电抗并联组成，所以它一般总小于电枢反应电抗。分析表明：负序电抗 x_- 总小于直轴同步电抗 x_d 或交轴同步电抗 x_q。

　　由于负序磁场与转子有两部同步转速的相对运动，负序电抗值将随转子位置变化而异，如图 18-3 所示。图中曲线 1 是无阻尼绕组的水轮发电机的情况，它的负序电抗值较大，变化也较大；曲线 2 是有阻尼绕组的水轮发电机的情况，它的负序电抗值较小，变化也较小；曲线 3 是汽轮发电机的情况，由于汽轮发电机是实心转子构成，其阻尼作用最强，因而它的负序电抗值最小，而且变化也最小。虚线表示负序电抗标么值的平均值，它比正序电抗标么值小，但比定子漏抗标么值大。一般无阻尼绕组的水轮发电机负序电抗标么值为 0.55，有阻尼绕组的水轮发电机为 0.24，汽轮发电机为 0.15。

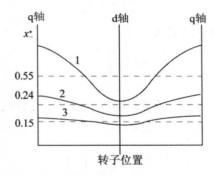

1—无阻尼绕组水轮发电机；2—有阻尼绕组水轮发电机；3—汽轮发电机

图 18-3　x_- 随转子位置而变化

18.3.3　零序电抗 x_0

　　各相中零序电流同大小、同相位，它们建立的三个脉振磁势在时间上同相位，而在空间上彼此相差 120° 电角度。所以，合成磁势的基波为零。零序电流产生的三次谐波磁通，其值很小，可略去不计，而仅考虑它所产生的漏磁通，故零序电抗实质上为一漏抗。

　　对于双层整距绕组而言，由于每个槽的导体都属于同一相［如图

18-4(a)所示〕，槽内导体中的零序电流方向都一致，零序电抗约等于正序的漏抗即 $x_0 \approx x_\sigma$。而对于 $y_1 = \dfrac{2}{3}$ 的双层短距绕组而言，在部分槽中(此例为全部槽中)，上、下导体分别属于不同的两相，当流过零序电流时。上、下导体中的零序电流的磁效应就恰好抵消〔如图18-4(b)所示〕，在这些槽中槽漏磁通基本抵消，如不考虑谐波磁通，剩下的只有微小的端接部分漏磁通，因此，零序电抗小于正序的漏抗值，即 $x_0 < x_\sigma$。

由此可见：同步发电机的各相序电抗是不相同的，它们的大小关系是：$x_+ > x_- > x_0$。

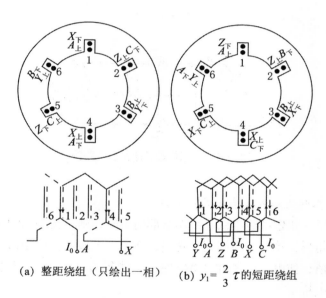

(a) 整距绕组（只绘出一相）　(b) $y_1 = \dfrac{2}{3}\tau$ 的短距绕组

图 18-4　绕组节距对 x_0 的影响

18.3.4　x_- 和 x_0 的测定

可以通过如下几种方法测出 x_- 与 x_0。

1. 逆同步旋转法测负序电抗 x_-

试验原理线路图如图 18-5 所示。将励磁绕组短路，在电枢绕组上施加对称的三相低电压，转子被拖到同步转速，转向与电枢旋转磁场的转向相反。调节外施电压，使电枢电流为 $0.15I_N$ 左右，读取线电压 U 和电流 I 及输入总功率 P，代入下列公式，即可求得负序电抗 x_- 值

$$\begin{cases} z_- = \dfrac{U}{\sqrt{3}\,I} \\[2mm] r_- = \dfrac{P}{3I^2} \\[2mm] x_- = \sqrt{z_-^2 - r_-^2} \end{cases} \tag{18-7}$$

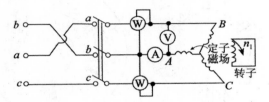

图 18-5　逆同步旋转法试验线路图

2. 串联法和并联法测零序电抗

如果三相定子绕组六个线端全部引出时，则可按图 18-6(a)接成开口三角形，将转子拖到同步转速，在定子上施加一单相低电压，调节其数值，使电枢电流在 $0.2I_N$ 左右，测得 U、I 与 P，按下式即可得零序电抗 x_0

$$\begin{cases} z_0 = \dfrac{U/3}{I} = \dfrac{U}{3I} \\[2mm] r_0 = \dfrac{P}{3I^2} \\[2mm] x_0 = \sqrt{z_0^2 - r_0^2} \end{cases} \tag{18-8}$$

如果定子绕组只引出四个线端，则按图 18-6(b)接成并联法，I 为三

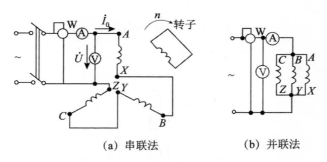

（a）串联法　　　　　（b）并联法

图 18-6　三相串联法和并联法线路图

相总电流，每个绕组上的电压为 U，输入总功率为 P，可以算出

$$\begin{cases} z_0 = \dfrac{U}{I/3} = \dfrac{3U}{I} \\[2mm] r_0 = \dfrac{P}{3I^2} \\[2mm] x_0 = \sqrt{z_0^2 - r_0^2} \end{cases} \tag{18-9}$$

18.4　单相及两相稳定短路

单相对中性点短路和两相短路是比较常见的故障。从短路瞬间开始，到暂态电流衰减完为止，这是一个突然短路的过渡过程，历时极短就使同步发电机进入不对称稳定短路状态。本节只讨论同步发电机的单相及两相稳定短路，为了简化分析，假设短路前发电机空载并且短路发生在电枢的出线端处。

18.4.1　单相对中性点短路

单相对中性点短路（以下简称单相短路）一般是指单相对地短路。只有发电机中性点接地，才可能发生这种短路，如 A 相对中性点发生短路，电路如图 18-7 所示。相应的短路条件方程为

$$\begin{cases} \dot{U}_A = 0 \\ \dot{I}_B = 0 \quad \dot{I}_A = \dot{I}_{k1} \\ \dot{I}_c = 0 \end{cases} \quad (18\text{-}10)$$

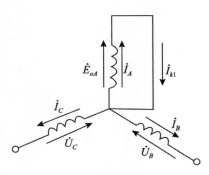

图 18-7　单相短路

应用对称分量法，由式(13-6)即得

$$\dot{I}_{A+} = \dot{I}_{A-} = \dot{I}_{A0} = \frac{1}{3}\dot{I}_A = \frac{1}{3}\dot{I}_{k1} \quad (18\text{-}11)$$

励磁电势应该是对称的正序电势，记为 $\dot{E}_{0A}$，$\dot{E}_{0B}$，$\dot{E}_{0C}$。电流 $\dot{I}_A$ 滞后于 $\dot{E}_{0A}$ 相角 90°，如图 18-8 所示，这里忽略各相序电阻。由图 18-8和式(18-11)可绘出各相序电流分量如图 18-9 所示。此时，电势平衡方程为

$$\begin{cases} \dot{U}_A = \dot{E}_{0A} - j\dot{I}_{A+}x_+ - j\dot{I}_{A-}x_- - j\dot{I}_{A0}x_0 \\ \dot{U}_B = \dot{E}_{0B} - j\dot{I}_{B+}x_+ - j\dot{I}_{B-}x_- - j\dot{I}_{B0}x_0 \\ \dot{U}_C = \dot{E}_{0C} - j\dot{I}_{C+}x_+ - j\dot{I}_{C-}x_- - j\dot{I}_{C0}x_0 \end{cases} \quad (18\text{-}12)$$

由图 18-8 可得各相电压。由于单相短路(A 相短路)使得各相电压不对称，且 $\dot{U}_A = 0$，从而线电压也不对称，从该相量图可直接得到

$$E_{0A} = I_{A+}x_+ + I_{A-}x_- + I_{A0}x_0 = \frac{I_{k1}}{3}(x_+ + x_- + x_0)$$

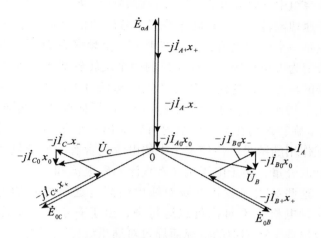

图 18-8　单相短路时电势相量图

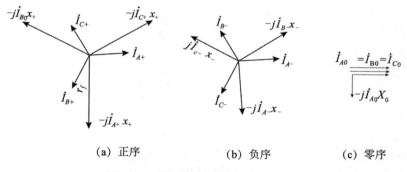

（a）正序　　　　　　　（b）负序　　　　　（c）零序

图 18-9　单相短路时各相序电流分量

又 $E_{0A}=E_0$，由上式可得单相短路电流为

$$I_{k1}=\frac{3E_0}{x_++x_-+x_0} \tag{18-13}$$

单相短路时，定子定流所产生的脉振磁势可以分解为双施转磁势，即转速相等（均等于 n_1）而转向相反的两个旋转磁势 F_+、F_-，如图 18-10 所示。其正向旋转磁势 F_+ 是以同步转速和转子同向旋转，

441

故在转子绕组中不感应电势，而反转旋转磁势 F_- 产生的磁场则以两倍同步转速切割转子，就在转子绕组中感应两倍频率的电势和电流。该电流也是一个单相电流，由此产生另一个频率为 $2f_1$ 的脉振磁势，它又可分解为大小相等、方向相反的两个旋转磁势 F'_+、F'_-。考虑到转子本身的转速后，这两个磁势产生的磁场对于定子的转速分别为 $3n_1$ 和 $-n_1$。转速为 $-n_1$ 的磁场正好和定子的反向旋转磁场同步旋转，$3n_1$ 的这个旋转磁场在定子绕组内再感应出一个 $3f_1$ 的电势和电流。这样相互作用的结果，便使定子中的电流包含有基波分量和一系列的奇次谐波分量，转子电流包含有直流励磁电流和一系列的偶次谐波分量。这些高次谐波将导致对输电线附近通讯线路的干扰。另外，同步发电机在不对称负载运行中，由于有正序与负序电流分量，也会出现上述相似的情况而导致对通讯线路的干扰，这点应当引起重视。

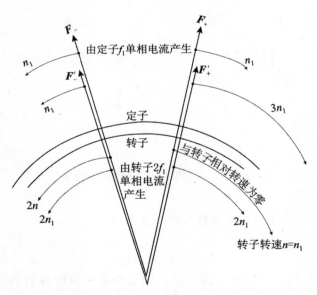

图 18-10　定子单相电流在定子、转子中产生的影响示意图

18.4.2 两相短路

B、C 两相短路时的电路如图 18-11 所示，根据端点情况，列出条件方程式为

$$\begin{cases} \dot{I}_A = 0 \\ \dot{U}_{BC} = \dot{U}_B - \dot{U}_C = 0 \\ \dot{I}_B = -\dot{I}_C = \dot{I}_{k2} \end{cases} \qquad (18\text{-}14)$$

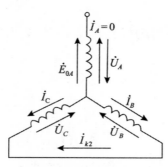

图 18-11　两相短路

应用对称分量法，由式(13-6)可得

$$\begin{cases} \dot{I}_{A0} = \dfrac{1}{3}(\dot{I}_A + \dot{I}_B + \dot{I}_C) = 0 \\ \dot{I}_{A+} = \dfrac{1}{3}(\dot{I}_A + a\dot{I}_B + a^2\dot{I}_C) = \dfrac{1}{3}(a - a^2)\dot{I}_B = \dfrac{j\dot{I}_B}{\sqrt{3}} \\ \dot{I}_{A-} = \dfrac{1}{3}(\dot{I}_A + a^2\dot{I}_B + a\dot{I}_C) = \dfrac{1}{3}(a^2 - a)\dot{I}_B = -\dfrac{j\dot{I}_B}{\sqrt{3}} = \dfrac{j\dot{I}_C}{\sqrt{3}} \end{cases} \qquad (18\text{-}15)$$

又 $\dot{U}_B = \dot{U}_{B+} + \dot{U}_{B-} + \dot{U}_{B0} = a^2\dot{U}_{A+} + a\dot{U}_{A-} + \dot{U}_{A0}$，$\dot{U}_C = \dot{U}_{C+} + \dot{U}_{C-} + \dot{U}_{C0} = a\dot{U}_{A+} + a^2\dot{U}_{A-} + \dot{U}_{A0}$，$\dot{U}_B = \dot{U}_C$，故

$$\begin{cases} \dot{U}_{A+} = \dot{U}_{A-} \\ \dot{I}_{A+} = -\dot{I}_{A-} \\ \dot{I}_{A0} = 0 \end{cases} \qquad (18\text{-}16)$$

由于 $\dot{I}_{A0} = 0$，从式（18-2）可知

$$\dot{U}_{A0} = -j\dot{I}_{A0}x_0$$

故知

$$\dot{U}_{A0} = 0$$

代入式（18-2）可得

$$\dot{U}_{A+} = \dot{E}_{0A} - j\dot{I}_{A+}x_+ = \dot{U}_{A-} = -j\dot{I}_{A-}x_- = j\dot{I}_{A+}x_-$$

于是

$$\dot{E}_{0A} = j\dot{I}_{A+}(x_+ + x_-)$$

故

$$\dot{I}_{A+} = -\dot{I}_{A-} = \frac{\dot{E}_{0A}}{j(x_+ + x_-)} \qquad (18\text{-}17)$$

B 相电流的对称分量为

$$\dot{I}_{B+} = a^2\dot{I}_{A+} = \frac{a^2\dot{E}_{0A}}{j(x_+ + x_-)}$$

$$\dot{I}_{B-} = a\dot{I}_{A-} = -\frac{a\dot{E}_{0A}}{j(x_+ + x_-)}$$

故两相短路电流为

$$I_{k2} = \dot{I}_B = \dot{I}_{B+} + \dot{I}_{B-} = -\frac{\sqrt{3}\dot{E}_{0A}}{x_+ + x_-} \qquad (18\text{-}18)$$

如取绝对值，可得两相短路电流为

$$\dot{I}_{k2} = \frac{\sqrt{3}E_{0A}}{x_+ + x_-} = \frac{\sqrt{3}E_0}{x_+ + x_-} \qquad (18\text{-}19)$$

将 $\dot{I}_{A+}$、$\dot{I}_{A-}$ 代入式（18-2），整理后可得

$$\dot{U}_{A+} = \dot{U}_{A-} = \frac{\dot{E}_{0A}x_-}{x_+ + x_-} \qquad (18\text{-}20)$$

因此开路相的端电压为

$$\dot{U}_A = \dot{U}_{A+} + \dot{U}_{A-} = \frac{2\dot{E}_{0A}x_-}{x_+ + x_-} \tag{18-21}$$

短路相（B 相和 C 相）相电压为

$$\dot{U}_B = \dot{U}_C = \dot{U}_{B+} + \dot{U}_{B-} = a^2\dot{U}_{A+} + a\dot{U}_{A-} = (a^2 + a)\dot{U}_{A+} = -\dot{U}_{A+} = -\frac{1}{2}\dot{U}_A \tag{18-22}$$

由此可知，在两相稳定短路情况下，发电机的三个相电压是不对称的，从而其线电压也是不对称的。各种同步发电机的 x_- 和 x_0（标么值）如表 18-1 所示。表中数值，分数线上面为平均值，线下为范围。

表 18-1　　　　现代同步电机的 x_- 和 x_0（标么值）

同步电机类型	x_-	x_0
两极汽轮发电机	$\dfrac{0.155}{0.134 \sim 0.18}$	$\dfrac{0.056}{0.015 \sim 0.08}$
有阻尼绕组的同步发电机	$\dfrac{0.24}{0.13 \sim 0.35}$	$0.02 \sim 0.20$
无阻尼绕组的同步发电机	$\dfrac{0.55}{0.30 \sim 0.70}$	$0.04 \sim 0.25$
同步电动机及调相机	$\dfrac{0.24}{0.17 \sim 0.37}$	$0.02 \sim 0.15$

18.5　不对称运行对电机的影响

由前面的分析可知，同步发电机在不对称运行时，出现了负序电流，负序电流建立反转的负序磁场。负序磁场对电机的不良影响主要有以下两个方面：

（1）转子的附加损耗和温升增加。由于负序磁场在转子上感应出两倍基频的电流，使转子的铜耗增加。同时，转子铁耗也增加，使得转子温升提高。负序磁场影响的程度，与电机的结构有关。一般说来，汽轮发电机由于励磁绕组是嵌在整块锻钢转子槽中，散热条件差，因此发热问题较严重；而水轮发电机（凸极式）转子本身就是一个巨大的风扇，通风条件较好，励磁绕组直接与空气接触，温升问题就不那么严重。故运行时，水轮发电机较汽轮发电机有较高的不对称允许值。

（2）出现附加转矩和振动。不对称负载运行时，在定子、转子之间的气隙中，负序旋转磁场和正序旋转磁场相互作用产生的交变电磁转矩，将同时作用在转子和定子机座上，使它们产生频率为 100Hz 的振动。同步发电机承受振动的能力取决于它的结构，铸造机座比较耐振，而焊接机座由于焊缝在强烈的振动下容易开裂，故承受振动的能力就较差。因比，从承受振动的角度来看，铸造机座比焊接机座有较大的不对称允许值。

以上两个方面，影响严重时会危及电机的安全运行。负序电流建立的反转磁场是造成这种危害的根源。因此，要减少不对称运行的危害就必须尽量地削弱这个磁场。理论和实践都证明，阻尼绕组在这方面有着良好的作用。

当不对称运行时，反转磁场以 $2n_1$ 的相对转速切割阻尼绕组。由于阻尼绕组的电阻和漏抗都很小，而且又装设在极掌的表面，它将产生较大的感应电流。这样就会显著地削弱负序磁场，从而使端电压不对称程度降低，转子温升，电机振动等都相应得到改善。同时，阻尼绕组在同步电机运行中还有抑制振荡的作用。一般水轮发电机均装有阻尼绕组，在汽轮发电机中，由于隐极式转子的整块铁芯具有阻尼作用，故一般不再另装阻尼绕组。

小　　结

本章首先介绍了各相序电抗（x_+、x_-，x_0）的物理意义及其测定方法，分析了单相及两相稳定短路，从中得出短路电流计算公式和电压

（相电压与线电压）不对称这一结论。最后阐述了不对称运行对电机的不良影响，主要是转子发热与电机振动，其危害根源是负序电流建立的负序磁场，如果转子采用较强的阻尼系统，就可以改善这种状况。

习　　题

18-1 为什么零序电流只建立漏磁、以及三和三的奇数倍次谐波磁通？为什么一般 $x_0 < x_\sigma$？负序电抗的物理意义如何？它和装与不装阻尼绕组有何关系？

18-2 同步电机的转子绕组对正序旋转磁场和负序旋转磁场各起什么作用？三相对称稳定短路时正序电抗为什么等于 x_d 的不饱和值？为什么 $x_+ > x_- > x_0$？当三相绕组中流过零序电流时，合成磁势为零，为什么零序电抗并不为零？

18-3 有一台同步发电机，Y 接法，$x_d^* = 1.059$，$x_q^* = 0.684$，$x_-^* = 0.295$，$x_0^* = 0.081$，设空载电压为额定电压，求单相、两相、三相短路电流以及两相短路时，未短路相及短路相的电压。

18-4 一台三相同步发电机，Y 接法，测得各参数为 $x_d = 1.51\Omega$，$x_q = 1.06\Omega$，$x_- = 0.62\Omega$，$x_0 = 0.18\Omega$，当每相空载电势为 220V 时，试求：1）单相对中性点短路电流；2）两相、三相短路电流。

18-5 三相同步发电机，Y 接法，其额定数据为 $S_N = 500\text{kV} \cdot \text{A}$，$U_N = 6300\text{V}$，$\cos\varphi_N = 0.8$（滞后），$n_N = 750\text{r/min}$，$f_N = 50\text{Hz}$；参数为 $x_d^* = 1.31$，$x_q^* = 0.77$，$x_\sigma^* = 0.103$，$x_-^* = 0.48$，当 $E_0 = 1.1U_N$ 时发生两线间短路，试求相间的稳定短路电流及各相电压。

18-6 按同步发电机运行规程规定"水轮发电机按额定负载连续运行时，三相电流之差不许超过 20%，同时任一相电流不大于额定值"，试求与此规定对应的负序电流标么值（可设 $I_A = I_N$，$I_B = 0.8I_N$，$I_C = 0.8I_N$，且零序电流为零）。

18-7 一台同步发电机定子上加以 $\dfrac{1}{5}U_N$ 的恒定三相电压，转子励磁绕组短路。当转子由原动机拖动向一个方向以同步转速旋转时，测得定子电流为 I_N，当转子向另一个方向以同步转速旋转时，测得定子电流为 $\frac{1}{5}I_N$，如忽略零序阻抗与正、负序电阻，试问该电机发生机端持续三相、两相、单相稳定短路时，短路电流标么值各为多大？

第19章 同步电机的突然短路

19.1 概　　述

当发电机出线端发生突然短路故障后，电机便处于突然短路的过渡过程中。这个过程虽然短暂，但短路电流的峰值很大，可达额定电流的 10 倍以上，故在电机内将产生很大的电磁力和电磁转矩。短路电流产生的强大电磁力，可能使机械支撑较为薄弱的定子绕组端部变形而损伤绝缘，另外巨大的电磁转矩也可能会使转轴、机座产生有害的变形。

三相对称稳定短路时，电枢磁场是一个以同步转速旋转的恒幅旋转磁场，不会在转子绕组中感应出电势和电流。但在三相突然短路时，电枢电流和相应的电枢磁势大小发生突然变化，就会在转子绕组中感应电流，此电流反过来影响定子绕组。这样，定子、转子绕组之间的相互影响，使突然短路的过渡过程非常复杂。

三相突然短路的严格分析，需要求解一系列多回路的联立微分方程式，而由于转子电路和磁路的不对称，使问题更为复杂。本章主要用简化的图形，来说明突然短路时电机内部的物理过程，并由此导出电机的瞬变参数和短路电流的方程式。

19.2　分析同步电机过渡过程的简化方法

应用超导体闭合回路磁链不变原理来分析发生突然短路最初瞬间的物理过程，能使问题合理简化，并突出其物理本质。

所谓超导体闭合回路磁链不变原理，是指由超导体（即电阻为零的导体）构成的闭合回路，无论外磁场对该回路如何施以影响，该回路都具有保持其总磁链不变的能力。

外磁极对超导体闭合回路交链的磁链为 ψ_0，如图 19-1 所示。当外磁极与它有相对运动时，ψ_0 发生变化，在该回路中感应出电势 e_0，即

$$e_0 = -\frac{\mathrm{d}\psi_0}{\mathrm{d}t} \tag{19-1}$$

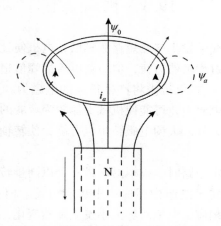

图 19-1　超导体闭合回路磁链不变原理

在 e_0 的作用下，该回路中产生一感应电流 i_a，而 i_a 又产生一自感磁链 ψ_a。和自感电势 e_a，其值分别为

$$\psi_a = L_a i_a \tag{19-2}$$

$$e_a = -\frac{\mathrm{d}\psi_a}{\mathrm{d}t} \tag{19-3}$$

其中 L_a 为超导体闭合回路的自感。

由于回路的电阻为零，故得此时回路的电势方程式为

$$\sum e = e_0 + e_a = -\frac{\mathrm{d}\psi_0}{\mathrm{d}t} - \frac{\mathrm{d}\psi_a}{\mathrm{d}t} = i_a r = 0 \tag{19-4}$$

于是

$$\frac{\mathrm{d}}{\mathrm{d}t}(\psi_0 + \psi_a) = 0$$

即
$$\psi_0 + \psi_a = C \tag{19-5}$$

其中 C 为常数。

式(19-5)说明，无论外磁场交链回路的磁链如何变化，由于感应电流所产生的磁链恰好抵消了这样的变化，超导体闭合回路的总磁链总是不变的。这就是超导体闭合回路的磁链不变的道理。

在常用的非超导体回路中，由于电阻 $r \neq 0$，回路中就有能量消耗，故电流 i 及其所产生的磁链 ψ_a 将是衰减的。但在发生突然短路的初瞬，由于磁链不可能突变，仍可认为非超导体回路的磁链是守恒的，即可视为与超导体回路相同。下面在我们分析同步发电机的突然短路过程时，就是先假设定子、转子各回路的电阻为零，即假设均为超导体回路，并对各回路运用磁链不变原理来求出相应的各种磁链和电流值。然后再考虑电阻的影响，即考虑衰减，从而引出一系列时间常数，并由此写出短路电流的方程式。

19.3　对称突然短路的物理过程

为了简化分析，假定：(1)转子转速一直保持同步转速。这是基于电磁变化迅速，因此只考虑电磁瞬变过程，而不考虑机械运动的瞬变过程；(2)磁路是不饱和的，于是在分析中可以利用叠加原理；(3)电机在短路前处于空载状态，突然短路发生在发电机的出线端；(4)发生短路后由励磁电源提供的励磁电流 I_{f0} 始终不变。

19.3.1　各绕组的磁链

假设短路发生在如图 19-2(a)所示瞬间。图中以 $A-X$ 等效代替 A 相绕组，即 A 相轴线与转子主极交轴重合。故 $t=0$ 时，磁链初始值为 $\psi_A(0)=0$。由励磁电流 I_{f0} 产生的主磁通 Φ_0 交链于三相绕组的磁链分别为 ψ_{A0}，ψ_{B0}，ψ_{C0}，其波形如图 19-2(b)所示，其表达式为

$$\begin{cases} \psi_{A0} = \Psi_0\sin\omega t \\ \psi_{B0} = \Psi_0\sin(\omega t - 120°) \\ \psi_{C0} = \Psi_0\sin(\omega t - 240°) \end{cases} \qquad (19\text{-}6)$$

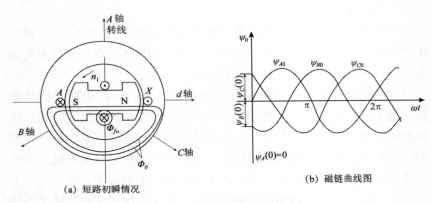

(a) 短路初瞬情况   (b) 磁链曲线图

图 19-2　$\psi_A(0) = 0$ 的三相突然短路

在刚短路瞬间 $(t = 0)$，$\psi_A(0) = 0$ 三相磁链初始值分别为

$$\begin{cases} \psi_A(0) = \Psi_0\sin 0° = 0 \\ \psi_B(0) = \Psi_0\sin(-120°) = -0.866\Psi_0 \\ \psi_C(0) = \Psi_0\sin(-240°) = 0.866\Psi_0 \end{cases} \qquad (19\text{-}7)$$

励磁绕组的总磁链初始值为

$$\psi_f(0) = \Psi_0 + \psi_{f\sigma} \qquad (19\text{-}8)$$

其中 $\psi_{f\sigma}$ 为励磁绕组的漏磁链。

短路后，转子继续以同步转速运行。各相所交链的主磁链仍按图 19-2(b) 所示的正弦律随时间变化。在不考虑电阻时，由于超导体回路磁链不变，则在短路后任意瞬间各相绕组的磁链都应该一直保持其初始值不变，即

$$\begin{cases} \psi_{A0} + \psi_{Ai} = 0 \\ \psi_{B0} + \psi_{Bi} = -0.866\Psi_0 \\ \psi_{C0} + \psi_{Ci} = 0.866\Psi_0 \end{cases} \qquad (19\text{-}9)$$

故

$$\begin{cases} \psi_{Ai} = -\psi_{A0} = -\Psi_0 \sin\omega t \\ \psi_{Bi} = -\psi_{B0} - 0.866\Psi_0 = -\Psi_0 \sin(\omega t - 120°) - 0.866\Psi_0 \quad (19\text{-}10) \\ \psi_{Ci} = -\psi_{C0} + 0.866\Psi_0 = -\Psi_0 \sin(\omega t - 240°) + 0.866\Psi_0 \end{cases}$$

其中 ψ_{Ai}、ψ_{Bi}、ψ_{Ci} 分别为电枢电流所产生的交链于 A、B、C 相的磁链，其瞬时值变化情况如图 19-3 所示。

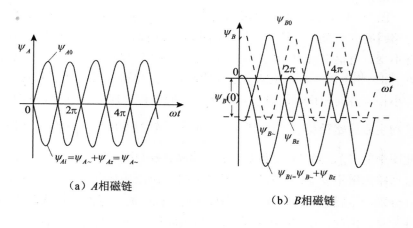

（a）A 相磁链 （b）B 相磁链

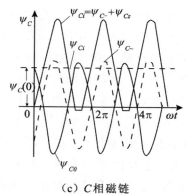

（c）C 相磁链

图 19-3 突然短路后电枢绕组和励磁绕组的磁链变化情况（忽略电阻）

453

19.3.2 磁场分布

图 19-4 和图 19-5 都是表示同步发电机突然短路的磁场分布图。图中为了突出重点，作了一些简化。例如定子三相绕组在图中只绘制了一相（A 相），这是因为三相对称短路，可以从一相磁链的变化推算其他两相的变化情况；由于电机磁场的对称性，图中只绘制出半个磁极的磁场分布情况，另外半个磁极的图形必然与之对称。

图 19-4(a)系有阻尼绕组的同步发电机在 $\psi_A(0)=0$($t=0$)时突然短路瞬间的情况。当转子继续以同步转速旋转时，为保持定子绕组磁链不变，电枢电流所产生的总磁通（如以 A 相为例，包括 A 相漏磁通 $\Phi_{A\sigma}$ 和三相电流一起产生的电枢反应磁通）应和励磁磁通即主磁通 Φ_0 大小相等方向相反。假设三相电流产生的电枢反应磁通 Φ''_{ad} 经过的路径和主磁通路径相同。图 19-4(b)示出其转过 $90°\left(t=\dfrac{T}{4}\right)$ 时的情况，此图中的 Φ''_{ad}，同时也和励磁绕组、阻尼绕组相交链。根据超导体闭合回路磁链不变原理，在励磁绕组和阻尼绕组中感生电流 Δi_{fz} 和 i_{Dz}，并分别产生磁通 $\Phi_{fz\sigma}$ 和 $\Phi_{Dz\sigma}$，角标 z 表示该电流的直流分量或非周期性分量。因此，图 19-4(b)表示突然短路后，转子转过 $90°$ 的磁场分布图，它显示出定子绕组、励磁绕组和阻尼绕组在突然短路的瞬变过程中都力图保持磁链不变，图中表现为阻尼绕组和励磁绕组内 Φ''_{ad} 与 $\Phi_{Dz\sigma}$、Φ''_{ad} 与 $\Phi_{fz\sigma}$ 互相抵消。因此，Φ''_{ad} 不能穿过励磁绕组和阻尼绕组，只能沿着它们的漏磁路径形成一个闭合回路，如图 19-4(c)所示。这条磁路和主磁通所经路径相比，磁阻要大得多，因为主磁通所经路径大部分为铁芯，Φ''_{ad} 所经路径则大部分为空气。在稳定短路时，电枢反应磁通 Φ_{ad} 所经路径就是主磁通所经磁路，其磁阻和突然短路时电枢反应磁通 Φ''_{ad} 所遇到的磁阻相比要小得多。由于短路初瞬磁链近似不变，故磁阻小，产生同一磁通时所需电流小；磁阻大，则所需电流大。这就是突然短路电流为什么会很大的原因。当阻尼绕组电流衰减完毕后，其合成磁场图形如图 19-4(d)所示。随后，磁通可以穿过阻尼绕组与励磁绕组，如图 19-4(e)所示，即进入稳定短路状态。

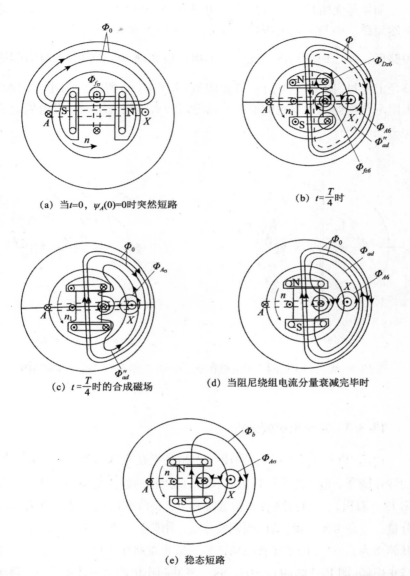

（a）当 $t=0$，$\psi_A(0)=0$ 时突然短路

（b）$t=\dfrac{T}{4}$ 时

（c）$t=\dfrac{T}{4}$ 时的合成磁场

（d）当阻尼绕组电流分量衰减完毕时

（e）稳态短路

图 19-4　有阻尼绕组同步发电机在 $\psi_A(0)=0$ 三相突然短路时的各时刻磁场图

如果是无阻尼绕组的同步发电机在 $\psi_A(0)=0(t=0)$ 时发生对称突然短路，则与上述情况略有不同，图 19-5 系表示此种电机在突然短路后，$t=\dfrac{T}{4}$ 时的情况。此时，电枢反应磁通 Φ'_{ad} 从励磁绕组的漏磁路径上通过[图 19-5(b)]，其磁阻较图 19-4(c) 所示的为小。因此，无阻尼绕组同步发电机的突然短路电流较有阻尼绕组同步发电机的要小一些。

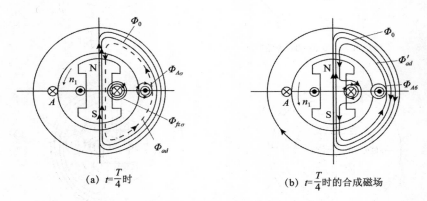

(a) $t=\dfrac{T}{4}$ 时 　　　　　　(b) $t=\dfrac{T}{4}$ 时的合成磁场

图 19-5　无阻尼绕组同步发电机在 $\psi_A(0)=0$ 三相突然短路时的磁场图

19.3.3　定子电流的分析

由式(19-7)可以看出，即使当 A 相绕组在不交链磁链[$\psi_A(0)=0$]的特殊情况下电机发生突然短路，B、C 两相的起始磁链也不为零。从图 19-3 看出，突然短路后 A 相电流和 B、C 两相的电流都包含有两个分量：一是交流分量(或叫周期性分量，用脚标 ~ 表示)$i_{A\sim}$，$i_{B\sim}$，$i_{C\sim}$，其频率为 f，产生同步旋转磁场；另一是非周期性分量 i_{Az}，i_{Bz}，i_{Cz} 产生静止磁场(图 19-3 瞬间 $i_{Az}=0$)。这二者共同作用的结果就能使定子绕组的磁链保持其初始值不变。现分别研究如下。

(1)周期性电流　由图 19-3 可知，$\psi_{A\sim}$，$\psi_{B\sim}$，$\psi_{C\sim}$ 是电枢旋转

磁场交链于 A、B、C 三相绕组的磁链，其作用是抵消励磁磁场交链于 A、B、C 三相的磁链 ψ_{A0}，ψ_{B0}，ψ_{C0}。各相的电流、磁链的周期性分量都是在相位上互差 120°，频率为 f 的对称三相系统。从图 19-3 看出，由周期性电流所产生的旋转磁场在 A、B、C 三相形成的磁链与励磁磁场在各相形成的磁链完全抵消，使每相中这两个磁链的合成值为零。由于三相非周期性电流建立了静止的气隙磁场和每相漏磁场，使得每相绕组的总磁链保持突然短路初瞬时的数值，即电枢每相绕组磁链保持不变(这点在下面还要专门说明)。如前所述，对称的三相电流所产生的合成磁场是圆形旋转磁场，当某一相电流达最大值时，旋转磁场的波幅就转到该相相轴上，使该相的磁链达最大值。于是，此磁链与该相电流同相。由此可见，合成旋转磁场的某一相磁链的瞬时值与该相电流周期性分量的瞬时值成正比。

(2)非周期性电流 由于短路前后各相绕组电流不能突变和磁链不变，突然短路时还会出现三相非周期性电流 i_{Az}，i_{Bz}，i_{Cz}。它们产生的静止磁场在各相绕组产生一个不变的磁链，从而使各相在短路初瞬时磁链维持不变[如图 19-2(b)所示的 $\psi_A(0)$、$\psi_B(0)$、$\Psi_C(0)$ 在图 19-3 中保持恒定不变]。每相电流非周期性分量的数值应分别与该相周期性分量在 $t=0$ 时的瞬时值相等且方向相反，它们建立的三相合成磁场(静止磁场)及每相漏磁场也与该时刻周期性电流分量所建立的磁场相同且方向相反。和旋转磁场一样，静止磁场的某一相的恒定磁链也与该相电流的非周期性分量成正比。

图 19-3 所示的磁链曲线 $\psi_{A\sim}$、$\psi_{B\sim}$、$\psi_{C\sim}$ 和 ψ_{Az}，ψ_{Bz}，ψ_{Cz}，换以适当的比例尺后，即可分别代表突然短路时定子各相电流的周期性分量 $i_{A\sim}$、$i_{B\sim}$、$i_{C\sim}$ 和非周期性分量 i_{Az}、i_{Bz}、i_{Cz}。在图 19-2(a)所示瞬间 ($t=0$) 突然短路，由于 $\psi_A(0)=0$，所以，$\psi_{Az}=0$。显然，图 19-3 中的曲线 ψ_{Ai}、ψ_{Bi} 和 ψ_{Ci} 换以适当的比例尺后，则可分别代表三相中的每相合成电流 i_A、i_B 和 i_C。

设无阻尼绕组同步电机各相电流周期性分量的幅值为 I'_m，且 $\psi_\sim$

系由 $i_\sim$ 产生，则由式（19-10）中第一式与图 19-3 可知：$\psi_{A\sim} = \psi A_i =$ $-\psi_0 \sin\omega t$，由此可写出 $i_{A\sim}$ 的表达式，从而 $i_{B\sim}$ 与 $i_{C\sim}$ 的表达式也可写出，即

$$\begin{cases} i_{A\sim} = -I'_m \sin\omega t \\ i_{B\sim} = -I'_m \sin(\omega t - 120°) \\ i_{C\sim} = -I'_m \sin(\omega t - 240°) \end{cases} \tag{19-11}$$

由于电流的非周期性分量与周期性分量在短路初瞬（$t = 0$）时等值反号，可得

$$\begin{cases} i_{Az} = -i_{A\sim}(0) = I'_m \sin 0° = 0 \\ i_{Bz} = -i_{B\sim}(0) = I'_m \sin(-120°) = -0.866 I'_m \\ i_{Cz} = -i_{C\sim}(0) = I'_m \sin(-240°) = +0.866 I'_m \end{cases} \tag{19-12}$$

于是每相的合成电流为

$$\begin{cases} i_A = i_{A\sim} + i_{Az} \\ i_B = i_{B\sim} + i_{Bz} \\ i_C = i_{C\sim} + i_{Cz} \end{cases} \tag{19-13}$$

19.3.4　转子电流的分析

从上面分析可知，突然短路时定子电流的周期性分量将产生一个同步旋转磁场，由图 19-3 已知它对定子三相的磁链 $\psi_{A\sim}$、$\psi_{B\sim}$、$\psi_{C\sim}$ 应分别与励磁磁通 Φ_0 产生的 ψ_{A0}、ψ_{B0}、ψ_{C0} 互相平衡。可见上述同步旋转磁场的磁通方向与 Φ_0 的方向正好相反，即正好作用在转子 d 轴上，故对转子绕组产生去磁作用的磁链 ψ_{fad}。励磁绕组短路初始时也是超导体回路，其磁链保持原值不变。因此，励磁绕组中也将突增一个正的（即与原来励磁电流同方向的）非周期性电流 Δi_{fz}，Δi_{fz} 产生磁链 $\psi_{fz\sigma}$。$\psi_{fz\sigma}$ 抵消 ψ_{fad}，故绕组中保持磁链不变。同理，定子电流的非周期性分量产生静止磁场，它将引起旋转的转子上的励磁绕组中出现交变磁链 $\psi_{fa\sim}$，因此励磁绕组还会再产生一个 50Hz 的周期性电流分量 $i_{f\sim}$。$i_{f\sim}$ 产生磁链 $\psi_{f\sim}$，抵消了交变磁链 $\psi_{fa\sim}$。于是，励磁绕组总

电流的表达式为

$$i_f = I_{f0} + \Delta i_{f2} + i_{f\sim} \tag{19-14}$$

同样，根据超导体回路磁链不变原理，突然短路时定子电流周期性分量产生的同步旋转磁场将在阻尼绕组中感生出一个非周期性电流分量 i_{Dz}，定子电流的非周期性分量将在阻尼绕组中引出一个 50Hz 的周期性电流分量 $i_{D\sim}$。于是，阻尼绕组的总电流表达式为

$$i_D = i_{Dz} + i_{D\sim} \tag{19-15}$$

不考虑衰减时，励磁绕组与阻尼绕组的电流波形分别如图 19-6（a）、（b）所示。

考虑衰减时，励磁绕组与阻尼绕组的电流波形分别如图 19-6（c）、（d）所示。从这两个图可以看出，当进入稳态时，励磁绕组中只存在原来的励磁电流 I_{f0}，而阻尼绕组中则根本不存在电流。

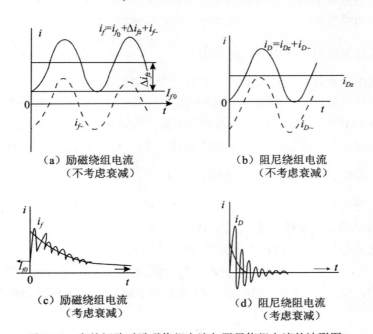

　（a）励磁绕组电流　　　　　　　（b）阻尼绕组电流
　　（不考虑衰减）　　　　　　　　　（不考虑衰减）

　（c）励磁绕组电流　　　　　　　（d）阻尼绕阻电流
　　（考虑衰减）　　　　　　　　　　（考虑衰减）

图 19-6　突然短路时励磁绕组电流与阻尼绕组电流的波形图

19.4 瞬变电抗和超瞬变电抗的基本概念及其测定方法

19.4.1 瞬变电抗和超瞬变电抗的基本概念

前面，我们从物理概念上说明了突然短路时定子电流增大的原因。从电路的观点看，当忽略定子电阻时，突然短路后电势 E_0 完全为电抗压降所平衡。由于 E_0 不变，突然短路时定子电流增大势必是由于电抗变小引起的。

由图 19-4(c)可见，电枢反应磁通 $\varPhi''_{ad}$ 沿阻尼绕组和励磁绕组漏磁路径构成回路，这个磁路的磁阻比主极磁通所经磁路的磁阻大得多，即磁导小得多，所以相应的直轴电抗 x''_d 也较 x_d 小得多。x''_d 称为直轴超瞬变电抗。有阻尼绕组的同步电机突然短路时，定子的周期性电流分量就由 x''_d 来限制，其幅值为 $I''_m = \dfrac{E_{0m}}{x''_d}$。由于阻尼绕组的时间常数较小，故其电流衰减很快。当阻尼绕组电流衰减完毕后，电枢反应磁通便可穿过阻尼绕组，如图 19-4(d)所示。这时定子周期性电流分量改由 x'_d 所限制，x'_d 称为直轴瞬变电抗。当励磁绕组中电流的瞬变分量衰减完毕，绕组中只剩下励磁电流 I_{f0} 时，电机便进入稳定短路状态。此时，定子电流由 x_d 所限制，即 $I_m = \dfrac{E_{0m}}{x_d}$。

设定子三相电流周期性分量所产生的直轴磁势为 F_{ad}，转子阻尼绕组中的非周期性电流 i_{Dz} 及励磁绕组中的非周期性电流 Δi_{fz} 所产生的反磁势分别为 F_{Dz} 和 F_{fz}，则从图 19-4(b)可得

$$F_{ad} - F_{Dz} - F_{fz} = \varPhi''_{ad} R_{ad} \tag{19-16}$$

式中：R_{ad}——对应于稳定状态时的直轴电枢反应磁通所经磁路的磁阻；

$\varPhi''_{ad}$——F_{ad}、F_{Dz} 和 F_{fz} 三者合成所产生的直轴磁通。

根据阻尼绕组和励磁绕组磁链不变原理，它们的反磁势 F_{Dz} 和 F_{fz}

将各自产生与 Φ''_{ad} 同样大小的漏磁通，即有 $\Phi_{Dz\sigma} = \Phi''_{ad}$ 和 $\Phi_{fz\sigma} = \Phi''_{ad}$，故可得

$$\begin{cases} F_{Dz} = \Phi_{Dz\sigma}R_{Dd\sigma} = \Phi''_{ad}R_{Dd\sigma} \\ F_{fz} = \Phi_{fz\sigma}R_{f\sigma} = \Phi''_{ad}R_{f\sigma} \end{cases} \tag{19-17}$$

其中 $R_{d\sigma}$ 和 $R_{f\sigma}$ 分别为直轴阻尼和励磁两绕组的漏磁磁路的磁阻。

将式(19-17)代入式(19-16)得

$$F_{ad} = \Phi''_{ad}(R_{ad} + R_{Dd\sigma} + R_{f\sigma}) = \Phi''_{ad}R''_{ad} \tag{19-18}$$

这是在忽略铁芯内磁压降情况下得出的。式中 R''_{ad} 为当所有转子绕组均为超导体时直轴电枢反应磁通[图 19-4(c)]所经磁路的磁阻，其值由上式可得

$$R''_{ad} = R_{ad} + R_{Dd\sigma} + R_{f\sigma} \tag{19-19}$$

由于 Φ''_{ad} 并不进入阻尼绕组和励磁绕组，而只沿它们漏磁磁路绕过，故总磁阻 R''_{ad} 除了直轴电枢反应磁路的磁阻 R_{ad}（主要是所经两个气隙的磁阻）外，还包括该两绕组的漏磁磁路的磁阻 $R_{Dd\sigma}$ 和 $R_{f\sigma}$。

式(19-19)可以写成磁导的形式，即

$$\Lambda''_{ad} = \frac{1}{R''_{ad}} = \frac{1}{R_{ad} + R_{Dd\sigma} + R_{f\sigma}} = \frac{1}{\dfrac{1}{\Lambda_{ad}} + \dfrac{1}{\Lambda_{Dd\sigma}} + \dfrac{1}{\Lambda_{f\sigma}}} \tag{19-20}$$

其中 Λ_{ad}、$\Lambda_{Dd\sigma}$、$\Lambda_{f\sigma}$ 分别为直轴电枢反应磁导、直轴阻尼绕组漏磁导和励磁绕组漏磁导。

考虑定子漏磁通 Φ_σ 时，电枢电流周期性分量所生总磁通对应的磁路的总磁导为

$$\Lambda''_d = \Lambda_\sigma + \Lambda''_{ad} = \Lambda_\sigma + \frac{1}{\dfrac{1}{\Lambda_{ad}} + \dfrac{1}{\Lambda_{Dd\sigma}} + \dfrac{1}{\Lambda_{f\sigma}}} \tag{19-21}$$

其中 Λ_σ 为定子漏磁磁路的磁导。

由于电感与磁导成正比，即 $L \propto \Lambda$，而电抗 $x = 2\pi f L$，因而 $x \propto L \propto \Lambda$，故得直轴超瞬变电抗 x''_d 为

$$x''_d = x_\sigma + \frac{1}{\dfrac{1}{x_{ad}} + \dfrac{1}{x_{Dd\sigma}} + \dfrac{1}{x_{f\sigma}}} \tag{19-22}$$

其中 $x_{Dd\sigma}$ 和 $x_{f\sigma}$ 分别为已折算到定子边的直轴阻尼绕组漏电抗和励磁绕组漏电抗。

利用式(19-22)可以绘出 x_d'' 的等效电路如图 19-7(a)所示,它与三绕组变压器副边短路的等效电路相似,x_{ad} 相当于变压器的激磁电抗 x_m。

由上述可知,突然短路与稳定短路是有区别的。稳定短路时,转子绕组对定子绕组没有反应,这对定子电流产生的磁通来讲相当于励磁绕组和阻尼绕组开路,因此定子电流回路的电抗为 $x_\sigma+x_{ad}=x_d$。而突然短路时,转子绕组为了保持其磁链不变而产生了对应于 F_{fz} 和 F_{Dz} 的电流,这等于增加了电枢反应磁通磁路的磁阻。磁阻大,则磁导小,于是定子发生对称突然短路时 x_d'' 就变得很小。所以,突然短路的交流分量远大于稳定短路电流。

如果同步发电机没有阻尼绕组,或者因为阻尼绕组中的电流已经衰减完毕(因阻尼绕组电流衰减最快),电枢磁通即可穿过阻尼绕组[如图 19-4(d)所示的路径]。这种情况相当于阻尼绕组开路,其直轴电抗就是直轴瞬变(或直轴暂态)电抗 x_d',等效电路如图 19-7(b)所示。x_d' 的表达式为

$$x_d' = x_\sigma + \cfrac{1}{\cfrac{1}{x_{ad}}+\cfrac{1}{x_{f\sigma}}} \tag{19-23}$$

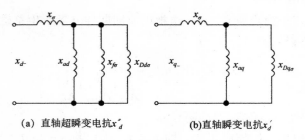

(a) 直轴超瞬变电抗 x_d''　　　　(b)直轴瞬变电抗 x_d'

图 19-7　直轴超瞬变电抗和瞬变电抗的等效电路

显然,直轴瞬变电抗 x_d' 比直轴超瞬变电抗 x_d'' 大,但比 x_d 小。当励磁绕组中的非周期性电流 Δi_{fz} 衰减完毕时,暂态过程结束,电机进

入稳定短路状态。这时定子电流为 x_d 所限制[对应图 19-4(e)]。直轴同步电抗 x_d 的等效电路如图 19-8 所示。

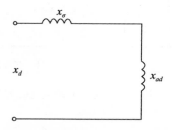

图 19-8 直轴同步电抗的等效电路

如果对称突然短路不是发生在电机出线端，而是在电网上的某处，则由于线路阻抗使电枢电流和电枢磁势不仅有直轴分量还会有交轴分量。对于凸极电机，沿交轴的磁路与沿着直轴的磁路有不同的磁阻，相应的电抗也有不同的数值。

由于交轴没有励磁绕组，交轴超瞬变电抗 x_q'' 的等效电路如图 19-9(a)所示，其表达式为

$$x_q'' = x_\sigma + \frac{1}{\dfrac{1}{x_{aq}} + \dfrac{1}{x_{Dq\sigma}}} \tag{19-24}$$

其中 $x_{Dq\sigma}$ 为已折算到定子边的交轴阻尼绕组的漏电抗。

如果交轴上没有阻尼绕组，或交轴阻尼绕组中的电流已经衰减完毕，交轴瞬变电抗 x_q' 的等效电路如图 19-9(b)所示，其表达式为

$$x_q' = x_\sigma + x_{aq} = x_q \tag{19-25}$$

19.4.2 瞬变电抗和超瞬变电抗的测定方法

用静止法来测定瞬变电抗或超瞬变电抗的原理接线图如图 19-10 所示。将定子绕组的一相开路，另外两相串联并外施一单相额定频率的低电压。控制定子电流在 $0.05 \sim 0.25 I_N$ 左右，以免电机过热。励磁绕组通过交流电流表短接，缓慢转动转子的位置，找出励磁绕组中

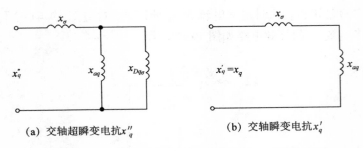

(a) 交轴超瞬变电抗 x_q''　　　　(b) 交轴瞬变电抗 x_q'

图 19-9　交轴超瞬变电抗 x_q'' 和瞬变电抗 x_q' 的等效电路

感应电流最大和最小的两个点，记录各表的读数即可求得所需的参数，计算方法如下。

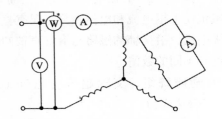

图 19-10　用静测法测瞬变或超瞬变电抗

（1）当励磁绕组中感应电流最大时，说明电枢脉振磁势轴线和主极轴线重合，定、转绕组之间耦合最强，故电枢电流亦为最大值，记下 U_1、I_{max} 与 P_1。则有

$$\begin{cases} z_d'' = \dfrac{\dfrac{U_1}{2}}{I_{max}} = \dfrac{U_1}{2I_{max}} \\[2mm] r_d'' = \dfrac{\dfrac{P_1}{2}}{I_{max}^2} = \dfrac{P_1}{2I_{max}^2} \\[2mm] x_d'' = \sqrt{z_d''^2 - r_d''^2} \end{cases} \tag{19-26}$$

如果转子没有阻尼绕组，则上面测出的是瞬变电抗 x'_d。

（2）当励磁绕组中感应电流最小，以至为零时，说明电枢脉振磁势的轴线和主极的交轴重合，定、转子绕组之间耦合最弱，则电枢电流亦为最小值，记下 U_2、I_{min} 与 P_2。此时

$$\begin{cases} z''_q = \dfrac{\dfrac{U_2}{2}}{I_{min}} = \dfrac{U_2}{2I_{min}} \\[3mm] r''_q = \dfrac{\dfrac{P_2}{2}}{I^2_{min}} = \dfrac{P_2}{2I^2_{min}} \\[3mm] x''_q = \sqrt{z''^2_q - r''^2_q} \end{cases} \tag{19-27}$$

如果是转子没有阻尼绕组，则上面测出的电抗是交轴瞬变电抗 x'_q。

图 19-11 表示超瞬变电抗和转子位置的关系，图中 θ 为转子主极直轴与电枢脉振磁势轴线间的夹角。

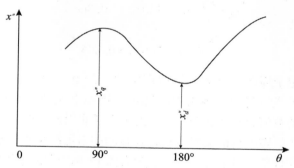

图 19-11　超瞬变电抗与转子位置的关系

19.5　突然短路电流表达式及衰减时间常数

19.5.1　突然短路电流表达式

1. 突然短路电流各个分量的最大值

参照式（19-11）可知，有阻尼绕组的同步电机突然短路时，定子

465

周期性电流由 x_d'' 所限制，因此，如果在 $\psi_A(0)=0$ 时发生三相突然短路(见图 19-4)，则 $\psi_{A0}=\psi_0\sin\omega t$，而三相周期性电流在不计定子电阻时将为

$$
\begin{cases}
i_{A\sim}'' = -I_m''\sin\omega t = -\dfrac{E_{0m}}{x_d''}\sin\omega t \\[3mm]
i_{B\sim}'' = -\dfrac{E_{0m}}{x_d''}\sin(\omega t-120°) \\[3mm]
i_{C\sim}'' = -\dfrac{E_{0m}}{x_d''}\sin(\omega t-240°)
\end{cases}
\tag{19-28}
$$

这组电流称为定子绕组的超瞬变短路电流。

相应地，各相非周期性电流的初始值与周期性电流方向相反以保持电流不发生突变，由此可得

$$
\begin{cases}
i_{Az} = \dfrac{E_{0m}}{x_d''}\sin 0° = 0 \\[3mm]
i_{Bz} = \dfrac{E_{0m}}{x_d''}\sin(-120°) = -0.866\dfrac{E_{0m}}{x_d''} \\[3mm]
i_{Cz} = \dfrac{E_{0m}}{x_d''}\sin(-240°) = 0.866\dfrac{E_{0m}}{x_d''}
\end{cases}
\tag{19-29}
$$

由于定子周期性电流分量所产生的去磁电枢反应磁势的突然出现，在阻尼绕组与励磁绕组中将感生非周期电流分量且均取助磁方向，它们的数值分别是 i_{Dz} 和 Δi_{fz}。由于定子非周期性电流分量和由它建立的静止气隙磁场的突然出现，在转动的阻尼绕组和励磁绕组中还将感生周期性电流分量 $i_{D\sim}$ 和 $i_{f\sim}$。参看图 19-6，可以写出不考虑衰减时的 $i_{D\sim}$ 和 $i_{f\sim}$ 的表达式为

$$
\begin{cases}
i_{D\sim} = -i_{Dz}\cos\omega t \\[2mm]
i_{f\sim} = -\Delta i_{fz}\cos\omega t
\end{cases}
\tag{19-30}
$$

实际上前述各绕组都有电阻，而且以阻尼绕组的电阻 r_D 为最大，所以上述各电流分量都要衰减，其中阻尼绕组中非周期分量很快衰减完毕，电枢反应磁通随即穿过阻尼绕组。这时，定子周期性电流分量的幅值如不衰减应变为 $\dfrac{E_{0m}}{x_d'}$，因此，如将此电流值回溯到 $t=0$ 情况，

可得此时定子周期性电流的表达式为

$$
\begin{cases}
i'_{A\sim} = -I'_m\sin\omega t = -\dfrac{E_{0m}}{x'_d}\sin\omega t \\[2mm]
i'_{B\sim} = -\dfrac{E_{0m}}{x'_d}\sin\left(\omega t-120°\right) \\[2mm]
i'_{C\sim} = -\dfrac{E_{0m}}{x'_d}\sin\left(\omega t-240°\right)
\end{cases}
\qquad (19\text{-}31)
$$

这组电流称为定子绕组的瞬变短路电流。

如果转子没有阻尼绕组，则上式即为突然短路后定子周期性电流不考虑衰减的表达式。

2. 突然短路后各电流分量的衰减情况与突然短路电流表达式

定子三相绕组突然短路周期性电流分量如不考虑衰减则如式（19-28）所示；如没有阻尼绕组而且不考虑衰减则如式（19-31）所示。如果考虑衰减，则最后达到的稳态短路电流（定子电阻忽略不计）时为

$$
\begin{cases}
i_{A\sim} = -\dfrac{E_{0m}}{x_d}\sin\omega t \\[2mm]
i_{B\sim} = -\dfrac{E_{0m}}{x_d}\sin\left(\omega t-120°\right) \\[2mm]
i_{C\sim} = -\dfrac{E_{0m}}{x_d}\sin\left(\omega t-240°\right)
\end{cases}
\qquad (19\text{-}32)
$$

由此可见如不考虑衰减，式（19-31）所示的定子周期性电流可认为是由一个幅值为 $\left(\dfrac{E_{0m}}{x'_d}-\dfrac{E_{0m}}{x_d}\right)$ 称为瞬变分量的交变电流和幅值为 $\dfrac{E_{0m}}{x_d}$ 的稳态短路电流所合成；而式（19-28）则再加一个幅值为 $\left(\dfrac{E_{0m}}{x''_d}-\dfrac{E_{0m}}{x'_d}\right)$ 的超瞬变分量。

上述定子、转子各电流分量的对应关系可概括如下：转子励磁绕组原有的直流励磁电流 I_{f0} 与式（19-32）的定子稳态短路电流分量相对应，后者是由前者产生的；同理，励磁绕组中的非周期性分量电流 Δi_{fz} 与定子周期性电流中幅值为 $\left(\dfrac{E_{0m}}{x'_d}-\dfrac{E_{0m}}{x_d}\right)$ 的瞬变分量相对应，而阻尼

绕组中的非周期性电流 i_{D_z} 则与定子周期性电流的幅值为 $\left(\dfrac{E_{0m}}{x_d''}-\dfrac{E_{0m}}{x_d'}\right)$ 的超瞬变分量相对应。同理,式(19-29)所示的定子绕组的非周期性电流与阻尼绕组和励磁绕组的周期性电流 $i_{D_\sim}$ 与 $i_{f_\sim}$ 相对应,前一电流产生后面两种电流。这里的共同特点是:定、转子一侧的非周期性电流感应出另一侧的周期性电流。

实际的同步电机,各个绕组都有电阻,各个电流的非周期分量以及由它感应的另一侧绕组的周期性分量都要衰减。首先阻尼绕组的非周期分量 i_{D_z} 很快地衰减了,引起了和它对应的定子超瞬变分量的衰减,它们衰减的时间常数称为阻尼绕组的时间常数,用 T_d'' 表示。同理,励磁绕组的非周期性分量 Δi_{f_z} 和与它对应的定子周期性电流的瞬变分量都以励磁绕组的时间常数 T_d' 来衰减。至于定子稳态短路电流显然是不衰减而持续存在的。另外,定子上非周期性电流和与它对应的转子周期性电流 $i_{D_\sim}$ 和 $i_{i_\sim}$ 则以同一定子绕组的时间常数 T_a 衰减。

综上所述可得突然短路时定子三相电流的瞬时值表达式,现以 A 相为例表出。由于 $\psi_A(0)=0$ 时突然短路,故 A 相电流只有周期性分量,而无非周期性分量。周期性分量为

$$i_{kA}=-E_{0m}\left[\left(\frac{1}{x_d''}-\frac{1}{x_d'}\right)e^{-\frac{t}{T_d''}}+\left(\frac{1}{x_d'}-\frac{1}{x_d''}\right)e^{-\frac{t}{T_d'}}+\frac{1}{x_d}\right]\sin\omega t \qquad (19\text{-}33)$$

又 $I_m''=\dfrac{F_{0m}}{x_d''}$, $I_m'=\dfrac{E_{0m}}{x_d'}$, $I_m=\dfrac{E_{0m}}{x_d}$,故上式也可写为

$$i_{kA}=-\left[\left(I_m''-I_m'\right)e^{-\frac{t}{T_d''}}+(I_m'-I_m)e^{-\frac{t}{T_d'}}+I_m\right]\sin\omega t \qquad (19\text{-}34)$$

图 19-12 示出 A 相电流的波形,图中阴影部分的高度为超瞬变分量,它表示装置阻尼绕组后的影响。由图可见如没有阻尼绕组则此电流的包络线起始值为较小的 I_m' 而不是 I_m'';阴影部分以下、稳态分量(水平虚线)以上的高度为瞬变分量,表示励磁绕组的影响。

式(19-33)是不计瞬变过程中交、直轴参数的差别而得到的近似公式。

由式(19-33)可见,发生突然短路的时刻不同,非周期性电流的初始值就不同。如果在 A 相绕组交链的主磁级磁链不是零而是正最

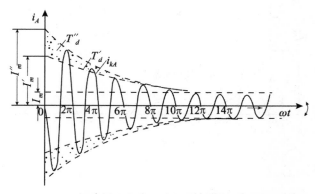

图 19-12　装有阻尼绕组的同步发电机在 $\psi_A(0)=0$ 时
三相突然短路的 A 相电流波形

大值 [即 $\psi_A(0)=\psi_{\max}$] 时发生突然短路，则此电流的初始值可达 $\dfrac{E_{0m}}{x''_d}$，而此时周期性电流的初始值为 $-\dfrac{E_{0m}}{x''_d}$，于是在半个周期后，当周期性电流达正幅值时，A 相总电流 i_{kA}（为周期性电流与非周期性电流之和）即达最大值。当不考虑衰减时，此最大冲击电流可达 $2\dfrac{E_{0m}}{x''_d}$，考虑衰减的 A 相电流波形如图 19-13 所示。

19.5.2　时间常数

在上面的短路电流计算式中，有 T_a、T''_d、T'_d 三个时间常数。根据定义，时间常数 $T=\dfrac{L}{r}$，即短路时绕组所呈现的电感 L 与其电阻 r 之比，现分别说明如下。

（1）T_a 为定子绕组时间常数，实际上是定子绕组非周期性电流的衰减时间常数。它是考虑到定、转子之间磁耦合作用后的等效电感 L_a 与定子电阻 r_a 之比，即

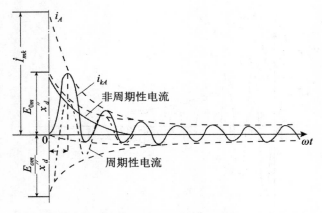

图 19-13　装有阻尼绕组的同步发电机在 $\psi_A(0) = \psi_{\max}$ 时

三相突然短路的 A 相电流波形

$$T_a = \frac{L_a}{r_a} \qquad (19\text{-}35)$$

（2）T''_d 为阻尼绕组时间常数，实际上是阻尼绕组非周期性电流的衰减时间常数，可写作

$$T''_d = \frac{L''_{Dd}}{r_{Dd}} \qquad (19\text{-}36)$$

式中：r_{Dd}——阻尼绕组的电阻；

L''_{Dd}——考虑阻尼绕组与定子绕组、励磁绕组之间的磁耦合作用后的等效电感。

（3）T'_d 为励磁绕组时间常数，实际上是励磁绕组中非周期电流的衰减时间常数，可写作

$$T'_d = \frac{L'_f}{r_f} \qquad (19\text{-}37)$$

式中：r_f——励磁绕组的电阻；

L'_f——考虑到励磁绕组与定子绕组之间磁耦合作用后的等效电感（由于 T''_d 很小，此时可不考虑阻尼绕组的影响）。

一般而言，$T''_d < T_d < T'_d$。

　　突然短路时，定、转子电流各分量及其相互影响是很复杂的。具有阻尼绕组的同步发电机，若在 $\psi_A(0)=\psi_{\max}$ 时发生突然短路，各电流分量及其相互关系如表 19-1 所示。

表 19-1　**有阻尼绕组同步发电机在 $\psi_A(0)=\psi_{\max}$ 时发生突然**
短路时定、转子各电流分量及其相互关系

短路电流　　　　　绕组与衰减情况	周期性分量			非周期性分量
	稳态短路电流（或励磁电流）	瞬变电流与稳态短路电流的差值	超瞬变电流与瞬变电流的差值	直流分量
定子（指 A 相）	$I_m=\dfrac{E_{0m}}{x_d}$	$(I'_m-I_m)=$ $\dfrac{E_{0m}}{x'_d}-\dfrac{E_{0m}}{x_d}$	$(I''_m-I'_m)=$ $\dfrac{E_{0m}}{x''_d}-\dfrac{E_{0m}}{x'_d}$	$\dfrac{E_{0m}}{x''_d}$
转子 $\{$ 励磁绕组 阻尼绕组	(I_{f0})	非周期性电流分量 Δi_{fz}	非周期性电流分量 i_{Dz}	周期性电流分量 $i_{f\sim}$ 周期性电流分量 $i_{D\sim}$
衰减情况	不衰减	按 T'_d 衰减	按 T''_d 衰减	按 T_a 衰减

　　表 19-2 列出了各种同步电机的同步电抗、瞬变电抗、超瞬变电抗（均为标么值）和时间常数（s）的范围。

表 19-2　　　　　　　　**电抗（标么值）和时间常数**　　　　　（单位：s）

电机类型	x_d（不饱和值）	x_q	在额定电压情况下			T'_d	T''_d	T_a
			x'_d	x''_d	x''_q			
汽轮发电机	1.0 ~ 2.5	1.0 ~ 2.5	0.2 ~ 0.35	0.1 ~ 0.25	0.1 ~ 0.25	1.0 ~ 1.5	0.03 ~ 0.1	0.1 ~ 0.2
无阻尼绕组水轮发电机	0.5 ~ 2.5	0.35 ~ 1.5	0.2 ~ 0.35	0.15 ~ 0.30	0.35 ~ 1.0	1.5 ~ 2.0	0.03 ~ 0.1	0.1 ~ 0.2

电机类型	x_d（不饱和值）	x_q	在额定电压情况下			T_d'	T_d''	T_a
			x_d'	x_d''	x_q''			
有阻尼绕组水轮发电机	0.5 ~ 2.5	0.35 ~ 1.5	0.2 ~ 0.3	0.1 ~ 0.2	0.2 ~ 0.8	1.5 ~ 2.0	0.03 ~ 0.1	0.1 ~ 0.2
同步调相机	0.8 ~ 2.0	0.5 ~ 1.5	0.2 ~ 0.35	0.1 ~ 0.25	0.2 ~ 0.8	1.5 ~ 2.5	0.03 ~ 0.1	0.1 ~ 0.2

19.6　突然短路与同步电机及电力系统的关系

同步电机突然短路与电机及电力系统的关系归纳起来有三个方面。首先，同步电机结构对突然短路参数的影响；其次，突然短路对电机的影响；再次，突然短路对电力系统的影响。现分别加以研究。

19.6.1　电机结构对参数的影响

从表19-1，可以看出，突然短路时瞬变过程的参数受各方面的影响。

汽轮发电机的转子由整块钢锻制而成，相当于在直轴和交轴都有很强的阻尼系统。因此，它有较小的超瞬变电抗（且 $x_d'' \approx x_q''$），以及很小的超瞬变分量时间常数 T_d''。

水轮发电机如装有阻尼绕组，由于磁路结构的不同，将会导致 $x_d'' \neq x_q''$。

19.6.2　突然短路对电机的影响

突然短路时冲击电流很大，将会产生很大的电磁力与电磁转矩，现分述如下。

1. 冲击电流的电磁力作用

定子绕组的槽内部分固定可靠性高，但端接部分紧固条件比槽内差。在突然短路强大电磁力的冲击下，端接部分很容易被损伤。图 19-14 表示突然短路时定子、转子绕组端部受到的作用力。下面对各个作用力说明一下。

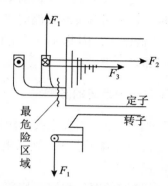

图 19-14　突然短路时定子、转子绕组端部受到的作用力

（1）作用于定转子绕组端部之间的电磁力 F_1。因短路时电枢磁势起去磁作用，故定子、转子导体中电流方向相反，产生的电磁力的大小与定子、转子导体中电流的乘积成正比。该力的作用方向使定子绕组端部向外胀开，而使转子绕组端部向内压缩。由于突然短路时冲击电流很大，这个力是很大的。

（2）定子铁芯和定子绕组端部的吸力 F_2。此力是由定子绕组端部内电流建立的漏磁通沿铁芯（或压板）端面成闭合回路而引起的，如图 19-14 所示，其作用方向是将使定子绕组端部压向铁芯表面。这个力与导体电流的平方成正比，因此也是很大的。

（3）作用于定子绕组端部各相邻导体之间的力 F_3。其方向决定于相邻导体中电流的方向。

总的合力作用结果，使定子绕组端部向外弯曲，最危险的区域是绕组线棒伸出槽口处。

2. 突然短路时的电磁转矩

突然短路时，气隙磁场变化不大，而定子电流却增加很多，于是

473

将产生巨大的电磁转矩。由于定子、转子绕组中都有周期性和非周期性电流，因此，由它们的磁场相互作用而产生的电磁转矩比较复杂。总起来说，该电磁转矩可分为单向转矩与交变转矩两大类。

这些转矩都随对应电流一起衰减，它们对电机危害最严重的情况发生在突然短路的初瞬。在不对称突然短路时，所产生的电磁转矩更大，可达额定转矩的 10 倍以上，因此在设计电机转轴、机座和地脚螺钉等结构件时，应当加以考虑。

19. 6. 3　突然短路对电力系统的影响

(1)破坏电力系统的稳定性　当发生突然短路时，电功率无法输出，原动机的拖动转矩又一时降不下来，使发电机转速升高而失去同步，破坏了系统运行的稳定性。

(2)产生过电压　故障时的突然短路，比较多的是相间以及单相对中性点的不对称突然短路。在不对称突然短路时，非故障相会出现过电压，其幅值达额定电压的 2 ~ 3 倍左右。这是造成电力系统过电压的原因之一。

另外，在不对称突然短路时，还会出现对通讯线路的干扰。

小　　结

在突然短路时，应用超导体磁链不变原理进行分析，就可以解释电枢反应磁通由励磁绕组和阻尼绕组的漏磁磁路闭合的原因。这条磁路的磁阻比稳定运行时主磁路的磁阻大很多，所以对应的 x_d''，x_d' 比 x_d 小很多。从电路角度看，当感应电势 E_{0m} 不变时，突然短路电流将比稳定短路电流大很多倍。

突然短路区别于稳定短路，主要在于定子绕组、励磁绕组和阻尼绕组之间互感关系不同。在一般情况下，短路电流中都包含有周期性和非周期性电流分量，且定子绕组的周期性电流与转子各绕组的非周期性电流相对应，定子绕组的非周期性电流与转子各绕组的周期性电流相对应。所有这些电流的出现和它们间的作用关系，就是要维持各绕组磁链初始值不变，如考虑到各绕组的电阻，各电流分量将会衰减。

　　由于突然短路电流很大，危害很大，所以必须防止突然短路的发生，同时，制造电机时对此还要采取防护措施，如加强各绕组尤其定子绕组的固定措施等。

习　　题

　　19-1　三相突然短路时，各绕组的周期性电流和非周期性电流如何出现？在定子绕组与转子各绕组中，它们的对应关系是怎样的？在什么情况下定子某相绕组中非周期性电流最大？

　　19-2　三相突然短路时，定子、转子各分量电流为什么会衰减？衰减时哪几个分量是主动的？哪几个分量是随动的？为什么会有这种区别？

　　19-3　说明瞬变电抗 x_d' 和超瞬变电抗 x_d'' 的物理意义？试比较 x_d''，x_d'，x_d 的大小。

第 20 章　同步电机的损耗和效率、发热和冷却及励磁方式

20.1　同步发电机的损耗和效率

同其他电机一样，同步发电机在运行时，输出功率 P_2 总小于输入功率 P_1，即在输入功率中必然有一小部分功率 (P_1-P_2) 转变成各种形式的损耗，消耗在电机内部。损耗的大小可以用电机的效率表征。由于损耗的存在，使得电机发热而出现温升。温升问题对电机运行影响很大。损耗愈大则温升愈大、效率愈低。同步发电机有以下一些损耗(参看图 16-8)。

(1)定子基本铜损耗 p_{Cu}　是负载电流 I_1 通过定子绕组电阻 r_a 所引起的损耗，三相绕组的基本铜耗为 $p_{Cu}=3I_1^2 r_a$。

(2)基本铁耗 p_{Fe}　同步发电机在正常运行时，转子铁芯的磁场是恒定的，所以在转子铁芯中并不产生基本铁耗。基本铁耗系指定子铁芯的损耗。其数值由各部分的磁通密度、交变频率与硅钢片的性能等因素决定。

(3)励磁损耗 p_f　是同步发电机转子励磁回路的损耗，它是由励磁电流通过转子励磁绕组的电阻、电刷与滑环及其接触电阻时所产生的损耗。如励磁机装在汽轮发电机的轴上，还要计及励磁机的损耗。

(4)机械损耗 p_{mec}　包括有电刷及轴承的摩擦损耗、通风和风摩擦损耗。通风损耗是转子两端轴上风扇所消耗的功率，风摩擦损耗是转子与周围气体发生摩擦所消耗的功率。在汽轮发电机中，由于转速高，机械损耗常占总损耗中的 25% 以上。通风与风摩擦损耗是机械

损耗中的主要部分，它们占机械损耗的 70% 以上。

（5）附加损耗 p_{ad}　大容量同步发电机电磁负载大，所以各种附加损耗也相对较大。因各种附加损耗往往集中在电机的少数几个部位，故附加损耗容易导致电机局部过热，影响电机安全运行。附加损耗可分为附加铜耗与附加铁耗两类。定子槽内的漏磁通对导体内电流的集肤效应，将引起导体截面电流分布不均匀，使得绕组铜耗大于电流分布均匀时的数值（即定子基本铜耗）。其增加部分就是附加铜耗。附加铁耗主要有：定子绕组端接部分的漏磁通在端接部分的铁磁部件中产生的铁耗；由于定子铁芯开槽引起转子的表面损耗等。电机容量愈大，附加损耗也愈大。由于附加损耗的情况复杂，产生附加损耗的因素也较多，对它们不易进行准确的计算。故对中、小容量的同步电机一般不进行计算而估计为额定容量的 0.25% ~ 1.0%（容量 1000kV · A 以下约为 1.0%，容量 1000kV · A 以上约为 0.25% ~ 0.4%）。

如已知同步发电机的损耗与输出功率，同步发电机的效率可以计算出来。

总损耗为

$$\sum p = p_{Cu1} + p_{Fe} + p_f + p_{mec} + p_{ad}$$

效率为

$$\eta = \frac{P_2}{P_1} \times 100\% = \frac{P_1 - \sum p}{P_1} \times 100\%$$

即

$$\eta = \left(1 - \frac{\sum p}{P_1}\right) \times 100\% = \left(1 - \frac{\sum p}{P_2 + \sum p}\right) \times 100\% \quad (20\text{-}1)$$

式中 P_2 为输出的有功功率。

同步发电机的效率较高，可达 95% ~ 98%。表 20-1 和表 20-2 列出了国产 5 万 kW 双水内冷汽轮发电机与 17 万 kW 水轮发电机在额定负载下的各种损耗，从这些数据可得到一些关于同步发电机各项损耗大小的概念。

表 20-1　　　**5 万 kW 双水内冷汽轮发电机的各种损耗**

损耗名称	损耗功率/ （kW）	占输出功率的百分数/ （％）	占总损耗的百分数/ （％）
定子基本铜耗	134	0.268	15
基本铁耗	124.6	0.249	14
励磁损耗	226	0.452	25.4
附加损耗	188.2	0.376	21.2
机械损耗	217.3	0.434	24.4
总损耗	890.2	1.78	100

表 20-2　　　**17 万 kW 水轮发电机的各种损耗**

损耗名称	损耗功率/ （kW）	占输出功率的百分数/ （％）	占总损耗的百分数/ （％）
定子基本铜耗	722.5	0.425	20.5
基本铁耗	740.7	0.436	21
励磁损耗	874.2	0.514	24.8
机械损耗	907	0.534	25.73
附加损耗	281.05	0.165	7.97
总损耗	3525.45	2.074	100

同步发电机效率以 5 万 kW 汽轮电发机为例计算可得额定负载时的效率为

$$\eta_N = \left(1 - \frac{\sum p}{P_{2N} + \sum p}\right) \times 100\% = \left(1 - \frac{890.2}{50000 + 890.2}\right) \times 100\%$$

$$= (1 - 0.0175) \times 100\% = 98.25\%$$

20.2　同步发电机的发热和冷却

电机运行中的各种损耗都转变为热量，这种热量导致电机各部分温度的升高。为了使温升不超过允许限度，必须对电机进行有效的冷却。发热和冷却是所有电机的共同问题，也是现代大容量电机发展中必须妥善解决的一个重要问题。

电机工作温度的高低对绝缘材料的寿命有很大影响。电机如果因某种原因(例如大量过载)而过热，绝缘材料就会加速老化，这将大大影响电机的寿命。电机常用绝缘材料的耐热等级见附录一。

每一台发电机都有一个额定容量，额定容量表示电机的输出功率有一定限度。这限度由电机的发热情况、冷却和机械强度等因素决定，其中尤以发热和冷却的影响最为重要。

电机冷却的主要问题是确定冷却介质和冷却方式，也就是要确定用什么介质来带走电机中产生的热量，以及这些介质在电机内的流动方式。

20.2.1　冷却介质

按冷却介质的不同，一般电机的冷却可分为如下两类。

(1)气体冷却　即利用空气、氢气或其他气体作为冷却介质。大部分电机用空气冷却，但大型汽轮发电机(5 万 kW 及以上)常用热容量较空气大的氢气冷却。一般说，从空气冷却改为氢气冷却后，汽轮发电机转子绕组的温升可降低一半，电机容量可提高 20% ~ 25%。

(2)液体冷却　即利用水、油作为冷却介质。由于液体的热容量比气体大得多，因此用液体作为冷却介质比用气体要优越得多。例如将空气冷的汽轮发电机改为水冷，其容量可以成倍地提高。

20.2.2　冷却方式

电机冷却方式可分为外部冷却和内部冷却两类。外部冷却时，冷却介质只与电机的铁芯、绕组端部和机壳的外表面接触，热量要先从内部传导到这些部位，然后再散给冷却介质。内部冷却时，冷却介质(多用氢气或水)进入发热体(空心导体)内部，直接从发热体吸取热量并将它带走。显然，内部冷却的效果要比外部冷却的好得多，它的采用促进了现代巨型电机的发展。

外部冷却大多数用空气冷却，空气的流动常靠风扇来鼓动。下面介绍一下水轮发电机的通风系统，它分开启式与闭路循环式两种。

（1）开启式通风系统　它利用电机周围的空气冷却，用于 5000kW 以下的电机。空气被吸进机内，经铁芯通风沟、转子极间、气隙及绕组端部空腔后，排出机外。这种通风系统结构简单、安装方便，但防尘、防潮性能差，且受环境温度影响大。

（2）闭路循环式通风　这种系统的空气成闭路循环，冷却电机后的空气，通过空气冷却器降温，重新进入电机。根据冷却空气在机内的流动方向，可分为轴向、径向和轴径向双路等通风方式。一般水轮发电机建立的风压是由发电机转子本身的离心作用或由固定在转子上的风扇片产生。现将常用的几种闭路循环式通风系统分述如下。

1）密闭双路径向通风系统。这是目前大型水轮发电机广泛采用的一种，是立式机组的典型通风系统。风路如图 20-1 所示。风来自电机上、下两端，在转子产生的风压作用下，空气经过转子磁极的径向风沟进入气隙，然后经定子铁芯通风沟、机座通风孔去冷却器。经过冷却后的空气，沿基础风道和上支架支臂间空隙又回到转子两侧。这种密闭的通风系统，空气清洁、干燥、冷却温度低，且风路短、风阻小，冷却效果较好。但存在径向风沟，这使得电机长度增加近 20%。

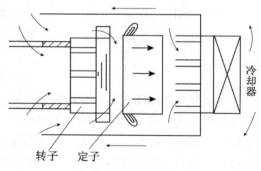

图 20-1　密闭双路径向通风系统

2）密闭轴、径向通风系统。风路如图 20-2 所示，这种通风系统是靠磁极的离心抽风作用和上、下端的风扇片工作的。一部分空气从电机上、下两边进入极间间隙，然后沿定子径向风沟，沿路带走定转子绕组与定子铁芯的热量，通向冷却器；另有一部分空气进入定子绕组端部空腔，冷却端部后去冷却器。这种系统风路较简单，摩擦损耗小，有较好的风量分配。但比起双路径向系统来，它增加了风扇。这种系统用于大、中型水轮发电机。

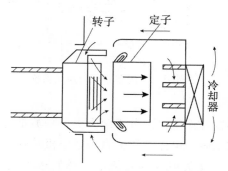

图 20-2　密闭双路轴、径向通风系统

3）密闭单路径向通风系统。风路如图 20-3 所示，适用于大直径低速水轮发电机。这种电机的铁芯较短，温度分布较均匀，风阻也低，采用较简单的单路径向通风系统，就可取得较好的冷却效果。这种系统的优点是结构较简单。

20.3　同步电机的励磁方式

同步电机运行时，必须通入直流励磁电流，以建立主磁场。供给励磁电流的整个系统称为励磁系统。

励磁系统是同步电机一个重要组成部分，励磁系统对电机运行有很大影响。同步电机的运行可靠性、经济性以及同步电机某些主要特性，例如电压变化率、短路特性、过载能力等都直接与励磁系统有关。下面以发电机为例来说明同步电机的励磁系统。

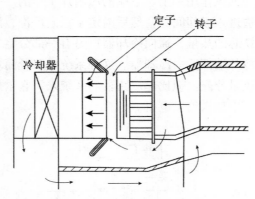

定子 转子

冷却器

图 20-3 密闭单路径向通风系统

目前采用的励磁系统可以分为两大类。一类是传统采用的直流发电机作励磁机供给励磁电流，称为直流发电机励磁系统；另一类是采用硅整流装置，将交流电变为直流电，然后送入同步发电机励磁绕组，称为交流整流励磁系统。下面对这两类励磁系统分别作一简述。

20.3.1 直流励磁机励磁系统

其线路图如图 20-4 所示，作励磁机用的直流发电机通常采用并励发电机。当电网发生故障，电网电压突然下降时，继电保护装置作用，立即闭合 K 而切除电阻 R_t，使直流励磁机输出电压迅速大幅度升高，以适应系统对同步发电机强励要求。

一般直流发电机与主发电机装在同一转轴上，称为同轴励磁机。这种励磁方式的特点是整个系统比较简单，励磁机只和原动机有关，而与外部电网无直接关系。当电网故障时不会影响励磁系统的正常运行，同时由于它是传统采用的励磁方式，现已掌握较丰富的运行经验，因此在中、小型同步发电机中得到广泛的应用。为了提高强励时的电压上升速度，直流励磁机的励磁电流有时采用他励方式而由同轴的副励磁机供给。近年来，由于汽轮发电机单机容量增大，相应的励磁机容量也随之增大。例如一台 30 万 kW 或 50 万 kW 的汽轮发电机，

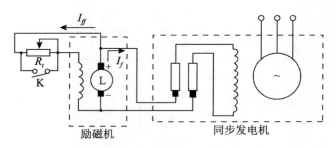

图 20-4　直流励磁机励磁系统原理图

其励磁容量竟达 1300 ~ 2500kW。因为转速高达 3000r/min 的大容量直流励磁机在制造上非常困难，所以大容量汽轮发电机，不能采用同轴直流励磁机的励磁方式，而只得采用非同轴直流励磁机的励磁方式。这时，直流励磁机与汽轮机可通过降速齿轮系统相联，或直流励磁机由转速较低的异步电动机带动。

　　在不适于采用同轴励磁机的场合，可采用静止交流整流励磁系统。

20.3.2　静止交流整流励磁系统

可分为自励式与他励式两种，现分析如下。

1. 自励式系统

　　自励式又可分为自并励与自复励两种，下面只介绍采用较多的自并励励磁方式。如图 20-5 所示，主发电机的励磁电流来自接到其输出端的整流变压器，晶闸管的控制极由自动电压调整器根据电网反映过来的实际运行情况加以自动控制。这种励磁方式运行时有一个起励问题，即开始时应设法使主发电机的剩磁残压经整流变压器与整流装置进行自励，使之迅速建立起电压来。当然，开始时利用另外的直流电源起励也可。

　　这种励磁方式的优点是：(1)励磁系统是静止的，没有旋转的励磁机，便于维护；(2)反应速度快，这对强励是很有利的。其主要缺

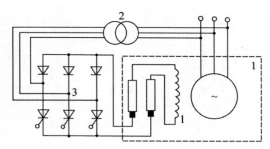

1—同步发电机；2—整流变压器；3—整流装置

图 20-5　自励式静止半导体励磁系统原理图

点是由于励磁能量取自电网，必然受到电网运行情况的影响。这种励磁方式已广泛用于中、小型同步发电机。

2. 他励式系统

他励式系统原理图如图 20-6 所示，该系统是由交流励磁机、交流副励磁机、硅整流装置与自动电压调整器等部分组成。工作时，主发电机的励磁电流由与它同轴的交流励磁机发出的交流电流经静止的硅整流装置整流后供给。交流励磁机是一般的三相同步发电机，为了使主发电机励磁电流的波形好、反应速度快和减小交流励磁机本身的体积，其频率常采用 100Hz。交流励磁机的励磁电流则由交流副励磁机（国内多采用 400Hz 的中频发电机）通过晶闸管整流装置整流后供给。至于交流副励磁机的励磁电流，开始由外部直流电源供给，待建压后改由自励恒压装置供给，即由他励转为自励。自动电压调整器根据电网反映过来的实际运行情况对晶闸管整流装置的控制极进行自动调节，以保持主发电机输出电压稳定。

这种励磁系统目前在国内外大容量机组上已广泛采用，它没有直流励磁机的换向问题，运行维护方便，技术性能也好。其主要缺点是整个装置较为复杂以及起励时需另外的直流电源供电。

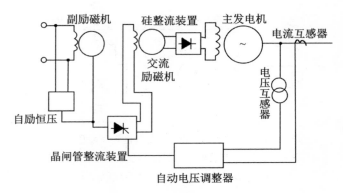

图 20-6 他励式静止半导体励磁系统原理图

20.3.3 旋转半导体励磁系统(即无刷励磁系统)

上述静止的交流整流励磁系统,虽然未采用直流励磁机,解决了换向器上可能出现火花的问题,但是主发电机还存在着滑环与电刷,在要求防腐、防爆或励磁电流过大的场合,还是不适宜的。如果我们将交流励磁机作成旋转电枢式的三相同步发电机,使交流励磁机的电枢与主发电机同轴运转,硅整流装置也装在主发电机转轴上,如图20-7所示,整流后即供给主发电机励磁绕组励磁,则可以实现励磁系统的无刷化。原动机驱动主励磁机和主发电机转子,因为它们同在一个旋转体上,其间可以固定连接,不再需要电刷与滑环装置了,故此种励磁方式也称为"无刷励磁"。这种励磁方式由于取消了电刷与滑环,所以运行可靠、维护比较方便,励磁回路也大为简化。其缺点是转动部分的电压、电流难以测量。近年来在国内外较大容量汽轮发电机中,旋转半导体励磁系统正逐渐被推广采用。

关于同步电动机的励磁方式,也在这里简述一下。一般同步电动机仍多采用同轴直流励磁机的励磁方式,有时也采用自并励的励磁方式,这样同步电动机与其励磁系统的电源均取自同一电网。采用自并励的励磁方式时,有几个问题需要注意:1)由于同步电动机的启动

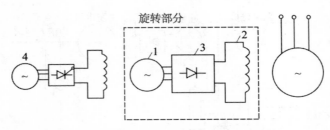

1—转枢式主励磁机；2—主发电机转子励磁绕组；
3—装在转轴上的半导体整流装置；4—副励磁机
图 20-7　旋转半导体励磁系统原理图

和异步电动机一样是直接将定子绕组接到电网上（有时采用降压启动方式），刚合闸时，电机的转子还未转动，定子绕组通入三相交流建立的旋转磁场将切割转子绕组，在转子绕组中感生数倍额定励磁电压的高压。如不采取保护措施，这将使晶闸管励磁装置遭到损坏。所以，在同步电动机晶闸管励磁装置中应装有过电压保护装置。2）同步电动机不同于同步发电机的另一特点是投励过程。当同步电动机启动时，不应先投入励磁，否则电动机可能发生"堵封"（即转不起来）的现象。同步电动机一般采用异步启动法启动，当转速达到同步转速的95％左右，才投入励磁把电动机拉入同步。

小　　结

损耗与效率、发热与冷却是所有电机共同性的问题，也是大型同步发电机需要解决的重要问题。

同步电机励磁是影响同步电机运行的重要因素之一。随着电子技术的发展使得静止交流整流励磁系统和旋转半导体励磁系统有逐步代替直流励磁机励磁的趋势。

习　　题

20-1　同步发电机有哪些损耗？损耗、温升、效率三者之间有什么关系？电机的冷却介质和冷却方式有哪几种？各适用什么情况？

20-2　试比较同步发电机各种励磁方式的优缺点及其应用场合。

第五篇
直 流 电 机

　　直流电机是应用得较早的一种电机。直流发电机将机械能转变为直流电能；直流电动机将直流电能转变为机械能。直流发电机可以作为各种直流电源：如作为直流电动机、同步电机励磁、蓄电池充电等的电源。直流电动机具有优良的调速性能，可以作为电力机车、无轨电车等的动力。小型直流电机在自动控制系统中的应用也很广泛。目前，由硅二极管与晶闸管元件组成的整流装置正逐步取代直流发电机。但直流电动机在许多调速场合仍占重要地位。

　　本篇简述换向器式直流电机的结构，以及直流电机两种主要运行状态(发电机与电动机)的工作原理和基本特性。

第21章 直流发电机

本章介绍直流电机的构造、工作原理及直流发电机的特性、直流电机换向等问题。

21.1 直流电机的构造和基本工作原理

直流电机的结构如图21-1和图21-2所示，直流电机由定子和转子两个基本部分所组成。定子主要包括主磁极、机座、换向极、电刷装置和端盖等部件，转子主要包括电枢铁芯、电枢绕组、换向器和风扇等部件。

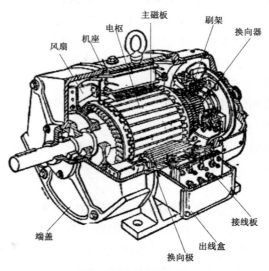

图 21-1 直流电机的结构图

491

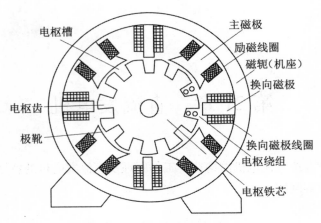

图 21-2　直流电机的剖面图

　　主磁极的作用是产生主磁场，它由主磁极铁芯和励磁绕组组成。主磁极铁芯一般用 $1 \sim 1.5$mm 厚的低碳钢冲片叠压而成。励磁绕组是集中绕组，套在主磁极铁芯上。整个主磁极用螺杆固定在机座上。为了使主磁场在气隙中的分布更为合理，主磁极铁芯靠近转子一端的尺寸较宽，称为极靴，这种结构也便于固定励磁绕组。

　　换向极装在相邻主磁极之间，用来产生附加磁场以改善电机的换向性能。换向极也由铁芯和套在铁芯上的绕组所组成。换向极绕组与电枢回路串联。

　　机座一般用铸钢或钢板制成。机座既是电机的机械支架，又是各磁极间磁路的一部分。

　　电枢铁芯通常用 0.5mm 或 0.35mm 厚的硅钢片冲制，固定在转子支架或转轴上。电枢铁芯是电机磁路的一部分，并用来嵌放电枢绕组。

　　电枢绕组是由嵌放在电枢铁芯表面槽内的许多绕组元件按一定规律连接并与相应换向片连接而构成的回路，电枢绕组的作用是感应电势、流过电流与产生电磁转矩以实现机电能量的相互转换。

　　换向器是由许多相互绝缘的换向铜片所组成的圆筒状部件，如图 21-3 所示。换向器固定在转轴的一端，电枢绕组的连接导线焊结在相应的换向片尾部的槽内。电刷则与换向器的表面相接触，使得电枢绕组内的交流电与电刷间的直流电实现相互转换。

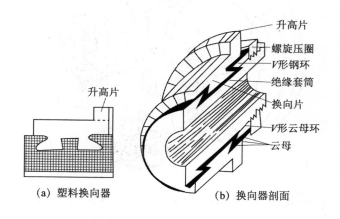

（a）塑料换向器　　　（b）换向器剖面

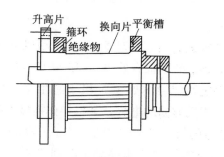

（c）紧圈式换向器

图 21-3　直流电机的换向器

电刷装置固定在端盖上，由电刷、刷握、刷杆、刷杆座等零件组成，如图 21-4 所示。电刷通过换向器将电枢与外电路相连。

直流电机的基本工作原理可借其模型加以说明。如图 21-5 和图 21-6 所示，电机具有一对主磁极，电枢绕组只有一匝（$abcd$），绕组两端分别与两个换向片 1、2 相接，电刷 A、B 静止不动，它和换向器接触并与外电路相连。

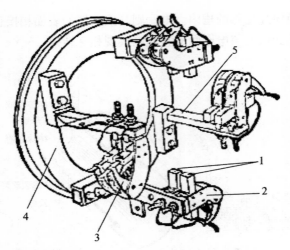

1—电刷；2—刷握；3—弹簧压板；4—座圈；5—刷杆

图 21-4　直流电机的电刷装置

　　直流电机作发电机运行时（图 21-5），在原动机的拖动下，电枢在磁场内旋转。电枢绕组的两根有效边 ab 和 cd 切割磁力线，感生出交变电势，根据右手定则，导体如在 N 极下感生某方向的电势，当它转到 S 极下则感生相反方向的电势。某根导体换极的瞬间，正是电刷换片（连接这根导体的换向片）的时刻。于是，电刷 A 总是和与旋转到 N 极下的导体相连的换向片相接触，电刷 B 总是和与旋转到 S 极下的导体相连的换向片相接触，电刷间便得到极性不变的电势。此时若电刷和负载接通，回路即有电流流过。由于刷间电压的极性不变［见图 21-5（a）、（b）］，负载电流的方向是不变的，然而电枢绕组元件中的感生电势和电流却是交变的。载流导体和气隙磁场相互作用产生一电磁转矩，根据左手定则，它的方向和电枢旋转方向相反，是制动转矩，运行时，原动机必须克服制动转矩才能工作，这表明电机将机械能变为直流电能。

　　如图 21-6 所示，直流电机作电动机运行时，电刷和直流电源相连，经换向器给电枢绕组通以电流。电枢电流和气隙磁场相作用产生

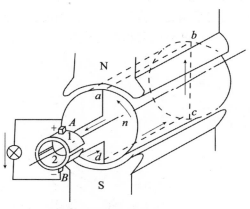

（a）旋转线圈某瞬间的情况

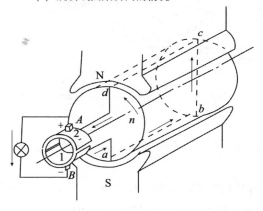

（b）转半转后的情况

图 21-5　直流发电机的原理模型图

了电磁转矩。由于电刷换片的瞬间，正是导体换极的时刻，于是从电刷 A 流入电流的导体总在 N 极下，而经电刷 B 流出电流的导体总在 S 极下。根据左手定则可知，当电源极性不变时，电磁转矩的方向也不变，电枢将在电磁转矩的作用下与上述发电机同方向旋转。此时，电枢绕组内将感生和电流方向相反的电势，称为反电势。当电机拖动机械负载旋转稳定后，电磁转矩用以克服机械负载和电机空载损耗产生的制动转矩，并与之平衡，即直流电动机的电磁转矩是驱动性质的。此时，电流和对应的反电势的乘积便是直流电动机将电能变为机械能的电磁功率。

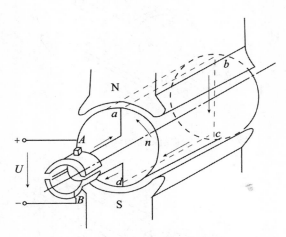

图 21-6　直流电动机的原理模型图

关于直流电机的额定值和铭牌，在这里简单介绍一下。直流电机的额定值有：

（1）额定容量（即额定功率）P_N，kW；对发电机而言，是指输出的电功率；对电动机而言，是指其轴上输出的机械功率；

（2）额定电压 U_N，V；

（3）额定电流 I_N，A；

（4）额定转速 n_N，r/min。

在铭牌上，一般还标出励磁方式和电机型号，有些额定值如额定效率 η_N、额定温升等，则不一定标出。P_N、U_N、I_N 之间的关系，对发电机而言，为 $P_N = U_N I_N$；对电动机，由于 P_N 是指轴上输出的机械功率，又电动机额定效率 $\eta_N = \dfrac{P_2}{P_1} = \dfrac{P_N}{U_N I_N}$，故 $P_N = \eta_N U_N I_N$。

21.2　直流电机的电枢绕组、感应电势和电磁转矩

21.2.1　电枢绕组

上节介绍的直流电机模型只有一个单匝电枢绕组元件和两个换向片，电刷间的电势不高且脉动较大。为了克服这些缺点，实用直流电机的电枢具有许多绕组元件和换向片。每个绕组元件可以是单匝的，也可以是多匝的，它的两端分别与两个换向片相连。这样，从电枢绕组的任一点出发，沿某方向走完所有串联导体后，仍可回到出发点。故直流电机的电枢绕组为闭式绕组，与交流电机绕组不同（三相交流电机通常作Y形连接，为开式绕组）。由于绕组要求对称，故并联支路数应为偶数。因此，直流电机绕组的并联支路是成对出现的，电刷间的电枢绕组最少有两条并联支路。并联支路用 $2a$ 表示，而 a 称并联支路对数，这与交流电机绕组用 a 代表并联支路数不同。

在直流电机中，电枢铁芯每槽内的上、下层往往各放有 u 个元件边（如图 21-7 所示），这样，Z 个实际槽当作 uZ 个槽使用。后者称为虚槽数 Z_i，即

$$Z_i = uZ \tag{21-1}$$

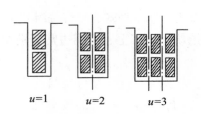

$$u=1 \qquad u=2 \qquad u=3$$

图 21-7　虚槽数图示

电枢绕组的特点常用槽数、元件数、换向片数及各种节距来表征。节距包括第一节距 y_1、第二节距 y_2、合成节距 y 和换向器节距 y_K。其中 y_1、y_2、y 均用虚槽数表示，其含义和交流电机绕组的一

样。换向器节距 y_K 是每一元件两端所接的两换向片之间的距离，用换向片数表示。如图 21-8 所示。

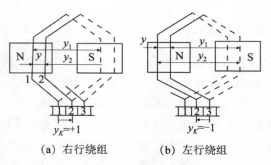

（a）右行绕组　　　（b）左行绕组

图 21-8　单叠绕组元件在电枢上的串联情况

由图 21-8 可见，每一元件有两个元件边，每一换向片接着两个元件边也需占一个虚槽，故绕组元件数 S、换向片数 K 和虚槽数 Z_i 三者应相等，即 $S=K=Z_i$，并且合成节距 y 和换向器节距 y_K 也是相等的。为了使每个元件的电势尽可能大一些，y_1 应等于或接近于一个极距 $\tau\left(\text{用虚槽数}\dfrac{Z_i}{2p}\text{表示}\right)$，即 $y_1=\dfrac{Z_i}{2p}\mp\varepsilon=\text{整数}$，其中 ε 为小于 1 的分数。

直流电机电枢绕组的基本型式有单叠绕组和单波绕组两种。电枢绕组一般都作成双层绕组，其上、下圈边常分别用实线、虚线表示。现在分述如下。

（1）单叠绕组　先谈谈右行与左行绕组的意义，这种绕组的 $y=y_K=\pm 1$（右行为 +1，左行为 -1，右行的较常见），即同一元件的两端分别接在相邻的两个换向片上。图 21-8（a）示出了一例。图中，元件 1 的上、下圈边分别与换向片 1、2 相接，元件 2 的上、下圈边分别与换向片 2、3 相接，其余依次类推。由于左行绕组［图 21-8（b）示］每一元件到换向片的两根端接线交叉，用铜也较多，故很少采用。叠绕组常用于右行绕组。

498

设有一单叠绕组，$Z = 16$，$u = 1$，$2p = 4$，$y = 1$（右行）。那么 $Z_i = Z = S = K = 16$，此时可取 $y_1 = \dfrac{Z_i}{2p} = 4$ 为整距绕组；$y_2 = y - y_1 = -3$；且设每元件匝数 $w_c = 1$，由此可以将绕组展开，如图 21-9 所示。

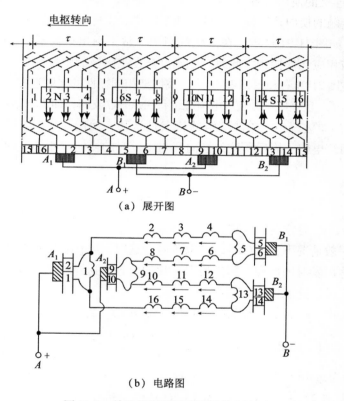

（a）展开图

（b）电路图

图 21-9　单叠绕组的展开图及其电路图

我们知道，电枢旋转时，电枢绕组与磁极之间的相对位置是变化的。但当旋转方向确定后，导体在各磁极下的感应电势方向也就确定了。图 21-9(a) 所示为某瞬时绕组与主磁极的相对位置。主磁极装在纸面以上的空间处，绕组向左运动。各导体感应电势的方向标于图

499

中。为了使各元件的连接次序及其电势的分布情况表示清晰起见，我们把图 21-9(a)所示的电路画成图 21-9(b)的形式。

为了得到最大的空载电势，电刷应与空载时电势为零或接近为零的元件[例如图 21-9(a)中粗线条所示的元件，即后面所说的换向元件]所连接的换向片相接触。实际上，电刷是放在磁极的中心线上，它所接触的换向片连换向元件的两个圈边，正好处于磁极的几何中性线上，如图 21-9(a)示。在简化的图上，常不画出换向器，而让电刷直接与相应元件接触，此时，电刷可画在主磁极的中性线处。

在图 21-9(a)和图 21-9(b)中，我们把相同极性的电刷连在一起。因此，从正、负极电刷看去，电枢绕组有四条并联支路，即 $2a = 2p = 4$。

(2)单波绕组　单波绕组的特点是从某一换向片出发，串联 p 个元件而绕电枢一周后所接的换向片与出发时的换向片相邻。即

$$py_K = K \pm 1$$

且
$$y_K = \frac{k \pm 1}{p} = y \tag{21-2}$$

式中 y，y_K 均分别为整数。

一般情况下，式(21-2)中取负号。这时，p 个串联元件绕行一周后到达出发时的换向片附近后退一片的位置，这样可使端接线较短且避免交叉。这就是左行绕组。

如图 21-10(a)所示，图中 $Z = 15$，$a = 1$，$2p = 4$，$S = K = Z_i = Z = 15$，$w_c = 1$。由此可以算出 $y = y_K = \frac{K-1}{p} = \frac{15-1}{2} = 7$，$y_1 = \frac{Z_i}{2p} \pm \varepsilon = \frac{15}{4} - \frac{3}{4} = 3$，即为短矩绕组。$y_2 = y - y_1 = 7 - 3 = 4$。

由图 21-10 可见，全部 15 个元件，按 1—8—15—7—14—6—13—5—12—4—11—3—10—2—9—1 的次序串联起来，构成了一个闭合绕组。

我们把图 21-10(a)改画成图 21-10(b)所示的电路，不难看出单波绕组的并联支路数恒为 2。电枢旋转时，构成支路的元件在交替更换，但从电刷看去，电枢绕组仍是一个有两条并联支路的电路。图 21-10(b)所示的单波绕组可以只用一对电刷。但实际上因受电刷

允许电流密度的限制，减少电刷数需要增大电刷的截面，结果并不经济。因此，除特殊要求外，单波绕组的电刷数一般仍等于磁极数。

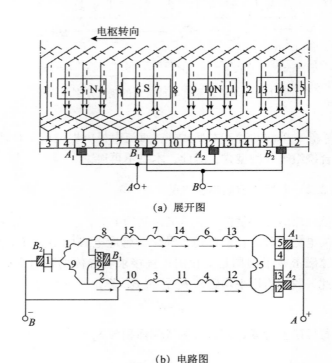

（a）展开图

（b）电路图

图 21-10　单波绕组展开图及其电路图

综上所述，单波绕组的特点是并联支路数恒为 2 且与磁极数无关，单叠绕组的并联支路数恒等于磁极数。在单叠绕组中，先串联所有上圈边在同一 N 极下的元件形成一条支路，再串联所有上圈边在相邻一个 S 极下的元件形成另一条支路，这样有多少个极就有多少个支路，如图 21-11（a）所示；在单波绕组中，先把全部上圈边在所有 N 极下的元件串联起来形成一条支路，再把全部上圈边在所有 S 极下的元件串联起来形成另一条支路，如图 21-11（b）所示，故总共只有两条支路。

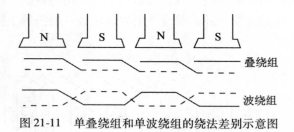

图 21-11　单叠绕组和单波绕组的绕法差别示意图

除单叠、单波两种基本型式外，直流电机电枢绕组还有复叠、复波和混合绕组等几种型式，对此，本书不再讨论。

21. 2. 2　电枢绕组的感应电势

电枢绕组的电势是指正、负电刷间的电势，它等于一条支路中串联元件的电势之和。我们知道，导体的感应电势可用 $e = Blv$ 来求得。由于气隙磁密 B 沿圆周是变化的，直接求各导体的瞬时电势比较困难。因此，我们将用平均磁密 B_{av} 代替 B，算出平均电势 e_{av} 为

$$e_{av} = B_{av}lv \tag{21-3}$$

设每极磁通为 Φ，它通过的气隙面积为 $S_a = \dfrac{\pi Dl}{2p}$，则

$$B_{av} = \frac{\Phi}{S_a} = \frac{2p\Phi}{\pi Dl} \tag{21-4}$$

式中：D——电枢直径；

l——导体有效长度。

若电枢转速为 n，可得 $v = \dfrac{\pi Dn}{60}$，将 v 与式（21-4）代入式（21-3），可得每根导体的平均电势

$$e_{av} = \frac{2p\Phi}{\pi Dl} \cdot l \cdot \frac{\pi Dn}{60} = \frac{p}{30} \cdot \Phi \cdot n$$

电枢总导体数为 N，则每条支路串联的导体数为 $\dfrac{N}{2a}$。当电刷在几何中性线上时，各串联导体的空载电势方向相同，故电枢电势 E_a 的

表达式为

$$E_a = \frac{N}{2a} \cdot e_{av} = \frac{pN}{60a} \cdot \varPhi \cdot n = C_e \varPhi n \tag{21-5}$$

其中 $C_e = \dfrac{pN}{60a}$ 对已制成的电机是一个常数，称为电势常数。

式(21-5)表明，直流电机的电枢电势 E_a 与每极磁通 $\varPhi$、转速 n 成正比。

上式是在绕组为整矩时导出的，如为短距绕组，则实际的电枢电势将比用上式算出的小些。但直流电机短距绕组短的槽数是很少的，短距对电枢电势没有多大影响，故上式仍可适用。

对直流发电机而言，电枢绕组产生的为感应电势；对直流电动机而言，电枢绕组产生的为反电势，它们均可应用式(21-5)来计算。

21.2.3 电磁转矩

直流电机作发电机运行时，电枢由原动机拖动(输入转矩为 M_1)，并以恒定转速 n 旋转。如图21-12(a)所示，可以用右手定则确定电枢上各导体的电势方向。设发电机接有负载，则有导体电流 i_a，导体电流与电枢电势的方向是一致的，因此产生制动性质的电磁力 f 与制动性质的电磁转矩 M。当原动机输入转矩的 M_1 克服此制动性电磁转矩 M 及空载转矩 M_0 时，电枢才能恒速旋转。设电机的机械角速度为 $\varOmega\left(\varOmega = \dfrac{2\pi n}{60}\right)$，电磁转矩 M 与 $\varOmega$ 相乘积，就形成机电能量转换中的电磁功率 P_{em}。

于是，直流电机的电磁功率为 $P_{em} = M\varOmega$，或 $P_{em} = E_a I_a$，故电磁转矩

$$M = \frac{P_{em}}{\varOmega} = \frac{E_a I_a}{\varOmega} = \frac{(C_e \varPhi n) I_a}{\dfrac{2\pi n}{60}} = \left(\frac{C_e 60}{2\pi}\right)\varPhi I_a = C_M \varPhi I_a \tag{21-6}$$

由前可知 $C_e = \dfrac{pN}{60a}$，所以 $C_M = \dfrac{C_e \cdot 60}{2\pi} = \dfrac{\dfrac{pN}{60a}60}{2\pi} = \dfrac{pN}{2\pi a}$。电机制成后，$C_M$

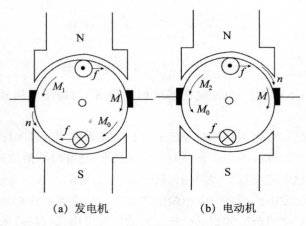

(a) 发电机　　　　　(b) 电动机

图 21-12　直流电机的电磁转矩

为一常数，称为转矩常数。如每极磁通 Φ 的单位为 Wb，电枢电流 I_a 的单位为 A，则电磁转矩 M 的单位为 N·m。

　　直流电机作电动机运行时，在外加电压作用下通入导体的电流为 i_a，此时，所形成的转矩为驱动性电磁转矩 M。它将克服负载转矩 M_2 及 M_0，而将电功率转换为机械功率，如图 21-12(b)所示，电动机的电磁功率 M 的计算式仍如式(21-6)所示。

21.3　电　枢　反　应

　　如前所述，电枢磁势对主磁极磁场的影响称为电枢反应。电枢绕组电流的分布如图 21-13(a)和图 21-13(b)所示。对发电机而言，负载电流由负电刷流入，分 $2a$ 个支路流经所有串联导体后从正电刷流出。显而易见，各导体电流的大小是相等的，均为 $i_a = \dfrac{I_a}{2a}$，电流方向和电势方向相同，因此这两图中电势的方向同时是电流的方向。对电动机而言，电流方向和电势方向相反。不难看出，直流电机电枢电流的分布总是以和电刷接触的换向片相连的导体为分界的，分界线两边的电流方向相反。若认为电枢电流密度的大小沿电枢圆周均匀分布，则电枢磁势按三角波分布，三角波的波峰在电流分界线上，如图 21-13(b)曲线 2 所示。

我们知道，当主极磁场和电枢旋转方向确定后，直流电机的电势方向也就确定了。在这种情况下，直流发电机的电刷极性和直流电动机的相同时，其转向相同，但二者的电枢电流方向相反。换句话说，当主磁极磁场、电枢电流的方向相同时，直流电动机的转向和直流发电机的转向相反。

当电刷放在几何中性线上时，电枢磁势全部为交轴分量，只有交轴电枢反应。如图 21-13 所示。在图 21-13(b)中，曲线 1 是主磁极磁势单独产生的空载气隙磁密 B_{0x} 分布波，曲线 3 为电枢绕组磁势产生的气隙磁密波 B_{ax}。虽然几何中性线附近的电枢磁势较高，但此处的气隙很大，故曲线 3 在主极之间产生下凹的形状。如按不饱和情况，B_{0x} 与 B_{ax} 叠加得出气隙磁密 $B_{\delta x}$(曲线 4)。曲线 4 表明，由于电枢磁势的影响，主磁极磁场的一半被削弱，另一半被加强。现以 N 极为例来分析，由图可见，主磁极磁场被削弱的部分(图中面积 S_1)与增加的部分(图中面积 S_2)相等，故负载时的每极磁通与空载时的相等。如考虑到饱和情况，则实际的气隙磁密 $B_{\delta x}$(曲线 5)，在增加部分由于铁芯饱和限制了磁通的增加，实际起了去磁作用(去掉面积 S_3)，于是使得负载时的每级磁通略小于空载时的每极磁通。这就是说负载时产生的交轴电枢反应，不仅使气隙磁场畸变，而且还略有去磁作用。由于磁场畸变，使得磁密实际为零的中性线(物理中性线)偏离了几何中性线一个 α 角：对发电机而言物理中性线顺着电枢的转向移动 α 角，对电动机而言是逆着转向移动 α 角。

如电刷由几何中性线移动了一个角度 β(图 21-14)，电枢磁势即随着移动了 β 角。为了分析方便，可以把电枢磁势分解为两个分量，其中以几何中性线为平分线的 2β 范围内导体电流的磁势为直轴磁势分量，其余导体电流则产生交轴磁势分量，对应的电枢反应称为直轴电枢反应和交轴电枢反应。后者已如前述，而前者和电机运行状态及电刷移动方向有关。当电刷顺着发电机旋转方向(或逆着电动机旋转

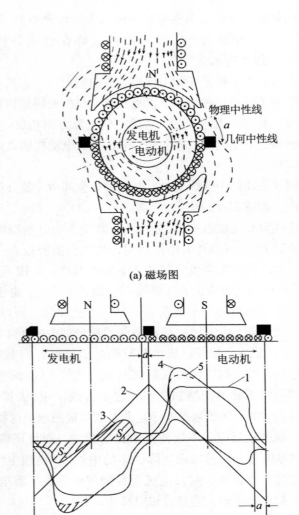

(a) 磁场图

(b)展开图

图 21-13 交轴电枢反应

方向)移动时,直轴电枢反应为去磁效应;反之为加磁效应。如果直流电机电刷位置未调整好,偏离了几何中性线就会产生上述去磁或加磁效应，对电机运行性能会产生影响。

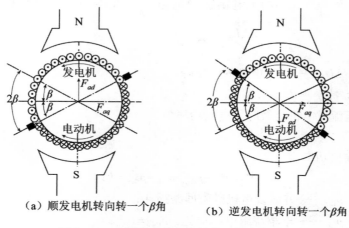

（a）顺发电机转向转一个β角　　　　（b）逆发电机转向转一个β角

图 21-14　电刷偏离几何中性线时的电枢反应

21.4　直流电机的电势、功率和转矩平衡方程式

21.4.1　直流发电机的电势、功率和转矩平衡方程式

下面分析直流发电机在稳态运行时的这三种方程式，以并励发电机为例说明。

1. 电势平衡方程式

不难理解，直流发电机在负载时的电势平衡方程式为

$$U = E_a - I_a r_a - 2\Delta U_b$$

也可写成 $\qquad\qquad\qquad U = E_a - I_a R_a \qquad\qquad\qquad (21\text{-}7)$

式中：U——电机端电压；

$\qquad E_a$——电枢电势；

$\qquad I_a$——电枢电流；

$\qquad r_a$——串接于电枢回路各绕组的总电阻包括电枢绕组、串励绕

组(如是复励电机时)与换向极绕组的电阻;

R_a——包括两组电刷接触电阻$\dfrac{2\Delta U_b}{I_a}$在内的电枢回路总电阻,

$$R_a = r_a + \frac{2\Delta U_b}{I_a};$$

ΔU_b——每个电刷的电压降。

2. 功率平衡方程式

直流发电机负载时的电磁功率为

$$P_{em} = E_a I_a \tag{21-8}$$

输出功率为

$$P_2 = P_{em} - p_{Cuf} - p_{Cua} - p_{Cub} = UI_a \tag{21-9}$$

式中:p_{Cuf}——并励发电机励磁回路损耗;

p_{Cua}——电枢绕组电阻损耗,$p_{Cua} = I_a^2 r_a$;

p_{Cub}——电刷接触电阻损耗,$p_{Cub} = 2\Delta U_b I_a$。

电枢总铜耗 $\quad p_{Cu} = p_{Cua} + p_{Cub} = I_a^2 R_a$

原动机输送给发电机的功率为

$$P_1 = P_{em} + p_{mec} + p_{Fe} + p_{ad} = P_{em} + p_0 \tag{21-10}$$

式中:p_{mec}——发电机的机械损耗;

p_{Fe}——电枢铁芯的涡流和磁滞损耗;

p_{ad}——附加损耗;

p_0——空载损耗。

由式(21-9)和式(21-10)可画出并励直流发电机的功率平衡图如图21-15所示。

3. 转矩平衡方程式

损耗 p_{mec}、p_{Fe}、p_{ad} 将使转子受到一制动转矩 M_0 $\left(M_0 = \dfrac{p_0}{\Omega} = \dfrac{p_{mec} + p_{Fe} + p_{ad}}{\Omega}\right)$。将式(21-10)除以 Ω,可得发电机的输入转矩为制动性电磁转矩 M 与空载制动转矩 M_0 之和,即

$$M_1 = M + M_0 \tag{21-11}$$

这一关系从图21-12(a)中也可以看出来。

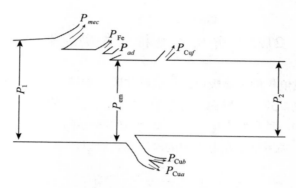

图 21-15　并励直流发电机的功率平衡图

21.4.2　直流电机的分类

直流电机的运行特性与励磁绕组的接线有关。因此，直流电机通常按励磁方式进行分类，可分为他励、并励、串励、复励（后三种均属自励）几种。其原理结构图与对应的符号图如图 21-16 所示。我们经常用到的直流发电机主要是并励与复励直流发电机。

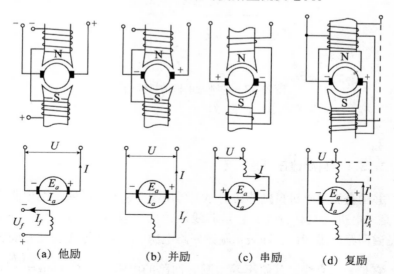

（a）他励　　　（b）并励　　　（c）串励　　　（d）复励

图 21-16　直流电机按励磁方式分类

21.5　并励发电机和复励发电机

　　并励发电机的主磁极回路与电枢并联，如图 21-17 所示。由于励磁绕组与电枢并联，励磁电流取自发电机本身，故称为"并励"，这是最常用的一种自励发电机。并励绕组的导线细而匝数多，因而励磁电流较小，励磁电流在电枢中的电压降常可以忽略。

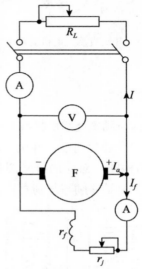

图 21-17　并励发电机的接线图

21.5.1　自励建压原理

　　并励直流发电机自励建压的原理可用图 21-18 来说明。图中曲线 DP 是发电机的空载特性，它是非线性的且一般不过原点。直线 OP 是励磁回路电阻特性，即表示励磁回路电压$(i_f、R_f)$与其电流 I_f 的关系，它是一条直线，其斜率等于励磁回路的电阻 R_f，即 $\tan\alpha = \dfrac{i_f R_f}{i_f} =$

510

R_f。设发电机由原动机拖至额定转速后接通励磁回路，励磁电流和发电机电压的变化规律可由以下方程式来描述

$$U_0 = f(i_f) \tag{21-12}$$

$$U_0 = i_f R_f + \frac{\mathrm{d}}{\mathrm{d}t}(i_f L_f) \tag{21-13}$$

式中：i_f——励磁电流时变值；

  L_f——励磁绕组电感；

其他符号的意义如前所述。

如果电机具有剩磁，当 $i_f = 0$ 时，$U_0 \neq 0$，即存在剩磁电压 OD，在此电压作用下励磁绕组有电流 i_f 通过。假设电流 i_f 所建立的励磁磁势和剩磁的方向相同，则在空载特性曲线高于励磁回路电阻特性的范围内（图 21-18 交点 P 左边的两个特性有差值的部分），$i_f R_f < U_0$。由式（21-13）可知，此时 $\frac{\mathrm{d}}{\mathrm{d}t}(i_f L_f) > 0$，由此可知 $\frac{\mathrm{d}i_f}{\mathrm{d}t} > 0$，励磁电流 i_f 随时间的推移而增大，发电机电压 U_0 也随之上升，最后移定在交点 P 上。此时，$i_f R_f = U_0$，$\frac{\mathrm{d}}{\mathrm{d}t}(i_f L_f) = 0$，$i_f$、$I_f$ 相等且为常数，电压不再上升。并励发电机的建压过程便到此结束。

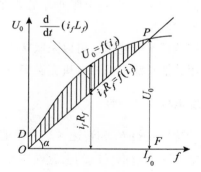

图 21-18 并励发电机自励建压原理

调节励磁回路的电阻 R_f，可以改变电阻特性的斜率，同时可以

改变发电机电压，如图 21-19 所示。增大 R_f 时 U_0 会降低，此时图中的直线 1 变为直线 2，这条励磁回路电阻特性与空载特性的交点，由 P 变为 P'，电压 U_0 降低，减小 R_f 时，U_0 会升高。当 R_f 超过临界电阻值 R_{fcr} 后（即所谓临界电阻，是对应图 21-19 中直线 3 的电阻），正常电压便建立不起来了。

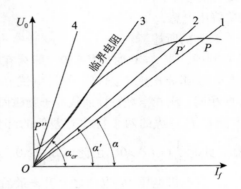

图 21-19　改变励磁回路电阻时空载电压的变化

由上所述，为了自励建压，需要：1）电机有剩磁；2）励磁磁场方向和剩磁方向相同；3）励磁回路电阻小于临界值。若这些条件不能全部满足则不能建立电压。

直流发电机被拖动后不能建压，可以采取减小励磁回路电阻、改接励磁回路极性或用其他直流电源使电机充磁等方法来解决。

21.5.2　并励发电机的外特性

并励发电机的外特性是指 R_f 和转速 n 均为恒值时 U 与 I 的关系。由于并励发电机的电压除受电枢反应的去磁效应和电枢电阻压降的影响外，还有励磁电流随电压的降低而减小的影响。因此，当负载电流增加时，电压下降得比他励发电机厉害，如图 21-20 所示，并励发电机的电压变化率约为 20%。

并励发电机外特性所出现的拐弯现象是由于电机自励和磁路饱和

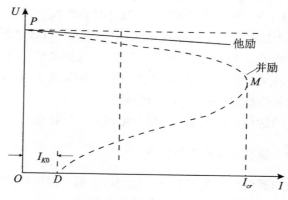

图 21-20 并励发电机的外特性

现象引起的。在忽略相对较小的励磁电流 I_f 后，根据欧姆定律，负载电流为

$$I=\frac{U}{R_L}=\frac{E_a}{R_a+R_L} \qquad (21\text{-}14)$$

或

$$U=E_a\frac{R_L}{R_a+R_L} \qquad (21\text{-}15)$$

由上式可见，当负载电阻 R_L 减小时，端电压 U 必然下降。这是由于在 R_L 刚开始减小时，可认为 E_a 不变，R_L 减小，$\dfrac{R_L}{R_a+R_L}$ 也减小，U 将下降。而 U 一经下降，励磁电流 I_f 即随之变小，从而由它产生的磁通所感生的 E_a 必然下降，由式(21-15)可知，U 必定再下降。当 R_L 进一步减小，由式(21-14)可见分子 E_a 与分母 R_a+R_L 都同时变小，因此负载电流 I 如何变要看 E_a 下降的程度，也就是决定于 U 下降 I_f 变小时 E_a 下降的程度。在外特性的前一段(图中的 PM 一段)，发电机的电压 U 较高，I_f 也较大，此时磁路处于较高的饱和状态下，I_f 的减小使 E_a 下降的程度不大。因此，当 R_L 减小时，式(21-14)分母变小的程度比分子 E_a 下降的程度快，故负载电流 I 增加。但在外特性的后一段(图 21-25 中 MD 段)，电枢电压 U 已降至较低值，相应的 I_f

较小，磁路不饱和，I_f 略有减小，E_a 下降很多。此时若 R_L 再减小，式 (21-14) 分子 E_a 下降的程度比分母减小的程度快，以致负载电流反而减小。在上述两种情况的分界处 (图中的 M 点) 负载电流达最大值，称为临界电流 I_{cr}。当发电机稳态短路时，电枢电势等于剩磁电压，此时电枢电流 I_{K0} 为剩磁电势所产生，它比额定值要小得多。因此，并励发电机发生稳定短路并不具有危险性。

外特性的这种拐弯现象是并励发电机突出的特点。

21.5.3　复励发电机的外特性

并励发电机的优点是不需要另设励磁电源、但外特性较差，即当负载增加时电压降得较快。为了弥补这个缺陷，可以在主磁极上加一串励绕组，串联接于电枢回路中，这就成为复励发电机，如图 21-21 所示。串励绕组的线粗且匝数少。

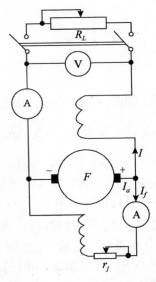

图 21-21　复励发电机的接线图

　　当串励绕组的磁势和并励绕组的磁势相加时称为积复励，相减称为差复励。复励发电机通常采用积复励。

　　根据串励绕组补偿作用的强弱，积复励又分为过复励、平复励（满载时电压与空载时电压相等）和欠复励三种。它们的外特性如图 21-22 所示。

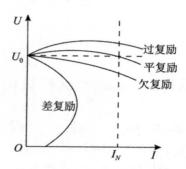

图 21-22　复励发电机的外特性

21.5.4　直流发电机的用途

　　并励发电机常用作同步发电机的励磁机、蓄电池的充电电源等，积复励发电机在工业和交通上常作为直流电动机、电气机车的电源，差复励发电机由于其外特性接近于恒电流特性，因此常用作直流电焊机。

　　【例 21-1】　设有一台他励直流发电机，电枢感应电势 $E_a = 225V$，电枢总电阻 $R_a = 0.1\Omega$，如负载电阻 $R_L = 4.4\Omega$（如图 21-17 所示），试求：（1）发电机的输出电流 I；（2）端电压 U；（3）电磁功率 P_{em}；（4）电枢总铜耗；（5）输出功率 P_2。

　　【解】（1）输出电流　$I = \dfrac{E_a}{R_L + R_a} = \dfrac{225}{4.4 + 0.1} = 50A$

　　因 I_f 较小，故 $I_a \approx I$

　　（2）端电压　$U = E_a - I_a R_a = 225 - 50 \times 0.1 = 220V$

或
$$U = I_a R_L = 50 \times 4.4 = 220 \text{V}$$

（3）电磁功率　$P_{em} = E_a I_a = 225 \times 50 = 11250 \text{W} = 11.25 \text{kW}$

（4）电枢总铜耗为
$$p_{Cu} = I_a^2 R_a = 50^2 \times 0.1 \text{W} = 0.25 \text{kW}$$

（5）输出功率
$$P_2 = P_{em} - p_{Cu} = 11.25 - 0.25 = 11 \text{kW}$$

或
$$P_2 = UI = 220 \times 50 = 11 \text{kW}$$

21.6　直流电机的换向

　　旋转着的电枢绕组元件由某一支路经电刷底下进入另一支路时，其中电流变化的过程称为换向。图 21-23 所示为直流电机的一单叠绕组元件（用粗线表示）的换向过程，它在换向前后由电刷右边的支路转为左边的支路，其电流也改变了方向。

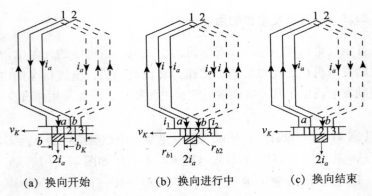

（a）换向开始　　　　（b）换向进行中　　　　（c）换向结束

图 21-23　单叠绕组元件 1 的换向过程

　　换向不良会引起火花，严重时甚至使电机无法运行。因此，它是直流电机运行的关键问题之一。换向问题十分复杂，涉及到电磁、机械、电化学、电热等许多方面。本节仅简单介绍换向电磁理论的基本概念和改善换向的一般方法。

21.6.1　直线换向

如果换向过程中换向元件回路内的电势为零，忽略换向元件及其连线电阻，则换向元件电流的变化规律可用图 21-24 来说明。设图 21-23 中电刷和换向片的宽度都为 b，即 $b=b_K$，换向片 1、2 与电刷的接触宽度为 b_1、b_2，它们和电刷的接触电阻 r_{b1}、r_{b2} 分别反比于各自的接触面积 S_1、S_2。现设 l 为电刷的轴向长度，则 $S_1=b_1 l$，$S_2=b_2 l$，$\dfrac{r_{b1}}{r_{b2}}=\dfrac{S_2}{S_1}=\dfrac{b_2 l}{b_1 l}=\dfrac{b_2}{b_1}$，亦即 r_{b1}、r_{b2} 反比于各自的接触宽度。

若不计换向片间的绝缘厚度，可得 $b_1+b_2=b$。换向过程中流经换向片 1、2 的电流分别为 i_1、i_2，可用下式表示为

$$\begin{cases} i_1=2i_a\cdot\dfrac{r_{b2}}{r_{b1}+r_{b2}}=2i_a\cdot\dfrac{b_1}{b}=2i_a\left(1-\dfrac{b_2}{b}\right) \\[2mm] i_2=2i_a\cdot\dfrac{r_{b1}}{r_{b1}+r_{b2}}=2i_a\cdot\dfrac{b_2}{b}=2i_a\left(1-\dfrac{b_1}{b}\right) \end{cases} \quad (21\text{-}16)$$

由式(21-16)可知，当 $b_1=b$，即换向开始时(图 21-23(a))，$i_1=2i_a$，$i_2=0$；换向结束时由于 $b_2=b$(图 21-23(c))，$i_2=2i_a$，$i_1=0$；且在换向过程中[图 21-23(b)]，$i_1+i_2=2i_a$。根据基尔霍夫第一定律，由图 21-23(b)中的 a 点可知换向元件的电流

$$i=i_1-i_a=2i_a\cdot\frac{b_1}{b}-i_a \quad (21\text{-}17)$$

从换向开始到换向结束，所需时间称为换向周期，用 T_K 表示。在这段期间，b_1 由 b 匀速地减至零，i_1、i_2、i 均随时间按直线规律变化，绕组换向元件中电流 i 的变化规律如图 21-24 所示，这种换向称为直线换向。

当换向结束前的一瞬间，b_1 接近于零。因此，i_1 接近于零。也就是说，在换向片 1 和电刷分离前的瞬间，流过它们之间的电流接近于零，分离时不会产生火花。这是理想的换向过程。换向元件的电流 i 也可表示为

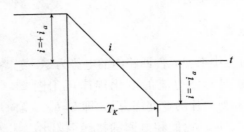

图 21-24　换向元件电流的直线换向

$$i = i_a \left(1 - \frac{2t}{T_K}\right) \qquad (21\text{-}18)$$

由此可见，换向开始时，$t = 0$，$i = i_a$；换向结束时，$t = T_K$，$i = -i_a$，与图 21-24 相符。

21.6.2　火花的产生

产生火花的原因很多，除电磁原因以外，再如旋转机械的振动、换向器表面不平或不洁、电刷对换向器的压力不当等等，都可能引起火花。

电磁方面的原因主要是在换向过程中换向元件的电势不为零，从而在换向元件和电刷组成的闭合回路中产生了附加电流 i_{ad}。因此，电刷与换向片在将分离但未分离的时刻，流过其间的电流不为零；而在分离的瞬间，电流会急骤变为零，这就使换向元件回路电流有一个非常大的变化率。换向元件是有电感的，因而感应出很高的电势，使刚分离的电刷和换向片间的空气击穿，产生了火花。

因此，减小换向元件内的电势是消除火花的基本途径之一。

21.6.3　换向元件内的电势

换向时，换向元件中有电抗电势与切割电势，现说明如下。

1. 电抗电势

元件的漏磁通对应于漏自感，当换向元件电流变化时会产生相应

的电势 e_L。换向元件和相邻元件之间又有互漏磁通，对应于漏互感，当电刷宽度大于一个换向片的宽度时，可能同时有几个元件换向，其他元件换向时的电流变化，将在所考虑的换向元件中产生互感电势 e_M。这两种电势统称为电抗电势 e_r（$e_r = e_L + e_M$）。必须指出，电抗电势的方向是阻碍换向进行的方向。

2. 切割电势

换向时的切割电势是指旋转的换向元件切割换向区域的磁场所感生的电势。换向区域的磁场有以下三种。

（1）主磁场的边缘磁场 空载时，在几何中性线的主磁极的边缘磁场是很弱的。负载时，如果我们将电刷自几何中性线移过一个角度，可使换向元件进入主磁场磁场的边缘区域，从而切割主磁场且在元件中感生电势。对发电机而言，如是顺电枢转向移动适当角度，可使换向元件切割主磁极的边缘磁场而感生一切割电势，其方向与电抗电势相反，故可以改善换向。在移刷时，必然会产生去磁或加磁的直轴电枢反应，对电机性能也会有所影响。

（2）电枢反应磁场 电枢反应磁场的磁轴在电刷处，正在换向区域内。如图 21-25 所示。

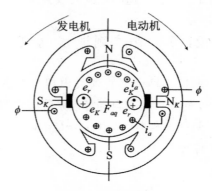

图 21-25 换向极磁场的作用

（3）换向极的磁场 几乎所有容量在 1kW 以上的直流电机在几何

中性线上都装有换向极。此时，电刷通常亦在几何中性线的位置上。换向极绕组与电枢回路串联，其连接极性和匝数的多少应使换向极磁势除将换向区域内的电枢反应磁势抵消（图 21-25）外，尚余很小的磁势产生换向场磁 B_K，使换向元件产生方向上有助于换向的电势 e_K。

于是在换向元件中具有的总电势为 $\sum e = e_r + e_K$，而换向元件中的附加电流 $i_{ad} = \dfrac{\sum e}{\sum r}$，式中 $\sum r$ 为换向元件回路的电阻。如果换向极磁场设计合适，可以使其产生的换向电势 e_K 与电抗电势 e_r 大小相等、方向相反，使得 $\sum e = 0$。此时，附加电流 i_{ad} 也等于零，可得到理想的直线换向。

21.6.4 消除火花的主要方法

除上述增加换向极与移刷两种方法外，用设法增大换向元件回路电阻 $\sum r$ 的方法，也可以改善换向，因为这样可以减小电流 i_{ad}。$\sum r$ 主要是电刷和换向片间的接触电阻，接触电阻的大小主要取决于电刷的材料，因此，选择合适的电刷对改善换向性能很有作用。

21.7 直流测速发电机

直流测速发电机是一种微型直流发电机，如图 21-26（a）所示。它的输出电压正比于转速，常在自动控制系统中作测速元件，有永磁式和电磁式（他励）两种基本类型。由 $E_a = C_e \Phi n$ 可知，当其磁通 Φ 保持为常数时，空载时电压

$$U_0 = E_a = Cn \tag{21-19}$$

式中 C 为常数。

测速机带固定阻值的负载 R_L 时，其输出电压

$$U = E_a - I_a R_a = E_a - \frac{U}{R_L} R_a$$

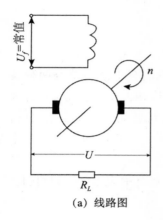
(a) 线路图

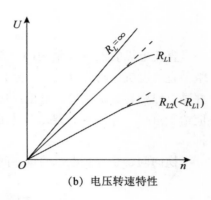
(b) 电压转速特性

图 21-26　直流测速发电机

或

$$U = \frac{E_a}{1 + \dfrac{R_a}{R_L}} = \frac{C_e \Phi}{1 + \dfrac{R_a}{R_L}} n \qquad (21\text{-}20)$$

如忽略电枢反应的影响，$\Phi = \Phi_0$ 且为恒定值，于是带负载后仍可认为输出电压与转速成正比。不过随着负载电阻 R_L 的减小输出电压将有所变化，如图 21-26(b) 所示。

直流测速发电机实际上也有误差，主要原因有：(1)电枢回路总电阻 R_a 包括有电刷接触电阻，而电刷接触电阻随负载电流大小而变化，因此会破坏输出电压与转速之间的线性关系；(2)励磁绕组的电阻随温度而变化，引起主磁通变化；(3)负载电阻较小或转速较高时电枢电流增大，电枢反应的去磁效应较强。

为了提高精度，直流测速发电机的电刷、换向器和永磁磁极等采用特殊材料制造，并且在电路和磁路中附加温度补偿元件。同时，应尽量增大负载电阻的阻值，并使直流测速发电机运行在不大的转速范围内(即工作在线性段)。

与交流测速发电机相比，直流测速发电机的主要优点是没有相位误差，对负载性质的适应性强；它的缺点是结构较复杂，价格较贵。

小　　结

直流电机的电枢绕组为闭合绕组，常见的有单波与单叠两种绕组。直流电机按励磁方式可以分为他励与自励两大类，自励又可分为并励、串励与复励三种。电枢反应是影响电机性能的重要因素之一，应给予重视。并励与积复励发电机应用较广，对它们的特性应当掌握。

换向问题是直流电机的重要问题，也是运行中应当重视的问题。

习　　题

21-1　直流电机的电枢绕组和交流电机的电枢绕组有何异同之处？

21-2　为什么直流电机的磁密不像交流电机那样要求在空间上按正弦规律分布？

21-3　直流电机有几种中性线？电刷一般应放在何处？

21-4　设有一台 $P_N = 26\text{kW}$，$U_N = 230\text{V}$，$n_N = 1450\text{r/min}$ 的并励发电机电枢电阻 $r_a = 0.148\Omega$，电刷接触电压降 $2\Delta U_b = 2\text{V}$。在满载时，电枢反应去磁作用相当于励磁电流 0.04A，在额定转速下记下的空载特性数据如表 21-1 所示。

表 21-1

$I_f/(\text{A})$	1	1.5	2	3	4	5	6	7
$E_0/(\text{V})$	139	187	217	246	266	278	289	298

试求：1）满载时，并励回路的总电阻 $r_j + r_f$（认为 $I_{aN} \approx I_N$）；

2）励磁回路电阻保持不变时的空载电压。

21-5 电枢反应对直流发电机的特性有何影响？电刷自几何中性线顺转向移动一个角度后，对并励直流发电机空载电势与外特性有何影响？

第22章 直流电动机

与其他电机相似，直流电机也具有可逆性，直流电机既可运行于发电机状态，也可运行于电动机状态。直流电机的基本工作原理已在第21章21.1节中讲述过。本章将介绍直流电动机的电势、功率和转矩平衡方程式、机械特性、启动与调速等问题。

22.1 直流电动机的电势、功率和转矩平衡方程式

和直流发电机一样，直流电动机也有电势、功率和转矩平衡方程式，它们是分析直流电动机特性的基础。

22.1.1 电势平衡方程式

前面讲过，直流电动机在运行时，其电枢绕组内会感生与电网输入电流反方向的反电势 E_a。因此，直流电动机的电势平衡方程式为

$$U = E_a + I_a r_a + 2\Delta U_b = E_a + I_a R_a \tag{22-1}$$

式中：E_a——反电势；

　　　U——外加电压；

　　　I_a——电枢电流；

　　　r_a——电枢绕组电阻；

　　　R_a——包括两组电刷接触电阻在内的电枢总电阻，$R_a = r_a + 2\dfrac{\Delta U_b}{I_a}$。

22. 1. 2 功率平衡方程式

对并励电动机来说，它从电源吸取的电功率 P_1，考虑式（22-1）后，为

$$P_1 = I_a U + \frac{U^2}{R_f}$$

$$= E_a I_a + r_a I_a^2 + 2\Delta U_b I_a + \frac{U^2}{R_f}$$

$$= P_{em} + p_{Cua} + p_{Cub} + p_{Cuf} \qquad (22\text{-}2)$$

式中：P_{em}——电动机的电磁功率；

　　　p_{Cua}——电枢电阻损耗；

　　　p_{Cub}——电刷接触损耗；

　　　p_{Cuf}——励磁回路损耗；

　　　R_f——励磁回路电阻。

同发电机一样，电枢总铜耗为

$$p_{Cu} = p_{Cua} + p_{Cub} = I_a^2 r_a + 2\Delta U_b I_a$$

$$= I_a^2 \left(r_a + \frac{2\Delta U_b}{I_a} \right) = I_a^2 R_a$$

从电磁功率中减去电机的机械损耗 p_{mec}、电枢铁耗 p_{Fe} 和附加损耗 p_{ad} 后，得到电动机输出的机械功率为

$$P_2 = P_{em} - p_{mec} - p_{Fe} - p_{ad} \qquad (22\text{-}3)$$

由式（22-2）和式（22-3）可画出直流电机的功率平衡图如图 22-1 所示，电动机是将电功率变为机械功率，而发电机则是将机械功率变为电功率，所以图 22-1 是图 21-15 的翻转。

22. 1. 3 转矩平衡方程式

如前所述，直流电动机的电磁转矩是驱动性质的，由图 21-12 可以清楚看出：当电动机以恒速稳定运行时，电磁转矩 M 与负载的制动转矩 M_2 及空载制动转矩 M_0 相平衡，则转矩平衡方程式为

$$M = M_2 + M_0 \qquad (22\text{-}4)$$

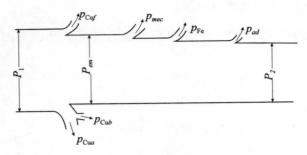

图 22-1　并励直流电动机的功率平衡图

电磁转矩为

$$M = C_M \Phi I_a \qquad (22\text{-}5)$$

空载转矩为

$$M_0 = \frac{p_{mec} + p_{Fe} + p_{ad}}{\Omega} \qquad (22\text{-}6)$$

将式（22-3）除以 Ω，并考虑式（22-6）的关系也可得到转矩平衡方程式。

22.2　直流电动机的机械特性

对拖动机械负载的直流电动机来说，转速和转矩是我们最注意的运行数据。当电压为额定值且为常数、电枢回路和励磁回路电阻也为常数时，转速与转矩的关系 $n = f(M)$，称为机械特性。当外加电压与励磁电流为额定值，电枢回路串联的外加电阻为零时的机械特性称为自然机械特性；当电枢回路外加电阻不为零或非额定电压，或者非额定励磁电流时的机械特性称为人工机械特性。

和发电机一样，直流电动机的励磁方式也有他励、并励、串励和复励四种。机械特性和励磁方式有关。不过他励和并励电动机只是励磁电源不同，其特性基本是一样的，可以合并在一起进行讨论。

22.2.1　并励电动机的机械特性

并励电动机的接线如图 22-2 所示。图中 R_{st} 为启动调速两用电阻。由于电压 U 和励磁回路可调电阻 r_j 均为恒值，如忽略电枢反应的影响，可知励磁电流 I_f 和对应的磁通 Φ 为恒值。根据式（21-5）转速为

$$n = \frac{E_a}{C_e \Phi}$$

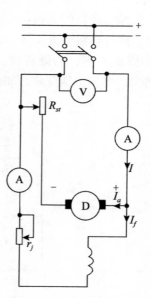

图 22-2　并励电动机的接线图

由式（22-1）与图 22-2 可得

$$E_a = U - I_a(R_a + R_{st})$$

以此代入上式，则

$$n = \frac{U - I_a(R_a + R_{st})}{C_e \Phi} \qquad (22\text{-}7)$$

考虑到式(22-5)，将 $I_a = \dfrac{M}{C_M \Phi}$ 代入上式，可得

$$n = \frac{U}{C_e \Phi} - \frac{R_a + R_{st}}{C_e C_M \Phi^2} \cdot M = n_0 - KM \qquad (22\text{-}8)$$

其中 $K = \dfrac{R_a + R_{st}}{C_e C_M \Phi^2}$ 为常数（当 Φ 一定时）；$n_0 = \dfrac{U}{C_e \Phi}$ 为理想空载（$M = 0$）时的转速，称为理想空载转速。

当忽略电枢反应的影响时，Φ 为常数，则式(22-8)所示的机械特性为一条起始值为 n_0、斜率为 K 的下斜直线。

从式(22-8)可见，并励电动机的机械特性是下斜的直线。当电枢回路附加电阻 $R_{st} = 0$ 时，便得自然机械特性。此时，由于 K 很小，转速随负载转矩的增加而降低不多，为硬特性。当 $R_{st} > 0$，K 增大时，特性曲线下倾的斜率增大，机械特性变软，如图 22-3(a)所示。

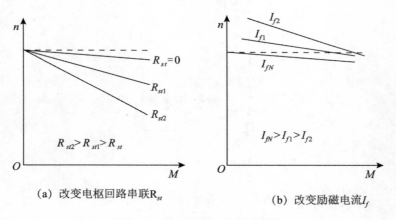

(a) 改变电枢回路串联R_{st} 　　(b) 改变励磁电流I_f

图 22-3　并励电动机的机械特性

励磁回路附加电阻 r_j 为不同值时的机械特性示于图 22-3(b)。由于 r_j 越大，I_f 越小，Φ 越小，式(22-8)中 n_0 和 K 均越大，即空载转速升高，特性变软。由此可见，并励电动机的励磁回路切不可开路。如果并励电动机励磁回路开路，气隙中的磁通将立即降到只有微小的

剩磁，电枢电势 $E_a = C_e \Phi n$ 也随之减小（由于机械惯性作用，电动机的转速 n 不能突变），因 $I_a = \dfrac{U - E_a}{R_a}$，电枢电流 I_a 将急剧增加。根据 $M \propto \Phi I_a$，当 I_a 增加不足以补偿 Φ 的减小时，M 将减小，因而使电动机减速；当 I_a 的增加超过 Φ 的减小时，n 将增大，因而使电动机加速，直到上升到危险值（即飞车）。在这两种情况下，电枢电流 I_a 都超过额定电流许多倍，因此都是不允许的。

22. 2. 2　串励电动机的机械特性

串励电动机的接线如图 22-4 所示，经分析可以导出①机械特性 $n = f(M)$ 关系如下

$$n = C_1 \frac{U}{\sqrt{M}} - C_2 (R_a + R_{st}) \tag{22-9}$$

其中 C_1、C_2 均是常数。

可见，串励电动机在磁路不饱和时的机械特性为双曲线的一支，特性很"软"。因空载时转速过高，串励电动机不允许空载运行。为保证这一点，它和负载不能用皮带传动，以防皮带滑脱或折断时造成电动机"飞车"事故。同时轻载（低于额定负载的 20%）时电动机转速也

---

① 串励电动机的接线如图 22-4 所示，它的励磁电流等于电枢电流。当磁路不饱和时，可认为磁通 $\Phi = C_\Phi I_a$（其中 C_Φ 为常数），代入式（22-5），得 $M = C_M C_\Phi I_a^2$，则 $I_a = \sqrt{\dfrac{M}{C_\Phi C_M}}$；由 $E_a = C_e \Phi n$ 可知，转速 $n = \dfrac{E_a}{C_e \Phi} = \dfrac{E_a}{C_e C_\Phi I_a}$，再由式（22-1）知 $E_a = U - I_a R_a$。以此代入前式可得，$n = \dfrac{U - I_a R_a}{C_e C_\Phi I_a} = \dfrac{U}{C_e C_\Phi I_a} - \dfrac{R_a}{C_e C_\Phi}$。以 $I_a = \sqrt{\dfrac{M}{C_\Phi C_M}}$ 代入，并以 $R_a + R_{st}$ 代替 R_a，可得转速 $n = f(M)$ 的表达式为

$$n = C_1 \frac{U}{\sqrt{M}} - C_2 (R_a + R_{st})$$

式中 $C_1 = \dfrac{1}{C_e} \sqrt{\dfrac{C_M}{C_\Phi}}$，$C_2 = \dfrac{1}{C_e C_\Phi}$，均是常数。

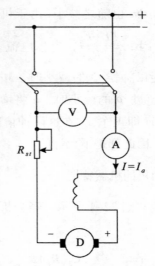

图 22-4 串励电动机的接线图

很高，故也应防止轻载运行。当磁路饱和时，负载增大，电流 I_a 增加时磁通 Φ 的变化不大，机械特性趋于直线（即图 22-5 中所示各条曲线的后面部分）。

调速启动电阻 R_{st} 不同时的串励电动机机械特性曲线如图 22-5 所示。

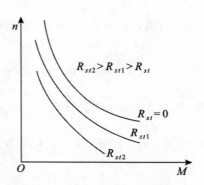

图 22-5 串励电动机的机械特性

22.2.3　复励电动机的机械特性

积复励电动机的机械特性，介于并励电动机和串联电动机之间。差复励电动机的机械特性，则转速可随机械负载转矩的增加而上升，这一特点会引起机组运行不稳定，所以直流电动机很少采用差复励。

不同励磁方式电动机的机械特性如图 22-6 所示。

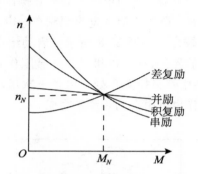

图 22-6　不同励磁方式电动机的机械特性

22.3　直流电动机的启动与调速

直流电动机启动时的基本要求，也是限制启动电流在允许值以内和保证足够的启动转矩。启动过程是机、电过渡过程。从电路方面看，由于电枢回路的电感很小可以忽略，因此在讨论启动过程中各电量的变化时，仍可近似用稳态时的公式。

如果将额定电压直接加于电动机进行启动，在启动初瞬 $n=0$，反电势 $E_a=0$，由式（22-1）可知电枢电流 $I_a=\dfrac{U-E_a}{R_a}=\dfrac{U}{R_a}$。电枢总电阻 R_a 是很小的，因此，在额定电压下启动时，启动电流起始值可达额定电流的 10～50 倍，这是不能允许的。为了将启动电流限制在 2～2.5 倍额定电流以内，启动时通常应在电枢回路中串入限流电阻，即

531

启动电阻 R_{st}。只有电枢电阻较大的微型电机，才允许直接启动。

为了保证有足够的启动转矩，启动时，磁通 Φ 应为最大值，即励磁回路附加电阻应为零。此时，应使励磁回路不经启动电阻而直接接到电网上，如图 22-2 所示(图中 r_j 应调到零)。

一般可利用接入三点式启动变阻器来启动直流电动机，其接线示于图 22-7。当把手柄由触头 0 处顺时针方向推动时，电源与电动机接通，并可逐级切除变阻器的各段电阻。如果在操作过程中，切除各段电阻的时间掌握得好，既可将启动电流限制在一定范围内，又可使启动过程所需的时间较短，如图 22-8 所示。启动结束后，手柄由电磁铁 DT(也称无压释放器)吸住，电机进入正常工作状态。当切断电源后，DT 失磁，手柄由弹簧拉至 0 处，以备下次启动。如果采用自动控制电路，启动操作也可由自动装置来完成。

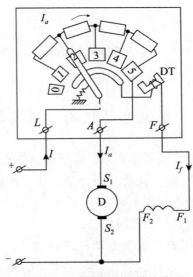

图 22-7　三点启动器及其接线图

直流电动机具有很好的调速性能，可在大范围内平滑经济地调速。直流电动机的调速，可采取多种方法。当电枢回路串有外加调速

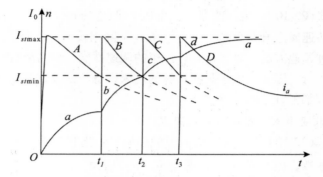

图 22-8　并励电动机串变阻器启动时电流和转速的变化过程

启动电阻 R_{st} 时，由式（22-7），可得转速公式为

$$n = \frac{U - I_a(R_a + R_{st})}{C_e \Phi}$$ （22-10）

由上式可见，为了达到调速的目的，可采用下面三种方法（参见图 22-2）。

1. 改变励磁电流 I_f 以改变磁通 Φ

调节励磁回路的电阻 r_j 可以改变电机的磁通 Φ，从而可以调节其转速。设负载的总制动转矩 $M_c = M_2 + M_0$，且 M_c 为常数。电动机原来以转速 n_1 运行，电动机励磁电流为 I_{f1}，磁通为 Φ_1，电枢电流为 I_{a1}，电磁转矩 $M = C_M \Phi_1 I_{a1} = M_c$。现把 I_{f1} 降到 I_{f2}，使磁通从 Φ_1 减少到 Φ_2，而转速 n_1 升高到 n_2，电枢电流 I_{a1} 相应也增到 I_{a2}，以使 $M = C_M \Phi_2 I_{a2} = M_c$ 不变，由此可得

$$C_M \Phi_1 I_{a1} = C_M \Phi_2 I_{a2}$$

则

$$\frac{I_{a1}}{I_{a2}} = \frac{\Phi_2}{\Phi_1}$$

现设 $\Phi_2 = 0.8\Phi_1$，则

$$I_{a2} = 1.25 I_{a1}$$

所以，调节 I_f 改变 Φ 调速的趋向是：I_f 减小，则 Φ 减小，n 上升。

2. 改变加在电枢回路的端电压 U

由式(22-10)可见，改变电枢电压 U 调速的趋向是：电枢电压 U 升高则转速 n 上升，反之，电枢电压 U 下降则转速 n 下降。

这种调速方法，可以得到较理想的调速性能，但需要有专用的直流电源才行。因此，除了某些特殊的机床设备与试验室调速采用此法外，一般都不宜采用这种调速方法。

3. 改变串入电枢回路的电阻 R_{st}

由式(22-10)可见，变 R_{st} 调速的趋向是：当制动转矩 M_c 不变时，I_a 等于常数，因此 R_{st} 增加，则 $I_a(R_{st}+R_a)$ 增大，转速 n 下降。

使用此法调速的主要缺点是调速时 $I_a^2 R_{st}$ 损耗较大，使得电动机效率降低。

如果将改变励磁电流 I_f 和改变电枢电压 U 两种方法结合起来，电动机的调速范围可以很广，并且可以均匀地无级调速。这是较理想的调速方法。

电动机的电磁转矩 $M=C_M \Phi I_a$，即与磁通 Φ 及电枢电流 I_a 有关。电磁转矩的转向与 Φ 和 I_a 的方向有关，改变 I_a 的方向〔亦即改变 i_a 的方向，见图22-9(b)〕或 Φ(也就是 I_f)的方向〔图22-9(c)〕，则电

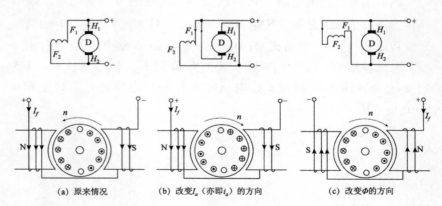

    (a) 原来情况   (b) 改变 I_a(亦即 i_a) 的方向   (c) 改变 Φ 的方向

图22-9　并励电动机旋转时方向的改变

动机的转向都会改变。如 Φ、I_a 的方向均变（即如改变两根电源线的电源极性），则电动机的转向不变。

【例 22-1】　有一台并励电动机在额定电压 $U_N=110\mathrm{V}$ 及额定负载时的线路电流 $I_N=64.5\mathrm{A}$ 时，其转速为 $n=2000\mathrm{r/min}$。电动机的电枢总电阻 $R_a=0.14\Omega$，励磁回路内总电阻 $R_f=40.8\Omega$，试求：1）额定负载时电枢电流的大小；2）求当负载转矩减半，电枢电流等于额定值的一半，而励磁电流不变时的转速。假设由于负载电流减小，使得电枢反应减小，此时的磁通 Φ 可认为比额定负载时增大约 2%。

【解】1）参看图 22-2，励磁电流为

$$I_f=\frac{U_N}{R_f}=\frac{110}{40.8}=2.7\mathrm{A}$$

故电枢额定电流

$$I_{aN}=I_N-I_f=64.5-2.7=61.8\mathrm{A}$$

2）当负载转矩减半时，电枢电流为

$$I_{a1}=\frac{1}{2}I_{aN}=\frac{1}{2}\times61.8=30.9\mathrm{A}$$

此时，反电势

$$E_{a1}=U_N-I_{a1}R_a=C_e\Phi_1 n_1$$

额定负载时，反电势

$$E_a=U_N-I_{aN}R_a=C_e\Phi n$$

又

$$U_N=110\mathrm{V}$$

$$\Phi_1=(1+0.02)\Phi=1.02\Phi$$

$$n=2000\mathrm{r/min}$$

由 $\dfrac{E_{a1}}{E_a}$ 可得

$$n_1=n\,\frac{\Phi}{\Phi_1}\times\frac{U_N-I_{a1}R_a}{U_N-I_{aN}R_a}$$

$$=2000\times\frac{\Phi}{1.02\Phi}\times\frac{110-30.9\times0.14}{110-61.8\times0.14}$$

$$=2044\mathrm{r/min}$$

22.4 直流伺服电动机

直流伺服电动机是一种把输入的电信号转变为转轴上的角位移或角速度来执行控制任务的直流电动机，直流伺服电机广泛用在自动控制系统中。

直流伺服电机是一种微型电动机，直流伺服电机的转速或转矩与输入电压成正比，其工作原理与普通直流电动机一样。不过，为了使其输出能迅速而灵敏地反映输入信号电压的大小和极性，转子的转动惯量应很小。因此，直流伺服电机结构上的特点是细而长。

直流伺服机有永磁式和他励式两种类型，他励伺服机的接线示于图22-10。通常励磁绕组由恒定电源供电，电枢输入信号电压，称为电枢控制的伺服电动机[图22-10(a)]；另外，它也有磁极接信号电压的方式，称为磁极控制的伺服电动机[图22-10(b)]。因后者控制特性有严重缺点，故实际上大多采用电枢控制方式。直流伺服电动机的机械特性如图22-11所示。机械特性的线性关系是直流伺服电动机的优点。

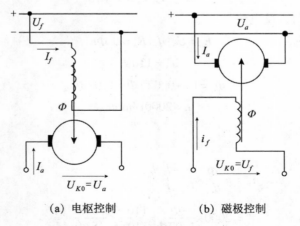

(a) 电枢控制　　　　(b) 磁极控制

图 22-10 直流伺服电动机的接线方式

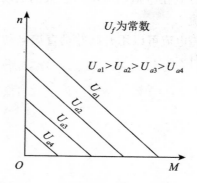

图 22-11　直流伺服电动机的机械特性

小　　结

本章讨论了直流电动机的启动、调速及机械特性等问题。应当指出，直流电动机的调速性能是比较理想的，它较易实现大范围的无级调速。

值得注意的是：并励电动机在运行中其励磁回路切不可断路。否则，将可能出现电流过大与"飞车"事故。另外，串励电动机不允许在空载或轻载下启动与运行，否则转速也将很高。

习　　题

22-1　能否由改变电源的极性来改变并励电动机和串励电动机的转向？为什么？

22-2　有一并励电动机，其额定电流 $I_N = 90A$，额定电压 $U_N = 220V$，额定转速 $n_N = 1000r/min$，电枢回路总电阻 $R_a = 0.16\Omega$，励磁回路总电阻 $R_f = 160\Omega$。若由于负载减小转速升高到 $1050r/min$，试求这时输入的电流 I。

22-3　对上题中的电机，欲使启动开始时输入电流控制到额定电流的 2 倍，试求这时应在电枢回路串入多大的启动电阻 R_{st}。并求直接启动时的电枢电流。

22-4 减小励磁电流可以用升高并励直流电动机的转速的方法。这句话有无限制条件？

附录 I 电机中常用绝缘材料的耐热等级

电机制造所用的绝缘材料很多，各种材料有不同的耐热能力，按照不同的耐热能力，绝缘材料可分成 A、E、B、F、H、C 六级，详见表附-1.

表附-1 **不同等级绝缘材料与适用场合**

绝缘等级	A	E	B	F	H	C
最高工作温度/（℃）	105	120	130	155	180	180 以上
材料	浸渍处理过的有机材料如：纸、棉纱、木材等	聚乙烯类绝缘	云母带、云母纸、甘油树脂、虫胶	聚脂绝缘漆	硅有机绝缘	天然云母、玻璃、陶瓷
适用场合	变压器	中、小型直流交流电机	大、中型同步电机，中、小型直流电机		航空电机、吊车电机、牵引电机	

表中的这些最高工作温度不是绝对的，只大致说明可以长期在这

539

温度下使用,高于此温度时将容易损坏。电机工作温度的高低对绝缘材料的寿命有很大的影响,试验证明,A 级绝缘材料的寿命为

$$T = Ce^{-\alpha\theta}$$

式中:T——使用寿命,年;

C——常数,对油浸变压器约为 7.15×10^4;

α——系数,约为 0.088;

θ——使用温度,℃。

由上式可知,温度每增高 8℃,A 级绝缘的使用寿命,就将减少一半。

附录 Ⅱ 习题中计算题的答案

概论

　　0-4　$F = 1982.4A$

第 1 章

　　1-6　$I_{1N} = 25A$，$I_{2N} = 625A$

　　1-7　$I_{1N} = 288.7A$，$I_{2N} = 458.2A$

　　1-8

连 接 方 式		额 定 电 压/（V）		额 定 电 流/（A）		变　比
高压边	低压边	高压边	低压边	高压边	低压边	
并	并	1100	110	9.09	90.9	10
串	串	2200	220	4.545	45.45	10
并	串	1100	220	9.09	45.45	5
串	并	2200	110	4.545	90.9	20

第 2 章

　　2-10　$w_1 = 971$ 匝，$w_2 = 183$ 匝，$k = 5.3$

　　2-11　（1）等效电路中的参数 $z_k^* = 0.0496$，$r_k^* = 0.0132$，$x_k^* = 0.0478$，$r_m^* = 2.23$，$x_m^* = 20$；（2）$\dot{U}_1^* = 1.015 \underline{/1.1°}$，$\dot{I}_1^* = 0.57 \underline{/-30.8°}$（以 $-\dot{U}_2^*$ 为参考相量）

　　2-12　（1）等效电路中的参数 $z_k^* = 0.065$，$r_k^* = 0.0158$，$x_k^* = 0.063$，$r_m^* = 1.805$；$x_m^* = 18.09$；（2）以 $-\dot{U}_2$ 为参考相量 $\dot{I}_1^* =$

$1.039 \underline{/-39°}$, $I_1 = 17.8\text{A}$, $\cos\varphi_1 = 0.75$

2-13 两种情况主磁通均不变；关于空载电流，前一种"顺串"情况 $I'_0 = \frac{2}{3}I_0$，后一种"反串"情况 $I''_0 = 2I_0$

2-14 （1）折算到高压边 $r_k = 8.61\Omega$，$x_k = 17.76\Omega$，$Z_k = 19.74 \underline{/64.1°}\Omega$；（2）折算到低压边 $r'_k = 0.01264\Omega$，$x'_k = 0.026\Omega$，$Z'_k = 0.0289 \underline{/64.1°}\Omega$；（3）$r_k^* = 0.0239\Omega$，$r_k^* = 0.0493\Omega$，$Z_k^* = 0.0547 \underline{/64.1°}\Omega$；（4）$u_k = 0.0547$，$u_{kr} = 0.0239$，$u_{kx} = 0.0493$；（5）$\cos\varphi_2 = 1$ 时，$\Delta u = 2.39\%$；$\cos\varphi_2 = 0.8$（滞后）时，$\Delta u = 4.86\%$，$\cos\varphi_2 = 0.8$（超前）时，$\Delta u = -1.04\%$（均用简化公式算出）

2-15 （1）用近似 Γ 形等效电路计算可得 $\dot{U}_1 = 21252 \underline{/2.7°}\text{V}$，$\dot{I}_1 = 54.6 \underline{/-38.1°}\text{A}$（均以 $-\dot{U}'_2$ 为参考相量）；用简化等效电路计算可得 $\dot{U}_1 = 21252 \underline{/2.7°}\text{V}$，$\dot{I}_1 = 53.4 \underline{/-36.9°}\text{A}$（均以 $-\dot{U}'_2$ 为参考相量）；两种等效电路计算结果进行比较，$\dot{U}$ 一样，$\dot{I}_1$ 相差不大

2-16 （1）在低压边得 $r'_m = 13.7\Omega$，$x'_m = 329.5\Omega$，$z'_m = 329.8\Omega$；折算到高压边 $r_m = 1242\Omega$；$x_m = 29863\Omega$，$z_m = 29900\Omega$，在高压边测得 $r_k = 61\Omega$，$x_k = 205\Omega$，$z_k = 213.9\Omega$，$r_1 = r'_2 = 30.5\Omega$；$x_1 = x'_2 = 102.5\Omega$；折算到低压边 $r'_k = 0.673\Omega$，$x'_k = 2.26\Omega$，$z'_k = 2.36\Omega$，$r'_1 = r_2 = 0.336\Omega$，$x'_1 = x_2 = 1.13\Omega$；（2）~（4）$u_k = 0.0594$；$u_{kr} = 0.017$；$u_{kx} = 0.057$；满载时，$\cos\varphi_2 = 0.8$（滞后）时，$\Delta u = 4.78\%$，$\eta = 97.3\%$；$\beta_m = 0.54$，$\eta_{max} = 97.74\%$

第3章

3-1 （1）$z_m = 1237\Omega$，$r_m = 104.3\Omega$，$x_m = 1233\Omega$，$Z_m^* = 69.3$，$r_m^* = 5.84$，$x_m^* = 69$，$z_k = 0.98\Omega$，$r_k = 0.0572\Omega$，$x_k = 0.978\Omega$，$z_k^* = 0.0549$，$r_k^* = 0.0032$，$x_k^* = 0.0548$；（2）$U_2 = 6.07\text{kV}$，$I_1 = 326.4\text{A}$；（3）$\Delta u = 3.63\%$，$\eta = 99.45\%$

3-9 低压边环流为 26.43A，为 100kV·A 变压器额定电流的 18.2%

3-10 （1）$S_{\mathrm{I}} = 928\text{kV·A}$，$\beta_{\mathrm{I}} = 0.928$，$S_{\mathrm{II}} = 1582\text{kV·A}$，$\beta_{\mathrm{II}} =$

0.879，$S_{\text{Ⅲ}} = 1989\text{kV} \cdot \text{A}$，$\beta_{\text{Ⅲ}} = 0.829$，总的 $\beta = 0.865$；（2）$S_{\text{总}} = 4847\text{kV} \cdot \text{A}$

第 4 章

4-7　（1）$I_k = 2173\text{A}$，$I_k^* = 13.8$；（2）$i_{k\max} = 5242\text{A}$

第 5 章

5-10　短路阻抗（折算到高压边）$r_1^* = 0.0053$，$r_2^* = 0.00323$，$r_3^* = 0.00227$，如认为 $x_k^* = z_k^* = u_k$，可得 $x_1^* = 0.153$，$x_2^* = 0.094$，$x_3^* = 0.006$

5-11　（1）$S_{aN} = 8400\text{kV} \cdot \text{A}$，$S_N = 5600\text{kV} \cdot \text{A}$，$S_N' = 2800\text{kV} \cdot \text{A}$；（2）$I_{ka}^* = 14.3$，$\dfrac{I_{ka}^*}{I_k^*} = 1.5$

第 6 章

6-4　$k_{w1} = 0.933$，$k_{w5} = 0.067$，$k_{w7} = -0.067$

6-10　$\Phi_1 = 0.01097\text{Wb}$

6-11　（1）$p = 2$；（2）$Z = 36$；（3）$k_{w1} = 0.946$，$k_{w3} = -0.577$，$k_{w5} = 0.14$，$k_{w7} = 0.06$；（4）$E_1 = 230\text{V}$，$E_3 = 274\text{V}$，$E_5 = 40.3\text{V}$，$E_7 = 9.06\text{V}$，$E_\Phi = 360\text{V}$，$E_l = 404.75\text{V}$

第 7 章

7-9　（1）$F_{m\phi1} = 1355\text{A}$，$F_{m\phi3} = 225.64\text{A}$，$F_{m\phi5} = 15.53\text{A}$，$F_{m\phi7} = 8.56\text{A}$（均为每极安数）；$f_{A1}(t, \alpha) = 1355\sin\omega t\cos\alpha$（A），$f_{B1}(t, \alpha) = 1355\sin\left(\omega t - \dfrac{2}{3}\pi\right) \times \cos\left(\alpha - \dfrac{2}{3}\pi\right)$（A），$f_{C1}(t, \alpha) = 1355\sin\left(\omega t + \dfrac{2}{3}\pi\right) \times \cos\left(\alpha + \dfrac{2}{3}\pi\right)$（A）；（2）$f_{A1}(t, \alpha) = 1355\cos\alpha$（A），$f_{B1}(t, \alpha) = -677.5\cos\left(\alpha - \dfrac{2}{3}\pi\right)$（A），$f_{C1}(t, \alpha) = 677.5\cos\left(\alpha + \dfrac{2}{3}\pi\right)$（A）；（3）$F_1 = \dfrac{3}{2}F_{m\phi1} = 2032.5\text{A}$，$n_1 = 1500\text{r/min}$，正转；$F_5 = \dfrac{3}{2}F_{m\phi5} = 23.3\text{A}$，$n_5 = 300\text{r/min}$，反转；$F_7 = \dfrac{3}{2}F_{m\phi7} = 12.8\text{A}$，$n_7 = 214.3\text{r/min}$，正转；合成

磁势中无 3 次谐波分量；（4）$f_1(t, \alpha) = 2032.5\sin(\omega t - \alpha)$（A）

第 8 章

8-3　$I_N = 139.3\text{A}$，$I_{N\phi} = 80.43\text{A}$

8-4　$S_N = 0.0267$

第 9 章

9-7　（1）$I_{1N} = 343\text{A}$；（2）$x_m = 3.412\Omega$；（3）$r_2' = 0.0182\Omega$，$x_2' = 0.0793\Omega$

9-8　（1）$2p = 4$；（2）$n_1 = 1500\text{r/min}$，$s_N = 0.0493$，$f_2 = 2.46\text{Hz}$；（3）线电流 $I_{1N} = 11.04\text{A}$；（以 U_1 为参考相量）$\dot{I}_{1\phi} = 6.376 \underline{/-32°}$ A，$P_1 = 6163.8\text{W}$，$\cos\varphi_1 = 0.848$，$I_2' = 5.83\text{A}$

第 10 章

10-5　$P_{em} = 10.05\text{kW}$，$p_{cu2} = 0.291\text{kW}$，$P_{mec} = 9.759\text{kW}$

10-6　（1）$s_N = 0.04$；（2）$f_2 = 2\text{Hz}$；（3）$p_{cu2} = 0.316\text{W}$；（4）$\eta_N = 87.2\%$；（5）$I_{1N} = 15.86\text{A}$

10-7　$M_{emN} = 30.7\text{N} \cdot \text{m}$；$k_M = 2.22$；$S_m = 0.204$（从额定功率和额定转速求得的 $M_N = 29.94\text{N} \cdot \text{m}$）

第 12 章

12-2　$I_{st} = 107.4\text{A}$

12-3　（1）$M_{emN} = 27.2\text{N} \cdot \text{m}$；（2）$M_{max} = 62.3\text{N} \cdot \text{m}$；$k_M = 2.36$（从额定功率与额定转速求得的 $M_N = 26.4\text{N} \cdot \text{m}$）

第 14 章

14-2　当 $2p = 28$ 时，$n_1 = 214.3\text{r/min}$；当 $2p = 32$ 时，$n_1 = 187.5\text{ r/min}$；当 $2p = 48$ 时，$n_1 = 125\text{r/min}$；当 $2p = 56$ 时，$n_1 = 107.1\text{r/min}$

14-3　$P_N = 800\text{kW}$，$I_N = 83.7\text{A}$

14-4　$U_N = 6895.3\text{V}$，$p = 9$

第 15 章

15-4　$\dot{E}_0^* = 1.77 \underline{/18.4°}$，$\theta = 18.4$（以 $\dot{U}$ 为参考相量）

15-5　$\dot{E}_0^* = 1.78 \underline{/20.5°}$，（以 $\dot{U}$ 为参考相量）

15-8 x_a^* (不饱和值)$=1.1$，短路比 $k_c=1.0$

15-9 $I_{fN}=358\text{A}$，$\Delta u=28\%$

第 16 章

16-3 输出功率 $P=37587\text{W}$；$P_{\max}=76005\text{W}$，过载能力 $k_M=2.02$

16-4 $(1)\theta_N=13.4°$，$E_0^*=1.37$；$(2)\theta_M=74°$，$k_M=3.44$

16-5 $E_0'=1.35E_0$

16-7 $E_0=17.2\text{kV}$，$\theta_N=36.7°$，$\psi=73.5°$

16-8 $(1)\theta_N=36°$，$P_{em}^*=0.8$，$P_{em}=25000\text{kW}$，$P_{syn}^*=1.1$，$P_{syn}=34375\text{kW/rad}$（此处 rad 为电弧度），$k_m=1.7$；$(2)P'^*_{em}$ 未变，仍为 0.8，$\theta'=32.3°$，$\cos\varphi'=0.72$，$I'=1905\text{A}$

第 17 章

17-6 $(1)\theta=-28.36°$（"$-$"号是按发电机惯例得出的）；$(2)\theta$ 不变；$(3)\theta$ 不变

17-7 $(1)\sum S=1185.19\text{kV}\cdot\text{A}$，$\cos\varphi=0.75$；$(2)\sum S=802.1\text{kV}\cdot\text{A}$，$\cos\varphi=1$；$(3)$ 调相机容量至少应不小于 353.42kVAR

第 18 章

18-3 $I_{k1}^*=2.09$，$I_{k2}^*=1.28$，$I_{k3}^*=0.94$；$U_A^*=0.44$，$U_B^*=U_C^*=0.22$

18-4 $(1)I_{k1}=285.7\text{A}$；$(2)I_{k2}=178.9\text{A}$，$I_{k3}=145.7\text{A}$

18-5 $I_{k2}=60.94\text{A}$，$U_A=3717\text{V}$，$U_B=U_C=\dfrac{1}{2}U_A=1858.5\text{V}$

18-6 $I_{A-}^*=0.14$

18-7 $x_-^*=0.2$，$x_+^*=1$，$I_{k3}^*=1$，$I_{k1}^*=2.5$，$I_{k2}^*=1.443$

第 21 章

21-4 (1) 并励回路总电阻 $r_j+r_f=72.4\Omega$，(2) 空载电压 $U_0=257\text{V}$

第 22 章

22-2 $I=25.875\text{A}$

22-3 $R_{st}=1.07\Omega$，直接启动时电枢电流为 1375A

参 考 文 献

[1]许实章．电机学[M]．北京：机械工业出版社，1980.

[2]吴大榕．电机学[M]．北京：水利电力出版社，1979.

[3]章名涛．电机学[M]．北京：科学出版社，1964.

[4]汤蕴璆，等．电机理论与运行[M]．北京：水利电力出版社，1984.